高职高专土建专业"互联网+"创新规划教材

建设工程项目管理

主　编◎冯松山
副主编◎李光林　陈　彬　吴　涛
　　　　谢东海　吴述行
主　审◎张志涛

内 容 简 介

本书反映国内外建设工程项目管理的最新动态，结合大量工程实例，基于建设工程项目全寿命期管理过程进行开发建设，系统地阐述建设工程项目管理。本书主要内容包括建设工程项目的管理概论、组织、前期策划管理、勘察设计管理、招投标与合同管理、施工管理、后期管理等基础知识。

本书采用全新体例编写，引入大量工程案例，新增知识链接、特别提示等模块，每个项目后附有思考题供读者复习。通过对本书的学习，读者可以掌握建设工程项目管理的基本理论和操作技能，具备自行规划和实施建设工程项目管理的能力。

本书可作为高职高专院校土木建筑类相关专业的教材和指导书，也可作为土建施工类及建设工程管理类各专业职业资格考试的培训教材，还可为参加相关执业资格考试的人员提供参考。

图书在版编目（CIP）数据

建设工程项目管理/冯松山主编. —3 版. —北京：北京大学出版社，2023.8
高职高专土建专业"互联网+"创新规划教材
ISBN 978-7-301-33946-6

Ⅰ．①建… Ⅱ．①冯… Ⅲ．①建筑工程—工程项目管理—高等职业教育—教材 Ⅳ．① TU712.1

中国国家版本馆 CIP 数据核字（2023）第 068086 号

书　　　名	建设工程项目管理（第三版） JIANSHE GONGCHENG XIANGMU GUANLI（DI-SAN BAN）
著作责任者	冯松山　主编
策 划 编 辑	杨星璐　刘健军
责 任 编 辑	曹圣洁　范超奕
数 字 编 辑	蒙俞材
标 准 书 号	ISBN 978-7-301-33946-6
出 版 发 行	北京大学出版社
地　　　址	北京市海淀区成府路 205 号　100871
网　　　址	http://www.pup.cn　新浪微博：@北京大学出版社
电 子 邮 箱	编辑部 pup6@pup.cn　总编室 zpup@pup.cn
电　　　话	邮购部 010-62752015　发行部 010-62750672　编辑部 010-62750667
印 刷 者	三河市北燕印装有限公司
经 销 者	新华书店
	787 毫米×1092 毫米　16 开本　21.5 印张　516 千字 2011 年 8 月第 1 版　2017 年 6 月第 2 版 2023 年 8 月第 3 版　2023 年 8 月第 1 次印刷
定　　　价	59.00 元

未经许可，不得以任何方式复制或抄袭本书之部分或全部内容。
版权所有，侵权必究
举报电话：010-62752024　电子邮箱：fd@pup.cn
图书如有印装质量问题，请与出版部联系，电话：010-62756370

第三版 前言

建设工程项目管理是以具体的建设工程项目为对象，不断优化并实现目标的全过程的一次性综合管理，需要具有系统理论的观念和思想。它的主要任务是在科学的投资决策的基础上，对建设工程项目的勘察设计、招投标、施工、竣工验收等阶段的一系列活动进行规划、协调、监督、控制和总结评价，以保证项目目标的顺利实现。

本书根据当前建设工程项目管理的实际状况，以建设工程项目全寿命期的管理内容为主线，按国家现行规范《建设工程项目管理规范》（GB/T 50326—2017）和指导书《中国工程项目管理知识体系（第二版）》组织编写，阐述了建设工程项目管理的主要内容，重点介绍了建设工程项目的前期策划、勘察设计、招投标、施工等阶段的管理内容和办法，并对当前我国建设工程项目管理现状与发展、相关经济知识和管理信息系统做了切实的总结与提炼，对实战经验和经典案例进行了总结。

为全面落实党的二十大精神进教材，本书注重课程内容与思政元素的有机融合，体现学科价值与育人价值。

本书内容可按照64～84学时安排，各项目推荐学时见学时分配表。

学时分配表

项目	学时
项目1	2～4
项目2	4～6
项目3	12～14
项目4	8～10
项目5	12～16
项目6	22～28
项目7	4～6
学时总计	64～84

教师可根据不同的专业灵活安排学时，重点讲解每个项目的主要知识模块，而知识链接和思考题等模块可安排学生课后阅读和练习。

本书由山东城市建设职业学院冯松山担任主编，中铁十局集团第一工程有限公司李光林，山东黄河河务局供水局陈彬，山东城市建设职业学院吴涛、谢东海和保利山东置业集团有限公司吴述行担任副主编，编写分工如下：冯松山、陈彬编写项目 1 和项目 2，李光林编写项目 3，吴涛编写项目 4 和项目 5，冯松山、吴述行编写项目 6，谢东海编写项目 7；山东城市建设职业学院潘瑞松，绿地控股集团山东房地产事业部王庆鲁，山东金钥匙工程监理有限公司郭虎等也参与了本书的编写。

  本书由保利山东置业集团有限公司张志涛主审，在审读过程中提出了很多宝贵意见，山东建筑大学桑培东和山东商业职业技术学院陈建敏也对本书的编写工作提供了很大的帮助，在此一并表示感谢！

  本书在编写过程中，参考引用了国内外大量专家、学者有关建设工程项目管理的文章、著作，在此谨向有关编著者表示衷心感谢。

  由于编者水平有限，书中难免存在不足之处，敬请各位读者批评指正。

编 者
2022 年 12 月

资源索引

目 录

项目 1 建设工程项目管理概论 1
    任务 1.1 建设工程项目管理基本知识 3
    任务 1.2 建设工程项目管理的发展与应用 12
    项目小结 15
    思考题 16

项目 2 建设工程项目组织 17
    任务 2.1 项目组织概述 19
    任务 2.2 建设工程项目组织结构 21
    任务 2.3 建设工程项目结构分解 28
    任务 2.4 建设工程项目管理组织 34
    项目小结 38
    思考题 39

项目 3 建设工程项目前期策划管理 40
    任务 3.1 概述 42
    任务 3.2 建设工程项目的构思 44
    任务 3.3 建设工程项目的目标设计 46
    任务 3.4 建设工程项目定义与总体方案的策划 54
    任务 3.5 建设工程项目的可行性研究 57
    任务 3.6 建设工程项目的经济、社会与环境评价 62
    项目小结 72
    思考题 72

项目 4 建设工程项目勘察设计管理 73
    任务 4.1 概述 75
    任务 4.2 建设工程项目勘察管理 77
    任务 4.3 建设工程项目设计管理 87
    项目小结 97
    思考题 98

项目 5　建设工程项目招投标与合同管理 99

- 任务 5.1　建设工程项目招标管理 101
- 任务 5.2　建设工程项目投标管理 106
- 任务 5.3　建设工程项目合同管理 114
- 任务 5.4　建设工程项目索赔管理 156
- 任务 5.5　国际工程施工承包合同 169
- 项目小结 176
- 思考题 177

项目 6　建设工程项目施工管理 178

- 任务 6.1　概述 180
- 任务 6.2　建设工程项目施工成本管理 183
- 任务 6.3　建设工程项目进度管理 210
- 任务 6.4　建设工程项目质量管理 249
- 任务 6.5　建设工程职业健康安全与环境管理 298
- 项目小结 312
- 思考题 313

项目 7　建设工程项目后期管理 314

- 任务 7.1　建设工程项目收尾管理 316
- 任务 7.2　建设工程项目后评价 327
- 项目小结 335
- 思考题 335

参考文献 337

项目 1 建设工程项目管理概论

思维导图

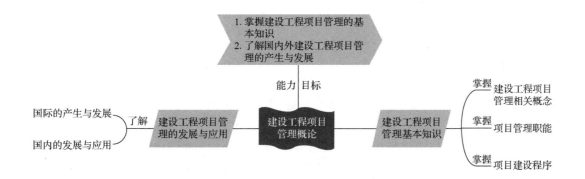

引例

鲁布革水电站位于云南省罗平县与贵州省兴义市交界的黄泥河下游河段。1981年6月，国家批准建设装机600MW的鲁布革水电站，并将其列为国家重点工程。鲁布革工程原由中国水利电力第十四工程局（以下简称水电十四局）负责施工，开工3年后于1984年4月，原国家水利电力部决定在鲁布革工程中采用世界银行贷款。当时正值改革开放的初期，这是我国第一个利用世界银行贷款的基本建设项目。但根据与世界银行的协议，工程三大部分之一——引水隧洞工程必须进行国际招标。在中国、日本、挪威、意大利、美国、德国、南斯拉夫及法国八国承包商的竞争中，日本大成公司中标。引水隧洞工程标底为14958万元，而大成公司报价为8463万元，比标底低了43%。大成公司派到中国来的仅是一支30人的管理队伍，从水电十四局雇用了424名劳动工人。他们开挖23个月，单头月平均进尺222.5m，相当于我国同类工程的2～2.5倍；在开挖直径8.8m的圆形发电隧洞中，创造了单头进尺373.7m的国际先进纪录。1986年10月30日，隧洞全线贯通，工程质量优良，工期比合同计划提前了5个月。

相形之下，由水电十四局承担的首部枢纽工程由于种种原因而进度迟缓。世界银行特别咨询团于1984年4月、1985年5月两次来工地考察，都认为按期截流难以实现。同样的劳动工人，两个项目的差距却如此之大！长期沿用"苏联老大哥"的自营制模式的水电十四局终于意识到引水隧洞工程的奇迹产生于好的机制，高效益来自科学的管理，他们将这种管理方式称为"项目法施工"。

1985年11月，在上述事例的强烈冲击下，经原国家水利电力部上报国务院批准，鲁布革工程开始试行外国先进管理方法。水电十四局在鲁布革地下厂房施工中率先进行"项目法施工"的尝试，参照日本大成公司鲁布革事务所的建制，他们建立了精干的指挥机构，使用配套的先进施工机械，通过优化施工组织设计、改革内部分配办法，产生了我国最早的"项目法施工"雏形。试点工程提高了劳动生产力和工程质量，加快了施工进度，取得了显著效果。在建设过程中，原国家水利电力部还实行了国际通行的工程监理制（工程师制）和项目法人责任制等管理办法，取得了投资省、工期短、质量好的经济效果。到1986年年底，13个月中不仅把耽误的3个月时间抢了回来，还提前4个半月结束了开挖工程，安装车间混凝土提前半年完成。国务院领导视察工地时说："看来同大成的差距，原因不在工人，而在于管理，中国工人可以出高效率。"我国在计划经济体制下，基本建设战线长期处于"投资大、工期长、见效慢"的被动局面，而鲁布革工程无论是造价、工期还是质量都严格达到了合同要求。一石激起千层浪，鲁布革工程在行业内引起轩然大波，对我国施工建设管理造成了巨大震撼。党中央、国务院极为重视，要求原国家计划委员会施工管理局对鲁布革管理经验进行全面总结。1987年，时任国务院副总理的李鹏在全国施工工作会议上以"学习鲁布革经验"为题，发表了重要讲话，要求建筑行业推广鲁布革经验。此后，原国家建设部开始在全国推行在鲁布革工程中取得极大成功的"项目法施工"。

知识链接

"项目法施工"的概念：以建设工程项目为对象，以项目经理负责制为基础，以企业内部决策层、管理层与作业层相对分离为特性，以内部经济承包为纽带，实行动态管理和生产要素优化，从施工准备开始直至交工验收结束的一次性的施工管理活动。

【分析】

鲁布革工程在我国工程建设发展和改革过程中占有一定的历史地位，发挥了重要的作用，其冲击波及全国，在中国工程界引起了强烈反响。它像一面镜子，反映出计划经济条件下基本建设管理体制和管理方式的弊端；又像一个课堂，为中国广大工程技术和管理人员提供了学习国外先进技术和管理经验的极好机会，在中国演示了现代化项目管理的生动的第一课。该案例的主要影响如下。

（1）全面推行招标合同制。鲁布革工程进行国际竞争性招标，对降低工程成本、保证工程质量、加快工程进度起到了立竿见影的效果，在"时间就是金钱，效率就是生命"的时代背景下，很快被工程建设单位和主管部门所接受，当然也给包袱沉重、僧多粥少的施工单位以极大压力，加速了施工单位内部机制的改革。推行招标合同制，引入竞争制，打破了地区甚至行业的界限，取得了明显的效果。

（2）业主的地位和作用逐步明确。在鲁布革工程中第一次引进了"业主"的概念。实践证明，由业主负责项目资金筹措、工程建设、生产经营和资金偿还的全过程，以整体效益为出发点，有利于克服旧的建设过程中不注重经济效益的弊端，促进了生产力的发展。

（3）建设监理专业化和规范化。过去很多工程都由建设单位自行组建项目管理单位，专业化程度不高，缺乏独立性、公正性和权威性。在鲁布革工程中聘请工程监理单位并取得了成功，这一经验加速了建设工程项目监理专业化和规范化的进程。

项目管理是20世纪60年代初发展起来的一种新的管理技术，经过了几十年的探索已日趋成熟，并以经济上的明显效益而在各国得到广泛应用。实践证明，在建设工程领域实行项目管理，对于提高建设工程项目质量、缩短建设周期、节约建设资金等都有十分重要的意义。

任务 1.1　建设工程项目管理基本知识

1.1.1　项目的含义和特征

"项目"存在于社会的各个领域、各个地方，大到一个国家、一个地区，小到一个企业、一个职能部门，项目被越来越广泛地应用于社会经济和文化生活的各个方面。美国项目管理协会（Project Management Institute，PMI）认为："项目"是为创造某种独特产品、服务或成果而进行的临时性工作。现代社会生活中的项目非常普遍，常见的项目如各类开发项目、建设工程项目、科研项目、环保项目、社会项目、投资项目、军事和国防项目等。

项目管理的对象是具体项目。项目的以下特征是判断项目属性的重要依据。

项目的特征

（1）资源和成本的约束性。项目的实施是企业或组织调用各种资源来进行的，但这些资源都是有限的，而且组织为维持正常的运转，一般不会把所有的人力、物力和财力全部投入某一个项目，投入的仅仅是一定限度内的资源和成本。

（2）时限性。时限性是指每一个项目都有明确的开始和结束时间。当项目的目标全部实现时，该项目就结束了；当项目的目标确定无法实现时，该项目也会被终止。时限是相对的，有些项目持续时间短，有些需要持续几年甚至更长。项目的时限性同时体现在机遇和市场行情的暂时性上，大多数项目需要在限定的时间范围内创造出产品或服务。

（3）不确定性。在日常重复性工作中，人们拥有较为成熟的经验，对产品和服务的认识比较丰富。而在项目的实施过程中，一方面是经验不丰富、环境不确定，另一方面是生产的产品和服务具有独特性，在生产之前对这一过程并不熟悉，所以面临的风险较多，具有明显的不确定性。

（4）唯一性（单件性）。每一个项目的产品和服务都是唯一的、独特的。有些项目即使产品或服务相似，但由于时间、地点、内外部环境的不同，项目的实施过程和项目本身也具有独特的性质。

（5）实施过程的一次性。项目是一次性任务，一次性是项目与重复性工作的主要区别。而且随着项目目标的逐渐实现、项目结果的移交和合同的终止，该项目也就结束，并非日常周而复始的工作。

（6）整体性。从系统论的角度来说，每一个项目都是一个整体，都按照其目标来配置资源，追求整体的效益，做到数量、质量、结构的整体优化。由于项目是实现特定目标而展开的多项任务的集合，是一系列活动的过程，强调项目的整体性就是要重视项目过程与目标的统一、时间与内容的统一。

（7）目标的明确性和多样性。项目的目标必须是明确的，在项目成立之初目标便已确定，并且在项目的进行中目标一般不会发生太大的变化，因此项目比较明显的特征就是目标的明确性；同时由于项目涉及多个主题、过程与活动等，也反映了项目的多目标性，主要体现在项目的成果性目标和约束性目标两个方面。成果性目标是指项目应实现按时交付产品和服务的目标，约束性目标是指要在一定的时间、人力和成本下完成项目。

（8）生命周期性。项目也具有明显的生命周期性，从项目开始、一步一步实施到最后结束，在不同的阶段有不同的特点，因此具有明显的生命周期性。

（9）冲突性。与一般经理相比，项目经理更多生活在冲突的世界里。美国著名项目管理大师小塞缪尔·J.曼特尔说："如果项目经理不是一个熟悉的谈判者和冲突的解决者，要完成项目是不可能的。"在项目中存在各种冲突，如项目与各职能部门之间争夺人力、成本、权力等引发的冲突，项目经理与各职能部门领导人、客户、项目小组成员之间的矛盾。可以看出，项目要想获得成功，就必须解决好这些冲突和矛盾。

（10）项目具有特定委托人。委托人（客户）在项目中是特定的，一般情况下他们既是项目成果的需求者，也是项目的主要资助者；既可以是个人，也可以是组织，甚至可以是相互合作的团体。他们共同的特征是对项目的成果具有相同的需求。

1.1.2 建设工程项目的含义、特征和分类

1. 建设工程项目的含义

建设工程项目是指需要一定量的投资，经过前期策划、设计、施工等一系列程序，在一定的资源约束条件（时间、质量等要求）下，以形成固定资产为确定目标的一次性任务。也就是说，一个建设工程项目必须在一个总体设计或初步设计范围内，由一个或若干个互有内在联系的单项工程所组成，在经济上实行统一核算，在行政上实行统一管理。其具体内涵如下。

（1）具有明确的建设目标。这些目标既有宏观的经济效益和社会效益，又有项目的盈利能力等微观的财务指标。

（2）需在一定的约束条件下实现建设目标。主要的约束条件如下。

① 时间约束，即每个建设工程项目要在规定的工期内完成建设任务。

② 资源约束，即每个建设工程项目要在规定的投资总量、物力和人力条件下完成建设目标。

③ 质量约束，即每个建设工程项目要达到预期的生产能力、技术水平、产品质量或使用效益目标。

（3）建设时需要遵循必要的程序和特定的过程。建设工程项目一般都要经过前期决策阶段、设计阶段、建设准备阶段、施工阶段和竣工验收交付使用阶段这样一些有序的过程。

（4）以形成固定资产为目标。即必须达到一定投资标准的项目才能作为建设工程项目。

2. 建设工程项目的特征

（1）一次性。按照建设工程项目特定的任务和固定的建设地点，需要专门的单一设计，并应根据客观条件的特点，组建一次性的组织进行生产活动。

（2）目标的明确性。建设工程项目以形成固定资产为特定目标。政府主要审核建设工程项目的宏观经济效益和社会效益，企业则更加重视项目本身的盈利能力。

（3）整体性。在一个总体设计范围内，建设工程项目由一个或若干个互有内在联系的单项工程组成，在全生命周期内实行统一核算、统一管理。

（4）不可逆性。建设工程项目一旦完成，便难以改变，造成的损失无法挽回。

（5）复杂性。现代建设工程项目投资大、规模大、科技含量高、持续时间长、专业多元化、参加单位多，是非常复杂的系统工程。

3. 建设工程项目的分类

1）按建设性质划分

基本建设项目可分为新建项目、扩建项目、迁建项目和恢复项目。

（1）新建项目：是指根据国民经济和社会发展的近远期规划，按照规定的程序立项，从无到有、"平地起家"的建设项目。

（2）扩建项目：是指现有企业、事业单位在原有场地内或其他地点，为扩大产品的生产能力或增加经济效益而增建的生产车间、独立的生产线或分厂的项目，以及事业和行政单位在原有业务系统的基础上扩充规模而进行的新增固定资产投资项目。

（3）迁建项目：是指原有企业、事业单位，根据自身生产经营和事业发展的要求，按照国家调整生产力布局的经济发展战略的需要或出于环境保护等其他特殊要求，搬迁到异地而建设的项目。

（4）恢复项目：是指原有企业、事业和行政单位，因自然灾害或战争使原有固定资产遭受全部或部分报废，需要进行投资重建来恢复生产能力和业务工作条件、生活福利设施等的建设项目。这类项目，不论是按原有规模恢复建设，还是在恢复过程中同时进行扩建，都属于恢复项目。但对尚未建成投产或交付使用的项目，受到破坏后仍按原设计重建的，原建设性质不变；如果按新设计重建，则根据新设计内容来确定其性质。

2）按投资作用划分

建设工程项目可分为生产性项目和非生产性项目。

（1）生产性项目：是指直接用于物质资料生产或直接为物质资料生产服务的建设。主要包括以下项目。

① 工业项目，包括工业、国防和能源建设。

② 农业项目，包括农、林、牧、渔、水利建设。

③ 基础设施项目，包括交通、邮电、通信建设，地质普查、勘探建设等。

④ 商业项目，包括商业、饮食、仓储、综合技术服务事业的建设。

（2）非生产性项目：是指用于满足人民物质和文化、福利需要的建设和非物质资料生产部门的建设。主要包括以下项目。

① 建设办公用房，如国家各级党政机关、社会团体、企业管理机关的办公用房。

② 建设居住类建筑，如住宅、公寓、别墅等。

③ 建设公共建筑，如科学、教育、文化艺术、广播电视、卫生、博览、体育、社会福利事业、公共事业、咨询服务、宗教、金融、保险等建筑设施。

④ 其他项目，指不属于上述各类的其他非生产性建设。

3）按项目规模划分

为适应对建设工程项目分级管理的需要，国家规定基本建设项目分为大型、中型、小型三类，更新改造项目分为限额以上和限额以下两类。不同等级标准的建设工程项目，国家规定的审批机关和报建程序也不尽相同。

划分项目等级的原则如下。

（1）按批准的可行性研究报告（初步设计）所确定的总设计能力或投资总额的大小，依据国家颁布的《基本建设项目大中小型划分标准》进行分类。

（2）凡生产单一产品的项目，一般按产品的设计生产能力划分；生产多种产品的项目，一般按其主要产品的设计生产能力划分；当产品类别较多，不易分清主次、难以按产品的设计能力划分时，可按投资总额划分。

（3）对国民经济和社会发展具有特殊意义的某些项目，虽然设计能力或全部投资不够大、中型项目标准，经国家批准已列入大、中型计划或国家重点建设工程的项目，也按大、中型项目管理。

（4）更新改造项目一般只按投资额分为限额以上和限额以下，不再按生产能力或其他标准划分。能源、交通、原材料部门投资额达到5000万元及以上的工程项目，和其他部门投资额达到 3000 万元及以上的项目，为限额以上项目；否则为限额以下项目。

（5）基本建设项目的大、中、小型和更新改造项目限额的具体划分标准，根据各个时期经济发展和实际工作中的需要而有所变化。国家现行的有关规定如下。

① 按投资额划分的基本建设项目，属于生产性项目中的能源、交通、原材料部门的工程项目，投资额达到 5000 万元以上为大中型项目；其他部门和非工业项目，投资额达到 3000 万元以上为大中型项目。

② 按生产能力或使用效益划分的建设工程项目，以国家对各行各业的具体规定作为标准。

1.1.3 项目管理的含义和特征

1. 项目管理的含义

项目管理是指在一定的约束条件下，运用系统的理论和方法，通过计划、组织、领导和控制等职能，设计和保持一种良好的环境，使项目参与者在项目组织中高效地完成既定的项目任务。

对项目进行管理的目的，是保证项目目标的实现。由于项目具有单件性和一次性的特点，因此，项目管理应具有针对性、系统性、程序性和科学性，只有运用系统的观点、方法和理论进行项目管理，才能保证项目目标的顺利实现。

2. 项目管理的特征

（1）普遍性。项目普遍存在于人类社会的各项活动之中，甚至可以说人类现有的各种物质文化成果最初都是通过项目的方式实现的，因此项目管理也具有普遍性。

（2）目的性。项目管理的最终目的，是通过开展项目管理活动，去保证满足或超越项目有关各方所明确提出的目标或指标，甚至于满足项目有关各方未明确规定的潜在需求和追求。

（3）独特性。项目管理的独特性是由项目的单件性所决定的。项目有其特定的目标，特定的目标决定了项目管理的内容、程序等具有独特性。

（4）集成性。在项目管理中，必须根据具体项目各要素或各专业之间的配置关系作集成性的管理，而不能孤立地开展项目各要素或各专业的独立管理。

（5）动态性。项目实施过程中的各要素都是动态变化的。在项目管理中，只有通过不断的检查、比较、分析、纠偏等动态循环过程，才能最终保证项目目标的实现。

1.1.4 建设工程项目管理

1. 建设工程项目管理的含义

管理，是指人们为达到一定的目的，对管理的对象所进行的计划、组织、领导、控制等一系列工作。建设工程项目管理的对象是建设工程项目，其概念在道理上同其他管理类型是相通的，但由于建设工程项目的一次性等特点，建设工程项目管理更强调程序性、全面性和科学性。

建设工程项目管理是以建设工程项目为对象，在既定的约束条件下，为最优地实现建设工程项目目标，根据建设工程项目的内在规律，对从项目构

思到项目完成（指项目竣工并交付使用）的全过程进行的计划、组织、领导和控制，以确保该建设工程项目在满足限定条件的要求下完成。

2. 建设工程项目管理的特征

（1）一次性。建设工程项目的一次性特征，决定了建设工程项目管理也具有一次性的特征，在建设工程项目管理的过程中一旦出现失误，很难纠正，损失严重。由于建设工程项目的不可逆特征及其管理的一次性特征，保障建设工程项目管理的一次性成功成为关键。

（2）综合性、系统性。建设工程项目的生命周期是一个有机成长过程，各阶段既有明显界限，又相互有机衔接、不可间断，这就决定了建设工程项目管理是对建设工程项目进行全寿命期的管理。

（3）约束性。建设工程项目的一次性特征，目标的明确性（成本低、进度快、质量好）、限定的时间和资源消耗、既定的功能要求和质量标准等不可逾越的限制条件，决定了建设工程项目管理的约束强度比其他管理更高。

（4）复杂性。建设工程项目管理的复杂性主要表现在：涉及的单位多，各利益相关方之间关系协调的难度和工作量大；工程技术的复杂性不断提高，出现了许多新技术、新工艺和新材料；建设工程项目的规模越来越大；社会、政治、经济环境对建设工程项目的影响越来越复杂。

建设工程项目管理的任务

3. 建设工程项目管理的任务

根据建设工程项目管理的主要工作可以分出许多管理职能，这也体现了管理专业化的要求，在项目经理部中一般都是按照管理职能来落实部门责任的。通常建设工程项目的管理职能如下。

1）组织管理

组织管理包括以下具体的管理任务。

（1）建立项目管理机构和人力资源管理团队，促进团队建设。

（2）落实各方面的责、权、利，制订项目管理工作流程和工作规则。

（3）领导团队工作，解决出现的各种问题。

2）范围管理

范围管理是为确保项目目标实现而开展的对于项目产出物范围和项目工作范围的管理。

3）投资管理

投资管理包括以下具体的管理任务。

（1）投资的预测和计划，包括投资估算、设计概算、招标控制价和施工图预算。

（2）编制支付计划、收款计划、资金计划和融资计划。

（3）投资控制，包括审核投资支出、分析投资变化、研究投资减少途径并采取投资控制措施等任务。

（4）审核竣工结算并提出投资决算报告。

4）进度管理

进度管理包括方案的科学决策、计划的优化编制和实施有效控制三个方面的任务。

（1）方案的科学决策，包括方案的可行性论证、综合评估和优化决策，是实现进度管理的先决条件。只有决策出优化的方案，才能编制出优化的计划。

（2）计划的优化编制，包括科学确定项目的工序及其衔接关系、持续时间，优化编制网络计划和实施措施，是实现进度管理的重要基础。

（3）实施有效控制，包括同步跟踪、信息反馈、动态调整和优化控制，是实现进度管理的根本保证。

5）质量管理

质量管理包括制订各项工作的质量要求及质量事故预防措施，各方面的质量监督和验收制度，以及各个阶段的质量事故处理和控制措施三个方面的任务。制订的质量要求要具有科学性，质量事故预防措施要具备有效性；质量监督和验收包含对设计质量、施工质量及材料设备质量的监督和验收，要严格检查制度和加强分析；质量事故处理和控制要对每一个阶段均严格管理，采取细致而有效的措施，以确保质量目标的实现。

6）风险管理

风险管理是项目管理团队通过对风险的识别、分析评估、应对和监控，以最小的代价，最大限度地实现项目目标的科学和艺术。风险管理贯穿于项目的全寿命期。

7）信息管理

信息管理是建设工程项目管理的基础工作，是实现项目目标的保证。其主要任务就是及时、准确地向项目管理各级领导、各参建单位及各类人员提供所需的综合程度不同的信息，以便在项目进展的全过程中，动态地进行项目规划，迅速、正确地进行各种决策，并及时检查决策执行结果，反映工程实施中暴露出来的各类问题，为实现项目总目标的控制服务。

8）合同管理

合同管理包含以下具体的管理任务。

（1）项目合同策划。

（2）招投标管理，包括招标准备、起草招标文件、合同审查等。

（3）合同实施控制。

（4）合同变更管理。

（5）索赔管理及合同争执的处理等。

9）资源管理

资源管理包括制订资源供应计划，控制资源采购和供应过程。

10）安全管理

安全管理是为保证建设工程项目顺利进行、防止伤亡事故发生、确保安全生产而采取的各种对策、方针和行动的总称，包括安全法规、安全技术、职业卫生三个相互联系又相互独立的内容。

4. 建设工程项目的建设程序

建设工程项目的建设程序是指一项建设工程项目从设想、提出到决策，经过设计、施工直到投产使用的全部过程的各阶段、各环节以及各主要工作内容之间必须遵循的先后顺序。

目前，我国建设工程项目的建设程序，大体上分为投资决策和实施两大阶段。

项目投资决策阶段的主要工作是编制项目建议书，进行可行性研究并形成可行性研究报告，以可行性研究报告得到批准为一个重要的"里程碑"，通常称为批准立项。立项后，建设工程项目进入实施阶段，主要工作是项目的设计、施工、动用前准备、保修等。建设工程项目的建设程序如图1-1所示。

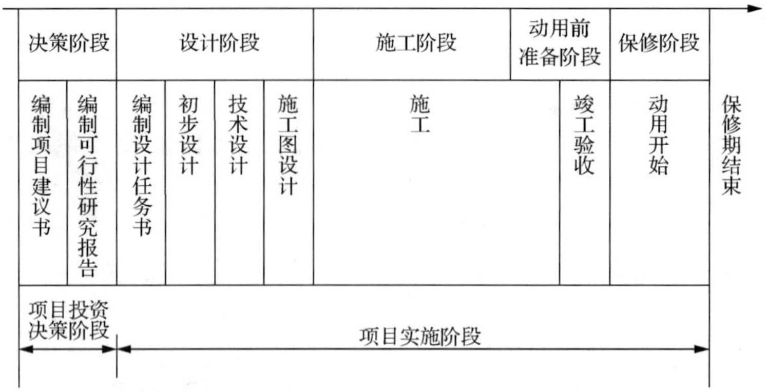

图 1-1 建设工程项目的建设程序

1）投资决策阶段

（1）编制项目建议书。项目建议书是项目法人单位向国家提出的、要求建设某一工程项目的建议性文件，是对工程项目的轮廓设想，是从拟建项目的必要性和可能性加以考虑的。

（2）编制可行性研究报告。项目建议书经批准后，应紧接着进行可行性研究。可行性研究是对工程项目在技术和经济上是否可行进行科学分析和论证的工作，是技术经济的深入论证阶段，为项目投资决策提供依据。可行性研究阶段最后提交的成果是可行性研究报告。经批准的可行性研究报告，是工程项目实施的依据。

2）设计阶段

设计是复杂的综合性技术经济工作，设计前和设计中要进行大量的勘察调查工作，没有一定广度和深度的勘察工作，就不可能有正确的设计工作。设计前，首先要编制设计任务书。工程设计是分阶段进行的，常见的设计阶段划分如下。

（1）初步设计，是根据可行性研究报告的要求所做的具体实施方案，目的是论证在指定的地点、时间和投资控制数额内，拟建项目在技术上的可行性和经济上的合理性，并通过对工程项目做出的基本技术经济参数的规定，编制项目总概算。

（2）技术设计，是对重大项目和新型特殊项目，为进一步解决某些具体技术问题或确定某些技术方案而增加的设计阶段。它是对初步设计阶段中无法解决而又需要进一步解决的问题所进行的设计，如特殊工艺流程方面的试验、研究和确定，大型建筑物、构筑物某些关键部位的结构形式、工程措施等的试验、研究和确定，新型设备的试验、制作和确定等。

（3）施工图设计，是要完整地表现建筑物外形、内部空间分割、结构体系、构造状况以及建筑群的布局和周围环境的配合，要有详细的构造尺寸。设计完成的施工图经过审核，提供给施工方施工。

3）施工阶段

工程项目经批准开工，便进入了施工阶段。一般开工建设的时间，是指工程项目设计文件中规定的任何一项永久性工程第一次破土开槽开始的日期；不需要开槽的，正式开始打桩的日期就是开工日期。施工活动应按设计要求、合同条款、规程规范、施工组织设计进行，保证工程项目的质量目标、工期目标和投资控制目标得以实现。

4）动用前准备阶段

这一阶段主要包括竣工验收阶段。竣工验收阶段包含两种验收：一种是一个工程项目的施工合同完成后，由承包人将合同工程移交给发包人所进行验收，常称完工验收；另一种是整个工程项目完工并投产后，由政府组织的对工程的验收，常称竣工验收。

5）保修阶段

项目从竣工验收合格开始到保修期结束为止的阶段，即项目的保修阶段。

5．各方项目管理的目标和任务

一个建设工程项目需要由许多参与单位承担不同的任务，各参与单位的工作性质、工作内容和利益诉求各不相同，因此形成了代表不同利益方的项目管理。由于业主方是建设工程项目实施的总集成者，也是建设工程项目生产过程的总组织者，因此，业主方的项目管理是核心。

1）业主方项目管理

业主方的项目管理服务于业主方的利益，其项目管理的目标是项目的投资目标、进度目标和质量目标。其中投资目标指的是项目的总投资目标；进度目标指的是项目动用的时间目标，也就是交付使用的时间目标；项目的质量包括设计质量、材料质量、设备质量、施工质量和影响项目运行或运营的环境质量等，质量目标包括满足相应的技术规范和技术标准的规定，以及满足业主方相应的质量要求。

三大目标之间存在内在联系并相互制约，是矛盾的统一体。在项目发展的不同阶段，对各目标的控制也会有侧重，但三大目标之间应相互协调，达到综合平衡。

2）设计方项目管理

设计方作为项目建设的一个参与方，其项目管理主要服务于项目的整体利益和设计方本身的利益。由于项目的投资目标能否得以实现与设计工作密切相关，因此，设计方项目管理的目标包括设计的成本目标、设计的进度目标和设计的质量目标，以及项目的投资目标。

设计方的项目管理工作主要在设计阶段进行，但也涉及决策阶段、施工阶段、动用前准备阶段和保修阶段。

3）施工方项目管理

施工方的项目管理工作主要包括：施工安全、成本、进度、质量、合同、信息管理及与施工有关的组织与协调。施工方是指承担施工任务的所有单位，包括施工总承包方、施工总承包管理方、施工分包方等。如果项目采用施工总承包或施工总承包管理模式，则施工分包方必须接受施工总承包方或施工总承包管理方的工作指令，服从总体的项目管理安排。

4）项目总承包方项目管理

项目总承包有多种形式，如设计和施工任务的总承包，设计、采购和施工总承包等，这些都属于项目总承包方的项目管理。项目总承包方的项目管理工作涉及项目实施阶段的全过程，主要包括安全管理、投资控制，项目总承包方的成本、进度、质量、合同、信息管理以及与项目总承包方有关的组织与协调。

5）供货方项目管理

供货方作为项目建设的一个参与方，其项目管理目标包括供货的安全、成本、进度、质量、合同、信息管理以及与供货有关的组织与协调。

任务 1.2 建设工程项目管理的发展与应用

1.2.1 建设工程项目管理的产生与发展

以现代的视角看，有工程项目就存在管理的问题，在这种意义上，可以认为工程项目管理是一种古老的人类生产实践活动。但工程项目管理真正成为一门科学或学科却是 20 世纪 50 年代以后的事。

从工程建设来看，20 世纪 50 年代前后大型工程项目开始出现，国际承包事业大力发展，竞争非常激烈；在科学和军事等方面，复杂的科研、军事和航天项目大量涌现。实践让人们认识到，由于项目的一次性和约束条件的不确定性，要取得成功，必须引进科学的管理方法，加强管理，于是项目管理科学作为一种客观要求被提了出来。

从理论准备来看，第二次世界大战以后，科学管理方法大量出现，逐渐形成了管理科学理论体系，并被广泛应用于生产管理实践，诸如系统论、控制论、组织论、预测技术、网络计划技术、数理统计理论等均已发展成熟，在生产管理实践中取得了成功，产生了巨大效益。特别是 20 世纪 50 年代末产生的网络计划技术，应用于项目管理后取得了理想效果，引起世界性的轰动。

生产管理实践的客观需要和管理科学理论体系的逐步形成，使人们顺理成章地将两者结合起来，并进一步系统化，使工程项目管理越来越具有科学性，而终于作为一门学科迅速发展，跻身于管理科学的殿堂。

从 20 世纪 60 年代开始，国际上对项目管理的研究和应用普遍展开，两大国际性组织国际项目管理协会（International Project Management Association，IPMA）和 PMI 的出现，以及其他一些国家的项目管理协会相继建立，标志着项目管理得到了普遍发展，这些组织的建立同时也促进了项目管理的进一步发展。早期项目管理理论的研究和应用，主要体现在军事工程和建设工程领域。

项目 1 建设工程项目管理概论

> 🌐 **知识链接**

IPMA 是 1965 年在瑞士注册的非营利性组织,国际项目管理领域中的项目经理之间可以交流各自的经验,到目前为止共有近 70 个国家的组织成员。

PMI 成立于 1969 年,是全球领先的项目管理行业的倡导者。PMI 创造性地制定了行业标准,由其组织编写的《项目管理知识体系指南(PMBOK 指南)》已经成为项目管理领域最权威的教科书,被誉为项目管理的"圣经"。该机构目前在全球有 300 多个地方分会和 70 多万会员,是项目管理专业领域中由研究人员、学者、顾问和经理组成的全球性的专业组织机构。

在世界范围内,建设工程项目管理学科在实践中不断发展和提高,主要表现在以下方面。

(1)在工程项目发包方式方面,在传统的设计-招标-建造(design-bid-build,DBB)方式的基础上,根据业主需求和建设环境的不同,相继出现了设计-施工(design-build,DB)、设计-采购-施工总承包(engineering procurement construction,EPC)和建设-经营-转让(build-operation-transfer,BOT)等多种发包方式,使不同条件下的工程项目发包更加科学和合理。

(2)在工程项目业主方管理方式方面,在传统自主管理方式的基础上,出现了委托管理方式,如 PM(project management)模式、"Agency" CM 模式等。

(3)在建设工程合同方面,建设工程合同条件研究和应用水平的不断提高,标准化合同条件的广泛应用,促使建设工程项目管理水平不断上升。如国际咨询工程师联合会(FIDIC)在 20 世纪 70 年代制定和颁布了《土木工程施工合同条件》等合同条件,在国际工程中被广泛使用,并在使用中不断完善,目前已修订五次,使其更科学合理。世界上许多国家也有自己的标准化建设合同,这些有力地促进了建设工程项目管理水平的提高。

(4)在建设工程项目管理技术的应用方面,随着计算机技术及整个信息技术的高速发展,管理技术在建设工程项目管理领域得到了较好应用。如 20 世纪 50 年代末出现的网络计划技术,基于手工条件其在大型建设工程项目上的应用较困难,借助于计算机后,网络计划技术在大型建设工程项目上的应用变得相当简单。目前利用计算机辅助建设工程项目管理已相当普遍,促使管理效率大大提高,并促进了建设工程项目管理的标准化和规范化。

(5)建设工程项目管理的职业化。咨询工程师、工程师/监理工程师、造价工程师、工程建造师等组成了一支以工程项目管理为职业的队伍,他们依靠自己的专业知识、技能和经验立足于社会、服务于社会,活跃在建设工程项目管理实践的第一线,促进着建设工程项目管理学科的发展。

1.2.2　我国建设工程项目管理的发展

我国建设工程项目管理的实践历史非常早,如修建举世闻名的万里长城、京杭大运河、都江堰、北京故宫等工程。然而,真正将项目管理上升到理论与科学的层次却是近代的事。

20 世纪 60 年代中期,我国老一代科学家华罗庚、钱学森等人就开始致力于推广和应用项目管理的理论和方法。如在 20 世纪 60 年代研制战略导弹武器系统时,就引进了计划评审技术（program evaluation and review technique，PERT）。华罗庚教授还深入工程建设第一线推广应用 PERT。

从 20 世纪 80 年代开始，我国建设工程项目管理理论研究和应用进入一个新阶段。随着改革开放和社会主义市场经济体制的确立，与社会主义市场经济相适应并逐步和国际惯例接轨的建设工程项目管理体制得到推行，工程项目管理的研究和教学活动蓬勃兴起。

1984 年，我国云南鲁布革水电站引水隧洞工程按照国际惯例进行国际招标，实行项目管理，取得了缩短工程建设工期、降低工程建设造价的显著效果。原国家建设部等五部委对其进行了经验总结，形成了著名的鲁布革工程项目管理经验，并在全国推广应用。此后，招标承包制在我国普遍推行，把竞争机制引入工程项目建设中，收到较好的效果。

在 20 世纪 80 年后期，为进一步和国际惯例接轨、完善招标承包制、加强承发包合同管理，我国继而推行了工程建设监理制，使建设工程项目管理体制进一步完善。在建设领域先是提出了项目业主责任制，以适应社会主义市场经济体制，转换工程项目投资经营机制，提高投资效益，此后又提出了建设项目法人责任制，对项目业主责任制作了进一步完善。

当前，为了规范和完善建设工程项目管理，制定符合中国特色并与国际接轨的项目管理体系，中华人民共和国住房和城乡建设部发布《建设工程项目管理规范》（GB/T 50326—2017），自 2018 年 1 月 1 日起施行。

《建设工程项目管理规范》的主要技术内容为：1 总则；2 术语；3 基本规定；4 项目管理责任制度；5 项目管理策划；6 采购与投标管理；7 合同管理；8 设计与技术管理；9 进度管理；10 质量管理；11 成本管理；12 安全生产管理；13 绿色建造与环境管理；14 资源管理；15 信息与知识管理；16 沟通管理；17 风险管理；18 收尾管理；19 管理绩效评价。

1.2.3 我国建设工程项目管理的应用趋势

1. 国际化趋势

随着我国改革开放的进一步发展，中国经济日益深刻地融入全球市场，在我国的跨国公司和跨国项目越来越多，许多体量大、复杂程度高的项目需通过国际招标、咨询或 BOT 模式运作，我国企业在海外投资和经营的项目也越来越多。这些都要求我国建设工程项目管理必须进一步加快管理方式的国际化转变，努力学习、借鉴国际上的先进经验，不断提升项目管理水平，以真正体现"向管理要效益"的经营理念。

2. 由过去施工阶段管理进入全寿命期管理的新模式

我国工程咨询业具有起步晚、水平低、专业分散、职能分割、组织形式多样化的特征，工程建设全过程的管理和咨询服务长期被分割在不同的职能机构，这种分割使各职能机构仅从阶段着眼，缺乏整体观念，且前后信息链断裂，缺乏完整一贯的信息支持，不仅浪费人力资源，而且使决策的正确性、设计的合理性、监理的有效性都大受影响。建设工程项目管理迫切需要坚持系统观念[①]，开启全寿命期管理的新模式。

---

① 党的二十大报告指出，"必须坚持系统观念"。"万事万物是相互联系、相互依存的。只有用普遍联系的、全面系统的、发展变化的观点观察事物，才能把握事物发展规律。"

随着 2003 年原国家建设部《关于培育发展工程总承包和工程项目管理企业的指导意见》和《建设工程项目管理试行办法》的颁发，允许具有设计、施工、监理、造价、招投标代理能力的企业在自身资质范围内进行建设工程项目管理，一大批作为综合性、多职能建设的工程项目管理企业便应运而生，标志着我国建设工程项目管理进入一个全新的历史发展阶段，并在逐步适应加入WTO后经济全球化趋势的要求。随着政府投资工程管理体制的改革及工程规模的不断扩大和技术要求的日益复杂，建设工程项目由政府或业主自行管理逐步过渡到委托工程咨询机构管理，由施工阶段委托监理发展到全过程委托或"代建制"全过程管理。这一发展历程反映了政府职能转变后业主对于平衡市场交易信息和专业化管理的需要，也是项目管理方法在建设工程项目上广泛运用和深化发展的必然趋势。

3. 由不同主体的阶段形式进入工程总承包管理的新走向

以往对工程某个环节的单一承包方式，被越来越多的综合承包所取代，这就促进了建筑业和建筑市场的变化和发展，业主更多地希望设计和施工紧密结合，希望建筑业提供形成建筑产品全过程的服务，包括对于项目的策划、设计、招投标、施工等内容的管理。

4. 信息化

随着互联网技术的发展和知识经济时代的到来，建设工程项目管理的信息化成为必然趋势，使得通过知识共享来提高项目管理水平成为可能。目前，在一些项目管理中通过运用计算机网络技术，已经实现了项目管理的网络化、虚拟化。通过大量项目管理软件的开发和运用，下一步的建设工程项目管理必将成为信息化的管理。

项目小结

建设工程项目是指需要一定量的投资，经过前期策划、设计、施工等一系列程序，在一定的资源约束条件（时间、质量等要求）下，以形成固定资产为确定目标的一次性任务。一个建设工程项目必须在一个总体设计或初步设计范围内，由一个或若干个互有内在联系的单项工程所组成，在经济上实行统一核算，在行政上实行统一管理。它具有一次性、目标的明确性、整体性、不可逆性和复杂性等特征。

建设工程项目的建设程序大体上分为投资决策和实施两大阶段。项目投资决策阶段的主要工作，是编制项目建议书、进行可行性研究、编制可行性研究报告，以可行性研究报告得到批准为一个重要的"里程碑"，通常称为批准立项；立项后，建设工程项目进入实施阶段，主要工作是项目的设计、施工、动用前准备、保修等。

建设工程项目管理是以建设工程项目为对象，在既定的约束条件下，为最优地实现项目目标，根据项目的内在规律，对从项目构思到项目完成（指项目竣工并交付使用）的全过程进行的计划、组织、领导和控制，以确保该项目在允许的费用和要求的质量标准下按期完成。建设工程项目的特点，决定了建设工程项目管理是一次性管理、全过程的综合性管理以及约束强的控制管理。建设工程项目的管理职能包括组织管理、范围管理、投资管理、进度管理、质量管理、风险管理、信息管理、合同管理、资源管理和安全管理。

工程项目管理真正成为一门学科是在 20 世纪 50 年代后。在该领域，国际上具有重大影响力的两大组织为 IPMA 和 PMI。我国的建设工程项目管理起步稍晚，但发展较快，目前正逐步向国际接轨。

◖ 思 考 题 ◗

1. 什么是建设工程项目？
2. 建设工程项目有哪些类型？
3. 建设工程项目的建设程序如何？
4. 阐述建设工程项目管理的含义。
5. 建设工程项目管理的特点有哪些？
6. 建设工程项目管理的任务是什么？

项目 2　建设工程项目组织

思维导图

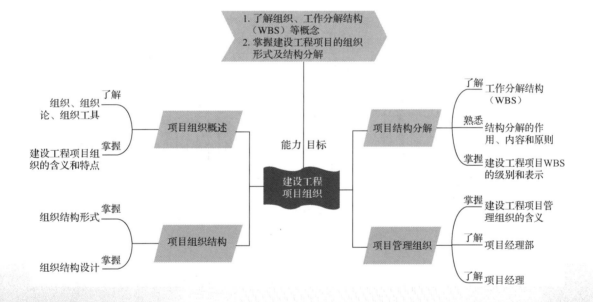

引例

某产业基地楼项目管理组织结构

某工程为知识经济总部产业基地楼项目,总建筑面积117668m^2,地下2层,地上26层,结构型式为框架-剪力墙结构。

针对本项目特点,为保证整个项目信息传达便捷、管理层次合理、管理效率有保障,管理公司确定了相应的组织结构。

在管理公司内部,本项目管理实行以项目部管理为中心、公司各职能部门管理为基础的管理机制。在管理组织结构上采用公司矩阵支持协作、项目部直线指挥的管理模式,经各部门分工与协作以及设置不同层次的权利和责任制度,建立精干、合理、科学和高效的现场管理组织,以顺利实现本项目管理目标。

本项目的管理组织结构如图2-1所示。

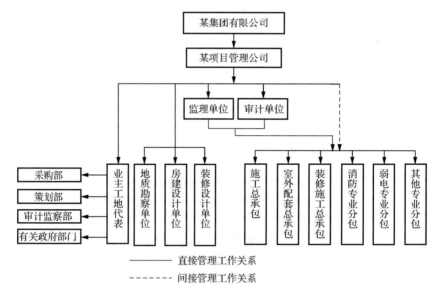

图2-1 本项目的管理组织结构

【分析】

(1)上述工程项目主要采用了线性组织结构的形式,责权清楚,相对稳定性较大,易于保持良好的组织状态,不易发生责权混乱的现象。

(2)业主方面配以矩阵支持协作,把职能原则和对象原则有机地结合起来,既发挥了纵向职能部门的优势,又发挥了横向项目组织的优势。

(3)从管理层次上看,本项目主要划分为四层,合理的层级结构是形成合理的权力结构的基础,也是合理分工的重要方面。

(4)在管理幅度上,本项目第四层的管理幅度较大,适当的管理幅度加上适当的层级划分和适当的授权,是建立高效组织的基本条件。

(5)由于参建单位众多,在本项目实施过程中,各参建单位的项目部既要协调好内部组织成员之间的关系,还应协调处理好各参建单位之间的关系以及工程项目部以外的项目间接参与者或相关单位的关系,这样才能提高建设工程项目的组织运行效率。

项目 2　建设工程项目组织

组织管理是建设工程项目管理的任务之一，在整个项目管理团队中，由哪个组织确定项目的目标任务、怎样确定各项任务的分工、依据怎样的管理流程进行动态控制，都涉及项目的组织问题。只有在理顺组织的前提下，才可能实现项目的有序管理。

任务 2.1　项目组织概述

2.1.1　组织的一般含义

组织是人们为了实现某种既定目标，根据一定的规则，通过明确分工协作关系，建立不同层次的权力、责任、利益制度而有意形成的职务结构或职位结构，是一种能够一体化运行的人、信息等资源的复合系统。

组织的含义

"组织"一词有两种含义：第一，作为一个实体，是指有意形成的、正式的职务或职位结构；第二，作为一种动态的过程，是指设计、建立并维持一种科学、合理的结构，并通过一定的权力、命令、指令和影响力，对特定目标的活动所需资源进行合理搭配的过程。

首先，作为一种结构形式，组织是为了使系统达到它的特定目标，使全体参与者经分工与协作以及设置不同层次的权力和责任制度而构成的一种人的组合，它可以理解为：

（1）是人们具有共同目标的集合体；

（2）是人们相互影响的社会心理系统；

（3）是人们运用知识和技术的技术系统；

（4）是人们通过某种形式的结构关系而共同工作的集合体。

其次，作为一种动态过程，组织是指为了达到某一目标而协调人群活动的一切工作，组织的对象是组织内各种可调控的资源。所谓组织活动，就是为了实现组织的整体目标而有效配置各种资源的过程。

2.1.2　建设工程项目组织的含义

建设工程项目组织，是指为完成特定的建设工程项目而建立起来的从事具体工作的组织；该组织是在项目寿命期内临时组建的，是暂时的，只为完成特定的目标。建设工程项目由目标产生工作任务，由工作任务决定承担者，由承担者形成组织。

建设工程项目的目标决定了项目管理的组织，而项目管理的组织是管理目标能否实现的决定性因素，其重要性不言而喻。因此，对一个建设工程项目管理进行诊断，应首先分析其组织方面存在的问题。

2.1.3 建设工程项目组织的特点

建设工程项目的特点，决定了相应组织和其他组织相比具有许多不同的特点，这些特点对项目的组织设计和运行有很大的影响。

1. 一次性

建设工程项目是一次性任务，为了完成目标而建立起来的项目组织也具有一次性。项目结束或相应任务完成后，项目组织就解散或重新构成其他项目组织。

2. 组织类型多且结构复杂

建设工程项目的参与者比较多，他们在项目中的地位和作用不同，且有着各自不同的经营目标，他们之间的合作也不是固定的关系。这些单位对项目进行管理，形成了不同类型的项目管理。

为了有效地实施项目管理，项目的组织结构应该和项目系统相一致，由于项目系统比较复杂，导致了项目组织结构的复杂性。在同一建设工程项目的管理中可能有不同结构形式的组织，组成一个复杂的组织结构体系；另外，建设工程项目组织还要和项目参与者的单位组织形式相互适应，这也会增加项目组织结构的复杂性。

3. 变化大

建设工程项目在不同的实施阶段，其工作内容不一样，项目的参与者也不一样；同一参与者，在建设工程项目的不同阶段的任务也不一样。因此，建设工程项目的组织也随着项目的不同实施阶段而变化。

4. 项目组织与企业组织之间关系复杂

在很多情况下，建设工程项目组织是企业组建的，是企业组织的组成部分。企业组织对项目组织的影响很大，从企业的经营目标、企业文化到企业资源、利益的分配等都影响到项目组织效率。从管理方面看，企业是项目组织的外部环境，项目管理人员来自企业；项目组织解体后，其人员返回企业。对于多企业合作进行的建设工程项目，虽然项目组织不仅仅由一个企业组建，但它依附于企业，仍受到企业的影响。

2.1.4 组织论和组织工具

1. 组织论

组织论是一门学科，主要内容是研究系统的组织结构形式、组织分工和工作流程组织，如图2-2所示。它是与项目管理相关的非常重要的基础理论学科。

组织结构形式反映了一个组织系统中各子系统之间或各元素（各工作部门或各管理人员）之间的指令关系。指令关系指的是哪一个工作部门或哪一位管理人员可以对哪一个工作部门或哪一位管理人员下达工作指令。

组织分工反映了一个组织系统中各子系统或各元素的工作任务分工和管理职能分工。组织结构形式和组织分工都是一种相对静态的组织关系。

工作流程组织反映了一个组织系统中各项工作之间的逻辑关系，是一种动态关系。图2-2中的物质流程组织对于建设工程项目来讲，指的是项目实施任务的工作流程组织，如设计工作流程组织可以是方案设计、初步设计、技术设计、施工图设计等。

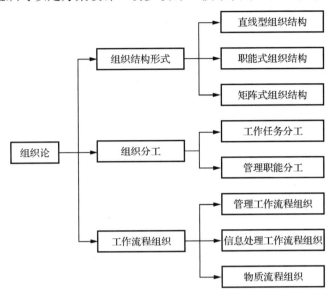

图 2-2　组织论的基本内容

2. 组织工具

组织工具是组织论的应用手段，用图或表等形式来表示各种组织关系。主要组织工具如下。

（1）项目结构图。
（2）组织结构图。
（3）工作任务分工表。
（4）管理职能分工表。
（5）工作流程图等。

任务 2.2　建设工程项目组织结构

2.2.1　组织结构形式

组织结构形式可用组织结构图来描述。组织结构图也是一个重要的组织工具，反映一个组织系统中各组成部门（组成元素）之间的组织关系（指令关系）。常用的组织结构形式，包括直线型组织结构、职能式组织结构和矩阵式组织结构等，这几种组织结构形式既可以在企业管理中运用，也可以在建设工程项目管理中运用。

直线型组织结构

1. 直线型组织结构

在军事组织系统中，组织纪律非常严谨，军、师、旅、团、营、连、排和班的组织关系是指令逐级下达，一级指挥一级、一级对一级负责。直线型组织结构就来自这种十分严谨的军事组织系统。在直线型组织结构中，每一个工作部门只能对其直接的下属部门下达工作指令，每一个工作部门也只有一个直接的上级部门，因此，每一个工作部门只有唯一一个指令源，避免了由于矛盾的指令而影响组织系统的运行。

特别提示

在国际上，直线型组织结构形式是建设工程项目管理组织系统的一种常用形式，因为一个建设工程项目的参与单位很多，少则数十，多则数百甚至数以千计，在项目实施过程中，矛盾的指令会给工程项目目标的实现造成很大的影响，而直线型组织结构形式可确保工作指令的唯一性。但在一个较大的组织系统中，由于直线型组织结构形式的指令路径过长，有可能造成组织系统在一定程度上的运行困难。

直线型组织结构如图 2-3 所示。

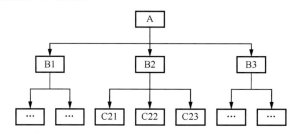

图 2-3 直线型组织结构

直线型组织结构的优点如下。

（1）保证单线领导，每个组织单元仅向一个上级负责，一个上级对下级直接行使管理和监督权。工作任务分配明确，责任和权力关系清晰，指令唯一，可减少相互扯皮和纠纷，协调方便。

（2）信息流通快，决策迅速，项目容易控制。

（3）组织结构形式与项目结构分解的图式基本一致。目标分解和责任落实比较容易，组织障碍较小，协调费用降低。

直线型组织结构的缺点如下。

（1）容易导致管理方式死板僵化，工作作风武断甚至独裁。

（2）某一位领导人负担过重，而其他人员又闲着无事。

（3）有的部门可能过度强调局部目标和局部利益而忽视整体目标与整体利益。

（4）如果工程较大，专业化分工太细，会造成多级分包，造成管理层次的增加。

2. 职能式组织结构

在人类历史发展过程中，当手工业作坊发展到一定的规模时，需要设置对人、财、物和产、供、销等分别管理的职能部门，这样就逐步形成了初级的职能式组织结构。职能式组织结构设计的最初目的是实现专业化分工的规模经济,但它现在已成为较为普遍的组织形式。

在职能式组织结构中,每一个职能部门可根据它的管理职能对其直接和非直接的下属工作部门下达工作指令,因此,每一个工作部门可能得到其直接和非直接的上级工作部门下达的指令,这样就可能形成多个矛盾的指令源,影响管理机制的运行。

职能式组织结构如图 2-4 所示。

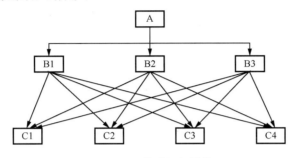

图 2-4　职能式组织结构

特别提示

职能式组织结构适宜用于较大的组织系统。

职能式组织结构的优点如下。

(1)专业人员的分工明确,专业性强,使用上具有较大的灵活性。

(2)技术专家专业化程度高,可以同时被不同的项目所使用。

(3)同一部门的专业人员在一起易于交流,能使项目获得部门内所有的专业支持,对创造性地解决项目的技术问题非常有帮助。

(4)职能部门拥有职权,可作为保持项目技术连续性的基础。

职能式组织结构的缺点如下。

(1)职能部门没有将客户作为关心的焦点,工作方式带有本位主义倾向,而不是面向问题或面向客户。

(2)容易出现多头领导,命令多元化使各层领导的责任心减弱、责任不明确,容易形成互相推诿和部门间的相互竞争或摩擦。

(3)职能部门对待项目的趋利观念较浓,会过分强调专业化。

3. 矩阵式组织结构

矩阵式组织结构是一种较新的组织结构形式,适用于大型组织系统。在矩阵式组织结构最高指挥者(部门)之下,设纵向和横向两种不同类型的工作部门,其中纵向工作部门如人、财、物、产、供、销的职能管理部门,横向工作部门如生产车间等。一个施工企业如采用矩阵式组织结构形式,其纵向工作部门可以是计划管理、技术管理、合同管理、财务管理和人事管理等部门,而横向工作部门可以是项目部,如图 2-5 所示。

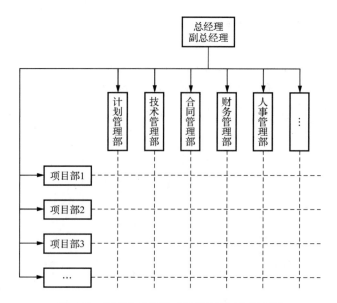

图 2-5 施工企业矩阵式组织结构形式示例

建设工程项目如采用矩阵式组织结构形式，则纵向工作部门可以是投资控制、进度控制、质量控制、合同管理、信息管理、财务管理、物资管理等部门，而横向工作部门可以是各子项目的项目管理部，如图 2-6 所示。

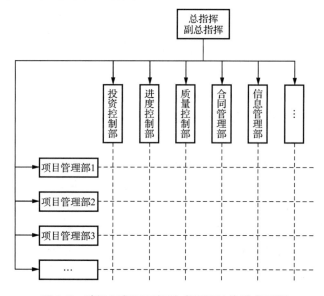

图 2-6 建设工程项目矩阵式组织结构形式示例

在矩阵式组织结构中，每一纵向和横向交汇的工作，指令来自纵向和横向两个工作部门，即指令源为两个；当纵向和横向工作部门的指令发生矛盾时，由该组织系统的最高指挥者（部门）进行协调或决策。在矩阵式组织结构中，为避免纵向和横向工作部门指令矛盾对工作的影响，可以采用以纵向工作部门指令为主或以横向工作部门指令为主的矩阵式组织结构形式，这样可以降低内耗，减少最高指挥者（部门）的协调工作量。

矩阵式组织结构的主要优点如下。

(1) 把职能原则和对象原则有机地结合起来，既发挥了纵向职能部门的优势，又发挥了横向项目组织的优势，解决了传统组织结构形式中企业组织和项目组织相互矛盾的难题，可增强企业长期例行性管理和项目一次性管理的统一性。

(2) 能有效地利用人力资源。通过职能部门的协调，可将一些项目上闲置的人才及时转到急需项目上去，以尽可能少的人力实施多个项目管理，使有限的人力资源得到最佳的利用。

(3) 有利于人才的全面培养。这种组织既可以使不同知识背景的人在项目组织的合作中相互取长补短，在实践中拓宽知识面，有利于人才的一专多能，又可以充分发挥纵向专业职能集中的优势，使人才的成长有深厚的专业训练基础。

(4) 组织上打破了传统的以权力为中心的管理模式，树立了以任务为中心的理念。这种组织的领导是分权的、民主的、合作的而非独权的。

矩阵式组织结构的主要缺点如下。

(1) 双重领导。矩阵式组织结构中的成员要接受来自纵向、横向领导的双重指令，当双方目标不一致或有矛盾时，会使当事人无所适从。出现问题时，往往出现相互推诿、无人负责的现象。

(2) 管理要求高，协调较困难。矩阵式组织结构对企业管理和项目管理的水平、领导者的素质、组织机构的办事效率、信息沟通渠道的畅通均有较高的要求。矩阵式组织结构的复杂性和项目接合部的增加，往往导致信息沟通量的膨胀和沟通渠道的复杂化，致使信息梗阻和信息失真的增加，这就使组织关系协调更为困难。

(3) 经常出现项目经理的责任与权力不统一的现象。在一般情况下，职能部门对项目组织成员的控制力大于项目经理的控制力，导致项目经理的责任大于权力，工作难以开展。项目组织成员受到职能部门的控制，所以凝聚在项目上的力量较弱，使项目组织的作用发挥受到影响；同时，管理人员兼管多个项目，难以确定管理项目的前后顺序，会顾此失彼。

特别提示

一个项目有许多组织结构形式可以选择，这些结构形式各有其适用范围、使用条件和优缺点，不存在唯一的适用于所有组织或所有情况的最好的结构形式，即并不能说哪一种项目组织结构先进或落后，好或者不好。在选择时必须按照具体情况进行分析。

2.2.2 组织结构设计

1. 组织结构的构成因素

组织结构由管理层次、管理幅度、部门的划分、管理职责四大因素组成，这些因素相互联系、相互制约。在进行组织结构设计时，应考虑这些因素之间的平衡与衔接。

组织结构的构成因素

1) 管理层次

管理层次是指从最高管理者到最低层操作者的等级层次的数量。合理的管理层次是形成合理的权力结构的基础，也是合理分工的重要方面。管理层次多，信息传递就慢，而且容易失真。层次越多，所需要的人员和设备就越多，协调的难度也越大。

2）管理幅度

管理幅度是指一个上级管理者能够直接管理的下属的人数。管理幅度大，管理人员的接触关系增多，处理人与人之间关系的数量随之增大，所承担的工作量也增加。

管理幅度与管理层次相互联系、相互制约，二者成反比关系，即管理幅度越大，管理层次越少；反之，管理幅度越小，则管理层次越多。合理确定管理幅度，对正确设置组织的等级、层次结构具有重要的意义。

知识链接

法国管理顾问格兰丘纳斯在1933年提出了通过计算一个管理者所直接涉及的工作关系数来计算他所承担的工作量的模型：

$$C=N(2^{N-1}+N-1)$$

式中　C——可能存在的工作关系数；

　　　N——管理幅度。

3）部门的划分

部门的划分是将完成组织目标的总任务划分为许多具体任务，然后把性质相似或具有密切关系的具体工作合并归类，并建立起负责各类工作的相应管理部门，将一定的职责和权限赋予相应的部门。部门的划分，应满足专业分工与协作的要求。组织部门划分有多种方法，如按职能划分、按产品划分、按地区划分、按顾客划分、按市场渠道划分等。

4）管理职责

职责是责、权、利系统的核心，在确定职责时应明确提高效率和便于考核的目标。为了达到这个目标，在明确职责时应坚持专业化的原则，这样有利于提高管理的效率和质量；同时应授予与职责相应的权力和利益，以保证和激励各部门完成职责。

2. 组织结构设计的原则

建设工程项目的组织结构设计关系到建设工程项目管理的成败，应遵循以下原则。

（1）目的性原则。从"一切为了确保项目目标实现"这一根本目标出发，因目标而设事，因事设人、设机构、分层次，因事定岗定责，因责而授权。这是组织结构设计应遵循的客观规律，颠倒这种规律或离开项目目标，就会导致组织的低效或失败。

（2）集权与分权统一的原则。集权是指把权力集中在上级领导的手中，而分权是指经过领导的授权，将部分权力分派给下级。在一个健全的组织中不存在绝对的集权，绝对的集权意味着没有下属主管；也不存在绝对的分权，绝对的分权意味着上级领导职位的消失，也就不存在组织了。合理的分权既可以保证智慧的统一，又可以保证下级有相应的权力来完成自己的职责，能发挥下级的主动性和创造性。为了保证项目组织的集权与分权的统一，授权过程应包括：确定预期的成果，委派任务，授予实现这些任务所需的职权，以及行使职责使下属实现这些任务。

（3）专业分工与协作统一的原则。分工就是为了提高项目管理的工作效率，把为实现项目目标所必须做的工作按照专业化的要求分派给各个部门及部门中的每一个人，明确他们的工作目标、任务及工作方法。分工要严密，每项工作都要有人负责，每个人都应负责他所熟悉的工作，这样才能提高效率。

分工要求协作，组织中只有分工没有协作，组织就不能有效运行。为了实现分工与协作的统一，组织中应明确部门之间和部门内部的协作关系与配合方法，各种关系的协调应尽量规范化、程序化。

（4）管理幅度与层次的原则。适当的管理幅度，加上适当的层次划分和适当的授权，是建立高效组织的基本条件。在建立项目组织时，每一级领导都要保持适当的管理幅度，以便集中精力在其职责的范围内实施有效的领导。

（5）系统化管理的原则。这是由项目的整体性所决定的。建设工程项目是一个开放的系统，是由众多子系统组成的有机整体，这就要求项目组织也必须是一个完整的组织结构系统，否则就会导致组织和项目系统之间不匹配、不协调。

（6）弹性结构原则。现代组织理论特别强调组织结构应具有弹性，以适应环境的变化。弹性结构，是指一个组织的部门结构、人员职责和工作职位都是可以变动的，保证组织结构能进行动态的调整，以适应组织内外部环境的变化。建设工程项目是一个开放的复杂系统，它本身以及它所处的环境的变化往往较大，所以弹性结构原则在建设工程项目组织结构设计中意义重大，建设工程项目组织结构应能满足由于项目及项目环境的变化而进行动态调整的要求。

（7）精简高效原则。建设工程项目组织结构设计应该把精简高效的原则放在重要的位置。组织结构中的每个部门、每个人和其他的组织要素为了一个统一的目标，应组合成最适宜的结构形式，实行最有效的内部协调，使决策和执行简捷而正确，减少重复和扯皮，以提高组织效率。因此在保证必要职能履行的前提下，应尽量简化机构，这也是提高效率的要求。

3. 组织结构设计的程序

如图2-7所示，在设计组织结构时，可按以下程序进行。

（1）确定项目管理目标。建设工程项目管理目标是建设工程项目组织设立的前提，明确目标是组织设计和组织运行的重要环节之一。建设工程项目管理目标取决于项目目标，主要是工期、质量、成本这三大目标，这些项目目标应分阶段根据项目特点进行划分和分解。

（2）确定工作内容。根据管理目标，确定完成目标所必须完成的工作，并对这些工作进行分类和组合。在进行分类和组合时，应以便于目标实现为目的，考虑项目的性质、规模、复杂程度以及组织成员的技术业务水平、组织管理水平等因素。

（3）选择组织结构形式，确定岗位职责和职权。根据项目的性质、规模、建设阶段的不同，可以选择不同的组织结构形式，以适应管理的需要。组织结构形式的选择应考虑有利于项目目标的实现、有利于决策的执行、有利于信息的沟通。根据组织结构形式和例行性工作确定部门和岗位以及它们的职责，并根据职权一致的原则确定他们的职权。

（4）人员配备。按岗位职责的要求和组织原则，配备合适的管理人员，关键是确定各级部门的主管人员。人员配备是否合理，直接关系到组织能否有效运行、组织目标能否实现。应根据授权原理，将职权授予相应的人员。

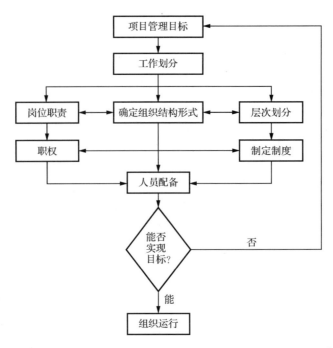

图 2-7 组织结构设计程序示意图

（5）设计组织运行的工作程序和信息沟通的方式。以规范化程序的要求确定各部门的工作程序，规定它们之间的协作关系和信息沟通方式。

任务 2.3　建设工程项目结构分解

2.3.1 结构分解与工作分解结构（WBS）

项目是由许多互相联系、互相影响和互相依赖的活动组成的行为系统，应通过系统的工作程序，对这个系统进行结构分解，将项目范围规定的全部工作分解为较小的、便于管理的独立活动，通过定义这些活动的费用、进度和质量以及它们之间的内在联系，将完成这些活动的责任赋予相应的部门和人员，建立明确的责任体系，以达到控制整个项目的目的。这项工作的结果就是工作分解结构（work breakdown structure，WBS），也就是将总目标和总任务所定义的项目分解开来，得到不同层次的项目单元，以项目可交付成果为导向，把项目工作分解成较小的、更易于管理的组成部分。

WBS 总是处于计划过程的中心，也是制订进度计划、资源需求、成本预算、风险管理计划和采购计划等的重要基础，并且是控制项目变更的重要基础，所以 WBS 也是一个项目管理的综合工具。

建设工程项目具有整体性，而实施的所有管理活动也必然相互联系、相互影响、相互制约，这些活动构成了建设工程项目的行为系统。建设工程项目初期，由于其目标是总体的、轮廓性的，项目实施活动也是大体描述的，人们从这些方面很难去准确识别和理解建设工程项目及其实施，这必然给项目的管理带来困难。项目管理者需要把项目最初的目标、技术和活动的定义，转化为一系列能保证项目成功实施的具体活动。因此项目管理者需要对项目及其行为系统进行有效的分析，确定它们的构成及各构成单元之间的内在联系，即形成项目的 WBS。

2.3.2 建设工程项目结构分解的作用

建设工程项目结构分解是将整个项目系统分解成可控制的活动，以满足项目计划和控制的需求。它是建设工程项目管理的基础工作，用于形成项目的设计、计划、目标、责任分解、成本核算、质量控制、信息管理、组织管理的对象。

建设工程项目结构分解的基本作用如下。

（1）保证项目结构的系统性和完整性。分解结果（即 WBS）代表被管理的项目的范围和组成部分，还包括项目实施的所有工作，不能有遗漏，这样才能保证项目的设计、计划、控制等的完整性。

（2）使项目的形象透明，项目的概况和组成明确、清晰，使人们对项目一目了然。这样，项目管理者无须知道项目的业主、投资者也能把握整个项目，方便观察、了解和控制整个项目过程。

（3）用于建立目标保证体系。结构分解将项目的实施过程、项目成果和项目组织有机地结合在一起，是进行项目任务承发包、建立项目组织、落实组织责任的依据。

（4）将项目的质量、工期、投资目标分解到各个项目单元。在项目实施过程中，各责任人就可以针对项目单元进行详细的设计，确定实施方案，做各种计划和风险分析，实施控制，对完成状况进行评价。

（5）项目结构分解的各个项目单元是建设工程项目报告系统的对象，是项目信息的载体。项目中的大量信息，如资源使用、进度报告、成本开支账单、质量记录与评价、工程变更、会谈纪要等，都是以项目单元为对象收集、分类和沟通的。

2.3.3 建设工程项目结构分解的表示方式

建设工程项目结构分解的表示方式通常包括以下两种。

1）树形结构图

常见的建设工程项目树形结构图如图 2-8 所示。

通常用"任务""子任务""工作包""活动"等表示树形结构图上不同层次的名称。

2）项目结构分解表（项目活动清单）

将项目结构用表来表示即为项目结构分解表，它既是项目工作任务分配表，又是项目范围说明书。如图 2-8 所示项目的树形结构图也可以用一个项目结构分解表来表示，见表 2-1。其活动清单内容包括项目将要进行的所有活动，又称为项目活动清单。

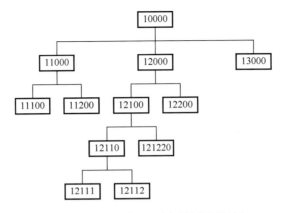

图 2-8　建设工程项目树形结构图示例

表 2-1　项目结构分解表（项目活动清单）

编码	活动名称	负责人（单位）	预算成本	计划工期	…
10000					
11000					
11100					
11200					
12000					
12100					
12200					
12110					
⋮					
13000					

项目结构分解表中包含了这些工作的编码、名称、范围定义或工作说明，以及可交付成果描述、负责人（单位）、开始和完成时间、必要的资源、成本估算、合同信息、质量要求等内容。

2.3.4　建设工程项目 WBS 的级别及其相互关系

建设工程项目的 WBS 是一个树形结构，以实现建设工程项目最终成果所需进行的工作为分解对象，依次逐级分解，形成越来越详细的若干级别（层次）、类别，并以编码标识若干大小不同的项目单元。WBS 最常见的形式是六级别（层次）关联结构，如图 2-9 所示。

其中第 1 级是总项目，由一系列单体项目（第 2 级）组成，单体项目活动和费用之和应与总项目相等；每个单体项目能分解成许多项目任务（第 3 级），所有项目任务之和等于所有单体项目之和，同时构成总项目；以下以此类推。这样分解的目的是便于控制。

级别（层次）		说明
管理层	1	总项目（Total Program）
	2	单体项目（Project）
	3	项目任务（Task）
技术层	4	子任务（Subtask）
	5	工作包（Work Package）
	6	工作层（Level of Effort）

图 2-9　WBS 常见的六级别（层次）关联结构

从建设工程项目管理角度看，WBS 的上面三级由项目组织者根据建设工程项目可行性研究报告及业主的最高层次决策进行分解，主要用于项目组织者向业主报告进度和进行总进度控制；下面三级由不同的承包商在其投标时或中标后，根据其工程投标文件或合同的范围，在其以上级别分解的基础上继续进行分解，主要用于承包商内部计划与控制。由于建设工程项目的复杂程度不同，WBS 分解的级别或层次应根据工程特点具体确定。

工作包是 WBS 中的一个关键级别，它构成了建设工程项目计划明确的活动，是承包商设计、计划、说明、控制和验收的对象，所以必须对工作包进行明确的进度、成本、质量的责任方面的定义。同一 WBS 中，不同的工作内容（设计、准备、采购、施工、验收等）其工作包的大小（工作范围）可以不同。工作包可用工作包表进行说明，见表 2-2。

表 2-2　工作包表

项目包：_____ 子项目名：_____	工作包编码：_____	日期：_____ 版次：_____
工作包名称： 结果： 前提条件： 工程活动（或事件） 负责人：		
费用： 计划： 实际：	其他参加者：	工期： 计划： 实际：

在六级别关联结构的基础上，可以把项目的目标（工程量、工期、成本、质量）逐一分解到工作包中，用工作包表来描述和定义该工作包的各项目标和计划内容。工作包表的内容包括：任务范围，前导活动，工作包所包含的工序及子网络，责任人，所需资源量，以及工期计划、费用计划、实际工期和费用对比，等等。下面以施工项目为例，对这些要素一一说明。

（1）工程量。根据本工作包的工作范围，从图纸中计算得到。因为企业投标报价需计算工程量，现在的招标文件中就附有工程量清单，所以工作包中的工程量也可以从总的工程量清单中分解得到。

（2）持续时间。根据工程量的大小，视合同工期的要求，请有经验的工程技术人员估计，或通过工程量、劳动效率和投入人数等关系分析得到持续时间。与持续时间相适应的是完成该工作包所需的工人人数，这两个要素应互相调整，以满足工期要求。

（3）成本。可根据中标价或企业下达给项目部的成本目标，分解落实到工作包中，通过工程量比例分摊，或通过定额进行计算。

（4）质量。按照合同的质量等级，根据国家制定的规范及质量验收评定标准，结合企业 ISO 9000 落实各工作包的质量要求，提出保证质量的措施。

（5）前导活动。根据施工部署和施工方案，判断出每一工作包的前导活动。前导活动与工期目标也有联系，它确定了工程活动之间的逻辑关系，是构成网络的基础。

（6）工序及子网络。根据施工方案、工法、施工习惯等来确定工作包所含的工序及子网络。

（7）所需资源量。根据工作包中的工程量，通过工料分析计算出所需各种资源的数量。为使资源优化配置，应定义资源的优先级。

实际上，工作包表形成了某一项目或某一部分工作任务的综合计划内容。在作结构分解时，工作包表用来帮助对结构分解进行描述，并使总目标得到分解落实。项目实施后，每一份工作包表即是一份工作任务单，下达给实施责任人；责任人任务完成后，可作为对责任人的考核标准。所有的任务完成后，即可作为已完工程输入计算机，并与计划进行对比，以实现计划的动态管理。

2.3.5 建设工程项目结构分解的内容

上述 WBS 的级别或层次的分解，实际上是对建设工程项目的纵向（上下）分解。但因为建设工程项目中对同一对象有不同的工作过程，有一个生命周期，如一个单体项目有设计、准备、招投标、设备采购、施工、验收等前后相继的不同工作，所以有必要对项目进行横向分解。横向分解即对建设工程项目不同性质的工作内容进行分解，一般可按其生命周期中实施阶段的工作内容进行分解，如图 2-10 所示。

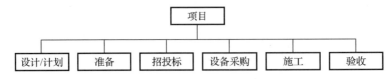

图 2-10 建设工程项目按横向分解

各工作内容下面，按照业主或项目组织者的合同战略及分标要求进行分解，如施工项目单元可以按图 2-11 所示分解。

项目结构分解中，项目组织者一般分解到合同包或合同包的下一级，这样便于对项目做出相对比较精确的时间与投资估算。项目结构分解应该是灵活的。

项目 **2** 建设工程项目组织

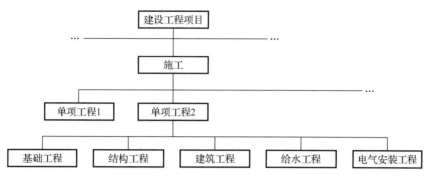

图 2-11 施工项目单元的继续分解

2.3.6 建设工程项目单元的编码设计

对每个项目单元进行编码是现代信息处理的要求。为了便于计算机数据处理，在项目初期，项目管理者就应进行编码设计，建立整个项目统一的编码体系，确定编码规则和方法，并在整个项目中使用。这是项目管理规范化的基本要求，也是项目管理系统集成的前提条件。

编码设计即给每个项目单元以唯一的不重复的数字或字母标识，使它们互相区别。编码能够标识项目单元的特征，使人和计算机可以方便地"读出"这个项目单元的信息。在项目管理过程中，网络分析、成本管理对数据的储存、分析、统计等均依靠编码识别，编码对整个项目的计划、控制和管理系统的正常运行都很关键。

项目的编码一般按照项目分解的树形结构图，采用"父码+子码"的方法来编制。WBS中第 1 级表示某一项目，为了表示项目的特征及其与其他项目的区别，可用 1～2 位的数字或字母来表示，字母可用英文缩写或汉语拼音缩写，以方便识别；第 2 级可代表实施过程的主要工作，或代表关键的单项工程或各个承建合同，同样可采用 1～2 位的数字或英文缩写、汉语拼音缩写等表示；以此类推，一般编到工作包级为止。每一级前面的编码决定了该级编码的含义。编码中应注意：当某一级项目单元（一般是下面几级）具有同样的性质（如实施工作、分区、功能和要素等），而它们的上一级单元彼此不同时，最好采用同一意义的代码，这样有利于项目的管理和计划工作的细化。

建设工程项目结构分解的基本原则

2.3.7 建设工程项目结构分解的基本原则

项目结构分解有其基本规律，如果不能正确分解，会导致依次作为基础的各项管理工作的失误。建设工程项目结构分解的基本原则如下。

（1）确保每个项目单元内容的完整性，不能遗漏任何必要的组成部分。

（2）项目结构分解是线性的，一个项目单元 J_i 只能从属于一个上层项目单元 J，不能同时交叉属于两个上层项目单元 J 和 I，否则这两个上层项目单元 J 和 I 就会界面不清。一旦发生这种情况，必须进行处理，以保证项目结构分解的线性关系。

（3）项目单元 J 分解得到的 $J_1, J_2, \cdots, J_n$ 应具有相同的性质，或同为功能、同为要素、同为实施过程。

（4）每一个项目单元应能区分不同的责任人和不同的工作内容，应有较高的整体性和独立性。项目单元之间的工作责任、界面应尽可能小而明确，这样才能方便建设工程项目目标和责任的分解与落实，以及进行建设工程项目实施成果的评价和责任分析。

（5）项目结构分解的结果是建设工程项目计划和控制的主要对象，应为项目计划的编制和工程实施控制服务。

（6）项目结构分解应有一定的弹性，当项目实施中做出设计变更与计划修改时，应能方便地扩展项目的范围、内容和变更项目的结构。

（7）项目结构分解应详略得当，过粗或过细的分解都会造成项目计划与控制的失误。详略程度应与项目的组织层次、参加单位的数量、各参加单位内部的职能部门与人员的数量、建设工程项目的大小、工期的长短、项目的复杂程度等因素相适应。

任务 2.4　建设工程项目管理组织

2.4.1 建设工程项目管理组织的含义

建设工程项目管理组织，是指为了完成特定的建设工程项目的目标而建立起来从事具体建设工程项目工作的群体，具有一次性和临时性的特点。建设工程项目管理组织可以从狭义和广义的角度来理解。

1. 狭义的建设工程项目管理组织

狭义的建设工程项目管理组织，是指建设工程项目阶段性工作中的管理组织，主要是指由业主或业主委托指定的负责项目管理的项目管理公司、项目经理部，一般按项目管理职能设置职位或部门，按项目管理流程完成属于自己管理职能内的工作。

业主、项目管理公司、施工承包商、设计单位、供应商都有自己的项目经理部和人员，因此建设工程项目管理组织是按具体对象划分的，如业主的项目管理组织、项目管理公司的项目管理组织、施工承包商的项目管理组织等。这些管理组织形成了项目总体的管理组织系统。

2. 广义的建设工程项目管理组织

广义的建设工程项目管理组织，是指在项目中从事各种项目管理工作的人员、单位、部门组合起来的群体，受项目系统结构限定，按项目工作流程进行工作，其成员各自完成规定的任务和工作。综合来讲，广义的建设工程项目管理组织是由业主、项目管理公司、施工承包商、设计单位、材料供应商、设备供应商等所有项目参与者共同组成的一种复杂的组织系统。在建设工程项目管理中，每个参与者都有各自的项目管理内容。

建设工程项目管理组织可以视为一个大系统，该系统不仅包括业主本身的组织系统，还包括项目的各利益相关者共同或分别建立的针对该项目的组织系统。

2.4.2 项目经理部

在建设工程项目管理组织中，由业主建立或委托的项目经理部居于中心位置，在项目实施过程中起决定性作用。项目经理部以项目经理为核心，一般按项目管理职能设置部门或岗位，按照项目管理规程工作。建设工程项目能否顺利实施，能否取得预期效果、实现目标，直接取决于项目经理部，特别是项目经理的管理水平和责任心。由于在项目实施过程中项目管理任务的非恒定性，项目经理部的组织结构和人员组成会随着项目的进展而发生一些变化。

1. 项目经理部的建设程序

（1）项目部的组建，即项目经理部的形成。

① 按照项目的组织策划和管理组织的计划，成立项目经理部。它要求机构健全，囊括项目管理的所有工作职能，同时力争精简。

② 选择合适的管理人员。最大限度地争取上层领导的支持，保证有效的符合计划要求的管理人员的投入。同时建立绩效考核和评估体系，对项目经理部的工作进行分解、落实、监控和考核。

（2）颁布项目管理规程，确定各个职能部门的人员安排并授权。

① 项目管理规程可以作为企业标准化文件直接颁布（如工程承包项目），也可以由项目管理组织讨论后制定。应使项目经理部成员尽早了解本项目目标和组织规则，告知项目的工作范围、目标体系、工作评价、奖励与表彰方法等。

② 在项目实施前应向各项目经理部成员"交底"，介绍项目管理系统，使大家了解、掌握本项目的"规则"，以便更好地组织协调。对相应管理岗位做出说明，宣布对管理人员的授权，确定责任、报告关系和组织界面，指出管理职权使用时应注意的问题等。

2. 项目经理部的运作阶段

（1）项目经理部成员互相磨合阶段。成员从各部门进入项目经理部，在该阶段，项目目标和工作内容已经明确，各成员开始执行分配到的任务。由于项目工作有明显的挑战性，能够独立决策，项目预期成果显著，职能管理人员往往会有工作的新鲜感和动力。但各成员之间存在一个相互适应的过程，可能会存在沟通障碍，难免有摩擦，会产生许多矛盾。

项目经理要能容忍成员的工作疏忽和错误，聆听不满和意见，积极引导，通过协调解决矛盾，保持对项目经理部的领导与控制。

（2）项目经理部的规范化阶段。项目经理应与其他成员一起参与讨论和解决问题，共同做出决策，创造一种有利的工作环境，激励项目经理部成员朝预定的目标共同努力，积极创新。

（3）项目管理出成效阶段。项目经理部成员互相信任、互相适应，能够很好地沟通和公开交流，管理效率逐渐提高，各项工作顺利开展。这时项目经理应充分授权，营造良好的组织环境，激励成员全力以赴，高效地完成目标。

（4）项目管理部解散阶段。在工程项目结束阶段，项目经理部要逐渐解散，有许多职能工作会逐渐减少，因此工作任务不饱满，项目管理组织职能逐渐弱化，成员会有不安和不稳定情绪，对本项目剩余工作失去兴趣和激情，导致效率降低，从而影响项目工作的收官。

此时项目经理应做好后期的组织和计划工作，同时要为项目经理部成员顺利进入新项目提供条件和帮助，以稳定军心，提高士气。

项目结束后，应该对各成员进行系统的考核、评价，并报告其所属部门。

3. 项目经理部的建设要求

由于项目管理组织的特殊性，团队精神对项目经理部的运作具有特殊的作用，是项目组织文化的具体体现。要取得项目的成功，必须最有效地调配项目经理部的各成员，化解矛盾，激发和调动各成员的积极性，使项目经理部高效运转。一个成功的项目经理部应具有以下特征。

（1）有明确的共同目标，所有成员对目标有共识。大家有共同的愿景，每个成员都追求项目的成功，则项目初期就可以激发所有成员的工作使命感。

（2）有合理的分工和合作。项目经理部成员有不同的角色分配，对完成任务应有明确的承诺，接受项目组织规则，同时又不拘泥于分工，形成合力。

（3）创建一种有利的工作环境。项目经理应鼓励每个成员积极参与，全身心地投入项目管理工作中，与内部成员及项目涉及的外部部门建立良好的工作关系，相互信任和尊重。

（4）创造公平、公正的工作氛围。人们渴望公平，如果工作过程中出现明显的不公平或有些成员感觉到不公平的情况，就会产生消极情绪。

（5）有效沟通。培养成员的团队意识，创造团队中的民主气氛，使沟通交流经常化。项目经理日常应注意关心成员，这比有目的地激励更有效。

（6）注重每个成员的发展。充分发挥成员的积极性，倡导创新精神，鼓励成员进行自我管理，激发各成员的潜能，使学习和创新成为项目经理部的常态活动。

2.4.3 项目经理

项目经理是建设工程项目承担单位的法定代表在该工程项目上的全权委托代理人，是负责项目组织、计划及实施过程，处理有关内外关系，保证项目目标顺利实现的项目负责人，是项目的直接领导与组织者。

在组织结构中，项目经理是协调各方面关系使之相互紧密协作、配合的桥梁和纽带，对项目管理目标能否实现承担着主要责任，即需要承担合同责任、履行合同义务、执行合同条款、处理合同纠纷等。

1. 项目经理的作用

（1）对项目进行有效的日常管理。项目经理是经过授权的项目负责人，对项目的各种事务进行全面、细致而有效的管理。项目经理对项目的工作必须进行周密的筹划和认真的安排，在日常管理中，要充分发挥项目经理部成员的主观能动性，同时加强对成员在项目工作中的指导，对项目运行中可能出现的问题做出准确的预测与判断。

（2）进行项目具体事务决策。项目在进行中，经常有许多问题需要当机立断，决定在何时采取何种具体行动，以及行动的具体方案。项目经理是项目的具体决策者与指挥者，特别是对于项目运行中出现的矛盾要及时处理做出决策，必要时应请示上级决策者。

（3）确保项目目标的实现。项目经理是项目的负责人，要根据项目进度及具体情况，及时调整项目的方向、工作重点和工作进度等，确保项目的实施成果满足上层组织的需要，以保证项目目标的实现。

2. 项目经理的素质要求

（1）德：是指具有良好的思想和作风。项目经理必须具有致力于发展社会生产力和造福于人民的观念，具有高度的事业心和责任感，有顽强的进取心和坚韧性，能顾全大局、大公无私，正确处理好国家、企业和个人的利益关系。

（2）识：是指知识与智力的统一，包括敏捷的见识和改革的胆识。项目经理应能及时抓住一般人感觉不到的问题，并能透彻地阐明其意义，深刻地掌握其规律，提出自己独特的见解；应具有识别新事物的能力，这是开创工作局面的前提。具备敏捷见识和改革胆识的项目经理，能在项目进展过程中及时发现问题和矛盾，准确地提出解决办法，勇于开展工作改革。

（3）能：对项目经理而言，知识和经验固然重要，但对于知识和经验的运用归根结底还是取决于能力。项目经理应具有的能力，主要包括决策能力、计划能力、领导能力和人际交往能力等。

（4）知：是指知识水平和知识结构。现代项目要求进行复杂、动态和系统的管理，现代管理者只有具备和不断提高知识水平，才能掌握现代管理的先进理论。现代管理涉及经济学、心理学、系统论、控制论和信息论等诸多方面的知识，因此，项目经理应具有工程管理、经济、金融、市场营销和法律等多方面的知识，才能在竞争中取胜，确保项目目标的实现。

（5）体：是指强健的身体和充沛的精力。强健的身体是现代管理者发挥德、识、能等作用的基础，充沛的精力是现代领导者适应快节奏、高效率工作的重要前提，因此，要求项目经理身体健康，精力旺盛。

3. 项目经理的能力要求

（1）成熟的判断能力、思维能力和随机应变能力。项目经理应具有长期从事项目管理工作的经验积累，特别要求具有类似项目的成功经验和业绩，对工程相关专业和管理工作具有敏锐的洞察力和成熟的判断能力。项目的单件性还要求项目经理必须具有应变能力和灵活性，能够适应不同的项目和项目组织。

（2）很强的沟通和激励能力。项目经理是典型的低权力的领导职位，需要靠领导艺术、影响力而非简单的权力和命令行事。作为项目经理,应努力做好以下三点。

① 充分利用合同和项目管理规程赋予的权力管理项目。

② 注意从心理学、行为学的角度调动项目经理部成员的积极性。

③ 要掌握沟通的技巧。

(3) 较强的组织管理与冲突管理的能力。具体要求如下。

① 能胜任小组的领导工作,知人善任,敢于和善于授权。

② 协调各方面的关系,善于人际交往,善于处理矛盾和解决冲突。

③ 工作具有计划性。

④ 工作具有目标导向性。

(4) 较强的语言表达能力。项目经理不仅要有新的思想和见解,还要在别人面前很好地表达出来;不仅要用自己的行为做出榜样,还要用自己的语言去感染、说服别人。

(5) 一定的工程技术技能。项目经理应具有一定的工程技术技能,这样才能对工程技术系统的机理有成熟的理解,能预见问题并针对性地解决各种问题。

(6) 综合能力。项目经理应具有战略观念,具有系统的思维和决策能力,能统筹兼顾,对整个项目系统进行全面观察、整体布局、统一管理。

4. 项目经理的知识结构

(1) 项目经理通常要接受过大专以上的教育,具有相应的专业背景,一般为土木工程或相关专业的专业人士。否则很难真正介入项目工作,被人们认可。

(2) 项目经理要具有项目管理的知识。目前最典型的是美国PMI提出的项目管理知识体系(PMBOK),要求项目经理需要掌握以下三方面的知识内容。

① 项目所在领域的相关专业知识。

② 一般的管理知识,如管理学、经济学、系统工程、战略管理、财务管理与会计等。

③ 项目管理知识,包括合同管理、范围管理、时间管理、成本管理、人力资源管理、采购管理、质量管理、信息管理、风险管理九大知识体系。

(3) 项目经理需要综合的知识,能迅速设计解决问题的方法、程序,抓住问题的关键,把握技术和实施过程逻辑上的联系。

项 目 小 结

组织管理是建设工程项目管理的任务之一。建设工程项目组织,是指为完成特定的建设工程项目而建立起来的从事具体工作的组织。常用的组织结构形式,包括直线型组织结构、职能式组织结构和矩阵式组织结构等,它们各有其优缺点。建设工程项目结构分解是通过系统的方法将总目标和总任务所定义的项目分解开来,得到不同层次的项目单元,可以用WBS表示。在本章学习中,应对常见的建设工程项目组织结构及其优缺点和建设工程项目结构分解的相关知识作重点掌握。

思 考 题

1. 建设工程项目组织的定义是什么？它有哪些特点？
2. 简述建设工程项目常见的组织结构形式，分析其优缺点。
3. 组织结构的构成因素有哪些？在进行组织结构设计时应遵循哪些原则？
4. 什么是工作分解结构？
5. 建设工程项目结构分解的基本原则是什么？

项目 3　建设工程项目前期策划管理

思维导图

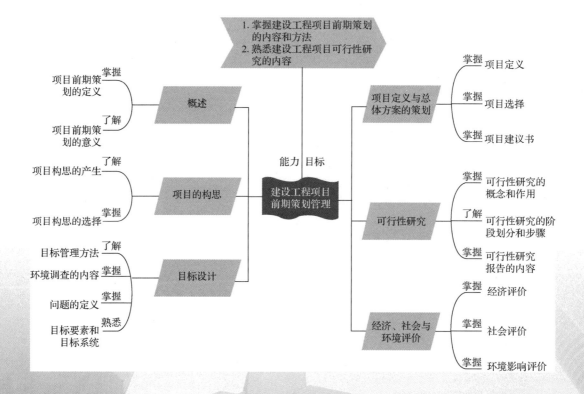

项目 3 建设工程项目前期策划管理

引例

某房地产开发项目位于某立交桥西北侧,东临绕城高速公路东环线,可由此迅速进入济青、京沪、京福等高速公路,距离市区约 11km,距离某市高新区管委会约 5km,距离政务、奥体中心约 7km。周边无厂矿企业,环境无污染,空气清新,是理想的居住地。

从前期策划来看,该项目规划用地 82600m^2,总建筑面积约 254567m^2,规划容积率为地上 2.6,地下 0.48。拟开发建设中高档住宅和部分公共建筑,配套建设托儿所、居民健身场所、商业服务中心、中水处理站、垃圾转运站、公厕,并配备水、电、暖气、天然气、通信、有线电视、宽带、智能化等基础设施,将成为布局合理、功能齐全、环境优美的高层、小高层的中高档住宅区。综合来看,该项目对社会和开发商均能带来良好的效益。

【分析】

(1)该项目建设符合国家鼓励消费、扩大内需的宏观经济战略,有利于改善该市市民居住环境。同时,对于满足居民不断增长的住宅消费需求,带动高新区经济及相关产业的发展,以及对东部新城的建设具有积极的促进作用。

(2)建设场址的主要特点如下。

① 符合某市规划。拟选场地位于城市规划用地范围内,符合规划要求。

② 本项目的建设用地已取得《建设用地规划许可证》。

③ 属新规划居住区,人文环境好。

④ 区位优势明显,属某市房地产升值潜力较大的区域之一。

⑤ 紧邻道路,工程机械和材料出入口设置限制不大,建设施工便利。

⑥ 区域内基础设施完备,水、电、暖气、天然气供应均有保障。

⑦ 自然条件较好。周边无厂矿企业,环境无污染,空气清新,是理想的居住地。

⑧ 交通方便。拟建小区周边的交通条件良好,乘公交车进市区约 30min,开车进市区仅需 15min。

(3)项目规划设计理念现代化。现代化生活需要有安宁的居家环境,便捷的交通联系,方便的服务设施。规划方案中从空间层次、设施布局、道路结构等角度出发,组织了公共交往空间、交通通道与停车空间、安静与私密的居家空间等适应居民不同需要、不同行为特征的场所,形成环境安宁、交通便捷、生活方便的居住生活社区。

(4)本项目定位为中高档精品楼盘,拟实施部分精装修。通过整体性的外观、具有主题性的真正社区园林景观设计,打造高端品质,成为城市的精品居住区。

(5)该项目的实施可向社会提供 1800 多套设施齐全、功能完备的住房,解决近 6000 人的住房问题。项目建成后,这里将是一个环境幽雅、居住舒适、配套齐全的高标准现代化居住社区。

分析可见,项目的实施有利于改善某市城市面貌,改善城市居住环境,促进城市可持续发展。项目同时对于扩大内需、提供就业机会、促进社会消费等也将起到积极的作用。因此,该项目具有良好的社会效益。

建设工程项目投资活动是一项非常复杂的系统工程。项目的前期策划处于项目的孕育阶段,对项目的整个生命周期有着决定性的影响。为了正确选择投资项目,实现投资的预期目标,科学地进行前期决策尤为重要。

任务 3.1 概　　述

3.1.1 建设工程项目前期策划的定义

建设工程项目前期策划是在项目建设前期，通过调查和收集资料，在充分占有信息的基础上，针对建设工程项目的决策和实施或决策和实施中的某个问题，进行组织、管理、经济和技术等方面的科学分析和论证，确立项目各个阶段工作的正确方向和明确目的。

项目前期策划的根本目的是为项目建设的投资决策和实施增值，增值主要体现在以下方面。

增值的体现

（1）有利于人类生活和工作的环境保护。
（2）有利于建筑环境的改善。
（3）有利于人类文明的进步。
（4）有利于项目的使用功能和建设质量的提高。
（5）有利于合理地平衡项目的建设成本和运营成本。
（6）有利于提高项目的社会效益和经济效益。
（7）有利于项目各项预定目标的实现。

建设工程项目的前期策划是建设工程项目前期管理的一个重要组成部分，也是项目成功的前提，是在投资决策阶段，明确提出建设工程项目系统的构建框架，使项目的基本构思变为具有明确内容和要求的行动方案，也就是提前为项目建设奠定良好的工作基础，创造完善的实施条件，使项目在技术和功能上趋于合理，在资源方面周密安排，在组织管理上灵活计划并具有一定的弹性，保证项目具有充分的可行性。

3.1.2 建设工程项目前期策划的过程和主要工作

建设工程项目的前期策划必须坚持系统的思想和方法，分步骤进行。

1. 项目构思的产生和选择

任何项目都起源于项目的构思。项目的构思实际上是对投资机会的寻求，它产生于解决上层系统（国家、地方政府或企业等）问题的期望，或为了满足上层系统的需要，或为了实现上层组织的战略规划等。

2. 项目目标设计和项目定义

通过对投资机会的研究，提出项目的目标因素，进而形成目标系统，通过对项目目标的分析和说明，形成项目的定义。

1）环境调查和条件分析

环境的调查应以项目为基本出发点，系统地思考项目实施可能涉及的所有环境因素，以其中对项目影响较大的核心因素为调查重点。

环境调查和条件分析的主要内容如下。

（1）项目的建设环境。其主要包括项目的资源和基础设施等。

（2）项目的建筑环境。其主要是指建筑物的风格和主色调等与周围环境的协调性。

（3）项目所在地自然环境。其主要包括气候、风向等自然环境情况。

（4）其他环境。其主要包括项目的经济环境、政治环境、法律环境等。

2）项目的目标设计

针对项目的客观环境和条件及企业的组织战略等提出目标因素；对目标因素进行优化，建立目标系统，也就是项目要达到的全部预期目标。

知识链接

目标因素：指构成目标系统的各个元素及其指标。

3）项目定义和总体方案策划

项目定义是对项目的各个目标因素做出说明，将建设意图和初步构思转换成定义明确、系统清晰、目标具体且具有明确可操作性的实施方案。项目定义主要包括以下内容。

（1）明确项目定位。项目定位是指确定项目的功能、建设的内容、规模、组成等。

（2）明确项目的建设目标。项目的建设目标是一个系统（即目标系统），包括质量目标、投资目标、进度目标等。项目定位和项目的建设目标之间是相互联系、相互影响的，存在因果关系。

（3）项目功能策划。即在项目总体构思和项目总体定位的基础上，结合使用的需求分析，进行更为深入的研究，基于项目的性质、规模及开发战略等定位，将项目的功能进行细化，最大限度地满足建设和使用的要求。

4）提出项目的建议书

项目建议书是对环境和条件、存在问题、项目的目标系统、项目定义和总体方案的说明和细化，同时提出在可行性研究中需要考虑的各个细节和指标。

3. 项目的可行性研究

对项目的目标系统和总体方案进行全面的技术经济论证，通过项目的可行性研究，进一步分析项目实施的可能性和可行性。它是项目前期策划阶段最重要的工作。

4. 评价和决策

在可行性研究的基础上，对项目进行财务评价、国民经济评价和环境影响评价等。根据项目的可行性研究和评价的结果，由决策层做出最后的决策。

特别提示

实践证明，对于不同的项目，执行上述策划程序的情况也应有所区别。对于全新的高科技工程项目、大型或特大型的项目，要采取循序渐进的方法；对于那些技术已经成熟、风险不大的建设工程项目，可加快前期工作的速度，许多程序可以简化，但绝对不可省略。

3.1.3 建设工程项目前期策划的意义

建设工程项目前期策划工作，主要是识别项目的需求，确定项目的发展方向，是项目的孕育阶段。它对项目的建设过程、运营状况和使用寿命等都起着决定性的作用。

项目的构思和目标设计是确立项目方向的关键。方向性错误必然导致整个项目的失败，而且这种失败常常是很难弥补的。对于一个建设工程项目而言，前期投入的费用很少，项目的主要投入是在施工阶段，但前期策划对项目的生命周期影响最大，稍有失误就会造成无可挽回的损失，甚至导致项目的失败。项目累计投资和影响对比图如图3-1所示。

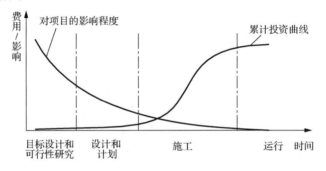

图 3-1　项目累计投资和影响对比图

建设工程项目前期策划阶段的失误，常常会产生以下后果。
（1）项目建成后无法正常运行，达不到预期的使用效果。
（2）虽然可以正常运行，但其产品或服务没有市场，不能被社会接受。
（3）运营费用高、效益低下，缺乏竞争力。
（4）项目目标在工程建设过程中不断变动，造成超投资、超工期等。

任务 3.2　建设工程项目的构思

3.2.1 项目构思的产生

任何建设工程项目都从构思开始，由于项目的不同和项目参与者的不同，项目构思的起因也不相同，可能有如下几种情况。
（1）通过市场研究发现新的投资机会。
① 通过市场调查，发现某种产品有庞大的市场需求或潜在市场，应该开拓这个市场。

② 企业要发展，要扩大生产能力，扩大市场占有份额。
③ 企业要扩大经营范围，增强抗风险能力，搞多种经营，向其他领域发展。
④ 由于技术进步，出现了新技术、新工艺、新专利。
⑤ 市场出现了新的需求，顾客有新的要求。
⑥ 某地有某种丰富的资源，这些资源可以开发利用。

这些市场机会的产生，都会对项目所提供的最终产品或服务提出新的要求，都是新的项目机会。建设工程项目的发展应以市场为导向，具有市场发展的可能性和操作的可行性。

（2）解决社会上层系统存在的问题或困难。
① 某地方交通拥挤不堪。
② 棚户区的存在，影响了整个城市的发展。
③ 某地的环境污染日益加剧。
④ 新的法律或政策的出台，带来新的问题等。

这些问题或困难需要解决，这就产生了对项目的需求。

（3）实现上层组织的发展战略。

上层组织的战略目标和计划的实现，都离不开建设工程项目的发展。比如，为了解决国家、地方的经济和社会发展问题，促进经济的腾飞，必须依托许许多多的建设工程项目。因此，一个国家或地方的发展战略、发展计划必然包含许多新的建设工程项目。任何社会的发展和文明的进步都离不开建设工程项目的发展，而国家、地方发展的同时也必然伴随着许多建设工程项目的机会。

通过对国民经济计划、产业结构和布局、产业政策及社会经济发展计划的分析，可以预测项目机会。

（4）通过工程信息寻求项目机会。

许多企业以建设工程项目作为基本业务对象，如工程承包公司、成套设备供应公司、咨询服务公司等，在他们业务范围内的诸如建设工程项目的建设计划、招标公告等，都是承接业务的机会，都可能孕育新的项目。

（5）通过生产要素的合理组合，寻找建设工程项目的投资机会。

当前许多投资者和项目策划者，常常通过国际性的生产要素的优化组合来策划新的项目。最为常见的是通过引进外资，引进先进的设备、生产工艺与当地的优势资源组合，生产符合国际市场需求的产品。在国际经济合作领域，这种"组合艺术"已越来越为人们所重视，通过它能演绎出各式各样的项目。

（6）其他如现代企业的资产重组、资本运作、变革、创新等，都会产生项目机会。

项目构思的产生是十分重要的。它的原始状态可能仅仅是一种"想法"，但这就是一个项目的孕育，投资者及项目策划者要对这种"想法"具有敏锐的洞察力和前瞻性。

项目构思的选择

3.2.2 项目构思的选择

在一个具体的社会环境中，项目的机会很多，项目的构思也丰富多彩，有些构思甚至是"异想天开"的。我们不可能将每一个构思都付诸更为深入的研究，必须剔除那些明显不现实或没有实用价值的构思。同时由于资源的限制，即使有一定可实现性和实用价值的构思，也不可能都转化成项目。一般只能选择少数有相当价值和可能实现的构思进行更深入的研究和优化。构思往往产生于一些直观的了解，常常是比较朦胧的概念，也就是说处于一个"模糊状态"，仅有一个轮廓而已，所以对它很难进行系统、定量的评价和筛选，一般只能从以下几个方面来把握。

（1）社会上层系统的问题和需求的现实性。这些问题和需求应是实质性的，而不是表象性的，同时要预测到这些问题和需求的解决会孕育什么样的建设工程项目。

（2）充分考虑环境的制约，充分利用资源和外部的条件。

（3）充分发挥自身的长处，运用自己的竞争优势，或在项目中实现合作，形成各种竞争优势的最佳组合。

对此应综合考虑"构思-环境-能力"之间的平衡，以达到主观与客观的统一。经过仔细、认真的研究后，判断某个项目具有进一步深入探讨的价值，经过有关权力部门的认可，即可将项目构思转化为项目建议，再进行更深入的研究。

任务 3.3　建设工程项目的目标设计

3.3.1　目标管理

1. 目标管理方法

目标是对预期结果的描述或期望。建设工程项目的目标管理，有别于一般的科研和革新项目的目标管理。科研和革新项目的目标在项目初期常常不太明确，它们往往通过分析在项目进行过程中遇到的革新问题和出现的新情况，对项目中间成果进行分析、判断、审查，探索新的解决办法，做出决策，从而逐渐明确并不断修改目标，最终获得一个结果，在整个过程中很难以既定目标为导向。对于这类项目，必须加强变更管理，做好阶段性的决策和计划工作。

而对于建设工程项目，必须采用严格的目标管理方法，主要体现在以下方面。

（1）在项目实施前就必须制订明确的总目标，精心优化和论证，经过批准，将它贯彻在整个实施过程中，作为可行性研究、设计和计划、施工、竣工验收和项目后评价的依据。一般情况下，不允许在项目实施中仍存在目标的不确定性和对目标进行过多的调整。如果出现调整、修改甚至放弃原定目标的现象，表明项目的管理已经出现了严重问题。

（2）项目目标设计必须按系统的工作方法有步骤地进行。通常在项目前期进行项目总体目标设计，建立项目目标系统的总体框架，再采用系统方法将总目标分解成子目标和可执行目标。更具体的、详细的、完整的目标设计，在可行性研究阶段及设计和计划阶段进行。项目的目标设计是一个连续、反复、循环的过程。

（3）目标系统必须包括项目实施和运行的所有主要方面，并能够分解落实到各阶段和项目组织的各个层次上。将目标管理同职能管理高度地结合起来，使目标与组织任务、组织结构相联系，建立自上而下、由整体到分部的目标控制体系，并加强对项目组织各层次的绩效考核，激励相关人员竭尽全力地圆满实现相应目标。所以，采用目标管理方法是项目目标实现的保障，是加强项目管理的基础。

（4）将项目的目标落实到项目的各阶段。项目目标作为可行性研究的重要部分，经过论证和批准后作为项目技术设计和计划及实施控制的依据，并最后作为项目后评价的标准。

现代的项目管理，必须遵循在项目全寿命期内的集成化管理。所以，建设工程项目目标系统的建立必须以建设工程项目的全寿命期为对象，保证在项目的全寿命期内各阶段目标的连续性和整体性。

2. 目标管理现存问题

目前，在建设工程项目管理中推行目标管理存在的主要问题如下。

（1）在项目前期就设计完整、科学的目标系统非常困难，原因如下。

① 项目是一次性的，项目目标设计缺乏直接可用的参照系。

② 项目初期人们掌握的信息较少，对问题的认识还不深入、不全面，目标设计的根据不充分。

③ 项目初期设计目标系统的指导原则和政策不够明确，很难做出正确的综合评价和预测。

④ 项目系统环境复杂，边界不清楚，不可预见的干扰因素多。

⑤ 影响项目目标实现的因素多，相互之间关系复杂，且有时很难分清主次。

（2）项目批准后，对建设工程项目目标的执行常常有两种极端情况。

① 某些原因使得项目目标的刚性增大，不能随便改动，也很难改动，比如：目标变更的影响大，管理者对目标的变更犹豫不决；行政机制的惯性，使目标变更的程序过于复杂；由于项目已有大量投入，人们不愿承担责任；项目决策者不愿否定自己；等等。

这种目标的过度刚性对于建设工程项目是十分危险的，有时修改总目标甚至中断项目是一个更有利的选择，可以避免损失的扩大。

② 人们过于轻率地修改和放弃已定的目标。如后来决策者对前任决策者已定目标随意修改，甚至中断项目，或宏观政策发生变化。这种情况会造成社会资源和自然资源的极大浪费，甚至引发一系列社会问题。

（3）在目标管理过程中，人们往往过分注重近期目标，而损害项目的总目标。

（4）影响项目目标实现的因素很多，如项目的风险状况、资源供应条件、项目相关者的冲突、环境影响等，这些并不在项目管理者的控制范围之内。

（5）其他问题，如人们过分使用和注重定量目标，而忽视了那些定性目标。

这些问题体现了建设工程项目自身的矛盾性，使项目早期目标系统的合理性和可行性受到一定限制。

3.3.2 环境调查

1. 环境调查的作用

环境调查是为项目的目标设计、项目定义、可行性研究及计划和决策等服务的，是在项目构思的基础上对环境系统状况进行调查、分析、评价，以作为目标设计的基础和前导工作。实践证明，正确的目标设计和决策，要基于对于项目环境的熟悉并掌握大量的有效信息。环境调查的基本作用如下。

（1）通过环境调查，进一步研究和评价项目的构思，使其更为合理。

（2）可以进一步了解上层组织的目标，并对问题进行定义，从而确定项目的目标因素。

（3）确定项目的边界条件状况，这些边界条件的制约因素常常会直接产生项目的目标因素。

（4）为目标设计、项目定义、可行性研究及计划和决策等提供有效信息。

（5）可以对项目中的风险因素进行识别和分析，并提出相应的防范措施。

2. 环境调查的内容

项目环境调查的内容非常广泛，大体如下。

1）项目的利益相关者（特别是潜在的客户、投资者、承包商等）的组织状况

（1）项目产品的客户需求、购买力、市场行为等。

（2）投资者的能力、基本状况、战略，对项目的政策、期望等。

（3）工程承包商和供应商的基本情况、技术能力、组织能力。

（4）主要竞争对手的基本情况。

（5）周边有关居民、团体等对项目的需求、态度，对项目的支持或可能的障碍等。

2）社会政治环境

（1）政治局面的稳定性。

（2）政府对本项目提供的服务、办事的效率及政府官员的廉洁程度。

（3）与项目有关的政策。

（4）国际政治环境。

3）社会经济环境

（1）社会的发展状况，尤其是该国、该地区、该城市所处的发展阶段和发展水平。

（2）国民经济的计划和结构安排。

（3）当地的财政状况，赤字和通货膨胀情况。

（4）国家及社会建设的资金来源，银行的货币供应能力和政策。

（5）市场情况，具体如下。

① 拟建项目所提供的服务或产品的市场需求、市场的容量，现有的和潜在的市场及市场的开发状况。

② 当地的建筑市场情况，如竞争的激烈程度、当地的专业配套情况、建材等供应状况及价格等。

③ 劳动力供应状况及价格，技术熟练程度、技术水平、工作能力和效率、工程技术教育和职业教育情况等。

④ 城市建设水平，基础设施、能源、交通、通信、生活设施的状况及价格。

⑤ 物价指数。

4）法律环境

（1）法制是否健全，执法的严肃性、项目的相关者能否得到法律的有效保护等。

（2）与项目有关的各项法律、法规的主要内容，如《中华人民共和国民法典》《中华人民共和国建筑法》《中华人民共和国劳动法》等。

（3）与本项目有关的税费和土地等政策。

5）自然环境

（1）可以供项目使用的各种自然资源的供给状况。

（2）对项目有影响的自然地理状况，如抗震设防烈度，地形地貌状况，地下水位、流速，地质情况等。

（3）气候状况，如年平均气温、最高气温、最低气温，高温、严寒持续时间，主导风向及风力，风荷载，雨雪量及持续时间，主要分布季节等。

6）技术因素

与项目相关的技术标准、规范、技术能力和发展水平，解决项目施工和运行问题的技术可能性。

7）项目周围基础设施、场地交通运输及通信状况

（1）场地周围的生活及配套设施，如粮油、副食供应、文化娱乐、医疗卫生条件状况。

（2）现场及周围可供使用的临时场地情况。

（3）施工现场的交通运输情况。

（4）施工现场周围公用事业状况，如水、电的供应能力、条件等。

（5）项目所需要的各种资源的可获得条件和限制。

8）其他方面

如项目所在地的人口、文化素质、教育、道德、种族、宗教、价值取向、风俗习惯和禁忌等。

9）同类工程的资料

如相似工程的工期、成本、效率和存在的问题，相关的经验和教训，等等。

3. 环境调查的方法

建设工程项目的环境调查，可以通过以下途径获得信息。

（1）新闻媒介，如报纸、杂志、专业文章、电视和新闻发布会。

（2）专业渠道，如学会、商会、研究会的有关资料，或委托中介公司做专题调查。

（3）派人实地考察、调查。

（4）通过相关业务代理人调查。

（5）专家调查法，即德尔菲（Delphi）法，通过专家小组或专家调查表调查。

（6）直接询问，特别对市场价格信息可以直接向供应商、分包商询价等。

🌐 **知识链接**

德尔菲法也称专家调查法,其采用通信方式分别将所需解决的问题单独发送到各个专家手中,征询意见,然后回收汇总全部专家的意见,并整理出综合意见;随后将该综合意见和预测问题分别反馈给专家,再次征询意见,各专家依据综合意见修改自己原有的看法,然后汇总;这样多次反复,逐步取得比较一致的预测结果。

4. 环境调查的要求

1) 详细程度

对环境的调查,并不是越详细越好。过于详细会造成信息量太大、费用增加、时间延长,但如果调查太过粗放,一些必需的资料不具备,又会造成决策失误。一般在立项前调查比较宏观的、总体的情况,在立项后所做的调查则必须具体而详细。

2) 侧重点

不同的管理者对资料有不同的要求,建设单位(业主)、投资者、施工单位、设计单位的环境调查内容、范围和深度都不尽相同。

3) 系统性

环境调查和分析应是全面、系统的,应按系统工作方法有步骤地进行。

(1) 着手调查前,首先必须对调查的内容进行系统的分析,以确定调查的整个体系,对于不同类型的项目,建立标准、完整的环境调查框架,将项目环境系统结构化,使调查工作程序化、规范化,防止遗漏应该调查的内容。

(2) 委派专人负责具体内容的调查工作,并要求其对调查内容的正确性负责。

(3) 对调查内容进行分析和数据处理,推敲它的真实性、可靠性。

(4) 登记归档。这些调查内容不仅当前有用,而且在整个项目的生命周期内甚至在以后承担新的项目中还可能用到,这是企业和项目的信息资源,必须保存完整。

🌐 **知识链接**

对调查内容可以做成项目环境调查分析表,见表 3-1。

表 3-1 项目环境调查分析表

序号	调查内容编码	调查内容	调查对象	调查负责人	调查日期	调查结果简述	调查结果评价	文档号	备注

4) 客观性

实事求是,信息应尽可能量化,用数据说话。

5) 前瞻性

由于项目的实施和运行是将来要发生的事情,所以环境调查不仅要着眼于历史资料和现状,还应对今后的发展趋势做出预测和初步评价。同时在项目的实施过程中,必须时刻关注环境的变化及其对项目的影响。

3.3.3 问题的定义

经过环境调查，可以从中发现项目本身和外界环境所存在的问题，并对问题进行定义和说明。问题定义是目标设计的诊断阶段，是进一步明确问题的原因、背景和界限，从中可以确定项目的目标和任务。

对问题进行定义，必须从全局出发，并要抓住问题核心即关键性的矛盾。问题定义的步骤如下。

（1）对发现的问题进行罗列和结构化，即列举共存在哪些大的问题，一个大问题又可分为哪几个小的问题等。

（2）采用因果关系分析法进行分析研究，将症状、背景和起因联系在一起。如商品房销售不好的原因，可能是户型设计不合理、价格体系制订有问题、销售人员存在销售技巧问题、产品存在包装问题等。

3.3.4 提出目标因素

1. 目标因素的来源

项目的目标因素通常由以下方面决定。

（1）问题的定义，即按问题的结构，解决其中各个问题的程度即为目标因素。

（2）有些边界条件的限制形成了项目的目标因素，如资源的限制、法律的制约、项目的利益相关者的要求和能力等。

（3）对于为完成上层组织战略和计划的项目，有许多目标因素是上层组织设置的，上层组织战略目标和计划的分解直接形成项目的目标因素。

问题的多样性和复杂性，以及项目边界条件的多方面约束，造成了目标因素的多样性和复杂性。

2. 常见的目标因素

一般情况下，建设工程项目的目标因素包括如下几类。

（1）问题的解决程度，即项目建设完成后所实现的功能、所达到的运行状态，如项目产品的年产量或年增加量，项目产品的市场占有份额，商品房开发的完成量、销售量，等等。

（2）与建设工程项目相关的目标因素，具体如下。

① 建设规模，即所能达到的生产能力规模。

② 经济性目标，主要包括项目的投资规模、投资结构、运营成本，项目投产后的产值目标、利润目标、税收和投资的收益率等。

③ 项目时间目标，包括短期（建设期）、中期（产品寿命期、投资回收期）、长期（建筑物的寿命期）的目标。

④ 工程技术标准和技术水平。

（3）其他，如由法律或项目的利益相关者的要求产生的以下目标因素：生态环境保护的要求；职业健康保护程度、事故的防止和项目安全性的要求；降低生产成本，或达到新的成本水平；提高劳动生产率，如达到新的人均产量、产值水平、人均产值利润额等；引进外资数额；提高自动化、机械化水平；增加就业人数；节约能源程度或资源的循环利用水平；对企业或当地其他产业部门的连带影响，对国民经济和地方发展的贡献；对企业发展能力的影响、用户满意程度、对企业形象的影响；等等。

3. 各个目标因素指标的初步定位

目标因素必须定量化，能用时间、成本、产品的数量和特征来表示，且尽可能明确，以便能进行进一步的量化分析、对比和评价。在此仅对各目标因素指标进行初步定位。确定目标因素指标应注意如下几点。

（1）应在环境调查和问题定义的基础上，真实反映存在的问题。

（2）切合实际，实事求是，经过努力能够实现。

（3）目标因素指标的科学性和可行性。这些指标并非在项目初期就可以达到，在目标系统优化、可行性研究、设计和计划中，还需要对它们做进一步分析、对比和优化。

（4）目标因素指标要有一定的可变性和弹性，应考虑到一些不确定因素的影响。这样在进一步的研究论证中，可以根据情况的发展和变化来进行适当的调整。

（5）建设工程项目的目标因素必须重视时间的限定。一般目标因素都有一定的时效，即目标实现的时间要求，这就要求与时间相关的目标因素指标应有广泛的适用性和足够的可变性，既要防止短期"优化"行为，又应防止较长时间内仍达不到理想的目的。

（6）项目的目标通过对问题的解决而满足各利益相关者对于项目的需要，只有在目标设计时考虑到各方面的利益，项目的实施才有可能使项目各方都比较满意。

例如，在建设工程项目的经济目标因素中，投资收益率常常占据主要地位，该指标对建设工程项目立项有重大意义。它的确定通常考虑以下因素。

（1）资金成本，即投入该项目的资金筹集费用和资金占用费用。

（2）项目所处的行业和领域。

（3）项目实施后，其产品在生产、销售中风险的大小。一般风险大的项目期望投资收益率应高一些，风险小的可以低一些。

（4）通货膨胀的影响。

（5）其他因素，如投资额的大小、建设期和回收期的长短、项目对全局（如企业经营战略、企业形象）的影响等。

3.3.5 目标系统的建立

1. 目标系统结构

按照目标因素的性质可对其进行分类、归纳、排序和结构化，并对它们的指标进行分析、对比、评价，构成一个协调的目标系统。

建设工程项目的目标系统必须具有完备性和协调性，有最合理的结构，一般分为如下三个层次。

1）系统目标

系统目标是由项目的上层系统决定的，对整个建设工程项目具有普遍的适用性和影响。系统目标通常又分为以下目标。

(1) 功能目标,即项目建成后所能达到的总体功能。
(2) 技术目标,即对项目总体的技术标准的要求或限定。
(3) 经济目标,如总投资、投资回报率等。
(4) 社会目标。
(5) 生态目标,如环境目标、对污染的治理程度等。

2) 子目标

子目标通常由系统目标导出或分解得到,或是自我成立的目标因素,或是对系统目标的补充,或是边界条件对系统目标的约束。

子目标仅适用于对某一方面或一个项目子系统的要求,可用于确定子项目的范围。

3) 可执行目标

子目标可再分解为可执行目标。可执行目标以及更细的目标因素,一般在可行性研究及技术设计和计划中形成、扩展、解释、量化,逐步演化为与设计、实施相关的任务。

2. 目标因素的分类

1) 按性质分类

(1) 强制性目标,即必须满足的目标因素。如环境保护法规定的排放标准、技术规范所规定的完备性和安全性等。这些目标因素必须纳入项目的目标系统中,否则项目不能成立。

(2) 期望目标,即应尽可能满足的、有一定弹性范围的目标因素。如项目的总投资、投资收益率等。

2) 按表达的方式分类

(1) 定量目标,即能用数字表达的目标因素。它们常常又是可考核的目标,如工程的规模、投资回报率、总投资等。

(2) 定性目标,即不能用数字表达的目标因素。它们常常又是难以考核的目标。

3. 目标系统设计过程中的问题

(1) 项目的目标系统应注重项目的社会价值、历史价值,体现综合性和协调性,而不能仅顾及经济目标。

(2) 由于许多目标因素关系到项目的其他利益相关者,因此目标之间的冲突实质上代表不同群体的利益争执。

① 项目的利益相关者之间存在很大的矛盾时,在项目的目标系统设计中必须承认和照顾到各方利益,体现利益的平衡。

② 在项目的目标系统设计中,应认真地进行调查研究,界定和评价用户、投资者和其他利益相关者的需求,以确保目标体系能够满足他们的需求,吸引他们参与项目的决策过程,并认同项目的总目标,这对于项目的成功至关重要。

③ 建设工程项目的前期策划需要许多部门的人员参与,这容易造成子目标和总目标相背离,所以应防止因部门利益的冲突而导致项目目标因素的冲突。

(3) 项目的目标系统设计是一项复杂的项目管理工作,需要大量的信息和各学科的专业知识,所以应构建项目小组负责该项工作,防止目标系统的盲目性,避免思维僵化。对于大型项目,小组应在有广泛代表性的基础上组建,小组成员包括目标系统的组织和管理人员、市场分析诊断人员、与项目相关的实施技术和产品开发人员等，同时要广泛咨询和吸收法律、合同、财务、经营等上层组织部门的意见。

任务 3.4　建设工程项目定义与总体方案的策划

3.4.1　项目定义

项目定义

在确定项目的范围后即可定义项目。项目的定义是将建设意图和项目构思转换成定义明确、系统清晰、目标具体、具有策略性运作思路的方案，并初步提出其完成方式的建议。

通过项目的定义主要解决以下问题：第一，明确项目定位，也就是确定了项目建设的基本思路；第二，将原来以直觉为主的项目构思和期望转化为经过分析、选择、有根据的项目建议，这是项目目标设计的里程碑；第三，明确项目的建设目标；第四，进行项目的功能策划，也就是在总体构思和项目总体定位的基础上，结合潜在的最终用户的需求分析，对项目进行更为深入的研究，在不违背项目的性质、规模及开发战略等定位的前提下，将项目功能进行细化，以满足建设者和使用者的要求。项目的功能策划，主要包括项目的功能分析和项目功能区划分及其面积分配两个方面。

🌐 **知识链接**

项目的定位是指建设的档次、标准和建设的理念。项目定位和项目目标两者之间相互联系，存在因果关系。

🌐 **知识链接**

（1）项目功能分析是分析潜在最终用户的活动类型，对项目的具体功能进行分析。项目功能分析分为项目总体功能定位和项目具体功能分析。项目总体功能定位是指项目基于整个宏观经济、区域经济、地域总体规划与项目定义相一致的项目功能定义；项目具体功能分析是指项目建成后满足运营活动需要，应该具备哪些具体的功能。

（2）功能区划分及其面积分配是项目投资决策中很重要的一部分，它不仅是对项目功能策划的总结和实施，也为项目的具体规划提供设计依据，使规划设计方案更具合理性。

项目定义通常以一个报告的形式提出，其内容一般包括以下部分。
（1）提出问题，说明问题的范围和问题的定义。
（2）说明解决这些问题的影响和意义。

(3)明确对项目有重大影响的环境因素。
(4)项目目标的构成,包括系统目标和重要的子目标,近期、中期、远期目标。
(5)提出项目可能的解决方案和实施过程的总体建议,包括方针或总体策略、原则、组织方面的安排、实施时间安排和融资的设想等。
(6)经济性说明,如投资总额、财务安排、预期收益、价格水准、运营费用等。
(7)边界条件分析,如市场分析、所需资源、必要的辅助措施和风险等。

3.4.2 提出项目总体方案

目标设计的重点是项目使用期的状态即项目建成后运行阶段的效果,如产品产量、市场占有份额、实现利润率等。而项目任务是提供达到该状态所必要的设施。在可行性研究之前,必须提出实现项目总目标与总体功能要求的总体方案或实施计划,以作为可行性研究的依据,其内容包括以下部分。
(1)项目产品或服务的市场定位。
(2)项目总的功能定位和主要部分的功能分解、总的产品技术方案。
(3)建筑面积,工程布局,总体建设方案,实施的阶段划分。
(4)项目融资方案、设计、实施、运营方面的组织策略。
(5)项目经济、安全、高效运行的条件和过程,建设和运营中的环境保护和工作保护方案等。

此时提出的应该是多方案的建议,而方案的比较和选择在可行性研究中进行。

3.4.3 项目的审查与选择

1. 项目审查

对项目定义后,要进行必要的评价和审查,主要是风险评价、目标决策、目标设计价值评价,以及对目标设计过程的审查。

审查的关键是指标体系的建立,这与具体的项目类型有关。对于一般的建设工程项目,必须审查如下内容。

1)对项目定义的审查
(1)项目的名称,总目标介绍。
(2)与其他项目的界限和联系。
(3)目标优先级及边界条件。
(4)时间和财务条件。

2)对目标系统和目标因素的价值评价
(1)项目的起因和可信度,前提条件、基础和边界条件。
(2)目标和费用关系研究。
(3)目标因素的可实现性和变更的可能性,应分析时间推移、市场竞争、技术进步和经济发展等因素的变化对各个目标的影响。
(4)目标因素的必要性及能否合并;如果放弃某个目标因素,会带来什么问题。
(5)确定在可行性研究中需要研究的各个问题和变量。

（6）对风险的界定，如环境风险出现的概率及相应的处置措施；如果预计项目中有高风险因素及不确定的部分，应提出要求，进行更为深入的专题研究。

（7）项目目标与企业战略目标的关系，项目系统目标与子目标、短期目标与长期目标之间的协调性。

3）对项目构思、环境调查、目标设计的审查

审查项目构思、环境的调查与分析、目标设计的过程及结果。

4）对项目的初步评价的审查

（1）项目问题的现实性和项目产品市场的可行性。

（2）财务的可能性和融资的可行性。

（3）项目利益相关者的影响，设计、实施、运营方面的组织和承担能力。

（4）项目实施的限制条件，如法律、法规、利益相关者目标和利益冲突等。

（5）可能的最终费用、最终投资。

（6）环境保护和劳动保护措施。

（7）其他方面的影响，如实施中出现疏忽或时间推迟的影响等。

2. 项目选择

一个国家、地方或一个企业常常面临许多项目机会的选择，但不管是企业还是政府，所拥有的资源都是有限的，不可能把所有的机会都变为现实，只能根据本身的优势与发展方向来选择最适合的项目机会。此时应该根据本身的客观情况来确定一些指标，作为项目选择的依据，可参考以下指标。

（1）项目是否符合国民经济和社会发展的长远目标和产业结构调整的政策方针。

（2）项目是否符合上层组织的战略，以项目对战略的贡献作为选择的尺度，如对竞争优势、长期目标、市场份额、利润增长率等的影响。可以详细、全面地评价项目对这些指标的贡献，有时企业可以通过项目达到一个新的战略高度。

（3）项目的发展能否充分利用企业现有的资源和发挥本身优势。在进行项目选择的时候，必须充分考虑自身的能力，特别是财务能力。随着社会一体化进程的发展，人们常常通过合作来发展一些大型、特大型的且超出自身能力的项目，这具有重大的战略意义。要充分考虑各方面优势在项目上的优化组合，最终达到多方"共赢"。

（4）通过分析，选择效益期望值最大化的项目。

3.4.4 编制项目建议书

项目建议书是拟建项目的承办单位，根据国民经济和社会发展的长远目标、行业和地区的规划、国家的经济政策和技术政策及企业的发展战略，结合本地区、本企业的资源状况和物质条件，经过市场调查，分析需求、供给、销售状况，寻找投资机会，构思投资项目概念，在此基础上，用文字形式对投资项目的轮廓进行描述，从宏观上就项目建设的必要性和可能性提出预论证，进而向政府主管部门推荐项目，以供主管部门选择项目的法定文件。

编制项目建议书的目的，是提出拟建项目的轮廓设想，分析项目建设的必要性，说明

其在技术、市场、经济方面的可能性，向政府推荐项目，供政府选择。

项目建议书编制的主要内容如下。

（1）项目的名称、承办单位、项目负责人。

（2）项目提出的目的、必要性和依据。

（3）项目的产品方案，对市场需求、拟建生产规模、建设地点的初步设想。

（4）资源情况、建设条件、协作关系和引进技术的可能性及引进方式。

（5）投资估算、资金筹措方案及偿还能力预计。

（6）项目建设进度的初步安排计划。

（7）项目投资的经济效益和社会效益的初步估计。

3.4.5 项目建议书的审批

项目建议书的审批应按国家有关规定进行，具体如下。

（1）大中型基本建设项目、限额以上更新改造项目，委托有资格的工程咨询、设计单位初评后，经省、自治区、直辖市、计划单列市发展改革部门及行业归口主管部门初审后，报国家发展改革委审批，其中特大型项目（总投资 4 亿元以上的交通、能源、原材料项目，2 亿元以上的其他项目），由国家发展改革委审核后报国务院审批。总投资在限额以上的外商投资项目，项目建议书分别由省发展改革部门、行业主管部门初审后，报国家发展改革委会同对外贸易经济合作部等有关部门审批；超过 1 亿美元的重大项目，上报国务院审批。

（2）小型基本建设项目、限额以下更新改造项目，由地方或国务院有关部门审批。

① 总投资 1000 万元以上的内资项目、500 万美元以上的生产性外资项目、300 万美元以上的非生产性利用外资项目，项目建议书由地方或国务院有关部门审批。

② 总投资 1000 万元以下的内资项目、500 万美元以下的非生产性利用外资项目，本着简化程序的原则，若项目建设内容比较简单，也可直接编报可行性研究报告。

项目建议书经批准即立项，该项目即可纳入项目建设前期工作计划，随即可开展项目的可行性研究。审批项目建议书可否决一个项目，但不能肯定一个项目。立项仅说明一个项目有投资的必要性，但并不明确，尚需进一步开展研究工作。

任务 3.5 建设工程项目的可行性研究

3.5.1 建设工程项目可行性研究的概念

建设工程项目的可行性研究是指对某建设工程项目在做出是否投资的决策之前，先对该项目相关的技术、经济、社会、环境等方面进行调查研究，对项目各种可能的拟建方案认真地进行技术经济分析论证，研究项目在技术上的先进适用性、在经济上的合理有利性和在建设上的可能性，对项目建成后的经济效益、社会效益、环境效益等进行科学的预测和评价，据此提出该项目是否应该投资建设，选定最佳投资建设方案等结论性意见，为项目的投资决策提供依据。

3.5.2 建设工程项目可行性研究的作用

在建设工程项目投资决策前进行可行性研究，是保证运用现代科技成果实现项目投资决策的科学化、减少或避免投资决策的失误、提高项目的经济和社会效益的最佳手段。可行性研究的作用主要体现在以下方面。

（1）可行性研究是确定项目是否适合投资的依据。可行性研究论证了项目的先进性、合理性、经济性及其他方面的可行性，其评价结论是建设工程项目投资的主要依据。项目的决策者主要根据可行性研究的评价结果，决定一个项目是否应该投资以及如何投资。

（2）可行性研究是项目融资的依据。可行性研究是项目建设单位筹措资金，特别是向银行申请贷款或向国家申请补助的重要依据。银行在接受项目建设贷款申请后，通过审查项目的可行性研究报告，对贷款项目进行分析评价，确认项目的经济效益水平和偿还能力，经确认风险不大时，才有可能同意贷款。对其他的投资者来讲，可行性研究同样是其决定是否投资的依据。

（3）可行性研究是编制初步设计任务书的依据。初步设计需要根据可行性研究报告对项目的规模、产品方案、总体布置、工艺流程、设备选型、劳动定员、"三废"（废水、废气、固体废弃物）治理、建设工期、投资概算、技术指标等进行规划，并为下一步实施项目设计提出具体操作方案。

（4）可行性研究是与有关单位签订合同和协议的依据。根据可行性研究报告，建设单位可与有关单位签订项目建设中所需的原材料、能源资源等方面的协议和合同。

（5）可行性研究是向有关部门申请建设用地的依据。国家有关部门根据可行性研究报告，审查用地计划、办理土地使用手续。

（6）可行性研究是环保部门进行审查的依据。为确保项目达到环保标准，可行性研究中一般会提出治理措施和办法，这些信息可作为环保部门对项目进行环境评价、签发项目许可证的主要依据。

（7）可行性研究是项目后评价的依据。对项目进行投资建设活动全过程的事后评价，就必须以项目的可行性研究为参照物，并以其作为项目后评价的对照标准。尤其是项目可行性研究中有关效益分析的指标，是进行项目后评价的重要依据。

（8）可行性研究是项目组织管理、机构设置及劳动定员的依据。在项目的可行性研究报告中，一般都须对项目机构的设置、项目的组织管理、劳动定员的配备方案及其培训、工程技术、管理人员的素质及数量要求等做出明确的说明，故项目的可行性研究可作为项目组织管理、机构设置及劳动定员的依据。

3.5.3 可行性研究的阶段划分

按照国际惯例，可行性研究可以分为投资机会研究、初步可行性研究和详细可行性研究三个阶段。这三个阶段的工作性质、工作内容、投资估算的精度、所需费用和时间均不相同。

1. 投资机会研究

投资机会研究是根据国民经济发展长远规划和行业地区规划、经济建设方针、建设任务和技术经济政策，鉴别投资方向，寻找投资机会，提出项目建议，为初步选择提出依据。

投资机会研究为项目的投资方向和设想提出建议。在投资机会研究阶段，需要编制项目建议书，提出项目的大致设想，初步分析项目建设的必要性和可行性。

2. 初步可行性研究

对于投资规模大、工艺技术复杂的大中型骨干工程项目，在投资机会和详细可行性研究的中间阶段需要进行初步可行性研究。

初步可行性研究的任务主要是进一步判断投资机会是否有前途，是否有必要进行详细可行性研究，并确定项目中哪些关键性的问题需要进行辅助的专题研究。

> **特别提示**
>
> 目前我国除利用外资的重大项目和特殊项目之外，一般项目并不作国际惯例中的初步可行性研究，项目建议书的深度大体上就相当于国外的初步可行性研究。

3. 详细可行性研究

详细可行性研究又称技术经济可行性研究，是对建设工程项目进行深入、细致的技术经济论证，经过多方案比较选择最佳方案，确定项目的最终可行性。

详细可行性研究是建设工程项目投资决策的基础，为项目决策提供技术、经济、社会及环境等方面的依据。

3.5.4 可行性研究的步骤

建设工程项目可行性研究的工作，可以分为以下步骤。

（1）筹划准备。项目建议书被批准后，建设单位即可组织或委托有资质的工程咨询公司对拟建项目进行可行性研究。

建设单位应当提供项目建议书和与项目有关的背景资料、基本参数等资料，协调、检查和监督可行性研究工作。可行性研究的承担单位在了解委托者的目标、意见和具体要求后，收集与项目有关的基础资料、基本参数、技术标准等基准依据，并与建设单位签订合同，在合同中应明确规定可行性研究的工作范围、目标、前提条件、进度安排、费用支出方法和协作方式等内容。

（2）调查研究。调查研究包括市场、技术和经济三个方面的内容，如市场的需求与市场机会、产品的价格、市场的竞争、原材料与能源动力供应和运输、工艺路线与设备选择、厂址的选择、建设条件与生产条件等。

（3）方案的选择。可行性研究的承担单位在充分调查研究的基础上，制订出技术方案和建设方案，经过分析比较，提出拟选方案。

（4）深入研究。对拟选方案进行深入研究，对项目进行经济、社会、环境等评价，并在此基础上进行项目的盈利能力分析、清偿能力分析、费用效益分析、敏感性分析、盈亏平衡分析、风险分析等，从多方面论证项目的合理性。

（5）编制可行性研究报告。在对项目进行充分论证后，编制可行性研究报告。在可行性研究报告中，推荐一个及以上项目建设方案和实施计划，提出结论性意见和重大措施建议，供决策者进行决策。

3.5.5 可行性研究报告的内容

不同专业的项目，其可行性研究报告的内容有所差别，但仍有一定的相通性。建设工程项目可行性研究的具体内容因项目的复杂程度、环境状况的不同而不同，但一般都包括项目的必要性分析、实施的可能性分析和技术经济评价，其报告的具体内容如下。

1. 总论

可行性研究报告的总论中包含的主要内容如下。

（1）项目投资的必要性。主要根据市场调查和预测的结果及有关产业政策等因素，从宏观和微观两方面论证项目投资建设的必要性。

（2）项目概况。包括建设工程项目的名称、性质、地址、法人代表、占地面积、建筑面积、容积率、建设内容、投资效益等。

（3）投资者的概况。包括投资者的名称、法定地址、法定代表人、注册资本、资产和负债情况、经营范围和概况、建设和管理拟建项目的经验及经济技术实力等。

（4）编制依据。可行性研究报告的编制依据，主要包括有关部门颁布的关于可行性研究的内容和方法规定、条例，关于技术标准和投资估算方法的规定，投资者已经进行的前期工作和办理的各种手续，市场调查研究资料以及投资者提供的其他有关信息资料等。

（5）研究内容。可行性研究的内容指可行性研究从哪几个方面着手，主要包括市场、资源、技术、经济、社会、环境等方面。

2. 市场需求预测和拟建规模

（1）市场需求预测。市场需求预测是建设工程项目可行性研究的重要环节。通过市场调查和预测，可以了解市场对项目产品的需求程度和发展趋势，以此作为项目是否值得投资以及进行投资规模决策的重要依据。

（2）拟建规模。确定拟建项目的规模，进行产品方案的论证和发展方向的技术经济比较、分析。

3. 建设条件分析

项目的建设条件主要包括以下内容。

（1）自然资源条件。如资源的储量、品种、成分以及开采、利用的条件。

（2）原材料和动力条件。如原料、辅助材料、燃料的种类、数量、来源和供应情况等。

（3）建厂条件。如项目的地理位置、气象、水文、地质、地形条件、交通运输条件及外部的协作条件等。

4．项目的设计方案

（1）项目范围的确定。包括单项工程的组成、项目的技术来源和生产方法、主要技术工艺和设备选型方案的比较、引进技术和设备的来源国别、设备的国内外比较等。

（2）土建工程量估算。包括土建工程的粗略布置、建筑物的安排、所用建筑材料的简略描述、土建工程费用的粗略估计等。

（3）其他。主要包括公用辅助设施和厂内外交通运输方式的比较和初步选择。

（4）项目的投资估算。即对项目建设所涉及的成本费用进行分析估计。项目建设所涉及的成本费用，主要有土地费用、前期费用、建筑安装工程费、市政基础设施费用、公共配套设施费用、期间费用及各种税费等。估算的精度要求并不是很高，但应充分注意各项费用在不同建设期的变化情况，力争与未来事实相符。

5．经济评价

经济评价包括国民经济评价和财务评价。

（1）国民经济评价。国民经济评价是按照资源合理配置的原则，从国家、全社会的角度考察项目的收益和费用，用影子价格、影子工资、影子汇率和社会折现率等国民经济参数，分析计算项目对国民经济的净贡献，并评价项目的经济合理性。它是项目评价的重要组成部分，也是投资决策的重要依据之一。在项目的建设过程中，要综合考虑项目对社区、城市环境、资源有效配置等的影响做出国民经济评价。

（2）财务评价。财务评价是依据国家现行的财税制度、现行价格和有关法规，从项目角度对项目的盈利能力、偿债能力和外汇平衡等财务状况进行分析，借以考察项目财务可行性。其内容包括：项目的销售收入和成本预测，预计损益表、资产负债表、财务现金流量表的编制，债务偿还表、资金来源与运用表的编制，计算财务盈利能力指标和偿债指标如净现值、内部收益率、投资回收期、借款偿还期、资产负债率等。

6．社会评价

社会评价主要分析项目对社会的影响，涉及政治体制、方针政策、经济结构、法律道德、宗教民族及社会稳定性等。

7．环境评价

环境评价主要分析项目对环境的影响，包括在对项目建设地区的环境进行调查后，分析拟建项目的"三废"种类、成分和数量对环境影响的范围和程度，相应治理方案的选择和废物回收利用情况等。

8．筹资方案和筹资成本估算

根据项目的投资估算和投资进度安排，合理估算资金需求量，拟定筹资方案，并对筹资成本进行估算和分析。建设工程项目投资额巨大，建设单位必须在投资前做好资金的安排，并通过不同方式筹措资金，保证项目的正常运行。

9．不确定性分析

不确定性分析用来判断拟建项目的风险大小，或者说用来考察拟建项目的抗风险能力。

一般采用盈亏平衡分析和敏感性分析方法,也可采用概率分析方法。

10. 结论

(1)综合结论。在可行性研究报告中,通过运用各项数据,从技术、经济、社会、环境等方面进行论证,推荐一个或几个可行方案,并明确给出拟建项目是否可行或选定投资方案的结论性意见。

(2)存在的问题和建议。在可行性研究报告中,应针对拟建项目提出其存在的问题和相关建议。

任务 3.6　建设工程项目的经济、社会与环境评价

3.6.1　建设工程项目的经济评价

1. 建设工程项目经济评价的概念

建设工程项目经济评价,是在完成市场需求预测、厂址选择、工艺技术方案选择等可行性研究的基础上,运用定量与定性分析相结合、动态分析与静态分析相结合、宏观效益分析与微观效益分析相结合的方法,对拟建项目计算期内投入、产出等诸多经济因素进行调查、预测、研究、计算和论证,比较选择最佳方案的过程。

建设工程项目经济评价是在项目投资决策阶段可行性研究和评估的核心内容,是对项目的投入与产出的比较和评价,其评价结论是项目决策的重要依据。

2. 建设工程项目经济评价的内容

建设工程项目经济评价的内容包括财务评价和国民经济评价两部分,分别从不同的角度对项目的经济可行性进行分析。

财务评价从项目的财务角度出发,根据国家现行的财税制度和市场价格体系,分析、预测项目投入的费用和产出的效益,计算财务评价指标,考察拟建项目的财务盈利能力、清偿能力和风险程度,从而判断项目的财务可行性。

国民经济评价从国家整体的角度出发,按照合理配置资源的原则,采用影子价格等国民经济参数,分析计算建设工程项目需要耗费的社会资源和对社会的贡献,考察投资行为的经济合理性和宏观可行性。

1)财务评价和国民经济评价的共同点

(1)财务评价和国民经济评价都寻求以最小的投入获得最大的产出。

(2)都采用现金流量分析方法,采用货币作为统一尺度,通过编制基本报表计算净现值、内部收益率等指标。

(3)都是在完成产品需求预测、厂址选择、工艺技术路线和技术方案论证、投资估算和资金筹措等基础上进行的。

2）财务评价和国民经济评价的区别

（1）评价的角度不同。财务评价从建设工程项目的财务角度来对项目进行经济评价，而国民经济评价从国家整体的角度来对项目进行经济评价。

（2）项目费用、效益的含义和范围划分不同。财务评价是根据项目的实际收支情况确定项目的直接效益和费用，补贴计为效益，税收和利息支出计为费用，只计算项目的直接效益和直接费用；国民经济评价根据项目给国家带来的效益和项目消耗资源的多少，考察项目的收益和费用，补贴不计为效益，税收和国内借款利息不计为费用，除了计算项目的直接效益和直接费用，还要计算间接效益和间接费用。国民经济评价又称费用效益评价。

（3）采用的价格不同。财务评价对投入物和产出物采用财务价格，国民经济评价则采用影子价格。

（4）采用的主要参数不同。财务评价采用财务基准收益率或银行贷款利率，国民经济评价则采用国家统一测定的影子汇率和社会折现率等。

3. 财务评价

建设工程项目财务评价的内容主要包括三个方面。

1）财务盈利能力分析

财务盈利能力分析是通过计算反映项目盈利能力的评价指标来评价项目的财务盈利能力。财务盈利能力指标按是否考虑货币的时间价值，可分为静态指标和动态指标。

（1）静态指标：不考虑货币的时间价值的指标为静态指标。评价财务盈利能力的静态指标主要有静态投资回收期、投资利润率、投资利税率和资本金利润率等。

① 投资回收期：是拟建项目经营净现金流量抵偿原始总投资（包括固定资产投资和流动资金）所需的全部时间，是考察项目在财务上的投资回收能力的重要评价指标。

静态投资回收期：是指在不考虑资金时间价值因素的情况下，用项目每年的净收益回收项目全部投资所需要的时间。其表达式为

$$\sum_{t=1}^{P_t}(CI-CO)_t=0 \tag{3-1}$$

式中　P_t——静态投资回收期（年）；
　　　CI——现金流入量；
　　　CO——现金流出量。

静态投资回收期的具体计算又分以下两种情况。

a. 项目投产建成后各年的净现金流量均相同，则静态投资回收期的计算公式为

$$P_t = \frac{I}{A} \tag{3-2}$$

式中　I——项目投入的全部资金；
　　　A——每年的等额净现金流量。

b. 项目投产建成后各年的净现金流量不相同，则静态投资回收期的计算公式为

$$P_t =（累计净现金流量开始出现正值的年份 -1）+ \frac{上一年累计净现金流量的绝对值}{出现正值年份的净现金流量} \tag{3-3}$$

对于单一方案而言,将计算出来的静态投资回收期 P_t 与基准投资回收期 P_c 比较,若 $P_t \leqslant P_c$,表明项目投入的资金能在规定的时间内收回,方案可以接受;若 $P_t > P_c$,则方案不可行。基准投资回收期可以是国家或部门制定的标准,也可以是企业自己的标准,其确定的主要依据是全社会或全行业投资回收期的平均先进水平,或者是企业期望的投资回收期水平。

静态投资回收期计算简单、直观,容易理解,但由于没有考虑项目资金的时间价值,不能评价项目计算期内的总收益和盈利能力,所以通常不能仅仅根据静态投资回收期的长短来评价项目的优劣,而应结合其他指标来评价。

② 投资利润率:是指项目达到设计生产能力后一个正常生产年份的利润总额与项目总投资的比率。而对一些生产期内各年的利润总额变化幅度较大的项目,应该计算生产期内年平均利润总额与项目总投资的比率。其计算公式为

$$投资利润率 = \frac{年利润总额或年平均利润总额}{总投资} \times 100\% \quad (3-4)$$

式中

$$年利润总额 = 年销售收入 - 年总成本费用 - 年销售税金及附加$$
$$年销售税金及附加 = 年增值税 + 年营业税 + 年资源税 + 年城市维护建设税 + 年教育费附加$$
$$总投资 = 固定资产投资 + 流动资金$$

投资利润率是贷款项目评价的重要指标之一,是反映项目获利能力的静态指标。投资利润率需要与行业平均投资利润率进行比较,以衡量其是否达到本行业的平均水平。投资利润率越高,说明该项目投资效果好。

③ 投资利税率:是指项目达到生产能力后一个正常的生产年份的利润和税金总额,或项目生产期内的平均利税总额与总投资的比率。其计算公式为

$$投资利税率 = \frac{年利税总额或年平均利税总额}{总投资} \times 100\% \quad (3-5)$$

式中

$$年利税总额 = 年利润总额 + 年销售税金及附加$$

进行财务评价时,将投资利税率与行业平均利税率比较,来判断项目的投资利税水平是否达到本行业的平均水平。

④ 资本金利润率:是项目达到正常生产能力后一个正常年份的年利润总额或项目生产期内年平均利润总额与资本金的比率,它反映投入项目的资本金的盈利能力。其计算公式为

$$资本金利润率 = \frac{年利润总额或年平均利润总额}{资本金} \times 100\% \quad (3-6)$$

资本金利润率,应大于或等于行业的平均资本金利润率。

(2) 动态指标:考虑资金时间价值的指标为动态指标。评价财务盈利能力的动态指标主要有净现值、净现值率、动态投资回收期和内部收益率等。

① 净现值(NPV):是在对方案未来的现金流量进行科学合理的预测和估算的基础上,把方案在寿命期内所发生的现金流量按照要求达到的折现率折算到建设期初的现值之和

中，可根据该数值的大小来评价、选择方案。其表达式为

$$\text{NPV} = \sum_{t=0}^{n} (\text{CI} - \text{CO})_t (1 + i_c)^{-t} \tag{3-7}$$

式中　NPV——净现值；

(CI-CO)$_t$——第 t 年的净现金流量，其中 CI 为现金流入，CO 为现金流出；

i_c——基准收益率；

n——方案的计算期（年）。

当 NPV=0 时，表示未来的净收益刚好能收回投资，投资收益率正好等于 i_c；当 NPV<0 时，表示未来的净收益不能将投资全部收回，投资收益率低于 i_c；当 NPV>0 时，表示未来的净收益不仅能将投资收回，而且还有剩余，净现值越大则盈利越大，项目投资收益率高于 i_c。因此，用净现值指标评价单个方案的准则是：若 NPV≥0，则方案可行；若 NPV<0，则方案不可行。当多方案比较时，若各方案的寿命期相同，在没有投资限额的约束下，投资者所追求的目标是获得最大的经济效益，则净现值越大的方案相对越优；若各方案的寿命期不同，则必须通过一些假设条件使各方案具有相同的研究周期才可进行比较。

净现值指标综合考虑了资金时间价值、项目计算期内的全部净现金流量和投资风险，但是无法从动态的角度直接反映投资项目的实际收益水平。

② 净现值率（NPVR）：是投资项目的净现值占原始投资总和的比率，在资金有限的条件下，净现值率常作为投资项目排列优先次序的依据，净现值率大的项目应优先安排。净现值率是项目净现值 NPV 与项目投资总额现值 I_p 之比，其经济含义是单位投资现值所能带来的净现值，表示单位投资获取收益的能力。其计算公式为

$$\text{NPVR} = \frac{\text{NPV}}{I_p} \tag{3-8}$$

式中　NPVR——净现值率；

I_p——项目投资额的现值。

用净现值指标来选择方案时，往往趋向于选择投资额大、盈利相对较多的方案；而以净现值率为标准时，则往往会选择资金利用效率高的方案，这在资金缺乏的情况下更具有吸引力。在实际应用时应视具体情况确定，一般是以净现值率配合净现值，作为净现值的辅助指标来使用。

③ 动态投资回收期：是指在给定的基准收益率下，用项目投产后每年净收益的现值来回收全部投资的现值所需要的时间。其表达式为

$$\sum_{t=0}^{P_t'} (\text{CI} - \text{CO})_t (1 + i_c)^{-t} = 0 \tag{3-9}$$

式中　P_t'——动态投资回收期（年）；

i_c——基准收益率。

计算动态投资回收期更为实用的公式为

$$P_t' = (累计净现金流量折现值开始出现正值的年份 - 1) + \frac{上年累计净现金流量折现值的绝对值}{出现正值年份净现金流量折现值} \tag{3-10}$$

判别准则如下：设基准动态投资回收期为 P_c'，若 $P_t' \leq P_c'$，则项目可行，否则应予拒绝。

对同一投资项目，由于考虑了资金的时间价值，方案的动态投资回收期要大于静态投资回收期，也就是说，考虑了资金时间价值后，项目被拒绝的机会增加了。

④ 内部收益率（IRR）：简单地说就是使投资方案在计算期内各年净现金流量的现值累计等于零时的折现率。其计算公式为

$$\sum_{t=0}^{n}(CI-CO)_t(1+IRR)^{-t}=0 \qquad (3-11)$$

式中 $(CI-CO)_t$——第 t 年的净现金流量，其中 CI 为现金流入，CO 为现金流出；

n——方案的计算期；

IRR——内部收益率。

设基准收益率为 i_c，用内部收益率指标 IRR 评价单一方案的判别准则如下：若 IRR≥i_c，则项目在经济效果上可以接受；若 IRR＜i_c，则项目在经济效果上应予否定。

一般情况下，当 IRR≥i_c 时，会有 NPV≥0；反之当 IRR＜i_c 时，则有 NPV＜0。因此，对于单一方案的评价，内部收益率与净现值两个指标的评价结论是一致的。

内部收益率指标既可以从动态的角度直接反映投资项目的实际收益水平，又不受基准收益率高低的影响，比较客观，但计算过程过于复杂。

2）清偿能力分析

清偿能力分析主要是通过计算借款偿还期、资产负债率、流动比率、速动比率等评价指标，来考察项目计算期内各年的财务状况及清偿能力。

（1）借款偿还期（P_d）：是指以项目投产后获得的可用于还清借款本息的资金所需的时间。其计算公式为

$$P_d = (借款偿还后出现盈余的年份 - 1) + \frac{当年应偿还借款额}{当年可用于还款的收益额} \times 100\% \qquad (3-12)$$

当借款偿还期能满足贷款机构的要求期限时，即认为该项目是有清偿能力的。借款偿还期适用于尽快还款的项目，不适于约定偿还期限的项目。

（2）资产负债率：表明每百元资产中有多少资产用于偿还债务，也是反映项目各年所面临的财务风险程度及清偿能力的指标。其计算公式为

$$资产负债率 = \frac{各期末负债总额}{资产总额} \times 100\% \qquad (3-13)$$

适度的资产负债率，表明企业经营安全、稳健，具有较强的筹资能力，也表明企业和债权人的风险较小。对该指标的分析，应结合国家宏观经济状况、行业发展趋势、企业所处竞争环境等具体条件判定。

（3）流动比率：是反映项目各年偿付流动负债能力的指标，为流动资产总额与流动负债总额的比率。其计算公式为

$$流动比率 = \frac{流动资产总额}{流动负债总额} \times 100\% \qquad (3-14)$$

流动比率越高，表明企业偿付短期负债能力越强。满意的流动比率数值一般要求达到 2，数值过高，说明项目持有较多闲置的（不能盈利的）现金余额；数值过低，不利于企业

获得贷款,表明项目可能会面临清偿到期账单、票据的某些困难。

（4）速动比率:是流动资产减存货后的差额（速动资产）与流动负债总额之比,是反映项目各年快速偿付流动负债能力的指标。其计算公式为

$$速动比率=\frac{速动资产或（流动资产-存货）}{流动负债总额}\times100\% \quad (3-15)$$

速动比率反映了企业迅速变现的能力。在流动资产中,现金、银行存款、应收账款、应收票据、短期投资等容易变现,称为速动资产。速动比率数值的满意范围为 1.0～1.7,数值过高或过低都表示企业财务状况不理想。

3）风险分析

风险分析一般是指在一定条件下和一定时期内可能发生的各种结果的变动程度,可分为经营风险和财务风险。

风险分析是分析项目的各种不确定因素和随机因素,以及它们对项目经济效果的影响程度,以预测项目可能承担风险的大小。分析预测项目的风险程度,通常包括以下三种方法。

（1）盈亏平衡分析。盈亏平衡分析又称量本利分析,是利用成本、产销量与利润之间的线性关系,分析在利润与成本平衡时应达到的销售水平,即盈亏平衡点销售量（销售额）。

盈亏平衡分析的基本模型是

$$B=PQ-C_VQ-C_F-T\times Q \quad (3-16)$$

式中　B——利润;

P——单位产品销售价格;

Q——产销量;

T——单位产品销售税金及附加;

C_V——单位产品变动成本;

C_F——固定总成本。

表示项目盈亏平衡点的方式有多种。可以用绝对值表示,如用实物产销量、单位产品销售价格、单位产品的变动成本、年固定总成本以及年销售收入等表示的盈亏平衡点;也可以用相对值表示,如以生产能力利用率表示的盈亏平衡点。

（2）敏感性分析。敏感性分析是通过分析影响项目目标值的有关因素变动,来确定它们对目标值的影响程度的方法,从而找出最敏感的因素,并在项目实施中进行重点控制以降低风险。

某个参数变化对目标值变化的影响程度,主要采用敏感度系数计量,计算公式为

$$E=\Delta A/\Delta F \quad (3-17)$$

式中　E——敏感度系数;

ΔA——不确定因素 F 发生 ΔF 变化时,评价指标 A 的相应变化率;

ΔF——不确定因素 F 的变化。

E 越大,表明评价指标 A 对于不确定因素 F 越敏感;反之则越不敏感。

如果进行敏感性分析的目的是对不同的投资项目或某一项目的不同方案进行选择,则

一般应选择敏感程度小、承受风险能力强、可靠性大的项目或方案。

敏感性分析能够预测各种不利因素对项目的影响,从而判断项目可能容许的风险程度。但这种方法没有考虑影响因素发生的概率,在分析计算中有一定的主观随意性。

(3)概率分析。概率分析是通过研究各种不确定性因素变动幅度的概率分布及其对项目经济效益指标的影响,计算其期望值及标准偏差,从而对项目可行性、风险性及方案优劣做出判断的一种不确定性分析法。

概率分析常用于对大中型项目的评估和决策,是为项目风险决策提供依据的一种分析方法,常用指标有项目目标值的期望值和标准差。

4. 国民经济评价

国民经济评价是从国民经济的整体角度,运用影子价格、影子汇率、社会折现率等国民经济参数,分析计算建设工程项目需要耗费的社会资源和对社会的贡献,考察投资的经济合理性和宏观可行性。决策机关可根据国民经济评价的结论,考虑该项目的取舍。

在市场经济条件下,大部分项目的财务评价结论即可满足投资决策的要求。但对有些项目还需要进行国民经济评价,以便从国民经济的角度评价其是否可行。国民经济评价的主要指标,有经济净现值、经济内部收益率、经济外汇净现值、经济换汇成本和经济节汇成本等。

(1)经济净现值:是反映项目对国民经济净贡献的绝对指标,是用社会折现率将项目计算期内各年的经济净效益流量折算到建设期初的现值之和上。

显然,经济净现值的大小与基准收益率 i_c 有很大关系。一般情况下,同一净现金流量的净现值随着折现率的增大而减小,故基准收益率 i_c 定得越高,能被接受的方案越少。因此,国家正是通过制定并颁布各行业的基准收益率,作为投资调控的手段。国家按照企业和行业的平均投资收益率,并考虑产业政策、资源劣化程度、技术进步和价格变动等因素,分行业确定并颁布基准收益率。

(2)经济内部收益率:是反映项目对国民经济净贡献的相对指标。

一般情况下,当经济内部收益率 IRR$\geq i_c$ 时,会有经济净现值 NPV≥ 0;反之当 IRR$< i_c$ 时,则有 NPV< 0。因此,对于单一方案的评价,经济内部收益率与经济净现值两个指标的评价结论是一致的。

(3)经济外汇净现值(ENPVF):是反映项目实施后对国家外汇收支直接或间接影响程度的重要指标,用来衡量项目对国家外汇真正的净贡献或消耗水平。其计算公式为

$$\text{ENPVF} = \sum_{t=1}^{n} (\text{FI} - \text{FO})_t (1 + i_s)^{-t} \tag{3-18}$$

式中 ENPVF——经济外汇净现值;
  FI——外汇流入量;
  FO——外汇流出量;
  $(\text{FI} - \text{FO})_t$——第 t 年的净外汇流量;
  n——计算期;
  i_s——社会折现率。

当经济外汇净现值 ENPVF>0 时,表示拟建项目建成后,对国家有外汇贡献。

（4）经济换汇成本：是产品直接出口换取单位外汇需要消耗（投入）的国内资源，是指用货物的影子价格、影子工资和社会折现率计算的为生产出口产品而投入的国内资源现值（以人民币表示）与生产出口产品的经济外汇净现值（通常用美元表示）之比，即换取一美元外汇需要投入的人民币金额。

（5）经济节汇成本：是指产品替代进口节省外汇所需要投入的国内资源，是用影子价格计算的为生产替代进口产品所投入的国内资源现值与相应进口产品的经济外汇净现值之比。

当经济节汇成本小于或等于影子汇率时，表明项目产品替代进口在经济上是可行的，否则是不可行的。

3.6.2 建设工程项目的社会评价

1. 建设工程项目社会评价的概念

建设工程项目社会评价，是指分析拟建项目对当地社会的影响及当地社会环境对拟建项目的适应性和可接受程度的系统分析过程。

建设工程项目社会评价旨在系统地调查和预测拟建项目的建设、运营产生的社会效益与负面影响，分析项目所在地区的社会环境对项目的适应性和可接受程度，通过分析项目涉及的各种社会因素，评价项目的社会可行性，提出项目与当地社会协调关系、规避社会风险、促进项目顺利实施、保持社会稳定的方案。

2. 建设工程项目社会评价的内容

社会评价应遵循以人为本的原则，其主要内容包括项目的社会影响分析、项目与所在地区的互适性分析和社会风险分析三个方面。

建设工程项目社会评价的内容

1）社会影响分析

社会影响分析的目的是分析拟建项目可能产生的社会效益和负面影响。其主要探讨内容如下：

（1）项目对所在地区居民收入的影响。主要分析预测项目实施可能造成的当地居民收入增加或减少的范围、程度及其原因。

（2）项目对所在地区居民生活水平和质量的影响。主要分析预测项目实施后居民居住水平、消费水平、消费结构、人均寿命的变化及其原因。

（3）项目对所在地区居民就业的影响。主要分析预测项目的建设、运营对当地居民就业结构和就业机会的正面影响与负面影响。

（4）项目对所在地区不同利益群体的影响。主要分析预测项目的建设、运营会使哪些人受益或受损，以及对受损群体的补偿措施和途径。

（5）项目对所在地区弱势群体的影响。主要分析预测项目的建设、运营对当地妇女、儿童、残疾人员利益的影响。

（6）项目对所在地区的文化、教育、卫生的影响。主要分析预测项目在建设和运营期间可能引起当地文化教育水平、卫生健康程度的变化及对当地人文环境的影响，并提出减少负面影响的措施和建议。

（7）项目对当地基础设施、社会服务容量和城市化进程等的影响。主要分析预测项目在建设和运营期间，是否可能增加或占用当地的基础设施，如道路、桥梁、供水、供气等。

（8）项目对所在地区少数民族风俗习惯和宗教的影响。主要分析预测项目的建设、运营是否符合国家的民族宗教政策，是否充分考虑了当地民族的风俗习惯、生活方式和当地居民的宗教信仰，是否会引发民族矛盾、宗教纠纷，影响当地的社会安定。

2）互适性分析

互适性分析是分析预测项目能否为当地的社会环境、人文条件所接纳，以及当地政府、居民支持该项目存在与发展的程度，考察项目与当地社会环境的相互适应关系。

互适性分析主要包括：分析预测与项目直接相关的不同利益群体对项目建设、运营的态度及参与程度，分析预测项目所在地区的各类组织对项目建设、运营的态度，分析预测项目所在地区现有的技术、文化状况能否适应项目的建设和发展。

3）社会风险分析

社会风险分析是对影响项目的各种社会因素进行识别和排序，选择影响面大、持续时间长且容易导致较大矛盾的社会因素进行预测，分析可能出现这种风险的社会环境和条件。

3.6.3 建设工程项目的环境评价

1. 建设工程项目环境影响评价的概念

建设工程项目的环境评价即环境影响评价，是在研究确定厂址方案和技术方案中，调查研究环境条件，识别和分析影响拟建项目的因素，提出预防或减轻不良环境影响的对策和措施，比选和优化环境保护方案。

2. 建设工程项目环境影响评价的分类

国家根据建设工程项目对环境的影响程度，对建设工程项目环境影响评价实行分类管理。由业主组织编制的环境影响评价分为环境影响报告书、环境影响报告表和环境影响登记表三类。环境影响报告表和环境影响登记表的内容和格式，由生态环境部制定。

（1）环境影响报告书。对于可能造成重大环境影响的建设工程项目，应当编制环境影响报告书，对可能产生的环境影响进行全面评价。

建设工程项目环境影响报告书的内容包括：项目概况、项目周围环境现状、项目对环境可能造成影响的分析、预测和评估，项目环境保护措施及其技术、经济论证，项目对环境影响的经济损益分析，对项目实施环境监测的建议，环境影响评价的结论。涉及水土保持的建设工程项目，还必须有经有关行政主管部门审查同意的水土保持方案。

（2）环境影响报告表。对于可能造成轻度影响的建设工程项目，应当编制环境影响报告表，对产生的环境影响进行分析或专项评估。

（3）环境影响很小、不需要进行环境影响评价的建设工程项目，应当填写环境影响登记表。

3. 建设工程项目环境影响评价的主要内容

1）环境条件调查

（1）自然环境。包括对项目所在地的大气、水体、地貌、土壤等自然环境状况的调查。

(2) 生态环境。包括对项目所在地的森林、草地、湿地、动物栖息、水土保持等生态环境状况的调查。

(3) 社会环境。包括对项目所在地的居民生活、文化教育、卫生、风俗习惯等社会环境状况的调查。

(4) 特殊环境。包括对项目周围地区文物古迹、风景名胜区、自然保护区等环境状况的调查。

2) 环境影响因素分析

环境影响因素分析的主要内容如下。

(1) 污染环境因素分析。包括考虑生产过程中产生的废水、废气、固体废弃物、噪声、粉尘等各种污染源，计算排放污染物数量及对环境的污染程度。

(2) 破坏环境因素分析。包括讨论对地形、地貌等自然环境的破坏，对森林、草地植被的破坏，对社会环境、文物古迹、风景名胜区、自然保护区的破坏并预测其破坏程度。

3) 环境影响评价指标

在环境影响评价指标定量分析中，主要设置环境质量指数这一指标来分析评价项目对各项污染物治理达到国家和地方规定标准的程度，从而全面反映项目在环境治理上的效果。为便于计算，环境质量指数采用各项环境污染物治理指数的算术平均值。

4) 环境保护措施

在分析环境影响因素及其影响程度的基础上，应根据国家有关环境保护法律、法规的规定提出治理方案。

(1) 治理措施方案。根据项目的污染源和排放污染物的性质不同，采取不同的治理措施。

(2) 治理方案比选。对环境治理的各个局部方案和总体方案进行技术经济比较，并做出综合评价。环境保护治理方案经比选后，提出推荐方案并编制环境保护治理设施和设备表。

拓展讨论

党的二十大报告中提到，十年来，"我们坚持绿水青山就是金山银山的理念，坚持山水林田湖草沙一体化保护和系统治理，全方位、全地域、全过程加强生态环境保护，生态文明制度体系更加健全，污染防治攻坚向纵深推进，绿色、循环、低碳发展迈出坚实步伐，生态环境保护发生历史性、转折性、全局性变化，我们的祖国天更蓝、山更绿、水更清"。

环境影响评价是对可能影响环境的工程建设和开发活动，预先进行调查、预测和评价，提出环境影响及治理方案的报告，经主管部门批准后才能进行建设的法律制度。试述对拟建建设工程项目进行环境影响评价的必要性。

特别提示

工程项目前期策划中应注意以下问题。

(1) 重视项目前期策划工作安排，项目管理、财务、工程经济等方面的专家应及时介入。

（2）在项目的前期策划阶段，上层管理者的任务是提出解决问题的期望，或将总的战略目标和计划进行分解，而不必过多地考虑目标的细节，更不可能立即提出解决问题的方案。

（3）整个过程中必须不断地进行环境调查，以第一手资料为依据，客观地反映和分析问题，并对环境发展趋势进行合理的预测，不应带任何主观的观点和其他意图。

（4）必须争取高层组织的支持。

（5）在项目前期策划工作中，阶段决策非常重要。必须设置若干决策点，对阶段工作结果不断地进行分析、调整、修改、优化，形成多重反馈的过程。

（6）相关研究应详细、全面，注意定性和定量分析相结合，用数据说话，多用图表表示分析依据和结果。

（7）在项目前期策划中，许多考虑是基于对将来情况的预测，预测结果包含着很大的不确定性，需要加强风险分析。

（8）随着国际经济的一体化，在项目前期策划中应考虑获取项目要素的渠道和它们的优化组合问题，注重充分开发项目的产品市场，充分利用环境条件，选择有利地址，合理利用自然资源和当地的供应条件、基础设施，充分考虑与其他单位的合作机会与可能性。

项目小结

对建设工程项目进行前期策划，是为了确立正确的项目发展方向，为项目的顺利发展奠定良好基础。本项目主要内容，包括建设工程项目前期策划的过程和主要工作、建设工程项目构思的产生和选择、建设工程项目的目标设计、建设工程项目的定义、总体方案的策划及建设工程项目的可行性研究等。

思考题

1. 建设工程项目前期策划的定义是什么？
2. 建设工程项目前期策划的目的和内容有哪些？
3. 建设工程项目财务评价和国民经济评价的关系是什么？
4. 试述建设工程项目财务评价的内容。
5. 建设工程项目社会评价的主要内容有哪些？
6. 建设工程项目环境影响评价的概念是什么？
7. 简述建设工程项目可行性研究的主要内容。

项目 4　建设工程项目勘察设计管理

思维导图

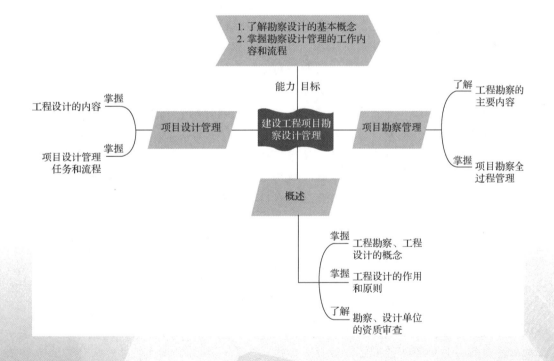

引例

甲房地产开发公司与乙勘察设计院签订了一份勘察设计合同,双方约定,乙为甲筹建中的商业大厦进行勘察设计,甲按照国家颁布的收费标准支付勘察设计费,要求乙按甲的设计标准、技术规范等勘察设计要求进行测量和工程地质、水文地质等勘察设计工作,并在2020年1月9日前向甲提交勘察成果资料和设计文件。甲同时与丙公司签订了建设工程施工合同,在合同中规定了开工日期。不料乙迟迟不能按约定的日期提交勘察设计文件,而丙已按建设工程施工合同的约定做好了开工准备,如期进驻施工现场。在甲的再三催促下,乙迟延25天提交了勘察设计文件,此时丙已窝工18天。在施工期间,丙又发现设计图纸中的多处错误,不得不停工等候甲请乙对设计图纸进行修改。丙由于窝工、停工要求甲赔偿损失,否则不再继续施工。

【分析】

《中华人民共和国民法典》第八百条规定:勘察、设计的质量不符合要求或者未按照期限提交勘察、设计文件拖延工期,造成发包人损失的,勘察人、设计人应当继续完善勘察、设计,减收或者免收勘察、设计费并赔偿损失。

所谓勘察、设计的质量不符合要求,是指勘察或设计没有达到国家强制性标准和合同约定的质量要求。勘察设计是影响工程质量的关键性阶段,设计方案不科学,不按设计规范要求设计,势必为工程质量埋下隐患。因此,勘察设计单位的勘察、设计文件必须符合国家现行的法律、法规、工程设计标准和合同的规定。勘察文件应反映工程地质、水文地质状况,评价标准,数据可靠;设计文件的深度,应满足相应设计阶段的技术要求,所完成的施工图应配套,细部节点应交代清楚,标注说明应清晰、完整,设计中选用的材料、设备等应注明其规格、型号、性能等,并提出质量要求,但不能指定生产厂家。勘察设计单位应参与图纸会审和做好设计文件的技术交底工作,对大中型建设工程、超高层建筑以及采用新技术、新结构的工程,应向施工现场派驻设计代表。如果勘察设计单位不能按合同约定的期限提交勘察、设计文件,包括勘察报告、初步设计、技术设计、施工图及其说明和图样,将会使工程不能按期开工,甚至造成经济损失。

因此,当出现勘察、设计质量不符合要求,或者不能按照合同约定的期限提交勘察、设计文件时,根据《中华人民共和国民法典》第八百条规定,勘察设计单位应当承担下列违约责任:根据实际情况应当继续完善勘察、设计,减收或者免收勘察、设计费并赔偿损失。

本案例中,乙不仅没有按照合同约定提交勘察设计文件,致使甲的建设工期受到延误,造成丙的窝工,而且勘察设计的质量也不符合要求,致使丙因设计图纸修改而停工、窝工。乙的上述违约行为已给甲造成了经济损失。因此,乙应当承担减收或者免收勘察设计费并赔偿损失的责任。

前期策划阶段工作完成之后,建设工程项目正式立项,工程建设开始实施,进入勘察设计阶段。建设工程项目勘察设计阶段一般是指可行性研究获批,项目正式立项后,直至项目施工图设计完成并交付建设单位使用的过程。勘察设计阶段主要包括两项工作,即工程勘察和工程设计。

特别提示

"先勘察,后设计,再施工"是工程建设的一般规律,在工程建设实施过程中,工程勘察是工程设计的基础,工程设计是工程施工的依据。显然,建设工程项目勘察和设计工作对工程建设有着重要意义。

任务 4.1 概 述

4.1.1 工程勘察和工程设计的概念

1. 工程勘察的概念

工程勘察是运用多种科学的技术方法,为查明项目建设地点的地形、地貌、土质、地质构造等自然条件而进行的测量、测试、观察、勘探、试验、鉴定和综合评价等工作,以查明建设场地和有关范围内的地质地理环境特征和岩土工程条件,提供建设所需要的勘察成果及其相关内容的活动。

工程勘察是工程建设过程中必不可少的环节,通过工程勘察,建设单位能够正确认识自然环境与工程建设的相互关系,为项目实施建设的可行性研究、选址规划、建筑设计、地基处理、施工监测、建成后的安全检验及建设环境的保护治理等提供基础性的资料与依据。

2. 工程设计的概念

工程设计是指根据项目的具体要求,按照国家有关政策、规范及标准,对项目所需的技术、经济、资源、环境等条件进行综合分析与论证,编制工程设计文件的活动。

工程设计是对工程的外形和内在实体进行筹划、研究、构思、设计和描绘,对拟建工程在技术和经济上进行全面的安排,是项目建设计划的具体化。工程设计形成的设计说明书和施工图是组织施工的基本依据。

4.1.2 工程设计的作用

工程设计是项目建设程序的重要组成部分,是项目建设的基础性依据,在工程建设中居于先行地位。具体来说,工程设计的作用主要体现在以下方面。

工程设计的作用

(1)设计将项目建设决策目标具体化。项目可行性研究通过对项目建设进行论证,明确了未来项目建设规模、标准和建设内容。设计则是在可行性研究报告获批的前提下,按其要求将项目建设决策目标具体化,使项目建设构想转变为具体的、可实施的方案与蓝图。

（2）设计是施工准备及施工的主要依据。工程设计从技术、经济等方面对拟建工程进行了详细的安排，没有工程设计，施工单位就无法进行施工准备、场地布置、材料设备采购，更无法合理组织施工，完成施工任务。先进合理的设计对工程施工组织、质量及成本有着积极的影响。

（3）设计决定项目建成后的使用价值。建设工程项目的使用价值和工程建设产品的质量特性如使用性能、安全性、耐久性、可靠性等，都是通过设计加以具体化的。只有良好的设计，才有可能使项目建成后更好地发挥其使用功能。

（4）设计是技术进步的先导。设计是推动技术进步的桥梁，是先进科学技术的传播者。新结构、新材料、新工艺、新技术、新设备往往要通过设计才能得到反映、落实、使用及推广。通过设计，可以促进科研、勘察设计、施工的协作配合，不断解决工程建设中出现的新的技术问题，推动技术进步。

（5）设计是项目建成后能够发挥经济效益的重要保证。设计中总体布局是否合理，工艺技术及设备选型是否先进适用、安全可靠，都将对项目建成后投入使用的效果起着决定性的作用，是对建设工程项目功能的重要保证。

4.1.3 工程设计的原则

建设工程项目的工程设计应遵循技术先进、经济实用、坚固耐用、注重美观的原则。具体来讲，应贯彻以下指导思想。

（1）工程设计需认真贯彻国家的经济建设方针、政策。应执行国家的产业政策、技术政策、能源政策、环保政策等来正确处理各产业之间、中长期与近期之间、生产与生活之间等方面的关系。

（2）工程设计应充分考虑资源的充分利用。工程设计要根据技术上的可能性和经济上的合理性，对能源、水源、土地资源等进行综合利用。

（3）工程设计须符合相关法律法规和强制标准的规定。建设工程项目不仅关系到经济效益、社会效益和环境效益，还关乎工程建设者、项目所有人、项目使用人的生命财产安全，因此，在从事设计工作的过程中，必须依法开展各项工作，严格执行国家法律法规及行业标准，确保设计工作质量。

（4）工程设计要注意生态环境的保护。工程设计需要严格控制项目建设可能对环境带来的损害，尽可能采取行之有效的措施，防止项目的建设对环境产生不利影响。

4.1.4 勘察、设计单位的资质审查

为保证工程勘察和设计的质量，我国对勘察、设计实行市场准入制度，对勘察、设计单位及相关技术人员实行资质资格管理。

🌐 知识链接

《建设工程勘察设计管理条例》规定：建设工程勘察、设计单位应当在其资质等级许可的范围内承揽建设工程勘察、设计业务；禁止建设工程勘察、设计单位超越其资质等级许可的范围或者以其他建设工程勘察、设计单位的名义承揽建设工程勘察、设计业务；禁止

建设工程勘察、设计单位允许其他单位或者个人以本单位的名义承揽建设工程勘察、设计业务；建设工程勘察、设计单位资质证书由国务院建设行政主管部门统一制作。

工程勘察、设计资质资格管理是指对申请从事工程勘察、工程设计活动的单位设置准入许可，实行以单位资质为主、个人执业资格为辅的管理制度。实施勘察、设计单位资质资格管理，执行勘察、设计行业准入制度，无论是对建设单位保证工程勘察、设计质量以实现建设目标，还是对国家行政主管部门维护建设市场秩序，都有着重要意义。

工程勘察、设计资质，分为工程勘察资质、工程设计资质。建设工程勘察、设计单位应当按照其拥有的注册资本、专业技术人员、技术装备和勘察设计业绩等条件申请资质，经审查合格后，方可取得建设工程勘察、设计单位资质证书，并从事相应的工程勘察、设计活动及咨询和技术服务工作。

知识链接

工程勘察、设计资质分类与分级

工程勘察资质业务范围，包括建设工程项目的岩土工程、工程测量和勘探测试。按勘察单位的业务范围不同，其勘察资质分为工程勘察综合资质和工程勘察专业资质两种类型。

其中工程勘察综合资质不分等级，取得工程勘察综合资质的企业的业务范围和区域不受限制，可承接工程勘察各专业、各等级工程勘察业务。工程勘察专业资质是指企业取得了岩土工程、工程测量、勘探测试等专业中的某一项资质，其根据工程性质和技术特点设立类别和级别，一般设置甲、乙两个级别；取得工程勘察专业资质的企业，可以承接同级别相应专业的工程勘察业务。

工程设计资质，分为工程设计综合资质、工程设计行业资质、工程设计专业资质和工程设计事务所资质。工程设计综合资质不分等级，取得工程设计综合资质的企业，可以承接各行业、各等级的工程设计业务；工程设计行业资质、工程设计专业资质设甲级、乙级，取得工程设计行业资质的企业，可以承接相应行业相应等级的工程设计业务及本行业范围内同级别的相应专业工程设计业务；取得工程设计专业资质的企业，可以承接本专业相应等级的专业工程设计业务；取得工程设计事务所资质的企业，可以承接建筑工程相应专业设计业务。

任务 4.2　建设工程项目勘察管理

4.2.1　工程勘察的主要内容

工程勘察的主要内容

工程勘察是根据建设工程项目的特点，在查明建设工程场地范围内的地质、地理环境特征基础上，对地形、地质和水文等要素做出分析、评价和建议，并编制建设工程项目勘察文件的活动。工程勘察可分为通用工程勘察和专业工程勘察。通用工程勘察包括工程测量、岩土工程勘察、岩土工程设计与检测监测、水文地质勘察、工程水文气象勘察、工程物探、室内试验等；专业工程勘察包括煤炭、水利水电、电力、长输管道、铁路、公路、通信、海洋等工程勘察。工程勘察为地基处理、地基基础设计和施工提供详细的地基土质构成与分布、各土层的物理力学性质、持力层及承载力、变形模量等岩土设计参数，针对不良地质现象的分布设计防治措施，以达到确保工程建设的顺利进行及建成后能安全和正常使用的目的。

由于不同的建设工程项目其规模、使用性质及复杂程度各不同，工程设计所要求的技术条件也存在较大差异，故设计前所需的工程勘察资料也就不尽相同。为保证设计、施工质量，需进行大量的观测、探测、勘察。工程勘察的内容一般包括以下方面。

1. 自然条件观测

自然条件观测主要是对气候、气象条件的观测，陆上和海洋的水文观测及与水文相关的观测，特殊地区如沙漠和冰川的观测等。建设地点如有相应的测站并已有相当的累积资料，可直接采用，如无测站或资料不足或从未观测过，则应根据项目需要建站观测。

2. 资源勘查

资源勘查的范围较广，包括矿产、农业、林业和渔业等。资源勘查一般由国家相关机构完成，建设单位只在必要时进行适当补充。

3. 地震安全性评价

大型工程和地震地质复杂地区，为准确确定工程所在区域的抗震设防烈度，确保工程安全，一般需要在国家地震区划的基础上进行建设地点的地震安全性评价。

4. 环境评价和环境基底观测

为降低观测费用，环境评价和环境基底观测往往和陆上环境调查及海洋水文观测同时进行，但不少项目需要单独进行观测。环保措施往往还要通过试验研究加以确定。

5. 工程测量

工程测量包括平面控制测量、高程控制测量、地形测量、摄影测量、线路测量和绘图制图等工作。工程测量成果是进行工程规划、总图布置、线路设计及施工的基础性资料。

6. 岩土工程勘察

岩土工程勘察又称工程地质勘察。岩土工程勘察是为查明影响工程建筑物的地质因素而进行的地质调查研究工作，其任务可具体归纳为：①查明建筑场地的工程地质条件，选择地质条件优越合适的建筑场地；②查明场区内崩塌、滑坡、岩溶、岸边冲刷等物理地质作用和现象，分析和判明它们对建筑场地稳定性的危害程度，为拟定改善和防治不良地质条件的措施提供地质依据；③查明建筑物地基岩土的地层时代、岩性、地质构造、土的成因类型及其埋藏分布规律，测定地基岩土的物理力学性质；④查明地下水类型、水质、埋深及分布变化；⑤根据建筑场地的工程地质条件，分析研究可能发生的工程地质问题，提出拟建建筑物的结构形式、基础类型及施工方法的建议；⑥对于不利于建筑的岩土层，提出切实可行的处理方法或防治措施。

特别提示

岩土工程勘察任务从总体上来说是为工程建设规划、设计、施工提供可靠的地质依据，以充分利用有利的自然和地质条件，避开或改造不利的地质因素，保证建筑物的安全和正常使用。为了提供各设计阶段所需的岩土工程资料，岩土工程勘察工作也相应地划分为选址勘察（可行性研究勘察）、初步勘察、详细勘察三个阶段。

1）选址勘察阶段

选址勘察工作对应着项目建设的可行性研究阶段，是大型工程建设过程中的重要环节，其目的在于从总体上判定拟建场地的工程地质条件能否适宜项目工程建设。一般通过取得几个候选场址的工程地质资料进行对比分析，对拟选场址的稳定性和适宜性做出工程地质评价。

一般在选址勘察阶段应进行下列工作。

（1）搜集区域地质、地形地貌、地震、矿产和附近地区的工程地质资料及当地的建筑经验。

（2）在收集和分析已有资料的基础上，通过踏勘，了解场地的地层、构造、岩石和土的性质、不良地质现象及地下水等工程地质条件。

（3）对工程地质条件复杂，已有资料不能符合要求，但其他方面条件较好且倾向于选取的场地，应根据具体情况进行工程地质测绘及必要的勘探工作。

2）初步勘察阶段

初步勘察阶段是在选定的建设场址上进行的。根据选址报告书了解项目类型、规模、建设物高度、基础的形式及埋置深度和主要设备等情况。初步勘察的目的，是对场地内建筑地段的稳定性做出评价，为确定建筑总平面布置、主要建筑物地基基础设计方案及不良地质现象的防治工程方案做出工程地质论证，使初步设计有可靠的设计依据。本阶段的主要工作如下。

（1）初步查明地层、构造、岩石和土的性质，地下水埋藏条件、冻结深度、不良地质现象的成因和分布范围及其对场地稳定性的影响程度和发展趋势。当场地条件复杂时，应进行工程地质测绘与调查。

（2）对抗震设防烈度为7度或7度以上的建筑场地，应判定场地和地基的地震效应。

初步勘察时，在搜集分析已有资料的基础上，根据需要和场地条件还可进行工程勘探、测试及地球物理勘探工作。

3）详细勘察阶段

在初步设计获批后，为补充初步勘察阶段的不足，勘察单位应根据初步设计审查意见，在确定的工程方案的基础上进行详细勘察，为施工图设计及后续施工提供资料。进入详细勘察阶段时，场地的工程地质条件已基本查明，勘察单位需在此基础上，提出设计所需的工程地质条件的各项技术参数，对建筑地基做出岩土工程评价，为基础设计、地基处理和加固、不良地质现象的防治工程等具体方案做出论证和结论。详细勘察阶段的主要工作内容如下。

（1）取得附有坐标及地形的建筑物总平面布置图，各建筑物的地面整平标高数据、建筑物的性质和规模，可能采取的基础形式与尺寸和预计埋置的深度，建筑物的单位荷载、总荷载、结构特点和对地基基础的特殊要求等。

（2）查明不良地质现象的成因、类型、分布范围、发展趋势及危害程度，给出评价与整治所需的岩土技术参数和整治方案建议。

（3）查明建筑物范围各层岩土的类别、结构、厚度、坡度、工程特性，计算和评价地基的稳定性和承载力。

（4）对需进行沉降计算的建筑物，提出地基变形计算参数，预测建筑物的沉降、差异沉降或整体倾斜。

（5）对抗震设防烈度大于或等于6度的场地，划分场地土类型和场地类别；对抗震设防烈度大于或等于7度的场地，尚应分析预测地震效应，判定饱和砂土和粉土的地震液化可能性，并对液化等级做出评价。

（6）查明地下水的埋藏条件，判定地下水对建筑材料的腐蚀性。当需做基坑降水设计时，尚应查明水位变化幅度与规律，提供地层的渗透性系数。

（7）提供深基坑开挖的边坡稳定计算和支护设计所需的岩土技术参数，论证和评价基坑开挖、降水等对邻近工程和环境的影响。

（8）为选择桩的类型、长度，确定单桩承载力，计算群桩的沉降，以及选择施工方法提供岩土技术参数。

详细勘察的勘探工作量，应按场地类别、建筑物特点及建筑物的安全等级和重要性来确定。勘察时以勘探、原位测试和室内土工试验为主，必要时可以补充一些地球物理勘探、工程地质测绘和调查工作。

在岩土工程勘察工作结束后，有关勘察单位应按相关规定及合同要求编写《岩土工程勘察报告》，绘制各种图表，并及时向设计和相关部门提供勘察报告文件和图纸资料，为设计等部门提供科学依据。

7. 水文地质勘察

水文地质勘察是为开发利用地下水资源、查明建设地区水文地质条件或其他专门目的，运用各种勘探手段而进行的水文地质工作。通过水文地质勘察，可以查明水文地质条件，为合理开发利用地下水资源、解决项目生产和生活用水及各项工程建设提供依据。

对工程建设而言，水文地质勘察的主要任务是为城市建设和矿山、水利、港口、铁路、输油输气管线等大中型项目的规划与设计提供区域水文地质资料。

工程建设水文地质勘察，可采用测绘、遥感、物探、钻探、测试、动态监测等手段进行，并应根据不同行业项目的特点和要求分阶段实施，满足相应阶段的设计需要。根据工程规模、水文地质条件的复杂程度、勘察阶段和已有工作的深度，工程建设水文地质勘察一般包括下列内容。

（1）查明地下水的类型和赋存状态。

（2）查明地下含水层和隔水层的埋藏条件和分布规律，地下裂隙性质、空间分布特征、连通情况等，确定富水带。

（3）量测地下水水位，取水样进行水化学分析。

（4）调查地下水位的季节性变化和多年变化。

(5) 调查有无地下水和地表水的污染源及其污染程度。

(6) 确定岩土的水文地质参数。

建设单位在进行水文地质勘察过程中,应注意以下两点。

(1) 水文地质条件和存在的水文地质问题是影响和决定工程安全与造价的重要因素,也是岩土工程评价的重要组成部分。故为优化勘察工作、节省工作量,建设单位应将水文地质勘察与其他勘察工作紧密结合进行。

(2) 工程建设所需的区域水文地质资料,其包括的场地范围相对于工程建设场地来说往往要大很多,当缺乏地区性水文地质资料时,只在工程建设拟建场地范围内进行勘察工作是不够的。此时根据项目需要,建设单位在委托勘察单位对工程建设场区进行详细勘察的同时,也有必要对拟建场区外进行适当的勘察。

8. 模型试验和科研项目

对一些大中型及特殊项目,仅仅依靠上述各项观测及勘察资料,仍然不足以揭示复杂的建设条件。这时就需要在对项目建设条件进行实测的基础上,利用模型试验和科学分析来研究其客观规律,以指导设计和生产。如做水利枢纽设计前要进行泥沙模型试验,做港口设计前要进行港池和航道的淤积研究等。

📝 特别提示

上述八个方面内容为勘察的主要内容,但并非所有建设工程项目在进行工程勘察时均需完成上述工作。对于一般的项目特别是建筑工程项目,往往只需完成工程测量、岩土工程勘察与水文地质勘察三项内容即可满足项目对勘察工作的需要。

4.2.2 建设工程项目勘察全过程管理

作为工程建设的重要环节,为了保证勘察目标得以实现,维护各方利益,建设单位需要对建设过程中的勘察工作进行全过程的管理。对勘察工作的管理,可由建设单位亲自组织实施,也可委托给有经验的监理机构来完成。

📝 特别提示

现阶段,我国的工程监理大多为施工监理,但随着我国建设行业的不断发展、监理咨询机构专业化水平的提高,工程监理也正逐渐参与到前期策划及勘察设计阶段中来。

1. 建设工程项目勘察管理流程

建设工程项目勘察管理流程,是指建设单位勘察管理各个组成部分形成的先后次序及相互间的制约关系,如图 4-1 所示。

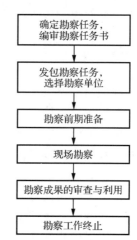

图 4-1 建设工程项目勘察管理流程

2. 建设工程项目勘察管理的工作内容

1）编审勘察任务书

勘察任务书是建设单位在勘察工作正式开展之前，根据建设工程项目设计需要，向勘察单位委托的勘察任务文件，是开展勘察工作的技术依据。勘察任务书一般由规划、设计单位提出。根据勘察内容的不同，规划、设计单位可以分别提交工程测量、岩土工程和水文地质勘察任务书。其中，对于某些特殊地质条件的岩土工程勘察任务书或专门岩土工程勘察任务书，可以由用户提出或由用户委托某个设计单位提出。

勘察任务书包括一般性内容和技术性要求两部分，其中一般性内容应说明工程的意图、设计阶段、勘察范围要求、提交勘察成果的内容和时间、室内的测试项目等，技术性要求则主要是根据勘察专业、工程类型、勘察阶段和地区条件而提出的不同的勘察技术要求。勘察任务书视勘察阶段的不同而有所差异。以岩土工程勘察为例，在选址勘察阶段，勘察任务书应说明备选场地的地名和位置、设计意图、工程规模和主要建筑物特点等，并提供合适比例尺的场地地形图；在初步勘察阶段，勘察任务书应说明拟建工程的类别、规模、建筑面积及特殊要求，主要建筑物名称，最大荷载及高度，基础最大埋深和重要设备的有关资料，明确勘察范围；在详细勘察阶段，勘察任务书需要提供勘察的各建筑物的具体情况，包括建筑物上部结构特点、对沉降敏感程度、层数、高度、跨距及地下设施情况、地面整平标高、拟采用基础形式、埋深、荷载及有特殊要求的基础设计和施工方案等，并提供经上级部门批准的附有坐标及地形的建筑总平面布置图或单幢建筑平面布置图。

在规划、设计单位编制出勘察任务书后，建设单位应及时对勘察任务书进行审查，主要审查项目包括项目概况、勘察范围要求、提交勘察成果的内容和时间。在建设单位对规划、设计单位出具的勘察任务书确认无误、满足建设要求后，勘查任务书编审工作即告完成，由建设单位出具正式的勘察任务书。

2）发包勘察任务及选择勘察单位

保证勘察质量是建设单位实施勘察管理的最主要工作职能，从工程勘察市场的现实情况来看，勘察质量的高低往往取决于勘察单位的工作质量。要保证项目勘察质量，就要求建设单位能够将勘察工作委托给实力较强、信誉良好的勘察单位。因此，在完成勘察任务书后，建设单位还面临如何选择合适勘察单位的工作。对于项目设计工作而言，建设单位同样面临着如何选择设计单位的问题。考虑到设计任务的发包与勘察任务类似，在此一并阐述。

工程项目勘察设计的发包一般由建设单位来完成，也可根据项目特点委托监理咨询机构或在项目总承包模式下由项目总承包单位来完成。根据《建设工程勘察设计管理条例》规定，建设工程勘察设计应当依照《中华人民共和国招标投标法》的规定，实行招标发包。对于有特殊要求的项目经有关部门批准后可直接发包，可以直接发包的建设工程勘察设计项目如下：

（1）采用特定的专利或者专有技术的。

（2）对建筑艺术造型有特殊要求的。

（3）国务院规定的其他建设工程的勘察、设计。

对于采用招标发包的，考虑到勘察设计工作对后续工作的影响，发包人一般不宜采用经评审的最低投标价法，而应采取综合评估法，从投标人的业绩、信誉和勘察设计人员的能力及勘察设计方案的优劣等多方面出发，对勘察设计单位进行综合评定，从而选定优秀的勘察设计单位。

发包人可以将整个建设工程的勘察设计发包给一个勘察设计单位，也可在保证建设工程项目完整性和统一性的前提下，按技术要求，分别委托给几个承接单位。在将整个建设工程项目的勘察设计工作分别委托给多个承接单位时，发包人必须选定其中一家承接单位作为主体承接方，负责整个建设工程勘察设计的总体协调工作。承接部分勘察设计业务的承接单位直接对委托方负责，并接受主体承接方的指导与协调。

除主体部分的勘察设计工作外，经发包人书面同意，承接单位可将建设工程其他部分的勘察设计分包给其他具备相应资质等级的勘察设计单位。但不论是总包或分包单位，均不得将所承揽的勘察设计工作进行转包。

在发包人委托确认勘察设计单位后，为保证勘察设计工作顺利开展，发包人应按照合同约定，及时支付勘察设计费用，并在规定时间向勘察设计单位提供诸如勘察设计技术要求、设计任务书等相关资料。在勘察设计人员勘察现场或进入现场作业时，发包人应为勘察设计人员开展工作提供必要条件。

勘察设计单位不论是通过直接发包还是通过参与市场竞争，在获取承包业务后，都应按照项目批准文件、城市规划、工程建设强制性标准及国家规定的建设工程勘察设计深度要求，结合项目特点及发包人的需要，开展勘察设计工作并编制勘察设计文件。

3）发包人应提供的资料和勘察单位应提交的勘察成果

（1）发包人应提供的资料。

发包人应及时向勘察单位提供相关的资料，并对其准确性和可靠性负责。在合同中通常要具体说明资料的名称、份数、内容要求及提供的时间。视勘察任务的需要，要求发包人提供的资料可能差异较大，《建设工程勘察合同（示范文本）》（GF—2000—0203）中列出的应由发包人提供的文件资料包括以下内容。

① 工程勘察作业所需的图纸及技术资料，包括总平面图、地形图、已有水准点和坐标控制点等。

② 工程勘察作业所需的批准及许可文件，包括立项批复、占用和挖掘道路许可等。

③ 具备条件的作业场地及进场通道，包括土地征用、障碍物清除、场地平整、提供水电接口和青苗赔偿等。

④ 作业场地内地下埋藏物（包括地下管线、地下构筑物等）的资料、图纸。

（2）勘察单位应提交的勘察成果。

勘察单位应按时向发包人提交勘察成果资料并对其质量负责。适用《建设工程勘察合同（示范文本）》的勘察活动一般在勘察任务结束时，需要提交四份勘察成果资料。勘察成果资料的质量应符合相关技术标准和深度规定，且满足合同约定的质量要求。在合同中要注明勘察成果资料的名称、需要的份数、对内容的详细要求及提交的时间。

4）勘察前期准备

勘察单位在承揽任务后，开始进行勘察前期准备，包括搜集整理工程及地质资料、进行现场踏勘与调查、制订勘察计划与勘察纲要，以及准备各种勘察设备、测试仪器与其他勘察器材等。为保证勘察工作顺利实施,在勘察前期准备阶段,建设单位应做好以下工作。

(1) 现场勘察条件准备。

(2) 勘察队伍的生活条件准备。

(3) 提前准备好基础资料,并审查资料的可靠性。

建设单位需要提供的基础资料包括勘察任务书及其相关资料、前阶段勘察资料、场地范围附近已有勘察资料。

(4) 审查勘察单位编制的勘察纲要是否符合合同规定,能否实现合同要求。

勘察纲要的内容通常取决于设计阶段、工程重要性和场地的地质条件,其基本内容包括:工程概况;勘察阶段及勘察的目的和任务;建筑场地自然条件及其研究程度的简要说明;勘察工作的方法和工作量布置;勘察工作进行中可能遇到的问题及措施;资料整理及报告书编写的内容要求;附件,包括勘察技术要求表、勘探试验点布置图及勘察工作进度计划表;等等。为了保证最后的勘察成果更全面、真实地反映场地的地质条件,在整个勘察过程中要根据逐步掌握的新情况和新资料不断地修改和补充原来的勘察纲要。

考虑到勘察纲要对勘察成果质量的决定性作用,建设单位应从勘察纲要方案的合理性、手段的有效性、设备的适用性、试验的必要性及进度的时间性等方面对其进行审核。对于大型或复杂工程的勘察纲要,可与设计单位共同进行审核。

知识链接

勘察纲要是勘察单位工作的设计书,是开展勘察工作的计划和指导性文件。勘察项目负责人应当以勘察任务书为依据,编写勘察纲要,并经必要的审核批准程序之后才能开始正式勘察工作。

5) 现场勘察

勘察单位在完成勘察前期准备工作后,正式进场进行现场勘察。建设单位在现场勘察期间对勘察进度、质量及成本进行监管,协调、沟通设计单位、施工单位与勘察单位的关系,具体涉及以下工作。

(1) 进度管理方面。建设单位按合同约定的开工日期督促勘察单位人员、设备按时进场。在勘察单位进场后,深入勘察现场,检查工程勘察单位是否按勘察纲要提出的进度计划执行各项勘察工作,掌握勘察实际进度,对实际进度与计划进度不符的,及时分析原因,督促勘察单位整改。同时,对于勘察过程中可能影响进度的各种问题,建设单位需及时协调解决,保证勘察工作按建设进度计划完成。

(2) 质量管理方面。现场勘察阶段是工程勘察质量的形成过程,建设单位应按勘察纲要和相关勘察规范,进行下列工作:检查勘察工作人员是否具备相应的技术水平和工作能力,重要岗位要持证上岗;跟踪检查勘察项目是否完全,勘察过程是否按规范要求操作;对现场勘察工作进行监督管理,随时检查勘察点、线有无偏差错漏,作业方法是够恰当适用;对于大型或复杂项目,还应对其室内试验进行监管。对于在勘察过程中发现的质量问题,建设单位应及时通知勘察单位予以纠正,并进行反馈。

(3) 成本管理方面。严格审核勘察过程中的合同外新增工程量,确实需要的,应办理现场签证;严格按合同规定的计费办法和相关标准审核工程勘察单位提交的勘察费用结算单；在勘察任务完成，勘察报告验收合格后，按合同约定拨付勘察费用。

6）勘察成果的审查与利用

工程勘察单位在完成现场勘查之后，需要按照相关规定要求编制勘察报告，并向建设单位提交。勘察报告应准确、真实，满足国家及建设单位规定的编制内容及深度要求。

在获取工程勘察单位提交的勘察报告后，建设单位并不能直接将其作为设计或施工依据加以利用，而应当在审核的基础上，经一定程序报相关建设行政主管部门审查批准后方可正式利用。故从这个意义上来说，对勘察报告的审查按照审查主体不同，可包括两类：一是建设单位对勘察报告进行的内部审查；二是国家建设行政主管部门对勘察报告进行的外部审查。此处重点讲述建设单位对勘察报告的审查。

对提交的勘察报告，建设单位应会同工程监理及设计单位共同进行审核，审核的重点如下。

（1）勘察报告的完整性，包括勘察成果是否齐全、可靠，是否满足有关规范、技术标准及合同规定要求。

（2）勘察资料、图表、报告等文件是否有完备的审核、审批程序及签字。

（3）针对不同的勘察阶段，应对勘察报告内容和深度是否满足其对应勘察阶段任务书和相应设计阶段要求进行检查。

在勘察报告经审查合格后，建设单位可将勘察报告正式提交设计单位或施工单位作为勘察成果使用。在勘察成果的实施利用过程中，任何单位和个人均不得擅自修改工程项目勘察文件。对确需进行变更的，建设单位应当委托原勘察、设计单位按有关规定和标准变更勘察设计。对于在设计施工过程中需要，但勘查任务书中没有反映的，建设单位应当会同规划、设计单位另行签订补充勘察任务通知书，并与勘察单位协商确定增加的勘察费用。

📝 特别提示

考虑到勘察报告的重大影响，对于特殊的重要工程或地质情况复杂的工程，在必要时，建设单位可组织专家对勘察报告进行评审，提出评审意见供勘察单位修改完善。这在工程实践当中经常出现。

4.2.3 勘察文件的编制内容及要求

勘察文件的编制应按不同勘察阶段的目的和要求进行。住房城乡建设部颁布的《房屋建筑和市政基础设施工程勘察文件编制深度规定（2020年版）》对建设工程详细勘察阶段勘察文件内容和深度提出了具体规定。下面以建筑工程详细勘察阶段岩土工程勘察报告为例阐述勘察文件的编制内容及深度要求，其他专业各阶段勘察报告可参照编制。

岩土工程勘察应正确反映场地工程地质条件，查明不良地质作用和地质灾害，并通过对原始资料的整理、检查和分析，提出资料完整、评价正确、建议合理的勘察报告。勘察报告应有明确的针对性，满足不同阶段的要求，详细勘察阶段报告应满足施工图设计的要求。勘察报告一般由文字部分和图表部分构成。

1. 文字部分

岩土工程勘察报告文字部分应包括下列内容。

（1）拟建工程概况。

（2）勘察目的、任务要求和依据的技术标准。

（3）勘察方法和勘察工作布置及其完成情况。

（4）场地地形、地貌、地质构造。

（5）场地各层岩土的类型、分布、工程特性，岩石的产状、结构和风化情况。

（6）河道、浜沟、墓穴、防空洞、孤石等对工程不利的埋藏物。

（7）场地地下水埋藏情况，如类型、水位及其变化，判定水和土对建筑材料的腐蚀性。

（8）岩土参数的统计、分析和选用。

（9）分析和评价场地和地基的稳定性。

（10）分析和评价采用天然地基的可行性，建议天然地基持力层，并提出承载力等参数。

（11）选用桩基础时，应提出适宜的桩型及桩端持力层建议，提供桩基设计所需的岩土参数，必要时估算单桩承载力。

（12）需进行地基变形计算时，应提供变形计算参数，必要时预测建筑物的变形特征。

（13）需进行地基处理时，应提出地基处理方案建议，并提供相应的岩土参数。

（14）存在特殊土的场地，应满足相关专门规范的要求，提供相关参数，分析、论证及评价工程建设适宜性，提出治理措施的建议。

（15）存在可能影响工程稳定的不良地质作用的场地，应对其进行描述、分析，评价对工程的危害及工程建设适宜性，提出防治建议。

（16）当场地抗震设防烈度等于或大于6度时，应对场地和地基的地震效应进行评价。

（17）边坡工程应提供边坡稳定计算参数，评价边坡稳定性，提出对潜在的不稳定边坡整治措施的建议。

（18）基坑工程应提供边坡稳定分析及支护设计、施工所需岩土参数，提出支护措施、环境保护和监测工作的建议。

（19）有季节性冻土的地区，提供场地土的标准冻结深度。

（20）必要时，预测地基土和地下水在建筑施工和使用期间可能产生的变化及其对工程和环境的影响，提出防治方案的建议。

（21）规范或任务要求的其他内容。

2. 图表部分

岩土工程勘察报告图表部分应包括下列内容。

（1）建筑物与勘探点平面位置图。

（2）工程地质剖面图。

（3）原位测试成果图表。

（4）室内试验成果图表。

根据需要，勘察报告还可附下列图表。

（1）区域地质图。

(2)综合工程地质图。
(3)工程地质分区图。
(4)地下水等水位线图。
(5)基岩面(或其他层面)等值线图。
(6)设定高程岩性分布切面图。
(7)综合柱状图。
(8)钻孔(探井)柱状图(未纳入工程地质剖面图的必须附柱状图)。
(9)探井(探槽)展示图。
(10)勘探点主要数据一览表。
(11)岩土利用、整治、改造方案的有关图表。
(12)岩土工程计算简图及计算成果图表。
(13)其他需要的图表。

在勘察报告编制过程中,对文字部分及图表部分的编制还有其相关要求。如勘察报告在对拟建工程概况进行文字叙述时,应写明工程名称、委托单位、勘察阶段、位置、层数(地上和地下)或高度,拟采用的结构类型、基础形式和埋深。当设计条件已经明确时,应写明地坪高程、荷载条件、拟采用的地基和基础方案及沉降缝设置情况、大面积地面荷载、沉降及差异沉降的限制、振动荷载及振幅的限制等。而勘察报告的图表则应有工程名称、编号、图表名称,应有完成人、检查人或审核人签字,各种平面图均应有方向标识。对上述各项文字及图表内容的具体要求,可以参考《房屋建筑和市政基础设施工程勘察文件编制深度规定(2020年版)》。必须注意到,该规定仅仅是对勘察报告的基本要求,在必要时,勘察单位应适当增加勘察文件的内容及深度。

任务 4.3　建设工程项目设计管理

4.3.1　工程设计的内容

工程设计的基本内容

1. 工程设计的基本内容

工程勘察工作结束后,项目进入工程设计阶段。作为建设程序的重要环节,在建设工程项目选址和设计任务书已确定的情况下,建设工程项目能否做到技术上先进、经济上合理,工程设计起着决定性作用。

不同专业、不同类型的建设工程项目,设计内容存在一定差异。对建筑工程而言,工程设计是对一栋建筑物或整个建筑群要做的所有设计,其内容一般包括建筑设计、结构设计和设备设计。这三个方面的设计工作各有不同,但又存在紧密联系。其中建筑设计是结构及设备设计的依据,在整个工程设计中起先导作用。

1）建筑设计

建筑设计是指为满足一定的建造目的（包括人们对它的使用功能的要求、对它的视觉感受的要求）而进行的设计，它使具体的物质材料在技术、经济等方面可行的条件下形成能够成为审美对象的产物。

> **知识链接**
>
> 建筑设计包括总体设计和个体设计，是建筑设计人员在满足设计任务书及总体规划要求的前提下，在对场地环境、使用功能、建筑经济、材料设备、建筑艺术及结构施工等多方面的需求进行综合分析的基础上，进行的建筑的整体设计。

2）结构设计

在建筑设计方案确定的基础上，设计人员可选择经济、合理、可行的结构方案，进行结构及构件的布置与计算，并编制完成结构设计文件。结构设计的成果通常由结构设计说明、结构设计计算书和结构施工图组成。

3）设备设计

设备设计包括给排水、采暖通风、电器照明等方面的内容，是设计人员根据建筑和结构设计方案进行的专业设计。设备设计的成果包括设备施工图纸和设计说明。

上述三项工作构成了工程设计的全部内容，各专业工作形成的设计图纸、计算书、说明书及概预算共同构成了一套完整的工程设计文件。在开展各项专业设计的过程中，尽管专业分工不同，设计任务存在一定差异，但各专业设计都是为实现同一设计目标而共同工作的，这也就要求在设计过程中各专业之间应共同协作、密切配合，保证设计质量，为工程施工提供科学依据。

2. 工程设计的阶段划分

设计单位获取设计任务后，即可开始开展设计工作。工程设计过程根据建设工程项目性质、规模、复杂程度及设计任务书的要求，可划分为不同的设计阶段。一般分为两阶段设计或三阶段设计。两阶段设计是指初步设计和施工图设计两个阶段，三阶段设计包括初步设计、技术设计和施工图设计三个阶段。

> **知识链接**
>
> 对于一般建设工程项目，在进行工程设计时常采用两阶段设计，如有需要，可先行进行方案设计，再进行初步设计和施工图设计。对于大型民用建筑工程或技术复杂的建设工程项目，则常按三阶段设计开展。而对于一些牵涉面广、规模较大、存在总体开发部署问题的建设工程项目，在进行一般设计之前还应进行总体规划设计。

无论采用几阶段设计，设计单位在进行工程设计时均应遵循安全、适用、耐久、经济、美观的建筑方针，遵守相关设计规范及标准，精心设计。工程设计一般应遵循以下程序。

1）设计准备阶段

在设计准备阶段，设计单位的工作内容如下。

（1）熟悉设计任务书。设计任务书是经上级主管部门批准提供给设计单位进行设计的依据性文件，包括以下内容。

① 项目总的要求、用途、规模及一般说明。

② 项目的组成，单项工程的面积，房间组成、面积分配及使用要求。

③ 项目的投资及单方造价，土建设备及室外工程的投资分配。

④ 建设基地大小、形状、地形，原有建筑及道路现状，并附地形测量图。

⑤ 供电、供水、采暖及空调等设备方面的要求，并附有水源、电源的使用许可文件。

（2）收集必要的设计资料。除建设单位提供的设计任务书外，设计单位还需要收集下列有关原始数据和设计资料。

① 项目可行性研究报告及批复方案。

② 项目规划意见书及批复文件。

③ 相关勘察资料，如气象资料、现场地形及水文地质条件资料等。

④ 水电等设备管线资料，如现场地下的给水、排水和电缆等管线布置，以及基地上的架空线等供电线路情况。

⑤ 与设计项目有关的定额指标，如面积定额及建筑用地、用材等指标。

⑥ 与项目设计相关的主要设备、工艺流程等资料文件。

（3）设计前的调查研究。考虑到工程建设的区域性差异，设计单位还应向有关方面取得城市规划资料、当地施工技术条件及建筑材料供应情况，以及当地已建成的同类型建筑的资料等。在取得上述资料后，设计单位要进行科学分析，作为设计的参考与依据。

2）初步设计阶段

初步设计是工程设计正式开展的第一阶段，主要任务是根据批准的可行性研究报告、设计合同和其他必要的设计资料，按照项目设计要求，综合考虑项目经济技术条件和建筑艺术方面的要求，从而提出设计方案，并明确项目概算。

3）技术设计阶段

技术设计又称扩大初步设计，是针对某些重大项目和特殊项目，为进一步解决项目中的某些具体技术问题或确定某些技术方案而进行的设计，处于三阶段设计的中间环节。技术设计的主要任务是对已批准的初步设计方案进行具体设计，是对初步设计中没有解决或无法解决但又必须在施工设计前解决的重大技术问题、关键技术、关键设备、新技术或新设备等各种技术问题进行解决的设计阶段。

4）施工图设计阶段

施工图设计是工程设计的最后阶段，其成果施工图文件代表设计阶段的最终成果。施工图设计阶段的主要任务是按照实际施工要求，在初步设计或技术设计的基础上，综合建筑、结构、设备各工种，相互交底核实，深入了解材料供应、施工技术、施工设备等条件，从而把工程施工的各项具体、真实的要求反映到设计文件中。

特别提示

建设工程项目在采用两阶段设计时，施工图设计在初步设计批准后即可进行；采用三阶段设计时，其施工图设计则需以批准的技术设计为准。

3. 工程设计的依据

设计依据是设计单位按合同开展设计工作的基本依据,也是建设单位验收设计成果的依据。《建设工程勘察设计管理条例》中列出了以下几个最基本的设计依据。

1)项目批准文件

项目批准文件是指政府有关部门批准的建设工程项目的建议书、可行性研究报告或其他准予立项的文件。项目批准文件确定了该项目的建设总原则、总要求,是编制设计文件的主要依据。在编制设计文件中不得擅自改变或违背项目批准文件确定的总原则、总要求,如果确需调整变更,必须报原审批部门重新批准。项目批准文件由建设单位负责提供给设计单位。

2)城乡规划

根据《中华人民共和国城乡规划法》的规定,新建、扩建和改建建筑物、构筑物、道路、管线和其他工程设施,必须提出申请,由城乡规划行政主管根据城市规划提出规划设计要求,核发建设工程规划许可证。编制建设工程设计文件应当以这些要求和许可为依据,使建设工程项目符合所在地的城市规划要求。编制设计文件所需的城市规划资料及有关许可证件,一般由建设单位负责申领,并提供给设计单位。如设计单位提供代办及相应服务的,应在合同中专门约定。

3)工程建设强制性标准

我国工程建设标准体制将建设标准分为强制性标准和推荐性标准。强制性标准是指工程建设标准中直接涉及工程质量、安全、卫生及环境保护等方面的工程建设强制性条文,是在工程勘察、设计中必须严格执行的强制性条款。工程建设强制性标准是编制设计文件最重要的依据。《建设工程质量管理条例》第十九条规定,"勘察、设计单位必须按照工程建设强制性标准进行勘察、设计,并对其勘察、设计的质量负责",同时对违反工程建设强制性标准的行为规定了相应的罚则。

4)国家规定的建设工程设计深度要求

建设工程设计深度的规定包括设计文件的内容、要求、格式等具体规定,它既是编制设计文件的依据和标准,也是衡量设计文件质量的依据和标准。国家规定的建设工程设计的深度要求,由国务院各有关部门组织制定,电力、水利、石油、化工、冶金、机械、建筑等不同类型的建设工程设计分别执行本专业设计深度的规定,如建筑工程设计应当执行《建筑工程设计文件编制深度规定(2016年版)》及《民用建筑设计统一标准》(GB 50352—2019)。建设单位对设计文件深度有特殊要求的,也可以在合同中专门约定。

4.3.2 建设工程项目设计管理任务和流程

建设工程项目设计管理是指从建设单位委托设计任务开始,经过设计单位的设计过程,直至最终完成设计文件、审批合格并分发给各相关单位使用的管理过程。它囊括整个项目设计阶段,与单纯的工程设计工作及程序有着明显区别。

1. 建设工程项目设计管理的主体及其任务

在建设工程项目设计管理过程中，项目建设的各方都或多或少地参与其中，但从管理工作的重要程度来看，建设单位和设计单位是两个主要的参与主体。

在项目设计阶段，建设工程项目管理分为建设单位的设计管理和设计单位的设计管理。不论是对建设单位还是对设计单位而言，其对设计工作进行管理的主要目的都是保证高质量地完成设计任务，但由于在设计阶段承担不同的工作任务，两者的管理内容和重点也存在一定差异。

1）建设单位的设计管理任务

建设单位的设计管理工作贯穿设计阶段的各个环节，其主要任务包括设计质量控制、设计造价控制、设计进度控制。

（1）设计质量控制。建设单位的任务及措施包括：优选设计方案及设计单位；按规定对各设计阶段的设计文件进行审查并提出审查意见，保证各阶段设计符合项目策划阶段提出的质量要求。

（2）设计造价控制。建设单位需要对设计方案的经济性进行审查，重视项目各项经济指标；对设计阶段的概预算进行审核，以控制在要求的范围之内。

（3）设计进度控制。建设单位的任务是控制设计文件的完成时间，以便后续工作按进度计划开展。设计进度是工程建设进度的组成部分。

特别提示

设计阶段对建设单位投资控制有着重大影响。据有关资料显示，在初步设计阶段，影响项目投资的可能性为75%~95%；在技术设计阶段，影响项目投资的可能性为35%~75%；在施工图设计阶段，影响项目投资的可能性为5%~35%。具体设计阶段的投资控制及方法如下。

2）设计单位的设计管理任务

与建设单位的设计管理工作类似，设计单位的设计管理也主要集中在设计质量控制、设计造价控制及设计进度控制方面。

（1）设计质量控制。设计单位的任务主要包括：正确贯彻国家相关法律法规及相关文件提出的各项技术标准；保证设计方案的技术经济合理性、先进性和实用性，满足建设单位提出的各项功能要求；协调各专业设计，控制设计输出，保证设计成果质量。

（2）设计造价控制。设计单位的造价控制体现在两个方面：第一，从设计单位企业效益出发，运用合理的管理手段，在确保设计质量和进度的同时控制好设计成本，实现企业利润；第二，从项目建设投资控制角度出发，采用各种优化设计手段，运用合理的技术方案，确保项目投资控制在投资估算限定的范围之内。

（3）设计进度控制。设计单位的任务是在满足设计质量的同时，合理安排设计各阶段的人力及物力投入，确保在合同规定的时间内完成各阶段的设计任务，满足项目的整体要求。

2. 建设工程项目设计管理流程

按照工作开展的先后顺序，可以将建设工程项目设计管理划分为设计委托、设计实施与审查、设计文件利用三个阶段。设计委托属于事前控制，设计实施属于事中控制，设计审查和设计文件利用属于事后控制。其中建设单位的管理贯穿于整个设计阶段，设计单位的管理工作则主要集中在事中控制阶段。

从我国的设计实践来看，现阶段对项目设计的管理重点是事后控制，即通过对设计审查、修改及利用的管理来保证设计目标的实现。在事后控制各项工作中，最重要的是设计审查工作，这是因为设计成果是以设计文件的形式出现的，通过对设计文件的严格审查，可以保证设计文件内容及深度达到要求，从而实现控制设计质量的目的。

建设工程项目设计管理流程如图 4-2 所示，具体过程如下。

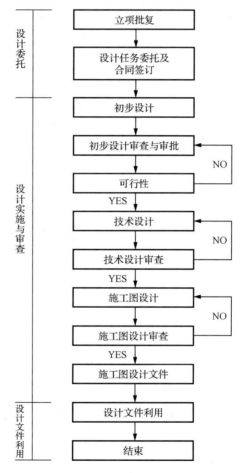

图 4-2　建设工程项目设计管理流程

1）设计委托

设计委托是指在项目可行性研究报告审批通过后，建设单位通过直接发包或招标方式确定设计单位，并以正式文件的形式明确本项目的项目名称、设计单位、设计内容、设计要求及设计的完成时间。一般设计委托书由建设单位负责起草，并应告知监理咨询机构。对于设计任务的承发包及其相关要求，详见任务 4.2，在此不再赘述。

2）设计实施与审查

在确认设计单位后，项目进入设计实施与审查阶段。设计实施是指设计单位在接受建设单位的设计委托后，组织相关设计人员对项目进行设计并完成设计文件的过程。在设计过程中，设计实施与审查交替进行，设计审查由建设单位开展，在设计单位完成相应设计阶段的设计文件后，组织相关单位和部门对设计文件的内容及深度进行详细审核、分析，并提出相应的审查意见，经最终审核合格后，设计单位方可开展下一阶段设计工作。

设计实施与审查是设计管理流程中最重要的环节，是建设单位保证设计质量的基础环节。根据项目设计阶段的划分，设计实施与审查包括初步设计的实施与审查、技术设计的实施与审查、施工图设计的实施与审查。

（1）初步设计的实施与审查。初步设计是研究和确定设计各重大原则和方案的设计阶段。可以开展初步设计的项目应具备以下条件。

① 项目的可行性研究报告经过审查，并已经获得相关部门的批准。

② 如项目需要经过政府主管部门的审批，则必须取得相关的批准文件。

③ 建设单位已经通过招标或其他方式确定了设计单位，并同设计单位签订了设计合同或设计委托。

④ 设计单位已经从建设单位处取得全部设计所需的文件，这些文件满足设计依据的需求。

作为工程设计的第一个阶段，在进行初步设计时，设计单位应在多方案比较的基础上，根据项目的综合指标择优确定设计方案。

初步设计文件应包括以下主要内容。

① 设计说明书。其包括设计总说明、总平面设计说明书、建筑设计说明书、结构设计说明书、建筑电气设计说明书、给水排水设计说明书、采暖通风与空气调节设计说明书、热能动力设计说明书等内容。其中设计总说明应包括：工程设计的主要依据；工程建设的规模和设计范围；设计指导思想和设计特点；设计总指标，如用地总面积、建筑总面积及相关技术经济指标等。

② 设计图纸、计算书、主要设备及材料表。其包括总平面设计、建筑设计、结构设计、建筑电气设计、给水排水设计、采暖通风与空气调节设计、热能动力设计的设计图纸、计算书和设备表等。

③ 工程概算书。概算书是初步设计文件的重要组成部分，经批准的设计概算是基本建设项目投资的最高限额。设计概算文件包括单位工程概算书、单项工程概算书及建设项目总概算书。

初步设计文件在编制深度上应满足下列要求。

① 多方案比较，在充分、细致地论证设计项目的经济效益、社会效益、环境效益并择优评选后确定设计方案。

② 满足经批准的可行性研究报告中所确定的主要设计原则和方案。

③ 能据以进行主要设备和材料的订货。

④ 确定工程概算，据以控制工程投资，且总概算不应超过可行性研究估算的投资总额。

⑤ 能据以编制下一阶段设计文件。

⑥ 满足土地征用、投资包干、招标承包、施工准备及生产准备等各项工作的要求。

在提交初步设计后，提请建设行政主管部门审批前，建设单位应对其进行审查，针对建设单位所提的委托条件和建设单位对设计的原则要求，逐条对照审核设计是否均已满足。审查重点如下。

① 对总目录和设计总说明的审查，核查设计质量是否符合决策要求，项目是否齐全、有无漏项，设计标准、装备标准是否符合预定要求。

② 对设计图纸的审查，重点是审查总平面设计，总平面设计要方便使用，获得最佳的工作效率，同时要满足环境保护、安全生产、防震抗灾、消防安全、防止洪涝、美化生活环境等要求，充分考虑方向、风向、采光、通风等要素，工艺设备、各种管线和道路的关系要相互无矛盾。

③ 对设计概算的审查，审核外部投资是否节约，外部条件设计是否经济，方案比较是否全面，经济评价是否合理，设备及材料投资是否合理，主要设备材料的订货价格是否符合当前的市场报价。

④ 审查初步设计中所安排的施工进度和交付使用时间是否确有可能实现，各种外部因素是否考虑周全。

初步设计经建设单位审查合格后，应按规定报上级建设行政主管部门审批。建设行政主管部门在受理初步设计审批申请后，应组织专家或委托具有相应资质的技术咨询机构对初步设计文件进行审查。经审查合格后，方可开展下一阶段设计工作。对审查不合格的，应按批复的初步设计审查意见书进行完善后再行提请审批。

（2）技术设计的实施与审查。技术设计是根据已批准的初步设计，对设计中比较复杂的项目、遗留问题或特殊需要，通过更详细的设计和计算，进一步研究和阐明其可靠性和合理性，准确地解决各主要技术问题。设计深度和范围，基本上与初步设计一致。由于技术设计是初步设计的补充和深化，建设单位一般不再进行审核，直接报审技术设计的主管部门，经审批后转设计单位，开展施工图设计。

（3）施工图设计的实施与审查。施工图是对设备、设施、建筑物、管线等工程对象物的尺寸、布置、选材、构造、相互关系、施工及安装质量要求的详细图样（图纸）和说明，是指导施工的直接依据。开展施工图设计的项目必须具备以下条件。

① 具备上级文件，包括建设单位已经取得的经上级机关或主管部门对初步设计的审核批准书、规划部门核发的施工图设计条件通知书等。

② 初步设计审查时提出的重大问题和初步设计的遗留问题，如补充勘探、勘察、试验、模型等已经解决，施工图阶段勘察及地形测绘图已经完成。

③ 工程建设范围内已具备施工条件或已具备了外部协作条件，水、电、交通、征地、安置等的各种协议已经签订或基本落实。

④ 主要设备与材料订货基本落实，设备总装图、基础图资料已收集齐全，可满足施工图设计的要求。

不具备或不完全具备上述条件的，不宜全面开展施工图设计，可安排施工图设计准备工作，或局部开展施工图设计。

施工图设计完成后，应形成的施工图设计文件内容如下。

① 重要施工、安装部位和生产环节的施工操作说明，施工图设计说明，总说明。

② 工程安装、施工所需的全部图纸。在施工总图上，应有设备、房屋或构筑物、结构、管线各部分的布置，以及它们的相互配合、标高、外形尺寸和坐标，设备和标准件清单，预制的建筑构（配）件明细表等。在施工详图中应设计非标准详图，设备安装及工艺详图，设计建、构筑物及一切配件和构件尺寸，连接、结构断面图。图纸要按有关专业配套出齐，包括建筑、结构、采暖、通风、电气、楼宇自控、通信、网络、电视、设备等专业。

③ 预算书和设备、材料明细表等。

在施工图设计完成后，建设单位需对施工图设计文件进行审查，审查重点如下。

① 总体审查。首先审查施工图纸的完整性和完备性，以及各级的签字盖章；其次审查施工总图和总目录。总图和总目录的审查重点是：工艺和总图布置的合理性，项目是否齐全，子项目是否有缺漏，总图在平面和空间的布置上是否交叉、有无矛盾。

② 总说明审查。工程设计总说明和分项工程设计总说明的审查重点是：所采用的设计依据、参数、标准是否满足质量要求，各项工程做法是否合理，选用设备、仪器、材料等是否先进、合理，工程措施是否合适，所提技术标准是否满足工程需要。

③ 具体图纸审查。图纸审查的重点是：施工图是否符合现行规范、规程、标准等所规定的要求；图纸是否符合现场和施工的实际条件，深度是否达到施工和安装的要求，是否达到工程质量的标准；以及对选型、选材、造型、尺寸、关系、节点等图纸自身的质量要求的审查。

④ 其他及政策性要求。这部分的审查重点是：审核是否满足勘察、观测、试验等提供的建设条件；外部水、电、气及集疏运条件是否满足；是否满足和当地各级地方政府签订的建设协议书，如征地、水电能源、通信导航等；是否满足环境保护措施和"三废"排放标准；是否满足施工和安全、卫生、劳动保护等方面的要求。

⑤ 施工预算和总投资预算审查。审查预算编制是否符合预算编制要求，工程量计算是否正确，定额标准是否合理，各项收费是否符合规定，汇率计算、银行贷款利息、通货膨胀等各项因素是否齐全，总预算是否在总概算控制范围之内。

与初步设计类似，建设单位对经其内部审查合格的施工图设计文件需报建设行政主管部门审批，未取得施工图审查合格书的，建设行政主管部门不得颁发施工许可证，未加盖审查专用章的施工图设计文件不得作为施工、质量监督和验收的依据。建设行政主管部门对施工图设计文件的审查内容如下。

① 工程是否符合工程建设强制性标准，包括节能设计是否符合国家和地方的节能建筑设计标准和节能要求。

② 建筑物及构筑物的稳定性和安全性，包括地基基础和主体结构的安全性。

③ 是否损害公众利益。

④ 是否执行了超限高层建筑工程抗震设防专项审查意见。

⑤ 勘察、设计单位、注册执业人员及相关人员的行为是否符合国家和地方有关法律、法规、规章的规定。

⑥ 其他法律、法规、规章规定必须审查的内容。

3）设计文件利用

施工图设计经审批合格后，设计文件可正式用于建设实施。在设计文件利用过程中，为进一步保证建设质量，使施工单位熟悉图纸，建设单位应组织做好设计交底及图纸会审工作。

（1）设计交底是指在施工图设计完成并经审查合格后，设计单位在设计文件交付施工时，按法律规定的义务就施工图设计文件向施工单位和监理单位做出详细的说明。目的是令施工单位和监理单位正确贯彻设计意图，使其加深对设计文件特点、难点、疑点的理解，掌握关键工程部位的质量要求，确保工程质量。

设计交底的主要内容一般包括：施工图设计文件总体介绍，设计的意图说明，特殊的工艺要求，建筑、结构、工艺、设备等各专业在施工中的难点、疑点和容易发生的问题说明，对施工单位、监理单位、建设单位等对设计图纸疑问的解释等。

（2）图纸会审是指施工单位、建设单位、材料及设备供货等相关单位，在收到审查合格的施工图设计文件后，在设计交底前进行的全面、细致地熟悉和审查施工图纸的活动，一般由监理单位组织。

图纸会审的目的有两个方面，一是使施工单位和各参建单位熟悉设计图纸，了解工程特点和设计意图，找出需要解决的技术难题，并制订解决方案；二是解决图纸中存在的问题，减少图纸的差错，将图纸中的质量隐患消灭在萌芽之中。图纸会审的具体内容如下。

① 检查其是否无证设计或越级设计，图纸是否经设计单位正式签署。

② 地质勘探资料是否齐全。

③ 设计图纸与说明是否齐全，有无分期供图的时间表。

④ 设计地震烈度是否符合当地要求。

⑤ 几个设计单位共同设计的图纸相互间有无矛盾，专业图纸之间、平立剖面图之间有无矛盾，标注有无遗漏。

⑥ 总平面图与施工图的几何尺寸、平面位置、标高等是否一致。

⑦ 防火、消防是否满足要求。

⑧ 建筑结构与各专业图纸本身是否有差错及矛盾；结构图与建筑图的平面尺寸及标高是否一致，表示方法是否清楚；是否符合制图标准；预埋件是否表示清楚；有无钢筋明细表；钢筋的构造要求在图中是否表示清楚。

⑨ 施工图中所列各种标准图册，施工单位是否具备。

⑩ 材料来源有无保证，能否代换；图中所要求的条件能否满足；新材料、新技术的应用有无问题。

⑪ 地基处理方法是否合理，建筑与结构构造是否存在不能施工、不便于施工的技术问题，或容易导致质量、安全、工程费用增加等方面的问题。

⑫ 工艺管道、电气线路、设备装置、运输道路与建筑物之间或相互之间有无矛盾，布置是否合理。

⑬ 施工安全、环境卫生有无保证。

（3）除技术交底与图纸会审外，考虑到工程设计贯穿整个施工阶段，在施工过程中，发现图纸仍有差错或设计与实际情况不符，施工条件或材料规格、品种、质量等不能达到设计技术要求，以及建设单位提出合理化建议，需要对原设计图纸进行修改的，经建设单位、设计单位和施工单位三方同意后，可对工程进行设计变更。

综合应用案例

甲建筑设计事务所承揽了某校办公楼的勘察设计任务，随后又承揽到另一项投资更大的住宅小区整体设计，于是将全部办公楼的设计中途私下委托给相熟的业务关系单位乙建筑设计事务所。乙事务所完成全部施工设计图时已临近办公楼预定的开工日期，某校立即开始进行施工单位的招标，并要求施工单位以该图为依据进行施工，保证了按期施工。

【问题】该项工程勘察设计中存在哪些问题？

【分析】该项目招标存在以下问题。

（1）甲事务所将勘察设计任务擅自转包。

工程建设可将整个工程勘察设计发包给一家勘察设计单位，也可分别发包给几个勘察、设计单位；还可以经发包人书面同意，将除建设工程主体部分外的其他部分的勘察、设计分包给具有相应资质等级的其他勘察、设计单位。但是，勘察设计单位不得将承包的工程勘察设计进行转包。勘察设计单位将所承揽的工程进行转包的，应责令改正，没收其违法所得，处合同约定勘察费、设计费25%以上50%以下的罚款，还可责令其停业整顿、降低资质等级，情节严重的应吊销其资质证书。

（2）建设单位未进行施工图审查即将该图用于施工。

《房屋建筑和市政基础设施工程施工图设计文件审查管理办法》规定，从事房屋建筑工程、市政基础设施工程施工、监理等活动，以及实施对房屋建筑和市政基础设施工程质量安全监督管理，应当以审查合格的施工图为依据。

《建设工程质量管理条例》规定，建设单位应当将施工图设计文件报县级以上人民政府建设行政主管部门或其他有关部门审查。《建设工程勘察设计管理条例》规定，县级以上人民政府建设行政主管部门或者交通、水利等有关部门应对施工图设计文件中涉及公共利益、公共安全、工程建设强制性标准的内容进行审查。施工图设计文件未经审查批准的，不得使用。

建设单位在施工图设计文件未经审查或审查不合格即擅自施工的，将被处20万元以上50万元以下的罚款。

项目小结

建设工程项目勘察设计是项目建设程序中的重要环节，包括工程勘察与工程设计两项主要工作。建设工程项目勘察设计管理是对项目勘察设计过程的管理，是指按照相关法律、法规、标准及勘察设计合同，对项目勘察设计工作进行的计划、组织、协调、控制，以期获取最佳效益的系统活动。勘察设计及其管理工作对建设工程项目投资目标、质量目标及进度目标的实现有着重要影响。

工程勘察的主要内容，包括自然条件观测、资源勘查、地震安全性评价、环境评价和环境基底观测、工程测量、岩土工程勘察、水文地质勘察及模型试验和科研项目等，现阶段工程建设中最常见的工程勘察主要是岩土工程勘察。作为工程建设的重要环节，为了保证勘察目标得以实现，维护各方利益，建设单位需要对建设过程中的勘察工作进行全过程的管理，具体包括对编审勘察任务书、发包勘察任务、选择勘察单位、勘察前期准备、现场勘察及勘察成果的审查与利用等全过程的管理。

工程设计的主要内容，包括建筑设计、结构设计及设备设计。根据建设工程项目性质、规模、复杂程度及设计任务书的要求，工程设计可划分为两阶段设计或三阶段设计。按照管理主体不同，工程设计管理包括建设单位的设计管理和设计单位的设计管理，两者在管理内容及目标上存在一定差异。对建设工程项目而言，按照工作开展的先后顺序，设计管理划分为设计委托、设计实施与审查、设计文件利用三个阶段。

思 考 题

1. 工程勘察的概念是什么？
2. 工程设计的概念是什么？
3. 工程设计的作用是什么？
4. 工程设计的原则是什么？
5. 建设工程项目勘察全过程管理的内容有哪些？
6. 什么是工程勘察设计资质资格管理？
7. 简述建设工程项目设计管理的流程。
8. 简述建设工程项目勘察管理的流程。

项目 5　建设工程项目招投标与合同管理

思维导图

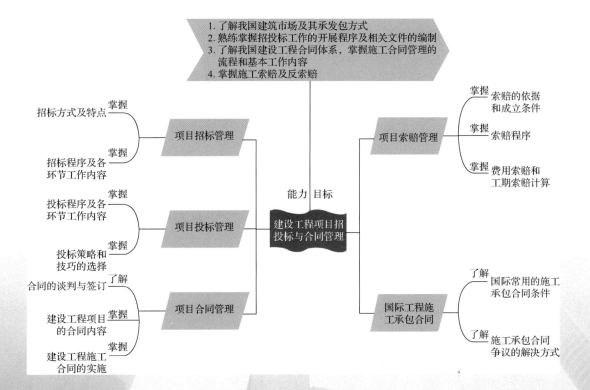

引例

某施工单位参与某项目投标,购买了项目招标文件。该施工单位现阶段无其他在建工程,且该类型项目以往完成得较多,故最终施工单位采用低报价策略投标并中标。中标后,施工单位与业主签订了固定总价施工合同,合同工期为八个月。在施工单位进场施工后,业主因资金紧张,工程款无法如期支付,要求施工单位暂停施工一个月,施工单位未表示异议,同时也未在事后要求工期补偿。在工程验收时,业主发现工程存在质量问题,要求施工单位返工,返工后经验收合格。结算时,业主认为施工单位未按合同约定按期交付工程,要求赔付逾期违约金,施工单位认为因业主资金紧张,工程暂停施工一个月,后为抢工期,加快施工进度才出现质量问题,因此责任不在施工单位。

【分析】

(1)由于施工单位现阶段无施工任务在手,人员设备闲置,若能中标则可以保证维持日常开支,故企业适宜采用低报价策略投标。

(2)固定总价施工合同适用于工程量不大且能够较准确地计算、工期较短、技术不太复杂、风险不大的项目。该工程基本符合这些条件,故采用固定总价施工合同是合适的。

(3)根据《中华人民共和国民法典》(以下简称《民法典》)和《建设工程施工合同(示范文本)》(GF—2017—0201)的有关规定,建设工程合同应当采取书面形式,合同变更亦应当采取书面形式。若在应急情况下,可采取口头形式,但事后应以书面形式确认,否则在合同双方对合同变更内容有争议时,往往因口头形式协议很难举证,而不得不以书面协议约定的内容为准。本案例中甲方要求临时停工,乙方答应,是甲、乙双方的口头协议,且事后并未以书面的形式确认,所以该合同变更形式不妥。在竣工结算时双方发生了争议,对此只能以原书面合同规定为准。

在施工期间,甲方因资金紧张要求乙方停工一个月,此时乙方应享有索赔权。乙方虽然未按规定程序及时提出索赔,丧失了索赔权,但是根据《民法典》的规定,在民事权利的诉讼时效期内,仍享有通过诉讼要求甲方承担违约责任的权利。甲方未能及时支付工程款,应对停工承担责任,故应当赔偿乙方停工一个月的实际经济损失,工期顺延一个月。工程因质量问题返工,造成逾期交付,责任在乙方,故乙方应当支付逾期交工的违约金,因质量问题引起的返工费用由乙方承担。

招投标与合同管理是项目建设实施阶段的重要工作。招投标直接决定工程建设实施者,进而对建筑产品的形成产生重大影响;合同是明确法律关系和一切权利义务的基础,是业主和承包商在实施合同中一切活动的依据,加强合同管理有利于规范建设各方行为,维护各方权益。

任务 5.1 建设工程项目招标管理

对于建设工程项目的业主而言,关键是如何找到理想的、有能力承担建设工程项目任务的合格的单位,以经济合理的价格,获得满意的服务和产品。根据建设工程项目的通常做法,业主一般通过招标或其他竞争方式来选择建设工程项目任务的实施单位,包括设计、咨询、施工承包和供货等单位。当然,业主也可以通过询价采购和直接委托等方式选择建设工程项目任务的实施单位。而承担建设工程项目任务的设计、施工等单位,也通常以投标竞争方式显示自己的实力和水平,获得想要承担的任务。

特别提示

理论上,在市场经济条件下,建设工程项目是否采用招标的方式确定承包人,业主有着完全的决定权;采用何种方式进行招标,业主也有着完全的决定权。但为了保证公共利益,各国的法律都规定了有政府资金投资的公共项目(包括部分投资的项目或全部投资的项目),以及涉及公共利益的其他资金投资项目,投资额在一定额度之上时,要采用招标的方式。对此我国也有详细的规定。

按照《中华人民共和国招标投标法》(以下简称《招标投标法》),以下项目必须采用招标的方式确定承包人。

(1)大型基础设施、公用事业等关系社会公共利益、公众安全的项目。
(2)全部或部分使用国有资金投资或者国家融资的项目。
(3)使用国际组织或者外国政府资金的项目。

上述建设工程项目的具体范围和标准,在国家发展改革委令第 16 号《必须招标的工程项目规定》中有明确的规定。除此之外,各地方政府遵照《招标投标法》和有关规定,也对所在地区必须实行招标的建设工程项目的范围和标准做了具体规定。

5.1.1 招标方式的确定

《招标投标法》规定,招标分公开招标和邀请招标两种方式。

1. 公开招标

公开招标也称无限竞争性招标,招标人在公共媒体上发布招标公告,提出招标项目和要求,符合条件的一切法人或者组织都可以参加投标竞争,都有同等竞争的机会。按规定,应该招标的建设工程项目一般应采用公开招标方式。

公开招标的优点是招标人有较大的选择范围,可在众多的投标人中选择报价合理、工期较短、技术可靠、资信良好的中标人。但是公开招标的资格审查和评标的工作量比较大,耗时长、费用高,且有可能因资格预审把关不严导致鱼目混珠的现象发生。

招标方式的确定

如果采用公开招标方式,招标人就不得以不合理的条件限制或排斥潜在投标人,如不得限制本地区以外或本系统以外的法人或组织参加投标等。

2. 邀请招标

邀请招标也称有限竞争性招标,招标人事先经过考察和筛选,将投标邀请书发给某些特定的法人或组织,邀请其参加投标。招标人采用邀请招标方式,应当向三个以上具备承担招标项目能力、资信良好的特定法人或其他组织发出投标邀请书。

为了保护公共利益,避免邀请招标方式被滥用,各个国家和世界银行等金融组织都有相关规定:按规定应该招标的建设工程项目,一般应采用公开招标的方式,如果要采用邀请招标方式,需经过批准。

对于有些特殊项目,采用邀请招标方式确实更加有利。根据《中华人民共和国招标投标法实施条例》(中华人民共和国国务院令第 613 号)第八条,国有资金占控股或主导地位的依法必须进行招标的项目,应当公开招标;但有下列情形之一的,可以邀请招标。

(1)技术复杂、有特殊要求或者受自然环境限制,只有少量潜在投标人可供选择。

(2)采用公开招标方式的费用占项目合同金额的比例过大。

> **特别提示**
>
> 世界银行贷款项目中的工程和货物的采购,可以采用国际竞争性招标、有限国际招标、国内竞争性招标、询价采购、直接签订合同、自营工程等采购方式。其中国际竞争性招标和国内竞争性招标都属于公开招标,而有限国际招标则相当于邀请招标。

3. 不进行招标的项目

《招标投标法》规定,涉及国家安全、国家秘密、抢险救灾或者属于利用扶贫资金实行以工代赈、需要使用农民工等特殊情况,不适宜进行招标的项目,按照国家有关规定可以不进行招标。《中华人民共和国招标投标法实施条例》规定,除《招标投标法》规定的可以不进行招标的特殊情况外,有下列情形之一的,可以不进行招标。

(1)需要采用不可替代的专利或者专有技术。

(2)采购人依法能够自行建设、生产或者提供。

(3)已通过招标方式选定的特许经营项目投资人依法能够自行建设、生产或者提供。

(4)需要向原中标人采购工程、货物或者服务,否则将影响施工或者功能配套要求。

(5)国家规定的其他特殊情形。

5.1.2 自行招标与委托招标

招标人可自行办理招标事宜,也可以委托招标代理机构代为办理招标事宜。

招标人自行办理招标事宜,应当具有编制招标文件和组织评标的能力。招标人不具备自行招标能力的,必须委托具备相应资质的招标代理机构代为办理招标事宜。委托的招标代理机构须具备以下资格条件。

(1)是依法设立的中介组织,具有独立法人资格。

(2)与行政机关和其他国家机关没有行政隶属关系或者其他利益关系。

（3）有固定的营业场所和开展工程招标代理业务所需设施及办公条件。
（4）有健全的组织机构和内部管理的规章制度。
（5）具备编制招标文件和组织评标的相应专业力量。
（6）具有可以作为评标委员会成员人选的技术、经济等方面的专家库。
（7）法律、行政法规规定的其他条件。

5.1.3 招标信息的发布与修正

1. 招标信息的发布

国家发展改革委根据招标投标法律法规规定，对依法必须招标项目的招标公告和公示信息发布媒介的信息发布活动进行监督管理。省级发展改革部门对本行政区域内招标公告和公示信息发布活动依法进行监督管理。省级人民政府另有规定的，从其规定。

依法必须招标项目的资格预审公告和招标公告，应当载明以下内容。

（1）招标项目名称、内容、范围、规模、资金来源。
（2）投标资格能力要求，以及是否接受联合体投标。
（3）获取资格预审文件或招标文件的时间、方式。
（4）递交资格预审文件或投标文件的截止时间、方式。
（5）招标人及其招标代理机构的名称、地址、联系人及联系方式。
（6）采用电子招标投标方式的，潜在投标人访问电子招标投标交易平台的网址和方法。
（7）其他依法应当载明的内容。

依法必须招标项目的招标公告和公示信息应当在"中国招标投标公共服务平台"或者项目所在地省级电子招标投标公共服务平台（以下简称"发布媒介"）发布，鼓励通过电子招标投标交易平台录入后交互至发布媒介核验发布，也可以直接通过发布媒介录入并核验发布。

2. 招标信息的修正

如果招标人在资格预审文件或招标文件已经发布之后，发现有问题需要进一步澄清或修改，必须依据以下原则进行。

（1）时限：招标人对已经发出的资格预审文件或招标文件进行必要的澄清或修改，应当在资格预审文件或招标文件要求提交资格预审申请文件截止时间至少3天前，或投标文件截止时间至少15天前发出。
（2）形式：所有澄清与修改文件必须以书面形式进行发布。
（3）全面：所有澄清与修改文件必须直接通知所有资格预审文件或招标文件收受人。

> **特别提示**
>
> 由于澄清与修改文件是对于原资格预审文件或招标文件的进一步补充或说明，因此该澄清或修改的内容应为资格预审文件或招标文件的有效组成部分。

5.1.4 资格预审

招标人可以根据招标项目本身的特点和要求，要求投标申请人提供有关资质、业绩和能力等的证明，并对投标申请人进行资格审查。资格审查分为资格预审和资格后审。下面重点介绍资格预审。

资格预审是指在招标开始之前或开始初期，由招标人对申请参加投标的潜在投标人在诸如资质条件、业绩、信誉、技术、资金等多方面的情况进行资格审查；经认定合格的潜在投标人，才可以参加投标。

通过资格预审，招标人可以了解潜在投标人的资信情况，包括财务状况、技术能力及以往从事类似工程的经验，从而选择符合条件的潜在投标人参加投标，降低将来合同的实施风险；可以淘汰不合格的潜在投标人，从而有效控制投标人的数量，减少多余的投标，进而减少评审阶段的工作时间，减少评审的费用；可以了解潜在投标人对项目投标的兴趣，如果潜在投标人的兴趣大大低于招标人的预料，招标人可以修改招标条款，以吸引更多的投标人参加竞争。

资格预审是一个重要的过程，要有比较严谨的执行程序，一般可以参考以下程序。

（1）由招标人自行或委托咨询机构编制资格预审文件，主要内容有工程项目简介、对潜在投标人的要求、各种附表等。

可以成立以招标人为核心，由咨询机构专业人员和有关专家组成的资格预审文件起草小组。编写资格预审文件内容要齐全，应使用规定的语言；根据需要，明确应提交的资格预审文件的份数和要求。

（2）在国内外有关媒介上发布资格预审公告，邀请有意参加工程投标的单位申请资格预审。在投标意向者明确参与资格预审意向后，将给予具体的资格预审通知，该通知一般包括以下内容：招标人和工程师的名称；工程所在的位置、概况和合同包含的工作范围；资金来源；资格预审文件的发售日期、时间、地点和价格；预期的计划（授予合同的日期、竣工日期及其他关键时间节点）；招标文件发出和提交投标文件的计划日期；申请资格预审须知；提交资格预审文件的地点及截止日期、时间；最低资格要求及投标意向者可能关心的具体情况。

（3）在指定的时间、地点开始发售资格预审文件，并同时公布对资格预审文件答疑的具体时间。

（4）由于各种原因，在资格预审文件发售后，购买文件的投标意向者可能对资格预审文件提出各种疑问，投标意向者应将这些疑问以书面形式提交给招标人，招标人也应以书面形式回答。为了保证竞争的公平性，对于任何投标意向者的问题的答复，均要求同时通知所有购买资格预审文件的投标意向者。

（5）投标意向者在规定的截止日期之前完成填报的内容，报送资格预审文件，所报送的文件在规定的截止日期后不能再进行修改。如果招标人对报送的资格预审文件中的疑点要求投标意向者进行澄清，投标意向者应该如实回答，但不允许修改资格预审文件中的实质内容。

（6）由招标人组织资格预审评审委员会，对资格预审文件进行评审，并将评审结果及时以书面形式通知给所有参加资格预审的投标意向者。对于通过预审的投标人，还要向其通知出售招标文件的时间和地点。

知识链接

根据《中华人民共和国招标投标法实施条例》第三十二条，招标人不得以不合理的条件限制、排斥潜在投标人或者投标人。招标人有下列行为之一的，属于以不合理条件限制、排斥潜在投标人或者投标人。

（1）就同一招标项目向潜在投标人或者投标人提供有差别的项目信息。

（2）设定的资格、技术、商务条件与招标项目的具体特点和实际需要不相适应或者与合同履行无关。

（3）依法必须进行招标的项目以特定行政区域或者特定行业业绩、奖项作为加分条件或者中标条件。

（4）对潜在投标人或者投标人采取不同的资格审查或者评标标准。

（5）限定或者指定特定的专利、商标、品牌、原产地或者供应商。

（6）依法必须进行招标的项目，非法限定潜在投标人或者投标人的所有制形式或者组织形式。

（7）以其他不合理的条件限制、排斥潜在投标人或者投标人。

5.1.5 标前会议

标前会议也称投标预备会或招标文件交底会，是招标人按投标须知规定的时间和地点召开的会议。标前会议上，招标人除介绍工程概况以外，还可以对招标文件中的某些内容加以修改或补充说明，以及对投标人书面提出的问题和会议上即席提出的问题给以解答，会议结束后，招标人应将会议纪要以书面通知的形式发给每一个投标人。

无论是会议纪要还是对个别投标人的问题的答复，都应以书面形式发给每一个获得投标文件的投标人，以保证招标的公平和公正。但对问题的答复不需要说明问题的来源。会议纪要和答复函件形成招标文件的补充文件，都是招标文件的有效组成部分，与招标文件具有同等法律效力。当补充文件与招标文件内容不一致时，应以补充文件为准。

为了使投标人在编写投标文件时有充分的时间考虑招标人对招标文件的补充或修改内容，招标人可以根据实际情况在标前会议上确定延长投标截止时间。

5.1.6 评标

评标分为评标的准备、初步评审、详细评审、编写评标报告等过程。下面详细介绍初步评审和详细评审。

初步评审主要是进行符合性审查，即重点审查投标文件是否实质上响应了招标文件的要求。审查的内容包括投标资格、投标文件的完整性、投标担保的有效性、与招标文件是否有显著的差异和保留等。如果投标文件没有对招标文件做出实质上的响应，将作废标处理。另外还要对报价计算的正确性进行审查，如果计算有误，通常的处理方法是：大小写不一致的，以大写为准；单价与合价不一致的，以单价为准；投标书的正本与副本不一致的，以正本为准。这些修改一般应由投标人代表签字确认。

详细评审是评标的核心，是对投标书进行的实质性的审查，包括技术评审和商务评审。技术评审主要是对投标书的技术方案、技术措施、技术手段、技术装备、人员配备、组织结构、进度计划等的先进性、合理性、可靠性、安全性、经济性等进行分析评价；商务评审主要是对投标书的报价高低、报价的构成、计价方式、计算方法、支付条件、取费标准、价格调整、税费、保险及优惠条件等进行评审。

评标结束后，应推荐中标候选人。评标委员会推荐的中标候选人应当限定为1~3人，并标明排列顺序。

5.1.7 评标委员会

评标委员会由招标人依法组建。评标委员会由招标人代表和有关技术、经济方面的专家组成，成员人数为5人以上的单数，其中技术、经济方面的专家不得少于成员总数的2/3。专家应当从事相关领域工作满8年并具有高级职称或者具有同等专业水平，由招标人从国务院有关部门或者省、自治区、直辖市人民政府有关部门提供的专家名册或者招标代理机构专家库内相关专业的专家名单中确定；一般招标项目可以采取随机抽取方式，特殊招标项目可以由招标人直接确定。

与投标人有利害关系的人，不得进入相关项目的评标委员会，已经进入的应当更换。评标委员会成员的名单在中标结果确定前应当保密。

招标人根据评标委员会提出的书面评标报告和推荐的中标候选人确定中标人。招标人也可以授权评标委员会直接确定中标人。

任务 5.2 建设工程项目投标管理

建设工程项目投标是指投标人根据招标人的招标要求，编制投标文件，提出完成招标项目的方法、措施和价格，参加竞争以争取项目承包权的过程。投标是一种法律行为，是投标人在市场经济条件下获取工程项目的主要手段。投标过程实际上是竞争的过程，是众多投标人综合实力的较量。

📝 特别提示

现阶段，我国的建筑市场属于买方市场，考虑到投标工作的专业性及技巧性，为在激烈的市场竞争中获胜，越来越多的项目实施单位开始在企业内部设置专门的投标工作机构。实践证明，一个好的投标组织是投标取得成功的重要保证。

5.2.1 研究招标文件

投标人取得投标资格，获得招标文件后的首要工作就是认真、仔细地研究招标文件，充分了解其内容和要求，以便有针对性地安排投标工作。

特别提示

研究招标文件的重点，应放在投标人须知、合同条款、设计文件、招标范围及工作量清单等方面，还要研究技术规范是否有特殊要求。

1. 投标人须知

投标人须知是招标人向投标人传递基础信息的文件，包括工程概况、招标内容和范围、投标文件的组成、报价的原则、招标投标的时间安排等关键信息。

首先，投标人需要注意招标的详细内容和范围，避免遗漏或多报。

其次，要特别注意投标文件的组成，避免因提供的资料不全而被废标。

最后，要注意招标答疑时间、投标截止时间等重要时间安排，避免因遗忘或迟到等而失去竞争机会。

2. 投标书附录与合同条款

这是招标文件的重要组成部分，其中可能标明了招标人的特殊要求，即投标人在中标后应享有的权利、所需承担的义务和责任等，投标人在报价时需要考虑这些因素。

3. 技术说明

要研究招标文件中的施工技术说明，熟悉所采用的技术规范，了解技术说明中有无特殊施工技术要求和有无特殊材料设备要求，以及有关选择代用材料、设备的规定，以便根据相应的定额和市场确定价格，计算特殊要求项目的报价。

4. 永久性工程之外的报价补充文件

永久性工程是指合同的标的物——建设工程项目及其附属设施，但是为了保证工程建设的顺利进行，不同的招标人还会对投标人提出额外的要求。这些可能包括：对原有建筑物和设施的拆除，工程师的现场办公室及其各项开支，模型、广告、工程照片和会议费用等。如果有的话，需要将相关费用列入工程总价，以免发生遗漏从而导致损失。

5.2.2 调查研究

在研究招标文件的同时，投标人需要开展详细的调查研究，即对招标项目的自然、经济和社会条件进行调查，这些都是工程施工的制约因素，必然会影响到工程成本，也是影响投标报价的重要因素，所以在报价前必须进行翔实的调查。

1. 市场宏观经济环境的调查

应调查工程所在地的经济形势和经济状况，包括与招标项目工程实施有关的法律法规、劳动力与材料的供应状况、设备市场的租赁状况、专业施工企业的经营状况和价格水平等。

2. 工程现场和工程所在地区的环境考察

通过现场调查，进一步了解招标人的意图和现场周围环境情况，以获取有用信息并据此做出是否投标的决定或确定投标策略及投标价格，一般包括考察自然条件、施工条件及环境，如地质地貌、气候、交通、水电等的供应和其他资源情况等。

3. 工程业主和竞争对手企业的调查

了解业主、咨询工程师的情况，尤其是业主的项目资金的落实情况，参加竞争的其他企业与工程所在地的工程企业的情况，与其他承包商或分包商的关系。

5.2.3 复核工程量

招标文件提供工程量清单，尽管如此，投标人还需要进行复核，因为这直接影响到投标报价和中标的机会。例如，当投标人大体上确定了工程总报价后，可适当采用投标技巧，如不平衡报价，对某些工程量可能增加的项目适当提高报价，对某些工程量可能减少的项目降低报价。

对于单价合同，尽管以实测工程量结算工程款，投标人仍应根据图纸仔细核算工程量，当发现相差较大时，投标人应向招标人要求澄清。

对于总价合同，更要特别引起重视，工程量估算的错误可能带来无法弥补的经济损失。因为总价合同是以总报价为基础进行结算的，如果工程量出现差异，可能对施工方极为不利。对于总价合同，如果招标人在投标前对争议工程量不予更正，而且是对投标人不利的情况，投标人在投标时要附加声明；工程量表中某些工程量有错误，施工结算应按实际完成工程量计算。

> **知识链接**

单价合同是根据计划工程内容和估算工程量，在合同中明确每项工程内容的单位价格，实际支付时则根据每一个子项的实际完成工程量乘以该子项的合同单价计算该项工作的应付工程款。

总价合同是根据合同规定的工程施工内容和有关条件，业主以一个规定的金额即明确的总价付给承包商工程款。

投标人在核算工程量时，还要结合招标文件中的技术规范，核对每一细目的具体内容，避免出现计算单位、工程量或价格方面的错误与遗漏。

5.2.4 选择施工方案

施工方案是报价的基础和前提，也是招标人评标时要考虑的重要因素之一。不同的方案对应不同的人工、材料和机械台班的消耗，也就对应着不同的报价。因此，必须明确各分项工程的内容、工程量、所包含的相关工作、工程进度计划的各项要求、机具设备状态、劳动与组织状况等关键环节，据此制订施工方案。

施工方案应由投标人的技术负责人主持制订，主要应考虑施工方法、主要施工机具设备的配置、各工种劳动力的安排及现场施工人员的平衡、施工进度及分批竣工的安排、安全措施等。施工方案的制订应在技术、工期和质量保证等方面对招标人有吸引力，同时又有利于降低施工成本，具体如下。

（1）要根据分类汇总的工程量和工程进度计划中该类工程的施工周期、合同技术规范要求，以及施工条件和其他情况选择和确定每项工程的施工方法，应根据实际情况和自身的施工能力来确定各类工程的施工方法。对各种不同的施工方法，应当从保证完成计划目标、保证工程质量、节约设备费用、降低劳务成本等多方面进行综合比较，选定最适用的、经济的施工方法。

（2）要根据上述各类工程施工方法选择相应的机具设备并计算所需数量和使用周期，研究确定采购设备、租赁当地设备或调动企业现有设备。

（3）研究确定工程分包计划。根据概算指标估算劳务数量，考虑其来源及分批进场的时间安排。另外，从所需劳务的数量，估算所需管理人员和生活临时设施的数量、标准等。

（4）根据概算指标，估算主要的和大宗的建筑材料的需用量，考虑其来源和分批进场的时间安排，从而规划现场用于存储、加工的临时设施（仓库、露天堆放场、加工场地或工棚等）。

（5）根据现场设备、高峰人数和一切生产和生活方面的需要，估算现场用水、用电量，确定临时供电和排水设施；考虑外部和内部材料供应的运输方式，估计运输和交通车辆的需要和来源；考虑其他临时工程的需要和建设方案；提出某些特殊条件下保证正常施工的措施，如排除或降低地下水以保证地面以下工程施工的措施，冬季、雨季施工措施，其他必需的临时设施安排，如现场安保设施，包括临时围墙、警卫设施、夜间照明、现场临时通信联络设施等。

5.2.5 投标报价

投标报价是投标人对招标项目工程施工所要发生的各项费用的计算，是投标文件的核心，从我国的工程实践来看，投标最直接的竞争通常都体现为投标报价的竞争，因此，正确合理地确定投标报价非常重要。

在计算投标报价时，既要考虑自己企业的优势和劣势，也要分析招标项目的特点，按照工程的类别、施工条件等考虑投标报价。

5.2.6 确定投标策略

投标决策是投标人为实现某一特定利益目标，对某一项目投标的可行性和具体策略进行论证和抉择的过程。在投标过程中，投标人面临的决策问题主要集中在以下三个方面：第一，投标项目选择决策——针对招标项目决定是否参与投标；第二，投标报价决策——在确定参与投标之后，决定投什么样的标；第三，投标技巧选择——采取何种策略和技巧以力争中标。

对于上述三个问题，投标项目选择决策需要在投标人购买资格预审文件之前完成，属于投标决策的前期阶段；如果决定参与投标，则进入投标决策的后期阶段，决策问题也转变为研究投什么性质的标，以及在投标过程中选择何种技巧以提高中标概率。

1. 影响投标决策的因素

1）影响投标决策的主观因素

投标是投标人之间的竞争，投标人自身的因素是影响投标决策的重要方面。影响投标决策的主观因素表现在以下方面。

（1）技术实力。具体包括以下因素。

① 有由精通本专业的建筑师、建造师、造价工程师、电气工程师、会计师及管理人员等各类专业技术人员组成的组织机构。

② 有工程施工特长，能解决工程施工技术难题的能力。

③ 有技术、经验丰富的施工作业队伍。

④ 有与招标项目同类型工程的施工及管理经验。

⑤ 有拥有一定技术实力的合作伙伴，如分包商、代理人等。

（2）经济实力。具体包括以下因素。

① 具有垫付一定资金的能力。虽然国家明令禁止带资承包工程和垫资施工，但国内部分工程仍违规进行，对于此类项目，投标人应谨慎对待。

② 具有一定的固定资产与机具设备及其投入所需资金。

③ 具有支付施工费用的资金周转能力。

④ 具有支付各种担保的能力，如投标保证金、履约保函、预付款保函等。

⑤ 具有缴纳各种税费及保险的能力。

⑥ 具有承担不可抗力带来的风险的能力。

（3）管理实力。建筑市场属于买方市场，竞争激烈，投标人中标价格的利润水平往往不高，企业应从加强管理入手，提高管理效率及水平，创造更好的经济效益。

（4）信誉实力。虽然投标报价是投标竞争的核心，但对大多数的招标人而言，投标报价不是其考虑的唯一因素，企业良好的声誉是中标的重要保证。要建立良好的信誉，就要求企业遵纪守法，认真履约，保证工程施工的安全、进度和质量。

2）影响投标决策的客观因素

（1）招标人和监理工程师的情况。在做出投标决策之前，对招标人及其代理人，以及工程项目的情况进行了解是十分必要的，具体包括以下因素。

① 本工程各项审批手续是否齐全，项目是否合法。

② 招标项目的资金来源是否落实，是否有充足的保障。

③ 招标人以往工程项目的建设情况、管理水平、履约能力及对投标人的态度。

④ 监理工程师的经验水平、管理方式及公正性。

（2）竞争对手及竞争形势。投标环境的优劣、竞争对手的实力和优势及项目在建情况，都对投标决策有着重要影响。

（3）法律法规情况。特别是对国际工程，投标人应对项目所在国的相关法律法规有所了解，以避免造成不必要的损失。

（4）风险问题。工程项目的建设，风险是必然存在的，投标人应正确认识投标及中标后施工过程中可能出现的风险，权衡利弊，做出正确决策。

2. 投标项目选择决策

投标项目选择决策解决的是是否参与投标的问题。投标人在选择投标项目时，应首先根据自身情况确定投标的目的：①为满足生存需要；②为实现长期利润目标；③为建立或提升企业信誉；④为获取丰厚利润。

在明确本企业的投标目的后，就可以据此确定一个标准，当达到该标准时，企业就应参与投标，反之则不应参与投标。

一般地，对于以下项目，投标人可以选择参与投标。

（1）与本企业业务范围相适应，能发挥企业优势的项目。
（2）工期适中、承包条件合理、风险小，本企业有实力竞争取胜的项目。
（3）有助于为本企业提高信誉的项目。
（4）虽有风险，但能为本企业开拓新的业务领域，提高企业知名度的项目。
（5）企业市场份额受到威胁的情况下，应尽可能地参与投标。
（6）与本企业有长期合作关系的企业的项目。

而对于以下项目，投标人不宜选择参与投标。

（1）本企业主营和兼营能力之外的项目。
（2）工程规模、技术要求超出本企业技术等级及能力之外的项目。
（3）本企业生产任务饱满时，盈利水平较低或风险较大的项目。
（4）本企业技术等级、信誉、施工水平明显不如竞争对手的项目。

3. 投标报价决策

在决定参与投标后，投标人面临着第二个决策问题——投什么样的标。投标人在面临此问题时，必须根据企业的实际情况、工程的特点、投标的竞争形势及招标人的支付条件等主客观因素统筹决策。

投标报价决策

1）高价盈利策略

高价盈利策略也即投盈利标，这是在报价过程中以较大利润为投标目的的策略。这种策略通常在以下情况中使用。

（1）专业要求高、技术密集型的项目，本企业在此方面有特长及良好声誉。
（2）施工条件差的项目。
（3）竞争对手少，且有优势的项目。
（4）支付条件不理想、风险大的项目。
（5）特殊工程，如地铁、隧道、港口工程等。

2）保本微利策略

保本微利策略是在报价过程中降低甚至不考虑利润的策略，其适用范围如下。

（1）工作简单、一般企业均可完成的项目，如土石方工程。
（2）竞争对手多、支付条件好、风险小的项目。
（3）项目前景好、能为本企业创造业绩的项目。
（4）无施工任务在手，人员设备闲置，希望中标以维持日常开支。
（5）在中标后能以更低的价格分包给专业承包商的项目。

3）低价亏损策略

低价亏损策略是指报价中不仅不考虑企业利润，相反考虑一定亏损后提出报价的策略。这种策略通常只适用以下情况。

（1）市场竞争激烈，投标人意在打入该市场的。

（2）某些分期建设项目，第一期低价中标，以期获得招标人信任，能承包后续工程补偿第一期损失的。

（3）投标人为打入某承包市场建立信誉。

4．投标技巧选择

投标人为了中标和取得期望的效益，在确定投什么样的标之后，还应该在投标过程中研究和运用一定的技巧。以开标为时间界限，可以将投标技巧分为开标前的投标技巧和开标后的投标技巧。

1）开标前的投标技巧

（1）不平衡报价。不平衡报价是对常规报价的优化，是指在总价基本确定的前提下，通过调整内部各子项的报价，以期既不影响总报价，又在中标后能尽早回收垫付于工程的资金和获得较好的经济效益。在采用这种技巧时，投标人应对各子项报价进行适当控制，避免出现明显的调高或压低现象，引起招标人的反感，从而失去中标机会。通常在以下几种情况下可以考虑采用不平衡报价。

① 对能早期结账收回工程款的项目（如土方、基础等）的单价可提高，以利于资金周转；对后期项目（如装饰、电气设备安装等）的单价可适当降低。

② 估计今后工程量可能增加的项目，其单价可提高；而工程量可能减少的项目，其单价可降低。

③ 图纸内容不明确或存在错误，估计修改后工程量要增加的，其单价适当提高。

④ 对于暂定项目，其实施的可能性大的，价格可定高价；估计工程不一定实施的可定低价。

特别提示

采用不平衡报价往往能为投标人在中标后带来相对丰厚的利润，但也存在一定风险。因此，不平衡报价的应用一定要在投标人对工程进行仔细分析后方能实施，同时也要将报价的波动幅度控制在合理幅度内，一般为8%～10%。

（2）计日工报价。如果是单纯的计日工报价，则往往不属于有效合同总价的范围，投标人可根据计日工数量确定报价方针，较多时，报价可适当提高，较少时，则可压低报价。但若招标人提供的计日工表中存在工程量，且列入总价范围，则应避免报高价，以防止抬高总报价。

（3）多方案报价。对于招标文件中工程范围不明确、条款不清晰或技术规范要求过于苛刻时，投标人可在充分估计风险的基础上，按多方案报价进行处理。即按照原招标文件报价，然后提出如果某条款发生变动，报价可以进一步降低，这样有可能在一定程度上吸引招标人，提高中标概率。

对于某些招标文件规定不允许提出补充方案的，则投标人不应进行多方案报价，以防止与招标文件发生重大偏离，导致废标，从而丧失中标资格。

（4）突然袭击法。由于投标竞争激烈，为迷惑对手，投标人可故意宣称对项目兴趣不大，不准备投标或投高价标，在投标截止之前，突然前往投标以并低价投标，使对手措手不及。

2）开标后的投标技巧

从招标的基本要求来看，投标人在投标有效期内是不能修改其报价的，但某些议标谈判例外。在议标谈判中，投标人可以采用的投标技巧如下。

（1）降低投标价格。投标价格不是中标的唯一因素，但却是关键性因素。在议标谈判中，投标人适时提出降价要求是议标的主要手段。在采用该策略时，应注意以下两点：第一，要摸清招标人的意图，在得到其希望降低报价的暗示后，再提出降低的要求。因为有些国家的政府关于招标的法规中规定，已投出的投标书不得改动任何文字，若有改动，投标即告无效。第二，降低投标价格要适当，不得损害投标人自己的利益。

从我国的工程实践来看，投标人通常从三方面入手来降低投标报价，即降低投标利润、降低经营管理费和设定降价系数。

（2）补充投标优惠条件。除中标的关键因素——价格外，在议标谈判的技巧中，还可以考虑其他许多重要因素，如缩短工期、提高工程质量、降低支付条件要求、提出新技术和新设计方案，以及提供补充物资和设备等，以此优惠条件争取得到招标人的赞许，争取中标。

5.2.7 正式投标

投标人按照招标人的要求完成投标文件的准备与填报之后，即可向招标人正式提交投标文件。在正式投标时需要注意以下几个方面。

（1）投标的截止日期。招标人所规定的投标截止日就是提交投标文件的最后期限。投标人在投标截止日之前所提交的投标文件是有效的，超过该日期之后就会被视为无效投标。在招标文件要求的截止时间后送达的投标文件，招标人应予以拒收。

（2）投标文件的完备性。投标人应当按照招标文件的要求编制投标文件。投标文件应当对招标文件提出的实质性要求和条件做出响应。投标文件不完备或投标没有达到招标人的要求，或在招标范围以外提出新的要求，均被视为对于招标文件的不响应，不会被招标人所接受。投标人必须为自己所投出的标负责，如果中标，必须按照投标文件中所阐述的方案来完成，这其中包括质量标准、工期与进度计划、报价限额等基本指标，以及招标人所提出的其他要求。

（3）投标书的标准。投标书的提交要有固定的标准，包括密封和签章。如果不密封或密封不满足要求，则投标是无效的。投标书还需要按照要求签章，即盖有投标单位公章以及企业法人代表的印章（或签字）。如果项目所在地与企业距离较远，由当地项目经理部组织投标，则需要提交企业法人代表对投标项目经理的授权委托书。

任务 5.3 建设工程项目合同管理

合同管理是建设工程项目管理的重要内容之一。在建设工程项目的实施过程中，往往会涉及许多合同，如咨询合同、设计合同、施工承包合同、供货合同、总承包合同、分包合同等。大型建设工程项目的合同数量可能会达成百上千。合同管理不仅包括对每个合同的签订、履行、变更和解除等过程的管理，还包括对合同进行筹划的过程，因此合同管理的主要工作内容，包括根据项目的特点和要求确定设计任务委托模式和施工任务承包模式（合同结构）、选择合同文本、确定合同计价方法和支付方式、对合同履行过程的控制和索赔等。

5.3.1 合同的谈判与签订

1. 合同订立的程序

与其他合同的订立程序相同，建设工程项目合同的订立也要采取要约和承诺的方式。根据《招标投标法》对招标和投标的规定，招标、投标、中标过程的实质就是要约、承诺的一种具体方式：招标人通过媒体发布招标公告，或向符合条件的投标人发出招标文件，为要约邀请；投标人根据招标文件内容在约定的期限内向招标人提交投标文件为要约；招标人通过评标确定中标人，发出中标通知书为承诺；招标人和中标人按照中标通知书、招标文件和中标人的投标文件等订立书面合同，合同成立并生效。

🌐 **知识链接**

（1）要约，是当事人一方向对方发出的希望与对方订立合同的意思表示。发出要约的一方称要约人，接受要约的一方称受要约人。

（2）承诺，是受要约人同意要约的意思表示。

（3）要约邀请，又称"要约引诱"，是希望他人向自己发出要约的意思表示。

建设工程施工合同谈判的主要内容

建设工程项目合同的订立往往要经历一个较长的过程。在明确中标人并发出中标通知书后，双方即可就建设工程项目合同的具体内容和有关条款展开谈判，直至最终签订合同。

2. 建设工程施工合同谈判的主要内容

1）关于工程内容和范围的确认

招标人和中标人可就招标文件中的某些具体工作内容进行讨论、修改、明确或细化，从而确定工程承包的具体内容和范围。在谈判中双方达成一致的内容，包括在谈判讨论中经双方确认的工程内容和范围方面的修改或调整，应以文字的方式确定下来，并以"合同补充条款"或"会议纪要"方式作为合同附件，并明确它是构成合同的一部分。

对于为工程师提供的建筑物、家具、车辆及各项服务，也应逐项详细地予以明确。

2）关于技术要求、技术规范和施工技术方案

双方尚可对技术要求、技术规范和施工技术方案等进行进一步讨论和确认，必要的情况下甚至可以变更技术要求和施工技术方案。

3）关于合同价格条款

依据计价方式的不同，建设工程施工合同可以分为总价合同、单价合同和成本加酬金合同。一般在招标文件中就会明确规定合同将采用什么计价方式，在合同谈判阶段往往没有讨论的余地。但在可能的情况下，中标人在谈判过程中仍然可以提出降低风险的改进方案。

4）关于价格调整条款

对于工期较长的建设工程，容易遭受货币贬值或通货膨胀等因素的影响，可能给中标人造成较大损失。价格调整条款可以比较公正地解决这一中标人无法控制的风险损失。

无论是单价合同还是总价合同，都可以确定价格调整条款，即是否调整及如何调整等。可以说，合同计价方式及价格调整方式共同确定了工程承包合同的实际价格，直接影响着中标人的经济利益。在建设工程实践中，由于各种原因导致费用增加的概率远远大于费用减少的概率，有时最终的合同价格调整金额会很大，远远超过原定的合同总价，因此中标人在投标过程中，尤其是在合同谈判阶段，务必对合同的价格调整条款予以充分的重视。

5）关于合同价款支付方式的条款

建设工程施工合同的付款分四个阶段进行，即预付款、工程进度款、最终付款和退还保留金。关于支付时间、支付方式、支付条件和支付审批程序等有很多种选择，并且可能对中标人的成本、进度等产生比较大的影响，因此，合同价款支付方式的有关条款是谈判的重要方面。

6）关于工期和维修期

中标人与招标人可根据招标文件中要求的工期，或者根据中标人在投标文件中承诺的工期，并考虑工程范围和工程量的变动而产生的影响来商定一个确定的工期，同时还要明确开工日期、竣工日期等。双方可根据各自的项目准备情况、季节和施工环境因素等条件洽商适当的开工时间。

双方应通过谈判明确，由于工程变更（招标人在工程实施中增减工程或改变设计等）、恶劣的气候影响，以及种种"作为一个有经验的承包商无法预料的工程施工条件的变化"等原因对工期产生不利影响时的解决办法，通常在上述情况下应该给予中标人要求合理延长工期的权利。

合同文本中应当对维修工程的范围、维修责任及维修期的开始和结束时间有明确的规定，中标人应该只承担由于材料和施工方法及操作工艺等不符合合同规定而产生缺陷造成的费用。

中标人应力争以维修保函来代替招标人扣留的保留金。与保留金相比，维修保函对中标人有利，主要是可以提前取回被扣留的资金，而且保函是有时效的，期满将自动作废。同时它对招标人无风险，真正发生维修费用时，招标人可凭保函向银行索回款项，因此这

一做法是比较公平的。维修期满后中标人应及时从招标人处撤回保函。

7）合同条件中其他特殊条款的完善

其他特殊条款主要包括：合同图纸条款；违约金和工期提前奖金条款；工程量验收及衔接工序条款，以及隐蔽工程施工的验收程序条款；施工占地条款；向中标人移交施工现场和基础资料条款；工程交付条款；预付款保函的自动减额条款；等等。

3. 建设工程施工合同最终文本的确定与合同签订

1）合同风险评估

在签订合同之前，中标人应对合同的合法性、完备性、合同双方的责任、权益及合同风险进行评审、认定和评价。

2）合同文件内容

建设工程施工合同文件的构成如下：合同协议书；工程量清单或预算书；合同条件，包括合同一般条件和合同特殊条件；投标文件；合同技术条件（含图纸）；中标通知书；双方代表共同签署的合同补充条款；其他双方认为应该作为合同组成部分的文件，如投标阶段招标人要求投标人澄清问题的函件和投标人所做的文字答复，双方往来的函件等。

对所有在招标投标及谈判前后各方发出的文件、文字说明、解释性资料应进行整理。凡是与上述合同构成内容有矛盾的文件，应宣布作废。可以在双方签署的补充条款中，对此做出排除性质的声明。

3）关于合同协议的补充

在合同谈判阶段，双方谈判的结果一般以"合同补充条款"或"合同谈判纪要"的形式来形成书面文件。

> **特别提示**
>
> 同时应该注意的是，建设工程施工合同必须遵守法律。对于违反法律的条款，即使由合同双方达成一致并签字认可，法律也不予保护。

4）签订合同

双方在合同谈判结束后，应按上述内容和形式形成一个完整的合同文本草案，经双方代表认可后形成正式文件。双方核对无误后，由双方代表草签，至此合同谈判阶段即告结束。此时承包人应及时准备和递交履约保函，准备正式签署施工承包合同。

5.3.2 建设工程项目的合同内容

一个建设工程项目的实施，涉及的建设任务很多，往往需要许多单位共同参与，不同的建设任务往往由不同的单位分别承担，这些参与单位与业主之间应该通过合同明确其承担的任务和责任，以及所拥有的权利。

由于建设工程项目的规模和特点的差异，不同项目的合同数量可能会有很大的差别，但根据合同中的任务内容来划分，基本可分为勘察合同、设计合同、施工合同、物资采购合同、工程监理合同、咨询合同、代理合同等。根据《民法典》，勘察合同、设计合同、施工合同属于建设工程合同，工程监理合同、咨询合同属于委托合同。

知识链接

建设工程勘察，是指根据建设工程的要求，查明、分析、评价建设场地的地质地理环境特征和岩土工程条件，编制建设工程勘察文件的活动。建设工程勘察合同即发包人与勘察人就完成商定的工程勘察任务明确双方权利义务关系的协议。

建设工程设计，是指根据建设工程的要求，对建设工程所需的技术、经济、资源、环境等条件进行综合分析、论证，编制建设工程设计文件的活动。建设工程设计合同即发包人与设计人就完成商定的工程设计任务明确双方权利义务关系的协议。

建设工程施工，是指根据建设工程设计文件的要求，对建设工程进行新建、扩建、改建的施工活动。建设工程施工合同即发包人与承包人或承包人与分包人就完成商定的建设工程施工任务明确双方权利义务关系的协议。

工程建设过程中的物资，包括建筑材料和设备等。建筑材料和设备的供应一般需要经过订货、生产（加工）、运输、储存、使用（安装）等各个环节，是一个非常复杂的过程。物资采购合同分为建筑材料采购合同和设备采购合同，是指采购方（发包人或承包人）与供货方（物资供应公司或生产单位）就建设物资的供应明确双方权利义务关系的协议。

建设工程监理合同是发包人（委托人）与监理人签订，委托监理人承担工程监理业务而明确双方权利义务关系的协议。

咨询服务，根据其咨询内容和服务的对象不同又可以分为多种形式。咨询合同是由委托人与咨询服务的提供者之间就咨询服务的内容、方式等签订的明确双方权利义务关系的协议。

工程建设过程中的代理活动有工程代建、招标投标代理等，委托人应该就代理的内容、代理人的权限、责任、义务、权利等与代理人签订协议。

1. 施工承包合同的内容

建设工程施工合同有施工承包合同和施工分包合同之分。施工承包合同的发包人是建设工程项目的建设单位或取得建设工程项目总承包资格的项目总承包单位，在合同中一般称为业主或发包人。施工承包合同的承包人是施工总承包单位，在合同中一般称为承包人。

施工分包合同又有专业分包合同和劳务分包合同之分。分包合同的发包人一般是取得施工承包合同的施工总承包单位，在分包合同中一般仍沿用施工承包合同中的名称，即仍称为承包人。而分包合同的承包人一般是专业化的专业工程施工单位或劳务作业单位，在分包合同中一般称为分包人或劳务分包人。

在国际工程合同中，发包人可以根据施工承包合同的约定，选择某个单位作为指定分包人，指定的分包人一般应与承包人签订分包合同，接受承包人的管理和协调。

1）施工承包合同示范文本

为了规范和指导合同当事人双方的行为，国际工程界许多著名组织（如 FIDIC——国际咨询工程师联合会、AIA——美国建筑师协会、AGC——美国总承包商协会、ICE——英国土木工程师协会等）都编制了指导性的合同示范文本，规定了合同双方的一般权利和义务，对引导和规范建设行为起到了非常重要的作用。

住房城乡建设部与国家工商行政管理总局于 2017 年颁发了修订的《建设工程施工合同

（示范文本）》（GF—2013—0201）。该文本适用于房屋建筑工程、土木工程、线路管道和设备安装工程、装修工程等建设工程的施工承发包活动。

2）施工承包合同文件的组成部分和优先顺序

各种施工承包合同示范文本一般由协议书、通用合同条款和专用合同条款三部分组成。

（1）施工承包合同文件的组成部分，除了协议书、通用合同条款和专用合同条款，一般还应该包括中标通知书、投标书及其附件、有关的标准规范及技术文件、图纸、工程报价单或预算书等。

（2）作为施工承包合同文件组成部分的上述各文件，其优先顺序是不同的，解释合同文件优先顺序的规定一般在通用合同条款内，可以根据项目的具体情况在专用合同条款内进行调整。原则上应把文件签署日期在后的和内容重要的排在前面，即更加优先。以下是《建设工程施工合同（示范文本）》通用合同条款规定的优先顺序。

① 合同协议书。
② 中标通知书（如果有）。
③ 投标函及其附录（如果有）。
④ 专用合同条款及其附件。
⑤ 通用合同条款。
⑥ 技术标准和要求。
⑦ 图纸。
⑧ 已标价工程量清单或预算书。
⑨ 其他合同文件。

3）施工承包合同条款的内容

各种施工承包合同示范文本中的合同条款一般包括下列各项。

① 词语定义与解释。
② 合同双方的一般权利和义务，包括代表发包人利益进行监督管理的监理人的权利和职责。
③ 工程施工的进度控制。
④ 工程施工的质量控制。
⑤ 工程施工的费用控制。
⑥ 施工合同的监督与管理。
⑦ 工程施工的信息管理。
⑧ 工程施工的组织与协调。
⑨ 施工安全管理与风险管理等。

下面介绍《建设工程施工合同（示范文本）》中给出的部分条款内容。

（1）主要的词语定义与解释。

在《建设工程施工合同（示范文本）》的词语定义与解释（第二部分第1.1款）中，对工程和设备（第1.1.3项）做出了如下定义。

① 工程：是指与合同协议书中工程承包范围对应的永久工程和（或）临时工程。
② 永久工程：是指按合同约定建造并移交给发包人的工程，包括工程设备。

③ 临时工程：是指为完成合同约定的永久工程所修建的各类临时性工程，不包括施工设备。

④ 单位工程：是指在合同协议书中指明的，具备独立施工条件并能形成独立使用功能的永久工程。

⑤ 工程设备：是指构成永久工程的机电设备、金属结构设备、仪器及其他类似的设备和装置。

⑥ 施工设备：是指为完成合同约定的各项工作所需的设备、器具和其他物品，但不包括工程设备、临时工程和材料。

对日期和期限（第1.1.4项）的定义如下。

① 开工日期：包括计划开工日期和实际开工日期。计划开工日期是指合同协议书约定的开工日期；实际开工日期是指监理人按照第7.3.2项[开工通知]约定发出的符合法律规定的开工通知中载明的开工日期。

② 竣工日期：包括计划竣工日期和实际竣工日期。计划竣工日期是指合同协议书约定的竣工日期；实际竣工日期则按照第13.2.3项[竣工日期]的约定确定。

③ 工期：是指合同协议书约定的承包人完成工程所需的期限，包括按照合同约定所作的期限变更。

④ 缺陷责任期：是指承包人按照合同约定承担缺陷修复义务，且发包人预留质量保证金（已缴纳履约保证金的除外）的期限，自工程实际竣工日期起计算。

⑤ 保修期：是指承包人按照合同约定对工程承担保修责任的期限，从工程竣工验收合格之日起计算。

⑥ 基准日期：招标发包的工程以投标截止日前28天的日期为基准日期，直接发包的工程以合同签订日前28天的日期为基准日期。

⑦ 天：除特别指明外，均指日历天。合同中按天计算时间的，开始当天不计入，从次日开始计算，期限最后一天的截止时间为当天24:00。

对合同价格和费用（第1.1.5项）的定义如下。

① 签约合同价：是指发包人和承包人在合同协议书中确定的总金额，包括安全文明施工费、暂估价及暂列金额等。

② 合同价格：是指发包人用于支付承包人按照合同约定完成承包范围内全部工作的金额，包括合同履行过程中按合同约定发生的价格变化。

③ 费用：是指为履行合同所发生的或将要发生的所有必需的开支，包括管理费和应分摊的其他费用，但不包括利润。

④ 暂估价：是指发包人在工程量清单或预算书中提供的用于支付必然发生，但暂时不能确定价格的材料、工程设备的单价、专业工程及服务工作的金额。

⑤ 暂列金额：是指发包人在工程量清单或预算书中暂定并包括在合同价格中的一笔款项，用于工程合同签订时尚未确定或者不可预见的所需材料、工程设备、服务的采购，施工中可能发生的工程变更、合同约定调整因素出现时的合同价格调整，以及发生的索赔、现场签证确认等的费用。

⑥ 计日工：是指合同履行过程中，承包人完成发包人提出的零星工作或需要采用计日工计价的变更工作时，按合同中约定的单价计价的一种方式。

⑦ 质量保证金：是指按照第 15.3 款[质量保证金]约定承包人用于保证其在缺陷责任期内履行缺陷修补义务的担保。

⑧ 总价项目：是指在现行国家、行业及地方的计量规则中无工程量计算规则，在已标价工程量清单或预算书中以总价或以费率形式计算的项目。

（2）发包人的责任与义务。

① 图纸的提供和交底（第 1.6.1 项）：发包人应按照专用合同条款约定的期限、数量和内容向承包人免费提供图纸，并组织承包人、监理人和设计人进行图纸会审和设计交底。发包人至迟不得晚于第 7.3.2 项[开工通知]载明的开工日期前 14 天向承包人提供图纸。

② 化石、文物（第 1.9 款）：发包人、监理人和承包人应按有关政府行政管理部门要求，对施工现场发掘的所有文物、古迹及具有地质研究或考古价值的其他遗迹、化石、钱币或物品采取妥善的保护措施，由此增加的费用和（或）延误的工期由发包人承担。

③ 出入现场的权利（第 1.10.1 项）：除专用合同条款另有约定外，发包人应根据施工需要，负责取得出入施工现场所需的批准手续和全部权利，以及取得因施工所需修建道路、桥梁和其他基础设施的权利，并承担相关手续费用和建设费用。承包人应协助发包人办理修建场内外道路、桥梁和其他基础设施的手续。

④ 场外交通（第 1.10.2 项）：发包人应提供场外交通设施的技术参数和具体条件，承包人应遵守有关交通法规，严格按照道路和桥梁的限制荷载行驶，执行有关道路限速、限行、禁止超载的规定，并配合交通管理部门的监督和检查。场外交通设施无法满足工程施工需要的，由发包人负责完善并承担相关费用。

⑤ 场内交通（第 1.10.3 项）：发包人应提供场内交通设施的技术参数和具体条件，并应按照专用合同条款的约定向承包人免费提供满足工程施工所需的场内道路和交通设施。因承包人原因造成上述道路或交通设施损坏的，承包人负责修复并承担由此增加的费用。

⑥ 许可或批准（第 2.1 款）：发包人应遵守法律，并办理法律规定由其办理的许可、批准或备案，包括但不限于建设用地规划许可证、建设工程规划许可证、建设工程施工许可证，以及施工所需临时用水、临时用电、中断道路交通、临时占用土地等的许可和批准。发包人应协助承包人办理法律规定的有关施工证件和批件。因发包人原因未能及时办理完毕前述许可、批准或备案的，由发包人承担由此增加的费用和（或）延误的工期，并支付承包人合理的利润。

⑦ 提供施工现场（第 2.4.1 项）：除专用合同条款另有约定外，发包人应最迟于开工日期 7 天前向承包人移交施工现场。

⑧ 提供施工条件（第 2.4.2 项）：除专用合同条款另有约定外，发包人应负责提供施工所需条件，包括以下内容。

a. 将施工用水、电力、通信线路等施工所必需的条件接至施工现场内。

b. 保证向承包人提供正常施工所需要的进入施工现场的交通条件。

c. 协调处理施工现场周围地下管线和邻近建筑物、构筑物、古树名木的保护工作,并承担相关费用。

d. 按照专用合同条款约定应提供的其他设施和条件。

⑨ 提供基础资料(第2.4.3项):发包人应当在移交施工现场前向承包人提供施工现场及工程施工所必需的毗邻区域内供水、排水、供电、供气、供热、通信、广播电视等地下管线资料,气象和水文观测资料,地质勘察资料,相邻建筑物、构筑物和地下工程等有关基础资料,并对所提供资料的真实性、准确性和完整性负责。按照法律规定确需在开工后方能提供的基础资料,发包人应尽其努力及时地在相应工程施工前的合理期限内提供,合理期限应以不影响承包人的正常施工为限。

⑩ 资金来源证明及支付担保(第2.5款):除专用合同条款另有约定外,发包人应在收到承包人要求提供资金来源证明的书面通知后28天内,向承包人提供能够按照合同约定支付合同价款的相应资金来源证明。除专用合同条款另有约定外,发包人要求承包人提供履约担保的,发包人应当向承包人提供支付担保。支付担保可以采用银行保函或担保公司担保等形式,具体由合同当事人在专用合同条款中约定。

⑪ 支付合同价款(第2.6款):发包人应按合同约定向承包人及时支付合同价款。

⑫ 组织竣工验收(第2.7款):发包人应按合同约定及时组织竣工验收。

⑬ 现场统一管理协议(第2.8款):发包人应与承包人、由发包人直接发包的专业工程的承包人签订施工现场统一管理协议,明确各方的权利义务。施工现场统一管理协议作为专用合同条款的附件。

(3)承包人的一般义务。

承包人在履行合同过程中应遵守法律和工程建设标准规范,并履行以下义务(第3.1款)。

承包人的一般义务

① 办理法律规定应由承包人办理的许可和批准,并将办理结果书面报送发包人留存。

② 按法律规定和合同约定完成工程,并在保修期内承担保修义务。

③ 按法律规定和合同约定采取施工安全和环境保护措施,办理工伤保险,确保工程及人员、材料、设备和设施的安全。

④ 按合同约定的工作内容和施工进度要求,编制施工组织设计和施工措施计划,并对所有施工作业和施工方法的完备性和安全可靠性负责。

⑤ 在进行合同约定的各项工作时,不得侵害发包人与他人使用公用道路、水源、市政管网等公共设施的权利,避免对邻近的公共设施产生干扰,承包人占用或使用他人的施工场地,影响他人作业或生活的,应承担相应责任。

⑥ 按照第6.3款[环境保护]约定负责施工场地及其周边环境与生态的保护工作。

⑦ 按第6.1款[安全文明施工]约定采取施工安全措施,确保工程及其人员、材料、设备和设施的安全,防止因工程施工造成的人身伤害和财产损失。

⑧ 将发包人按合同约定支付的各项价款专用于合同工程,且应及时支付其雇用人员工资,并及时向分包人支付合同价款。

⑨ 按照法律规定和合同约定编制竣工资料,完成竣工资料立卷及归档,并按专用合同

条款约定的竣工资料的套数、内容、时间等要求移交发包人。

⑩ 应履行的其他义务。

（4）进度控制的主要条款内容。

① 施工进度计划。

a. 施工进度计划的编制（第7.2.1项）：承包人应按照第7.1款[施工组织设计]约定提交详细的施工进度计划，施工进度计划的编制应当符合国家法律规定和一般工程实践惯例，并经发包人批准后实施。施工进度计划是控制工程进度的依据，发包人和监理人有权按照施工进度计划检查工程进度情况。

b. 施工进度计划的修订（第7.2.2项）：施工进度计划不符合合同要求或与工程的实际进度不一致的，承包人应向监理人提交修订的施工进度计划，并附具有关措施和相关资料，由监理人报送发包人。除专用合同条款另有约定外，发包人和监理人应在收到修订的施工进度计划后7天内完成审核和批准或提出修改意见。发包人和监理人对承包人提交的施工进度计划的确认，不能减轻或免除承包人根据法律规定和合同约定应承担的任何责任或义务。

c. 开工通知（第7.3.2项）：发包人应按照法律规定获得工程施工所需的许可。经发包人同意后，监理人发出的开工通知应符合法律规定。监理人应在计划开工日期7天前向承包人发出开工通知，工期自开工通知中载明的开工日期起算。除专用合同条款另有约定外，因发包人原因造成监理人未能在计划开工日期之日起90天内发出开工通知的，承包人有权提出价格调整要求，或解除合同。发包人应当承担由此增加的费用（或延误的工期），并向承包人支付合理利润。

② 工期延误。

a. 因发包人原因导致工期延误（第7.5.1项）：在合同履行过程中，因下列情况导致工期延误和（或）费用增加的，由发包人承担由此延误的工期和（或）增加的费用，且发包人应支付承包人合理的利润。

发包人未能按合同约定提供图纸或所提供图纸不符合合同约定的；

发包人未能按合同约定提供施工现场、施工条件、基础资料、许可、批准等开工条件的；

发包人提供的测量基准点、基准线和水准点及其书面资料存在错误或疏漏的；

发包人未能在计划开工日期之日起7天内同意下达开工通知的；

发包人未能按合同约定日期支付工程预付款、进度款或竣工结算款的；

监理人未按合同约定发出指示、批准等文件的；

专用合同条款中约定的其他情形。

因发包人原因未按计划开工日期开工的，发包人应按实际开工日期顺延竣工日期，确保实际工期不低于合同约定的工期总日历天数。因发包人原因导致工期延误需要修订施工进度计划的，按照第7.2.2项[施工进度计划的修订]执行。

b. 因承包人原因导致工期延误（第7.5.2项）：因承包人原因造成工期延误的，可以在专用合同条款中约定逾期竣工违约金的计算方法和逾期竣工违约金的上限。承包人支付逾期竣工违约金后，不免除承包人继续完成工程及修补缺陷的义务。

③ 暂停施工。

a. 发包人原因引起的暂停施工（第7.8.1项）：因发包人原因引起暂停施工的，监理人经发包人同意后，应及时下达暂停施工指示。情况紧急且监理人未及时下达暂停施工指示的，按照第7.8.4项[紧急情况下的暂停施工]执行。因发包人原因引起的暂停施工，发包人应承担由此增加的费用和（或）延误的工期，并支付承包人合理的利润。

b. 承包人原因引起的暂停施工（第7.8.2项）：因承包人原因引起的暂停施工，承包人应承担由此增加的费用和（或）延误的工期，且承包人在收到监理人复工指示后84天内仍未复工的，视为第16.2.1项[承包人违约的情形]第（7）目约定的承包人无法继续履行合同的情形。

c. 指示暂停施工（第7.8.3项）：监理人认为有必要时，并经发包人批准后，可向承包人做出暂停施工的指示，承包人应按监理人指示暂停施工。

d. 紧急情况下的暂停施工（第7.8.4项）：因紧急情况需暂停施工，且监理人未及时下达暂停施工指示的，承包人可先暂停施工，并及时通知监理人。监理人应在接到通知后24小时内发出指示，逾期未发出指示，视为同意承包人暂停施工。监理人不同意承包人暂停施工的，应说明理由，承包人对监理人的答复有异议，按照第20条[争议解决]约定处理。

④ 提前竣工。

a. 发包人要求承包人提前竣工的，发包人应通过监理人向承包人下达提前竣工指示，承包人应向发包人和监理人提交提前竣工建议书，提前竣工建议书应包括实施的方案、缩短的时间、增加的合同价格等内容。发包人接受该提前竣工建议书的，监理人应与发包人和承包人协商采取加快工程进度的措施，并修订施工进度计划，由此增加的费用由发包人承担。承包人认为提前竣工指示无法执行的，应向监理人和发包人提出书面异议，发包人和监理人应在收到异议后7天内予以答复。任何情况下，发包人不得压缩合理工期（第7.9.1项）。

b. 发包人要求承包人提前竣工，或承包人提出提前竣工的建议能够给发包人带来效益的，合同当事人可以在专用合同条款中约定提前竣工的奖励（第7.9.2项）。

⑤ 竣工日期。

竣工日期（第13.2.3项）：工程经竣工验收合格的，以承包人提交竣工验收申请报告之日为实际竣工日期，并在工程接收证书中载明；因发包人原因，未在监理人收到承包人提交的竣工验收申请报告42天内完成竣工验收，或完成竣工验收不予签发工程接收证书的，以提交竣工验收申请报告的日期为实际竣工日期；工程未经竣工验收，发包人擅自使用的，以转移占有工程之日为实际竣工日期。

（5）质量控制的主要条款内容。

① 承包人的质量管理。

承包人的质量管理（第5.2.2项）：承包人按照第7.1款[施工组织设计]约定向发包人和监理人提交工程质量保证体系及措施文件，建立完善的质量检查制度，并提交相应的工程质量文件。对于发包人和监理人违反法律规定和合同约定的错误指示，承包人有权拒绝实施。

承包人应对施工人员进行质量教育和技术培训,定期考核施工人员的劳动技能,严格执行施工规范和操作规程。

承包人应按照法律规定和发包人的要求,对材料、工程设备以及工程的所有部位及其施工工艺进行全过程的质量检查和检验,并作详细记录,编制工程质量报表,报送监理人审查。此外,承包人还应按照法律规定和发包人的要求,进行施工现场取样试验、工程复核测量和设备性能检测,提供试验样品、提交试验报告和测量成果及其他工作。

② 监理人的质量检查和检验。

监理人的质量检查和检验(第5.2.3项):监理人按照法律规定和发包人授权,对工程的所有部位及其施工工艺、材料和工程设备进行检查和检验。承包人应为监理人的检查和检验提供方便,包括监理人到施工现场或制造、加工地点或合同约定的其他地方,进行察看和查阅施工原始记录。监理人为此进行的检查和检验,不免除或减轻承包人按照合同约定应当承担的责任。

监理人的检查和检验不应影响施工正常进行。监理人的检查和检验影响施工正常进行,且经检查检验不合格的,影响正常施工的费用由承包人承担,工期不予顺延;经检查检验合格的,由此增加的费用和(或)延误的工期由发包人承担。

③ 隐蔽工程检查。

a. 承包人自检(第5.3.1项):承包人应当对工程隐蔽部位进行自检,并经自检确认是否具备覆盖条件。

b. 检查程序(第5.3.2项):除专用合同条款另有约定外,工程隐蔽部位经承包人自检确认具备覆盖条件的,承包人应在共同检查前48小时书面通知监理人检查,通知中应载明隐蔽工程检查的内容、时间和地点,并应附有自检记录和必要的检查资料。

监理人应按时到场并对隐蔽工程及其施工工艺、材料和工程设备进行检查。经监理人检查确认质量符合隐蔽要求,并在验收记录上签字后,承包人才能进行覆盖。经监理人检查质量不合格的,承包人应在监理人指示的时间内完成修复,并由监理人重新检查,由此增加的费用和(或)延误的工期由承包人承担。

除专用合同条款另有约定外,监理人不能按时进行检查的,应在检查前24小时向承包人提交书面延期要求,但延期不能超过48小时,由此导致工期延误的,工期应予以顺延。监理人未按时进行检查,也未提出延期要求的,视为隐蔽工程检查合格,承包人可自行完成覆盖工作,并作相应记录报送监理人,监理人应签字确认。监理人事后对检查记录有疑问的,可按第5.3.3项[重新检查]的约定重新检查。

c. 重新检查(第5.3.3项):承包人覆盖工程隐蔽部位后,发包人或监理人对质量有疑问的,可要求承包人对已覆盖的部位进行钻孔探测或揭开重新检查,承包人应遵照执行,并在检查后重新覆盖恢复原状。经检查证明工程质量符合合同要求的,由发包人承担由此增加的费用和(或)延误的工期,并支付承包人合理的利润;经检查证明工程质量不符合合同要求的,由此增加的费用和(或)延误的工期由承包人承担。

d. 承包人私自覆盖(第5.3.4项):承包人未通知监理人到场检查,私自将工程隐蔽部位覆盖的,监理人有权指示承包人钻孔探测或揭开检查,无论工程隐蔽部位质量是否合格,由此增加的费用和(或)延误的工期均由承包人承担。

④ 不合格工程的处理。

a. 因承包人原因造成工程不合格的,发包人有权随时要求承包人采取补救措施,直至达到合同要求的质量标准,由此增加的费用和(或)延误的工期由承包人承担。无法补救的,按照第13.2.4项[拒绝接收全部或部分工程]约定执行(第5.4.1项)。

b. 因发包人原因造成工程不合格的,由此增加的费用和(或)延误的工期由发包人承担,并支付承包人合理的利润(第5.4.2项)。

⑤ 分部分项工程验收。

除专用合同条款另有约定外,分部分项工程经承包人自检合格并具备验收条件的,承包人应提前48小时通知监理人进行验收。监理人不能按时进行验收的,应在验收前24小时向承包人提交书面延期要求,但延期不能超过48小时。监理人未按时进行验收,也未提出延期要求的,承包人有权自行验收,监理人应认可验收结果。分部分项工程未经验收的,不得进入下一道工序施工。分部分项工程的验收资料应当作为竣工资料的组成部分(第13.1.2项)。

⑥ 缺陷责任与保修。

a. 工程保修的原则(第15.1款):在工程移交发包人后,因承包人原因产生的质量缺陷,承包人应承担质量缺陷责任和保修义务。缺陷责任期届满,承包人仍应按合同约定的工程各部位保修年限承担保修义务。

b. 缺陷责任期从工程通过竣工验收日起计算,合同当事人应在专用合同条款约定缺陷责任期的具体期限,但该期限最长不超过24个月。单位工程先于全部工程进行验收,经验收合格并交付使用的,该单位工程缺陷责任期自单位工程验收合格之日起算。因承包人原因导致工程无法按合同约定期限进行竣工验收的,缺陷责任期从实际通过竣工验收之日起算。因发包人原因导致工程无法按合同约定期限进行竣工验收的,在承包人提交竣工验收报告90天后,工程自动进入缺陷责任期;发包人未经竣工验收擅自使用工程的,缺陷责任期自工程转移占有之日起开始计算(第15.2.1项)。

c. 缺陷责任期内,由承包人原因造成的缺陷,承包人应负责维修,并承担鉴定及维修费用。如承包人不维修也不承担费用,发包人可按合同约定从保证金或银行保函中扣除,费用超出保证金额的,发包人可按合同约定向承包人进行索赔。承包人维修并承担相应费用后,不免除对工程的损失赔偿责任。发包人有权要求承包人延长缺陷责任期,并应在原缺陷责任期届满前发出延长通知。但缺陷责任期(含延长部分)最长不能超过24个月。由他人原因造成的缺陷,发包人负责组织维修,承包人不承担费用,且发包人不得从保证金中扣除费用(第15.2.2项)。

d. 任何一项缺陷或损坏修复后,经检查证明其影响了工程或工程设备的使用性能,承包人应重新进行合同约定的试验和试运行,试验和试运行的全部费用应由责任方承担(第15.2.3项)。

e. 除专用合同条款另有约定外,承包人应于缺陷责任期届满后7天内向发包人发出缺陷责任期届满通知,发包人应在收到缺陷责任期满通知后14天内核实承包人是否履行了缺陷修复义务,承包人未能履行缺陷修复义务的,发包人有权扣除相应金额的维修费用。发包人应在收到缺陷责任期届满通知后14天内,向承包人颁发缺陷责任期终止证书(第15.2.4项)。

f. 保修责任（第 15.4.1 项）：工程保修期从工程竣工验收合格之日起算，具体分部分项工程的保修期由合同当事人在专用合同条款中约定，但不得低于法定最低保修年限。在工程保修期内，承包人应当根据有关法律规定及合同约定承担保修责任。发包人未经竣工验收擅自使用工程的，保修期自转移占有之日起算。

（6）费用控制的主要条款内容。

① 预付款。

a. 预付款的支付（第 12.2.1 项）：预付款的支付按照专用合同条款约定执行，但最迟应在开工通知载明的开工日期 7 天前支付。预付款应当用于材料、工程设备、施工设备的采购及修建临时工程、组织施工队伍进场等。除专用合同条款另有约定外，预付款在进度款中同比例扣回。在颁发工程接收证书前，提前解除合同的，尚未扣完的预付款应与合同价款一并结算。发包人逾期支付预付款超过 7 天的，承包人有权向发包人发出要求预付的催告通知，发包人收到通知后 7 天内仍未支付的，承包人有权暂停施工，并按第 16.1.1 项 [发包人违约的情形] 执行。

b. 预付款担保（第 12.2.2 项）：发包人要求承包人提供预付款担保的，承包人应在发包人支付预付款 7 天前提供预付款担保，专用合同条款另有约定除外。预付款担保可采用银行保函、担保公司担保等形式，具体由合同当事人在专用合同条款中约定。在预付款完全扣回之前，承包人应保证预付款担保持续有效。发包人在进度款中逐期扣回预付款后，预付款担保额度相应减少，但剩余的预付款担保金额不得低于未被扣回的预付款金额。

② 计量。

a. 计量周期（第 12.3.2 项）：除专用合同条款另有约定外，工程量的计量一般按月进行。

b. 单价合同的计量（第 12.3.3 项）：除专用合同条款另有约定外，单价合同的计量按照本项约定执行。

承包人应于每月 25 日向监理人报送上月 20 日至当月 19 日已完成的工程量报告，并附具进度款付款申请单、已完工程量报表和有关资料。

监理人应在收到承包人提交的工程量报告后 7 天内完成对承包人提交的工程量报表的审核并报送发包人，以确定当月实际完成的工程量。监理人对工程量有异议的，有权要求承包人进行共同复核或抽样复测，承包人应协助监理人进行，并按监理人要求提供补充计量资料。承包人未按监理人要求参加复核或抽样复测的，监理人复核或修正的工程量视为承包人实际完成的工程量。

监理人未在收到承包人提交的工程量报表后的 7 天内完成审核的，承包人报送的工程量报告中的工程量视为承包人实际完成的工程量，据此计算工程价款。

c. 总价合同的计量（第 12.3.4 项）：除专用合同条款另有约定外，按月计量支付的总价合同，按照本项约定执行。

承包人应于每月 25 日向监理人报送上月 20 日至当月 19 日已完成的工程量报告，并附具进度款付款申请单、已完工程量报表和有关资料。

监理人应在收到承包人提交的工程量报告后 7 天内完成对承包人提交的工程量报表的审核并报送发包人，以确定当月实际完成的工程量。监理人对工程量有异议的，有权要求承包人进行共同复核或抽样复测，承包人应协助监理人进行，并按监理人要求提供补充计量资料。承包人未按监理人要求参加复核或抽样复测的，监理人复核或修正的工程量视为承包人实际完成的工程量。

监理人未在收到承包人提交的工程量报表后的7天内完成复核的，承包人报送的工程量报告中的工程量视为承包人实际完成的工程量。

③ 工程进度款支付。

a. 付款周期（第12.4.1项）：除专用合同条款另有约定外，付款周期应按照第12.3.2项[计量周期]的约定与计量周期保持一致。

b. 进度款审核和支付（第12.4.4项）：除专用合同条款另有约定外，监理人应在收到承包人进度付款申请单及相关资料后7天内完成审查并报送发包人，发包人应在收到后7天内完成审批并签发进度款支付证书。发包人逾期未完成审批且未提出异议的，视为已签发进度款支付证书。

发包人和监理人对承包人的进度付款申请单有异议的，有权要求承包人修正和提供补充资料，承包人应提交修正后的进度付款申请单。监理人应在收到承包人修正后的进度付款申请单及相关资料后7天内完成审查并报送发包人，发包人应在收到监理人报送的进度付款申请单及相关资料后7天内，向承包人签发无异议部分的临时进度款支付证书。存在争议的部分，按照第20条[争议解决]的约定处理。

除专用合同条款另有约定外，发包人应在进度款支付证书或临时进度款支付证书签发后14天内完成支付，发包人逾期支付进度款的，应按照中国人民银行发布的同期同类贷款基准利率支付违约金。

发包人签发进度款支付证书或临时进度款支付证书，不表明发包人已同意、批准或接受了承包人完成的相应部分的工作。

c. 支付分解表（第12.4.6项）：本项规定如下。

支付分解表的编制要求：支付分解表中所列的每期付款金额，应为第12.4.2项[进度付款申请单的编制]第（1）目的估算金额；实际进度与施工进度计划不一致的，合同当事人可按照第4.4款[商定或确定]修改支付分解表；不采用支付分解表的，承包人应向发包人和监理人提交按季度编制的支付估算分解表，用于支付参考。

总价合同支付分解表的编制与审批：除专用合同条款另有约定外，承包人应根据第7.2款[施工进度计划]约定的施工进度计划、签约合同价和工程量等因素对总价合同按月进行分解，编制支付分解表。承包人应当在收到监理人和发包人批准的施工进度计划后7天内，将支付分解表及编制支付分解表的支持性资料报送监理人。监理人应在收到支付分解表后7天内完成审核并报送发包人。发包人应在收到经监理人审核的支付分解表后7天内完成审批，经发包人批准的支付分解表为有约束力的支付分解表。发包人逾期未完成支付分解表审批，也未及时要求承包人进行修正和提供补充资料的，则承包人提交的支付分解表视为已经获得发包人批准。

单价合同的总价项目支付分解表的编制与审批：除专用合同条款另有约定外，单价合同的总价项目，由承包人根据施工进度计划和总价项目的总价构成、费用性质、计划发生时间和相应工程量等因素按月进行分解，形成支付分解表，其编制与审批参照总价合同支付分解表的编制与审批执行。

2. 物资采购合同

工程建设过程中的物资包括建筑材料（含构件、配件）和设备等。物资采购合同分为建筑材料采购合同和设备采购合同，其合同当事人为供货方和采购方。

> **特别提示**
>
> 供货方一般为物资供应单位或建筑材料和设备的生产厂家，采购方为建设单位、项目总承包单位或施工总承包单位。供货方应对其生产或供应的产品质量负责，采购方则应根据合同的规定进行验收。

1）建筑材料采购合同的主要内容

（1）标的：主要包括购销物资的名称（注明牌号、商标）、品种、型号、规格、等级、花色、技术标准或质量要求等。合同中的标的应按照行业主管部门颁布的产品规定正确填写，不能用习惯名称或自行命名，以免产生差错。订购特定产品，最好还要注明其用途，以免产生不必要的纠纷。

标的的质量要求应该符合国家或者行业现行有关质量标准和设计要求，以及符合以产品采用标准、说明、实物样品等方式表明的质量状况。约定质量标准的一般原则如下。

① 按颁布的国家标准执行。

② 没有国家标准而有部颁标准的，按照部颁标准执行。

③ 没有国家标准和部颁标准为依据时，可按照企业标准执行。

④ 没有上述标准或虽有上述标准但采购方有特殊要求时，按照双方在合同中约定的技术条件、样品或补充的技术要求执行。

合同内必须写明执行的质量标准代号、编号和标准名称，明确各类材料的技术要求、试验项目、试验方法、试验频率等。采购成套产品时，合同内也需要规定附件的质量要求。

（2）数量和计量单位：合同中应该明确所采用的计量方法，并明确计量单位。凡国家、行业或地方规定有计量标准的产品，合同中应按照统一标准注明计量单位，没有规定的，可由当事人协商执行，不可以用含混不清的计量单位。应当注意的是，若建筑材料或产品有计量换算问题，则应该按照标准计量单位确定订购数量。

供货方发货时所采用的计量单位与计量方法应该与合同一致，并在发货明细表或质量证明书中注明，以便采购方检验。运输中转单位也应该按照供货方发货时所采用的计量方法进行验收和发货。

订购数量必须在合同中注明，尤其是一次订购分期供货的合同，还应明确每次进货的时间、地点和数量。

建筑材料在运输过程中容易造成自然损耗，如挥发、飞散、干燥、风化、潮解、破碎、漏撒等，在装卸操作或检验环节中换装、拆包检查等也会造成物资数量的减少，这些都属于途中自然损耗。但是，有些情况不能作为自然损耗，如非人力所能抗拒的自然灾害所造成的非常损失，由于工作失职和管理不善造成的失误等。因此，对于某些建筑材料，还应在合同中写明交货数量的正负尾数差、合理磅差和途中自然损耗的规定及计算方法。

（3）包装：包括包装标准及包装物的供应和回收。

包装标准是指包装物的类型、规格、容量及标记等。包装物及其包装标识应该符合要求,如包括产品名称、生产厂家、厂址、质量检验合格证明等。

包装物一般应由建筑材料的供货方负责供应,并且一般不得另外向采购方收取包装费。如果采购方对包装提出特殊要求,双方应在合同中商定,超过原标准费用部分由采购方负责;反之,若议定的包装标准低于有关规定标准,也应相应降低产品价格。

包装物的回收办法可以采用如下两种形式之一。

① 押金回收:适用于专用的包装物,如电缆卷筒、集装箱、大中型木箱等。

② 折价回收:适用于可以再次利用的包装物,如油漆桶、麻袋、玻璃瓶等。

(4)交付及运输方式:交付方式可以是采购方到约定地点提货或供货方负责将货物送达指定地点;如果是由供货方负责将货物送达指定地点,要确定运输方式,可以选择铁路、公路、水路、航空、管道运输及海上运输等,一般由采购方在签订合同时提出要求,供货方代办发运,运费由采购方负担。

(5)验收:合同中应该明确货物的验收依据和验收方式。验收依据如下。

① 采购合同。

② 供货方提供的发货单、计量单、装箱单及其他有关凭证。

③ 合同约定的质量标准和要求。

④ 产品合格证、检验单。

⑤ 图纸、样品和其他技术证明文件。

⑥ 双方当事人封存的样品。

验收方式有驻厂验收、提运验收、接运验收和入库验收等方式。

① 驻厂验收:在制造时期,由采购方派人在供应的生产厂家进行材质检验。

② 提运验收:对加工订制、市场采购和自提自运的物资,由提货人在提取产品时进行检验。

③ 接运验收:由接运人员对到达的物资进行检查,发现问题当场进行记录。

④ 入库验收:是广泛采用的正式的验收方法,由仓库管理人员负责数量和外观检验。

(6)交货期限:合同中应明确具体的交货日期;如果分批交货,要注明各个批次的交货日期。

交货日期的确定可以按照下列方式。

① 供货方负责送货的,以采购方收货戳记的日期为准。

② 采购方提货的,以供货方按合同规定通知的提货日期为准。

③ 委托运输部门或单位运输、送货或代运的,一般以供货方发运产品时承运单位签发的日期为准,而不是以向承运单位提出申请的日期为准。

(7)价格:合同中应明确建筑材料的价格。定价依据如下。

① 有国家定价的材料,应按国家定价执行。

② 按规定应由国家定价但国家尚未定价的材料,其价格应报请物价主管部门批准。

③ 不属于国家定价的产品,可由供需双方协商定价。

(8)结算:合同中应明确结算的时间、方式和手续。首先应明确是验单付款还是验货付款。结算方式可以是现金支付和转账结算。现金支付适用于成交货物数量少且金额小的合同;转账结算适用于同城市或同地区内的结算,也适用于异地之间的结算。

（9）违约责任：当事人任何一方不能正确履行合同义务时，都可以以违约金的形式承担违约赔偿责任。双方应通过协商确定违约金的比例，并在合同条款内明确。

① 供货方的违约行为可能包括不能按期供货、不能供货、供应的货物有质量缺陷或数量不足等。如有违约，应依照法律和合同规定承担相应的法律责任。

② 采购方的违约行为可能包括不按合同要求接受货物、逾期付款或拒绝付款等。如有违约，应依照法律和合同规定承担相应的法律责任。

2）设备采购合同的主要内容

成套设备采购合同的一般条款可参照建筑材料采购合同的一般条款，包括：设备的名称、品种、型号、规格、等级、技术标准或技术性能指标，数量和计量单位，包装标准及包装物的供应和回收，交货单位、交货方式、运输方式、交货地点、提货单位、交（提）货期限，验收方式，设备价格，结算方式，违约责任，等等。在订立合同时需注意以下方面。

（1）设备价格与支付：设备采购合同通常采用固定总价合同，在合同交货期内价格不进行调整，因此应该明确合同价格所包括的设备名称、套数，以及是否包括附件、配件、工具和损耗品的费用，是否包括调试、保修服务的费用等。合同价内应该包括设备的税费、运杂费、保险费等与合同有关的其他费用。

（2）设备数量：明确设备套数、随主机的辅机、附件、易损耗备用品、配件和安装修理工具等，应于合同中列出详细清单。

（3）技术标准：应注明设备系统的主要技术性能指标，以及各部分设备的主要技术标准和技术性能指标。

（4）现场服务：合同可以约定要求供货方提供必要的技术服务、现场服务等内容，如供货方派必要的技术人员到现场向安装施工人员进行技术交底、指导安装和调试、处理设备的质量问题、参加试车和验收试验等。在合同中应明确服务内容，对现场技术人员在现场的工作条件、生活待遇及费用等做出明确规定。

（5）验收和保修：成套设备安装后一般应进行试车调试，双方应该共同参加并启动试车的检验工作。检验合格后，双方在验收文件上签字，正式移交采购方进行生产运行。检验不合格的，如果属于设备质量原因，由供货方负责修理、更换并承担全部费用；如果是工程施工质量问题，由安装单位负责拆除后纠正缺陷。合同中还应明确成套设备的验收办法，以及是否保修、保修期限、费用分担等。

3. 施工专业分包合同的内容

专业工程分包，是指施工总承包单位将其所承包工程中的专业工程发包给具有相应资质的其他建筑业企业完成的活动。

针对各种工程中普遍存在专业工程分包的实际情况，为了规范管理，减少或避免纠纷，建设部和国家工商行政管理总局于 2003 年发布了《建设工程施工专业分包合同（示范文本）》（GF—2003—0213）。

1）施工专业分包合同的主要内容

施工专业分包合同文本的结构、主要条款和内容与施工承包合同相似，包括词语定义与解释，合同双方的一般权利和义务，分包工程的施工进度控制、质量控制、费用控制，分包合同的监督与管理，分包工程施工的信息管理、组织与协调、施工安全管理与风险管理等。

施工专业分包合同内容的特点是，既要保持与主合同条件中相关分包工程部分规定的一致性，又要区分负责实施分包工程的当事人变更后的两个合同之间的差异。施工专业分包合同所采用的语言文字和适用的法律、行政法规及工程建设标准一般应与主合同相同。

2）承包人（施工总承包单位）的主要责任和义务

（1）承包人应提供总包合同（有关承包工程的价格内容除外）供分包人查阅。

（2）项目经理应按分包合同的约定，及时向分包人提供所需的指令、批准、图纸并履行其他约定的义务，否则分包人应在约定时间后24小时内将具体要求、需要的理由及延误的后果通知承包人，项目经理在收到通知后48小时内不予答复的，应承担因延误造成的损失。

（3）承包人的工作如下。

① 向分包人提供与分包工程相关的各种证件、批件和各种相关资料。

② 组织分包人参加发包人组织的图纸会审，向分包人进行设计图纸交底。

③ 提供合同专用条款中约定的设备和设施，并承担因此发生的费用。

④ 随时为分包人提供确保分包工程的施工所要求的施工场地和通道等，满足施工运输的需要，保证施工期间的畅通。

⑤ 负责整个施工场地的管理工作，协调分包人与同一施工场地的其他分包人之间的交叉配合，确保分包人按照经批准的施工组织设计进行施工。

3）专业工程分包人的主要责任和义务

（1）分包人对有关分包工程的责任：分包人应全面了解总包合同的各项规定（有关承包工程的价格内容除外）。除专用合同条款另有约定外，分包人应履行并承担总包合同中与分包工程有关的承包人的所有义务与责任，同时应避免因分包人自身行为或疏漏造成承包人违反总包合同中约定的承包人义务的情况发生。

（2）分包人与发包人的关系：分包人须服从经承包人确认并转发的发包人或监理人与分包工程有关的指令。未经承包人允许，分包人不得以任何理由与发包人或监理人发生直接工作联系，分包人不得直接致函发包人或监理人，也不得直接接受发包人或监理人的指令。如分包人与发包人或监理人发生直接工作联系，将被视为违约，并承担违约责任。

（3）承包人指令：就分包工程范围内的有关工作，承包人随时可以向分包人发出指令，分包人应执行承包人根据分包合同所发出的所有指令。分包人拒不执行指令，承包人可委托其他施工单位完成该指令事项，发生的费用从应付给分包人的相应款项中扣除。

（4）分包人的工作如下。

① 按照分包合同的约定，对分包工程进行设计（分包合同有约定时）、施工、竣工和保修。

② 按照合同约定的时间，完成规定的设计内容，报承包人确认后在分包工程中使用，承包人承担由此发生的费用。

③ 在合同约定的时间内，向承包人提供年、季、月度工程进度计划及相应进度统计报表。

④ 在合同约定的时间内，向承包人提交详细的施工组织设计，承包人应在专用合同条款约定的时间内批准，分包人方可执行。

⑤ 遵守政府有关主管部门对施工场地交通、施工噪声及环境保护和安全文明生产等的管理规定，按规定办理有关手续，并以书面形式通知承包人，承包人承担由此发生的费用，因分包人责任造成的罚款除外。

⑥ 分包人应允许承包人、发包人、监理人及其三方中任何一方授权的人员，在工作时间内合理进入分包工程施工场地或材料存放的地点，以及施工场地以外与分包合同有关的分包人的任何工作或准备的地点，分包人应提供方便。

⑦ 已竣工工程未交付承包人之前，分包人应负责已完分包工程的成品保护工作，保护期间发生的损坏，分包人自费予以修复；承包人要求分包人采取特殊措施保护的工程部位和相应的追加合同价款，双方在专用合同条款内约定。

特别提示

（1）分包人不得将其承包的分包工程转包给他人，也不得将其承包的分包工程的全部或部分再分包给他人，否则将被视为违约，并承担违约责任。

（2）分包人经承包人同意，可以将劳务作业再分包给具有相应资质的劳务分包人。

（3）分包人应对再分包的劳务作业的质量等相关事宜进行督促和检查，并承担相关连带责任。

4）合同价款及支付

（1）分包工程合同价款可以采用以下价格之一（尽量与总包合同约定的方式一致）。

① 固定价格，在约定风险范围内合同价款不再调整。

② 可调价格，合同价款可根据双方的约定而调整，应在专用合同条款内约定合同价款调整方法。

③ 成本加酬金，合同价款包括成本和酬金两部分，双方在专用合同条款内约定成本构成和酬金的计算方法。

（2）分包合同价款与总包合同相应部分价款无任何连带关系。

（3）合同价款的支付。

① 实行工程预付款的，双方应在专用合同条款内约定承包人向分包人预付工程款的时间和数额，开工后按约定的时间和比例逐次扣回。

② 承包人应按专用合同条款约定的时间和方式，向分包人支付工程款（进度款），按约定时间承包人应扣回的预付款，与工程款（进度款）同期结算。

③ 分包合同约定的工程变更调整的合同价款、索赔的价款或费用及其他约定的追加合同价款，应与工程款（进度款）同期调整支付。

④ 承包人超过约定的支付时间不支付工程款（预付款、进度款），分包人可向承包人发出要求付款的通知，承包人不按分包合同约定支付工程款（预付款、进度款），导致施工无法进行的，分包人可停止施工，由承包人承担违约责任。

⑤ 承包人应在收到分包工程竣工结算报告及结算资料后 28 天内支付工程竣工结算价款,在发包人不拖延工程价款的情况下承包人无正当理由不按时支付的,从第 29 天起按分包人同期银行贷款利率支付拖欠工程价款的利息,并承担违约责任。

4. 施工劳务分包合同的内容

劳务作业分包,是指施工总承包单位或者专业分包单位(均可作为劳务作业的发包人)将其承包工程中的劳务作业发包给劳务分包单位(即劳务分包人)完成的活动。

施工劳务分包合同不同于施工专业分包合同,其合同内容可参照《建设工程施工劳务分包合同(示范文本)》(GF—2003—0214)。

1)施工劳务分包合同的重要条款

(1)劳务分包人资质。

(2)劳务分包作业范围。

(3)劳务分包作业期限。

(4)劳务作业质量标准。

(5)工程承包人义务。

(6)劳务分包人义务。

(7)机具设备及材料供应。

(8)保险。

(9)劳务报酬及支付。

(10)工时及工程量的确认。

(11)施工配合。

(12)禁止转包或再分包等。

2)承包人的主要义务

对施工劳务分包合同条款中规定的承包人的主要义务可归纳如下。

(1)组建与工程相适应的项目管理班子,全面履行总(分)包合同,组织实施项目管理的各项工作,对工程的工期和质量向发包人负责。

(2)完成劳务分包人施工前期的下列工作。

① 向劳务分包人交付具备本合同项下劳务作业开工条件的施工场地。

② 保证劳务作业所需的能源供应、通信及施工道路畅通。

③ 向劳务分包人提供相应的工程资料。

④ 向劳务分包人提供生产、生活临时设施。

(3)负责编制施工组织设计,统一制订各项管理目标,组织编制年、季、月度施工计划和物资需用量计划表,实施对工程质量、工期、安全生产、文明施工、计量检测、试验化验的控制、监督、检查和验收。

(4)负责工程测量定位、沉降观测、技术交底,组织图纸会审,统一安排技术档案资料的收集整理及交工验收。

(5)按时提供图纸,及时交付机具设备及材料,所提供的施工机具设备、周转材料、安全设施应保证施工需要。

(6)按合同约定,向劳务分包人支付劳动报酬。

（7）负责与发包人、监理人、设计人及有关部门联系，协调现场工作关系。

3）劳务分包人的主要义务

施工劳务分包合同条款中规定的劳务分包人的主要义务可归纳如下。

（1）对劳务分包范围内的工程质量向承包人负责，组织具有相应资格证书的熟练工人投入作业；未经承包人授权或允许，不得擅自与发包人及有关部门建立工作联系；自觉遵守法律法规及有关规章制度。

（2）严格按照设计图纸、施工验收规范、有关技术要求及施工组织设计精心组织施工，确保工程质量达到约定的标准。具体要求如下。

① 科学安排作业计划，投入足够的人力、物力，保证工期。

② 加强安全教育，认真执行安全技术规范，严格遵守安全制度，落实安全措施，确保施工安全。

③ 加强现场管理，严格执行建设主管部门及环保、消防、环卫等有关部门对施工现场的管理规定，做到文明施工。

④ 承担由于自身责任造成的质量修改、返工、工期拖延、安全事故、现场脏乱，以及由其造成的损失及各种罚款。

（3）自觉接受承包人及有关部门的管理、监督和检查；接受承包人随时检查其机具设备、材料的保管和使用情况，及其操作人员的有效证件、持证上岗情况；与现场其他单位协调配合，照顾全局。

（4）劳务分包人须服从经承包人确认并转发的发包人及监理人的指令。

（5）除非合同另有约定，劳务分包人应对其作业内容的实施、完工负责，劳务分包人应承担并履行总（分）包合同约定的与劳务作业有关的所有义务及工作程序。

4）保险

有关保险的合同条款可归纳如下。

（1）劳务分包人施工开始前，承包人应获得发包人为施工场地内的自有人员及第三方人员生命财产办理的保险，且不需劳务分包人支付保险费用。

（2）运至施工场地用于劳务施工的材料和待安装机具设备，由承包人办理或获得保险，且不需劳务分包人支付保险费用。

（3）承包人应当为租赁或提供给劳务分包人使用的施工机具设备办理保险，并支付保险费用。

（4）劳务分包人应当为从事危险作业的职工办理意外伤害保险，并为施工场地内自有人员生命财产和施工机具设备办理保险，支付保险费用。

（5）保险事故发生时，劳务分包人和承包人有责任采取必要的措施，防止或减少损失。

5）劳务报酬

（1）劳务报酬可以采用以下方式中的任意一种计算。

① 固定劳务报酬（含管理费）。

② 约定不同工种劳务的计时单价（含管理费），按确认的工时计算。

③ 约定不同工作成果的计件单价（含管理费），按确认的工程量计算。

（2）劳务报酬可以采用固定价格或变动价格。若采用固定价格，则除合同约定或法律政策变化导致劳务价格变化外，均为一次包死，不再调整。

（3）在合同中可以约定，在下列情况下，固定劳务报酬或单价可以调整。

① 依本合同约定价格为基础，市场人工价格的变化幅度超过一定百分比时，按变化前后价格的差额予以调整。

② 后续法律政策变化，导致劳务价格变化的，按变化前后价格的差额予以调整。

③ 双方约定的其他情形。

6）工时及工程量的确认

（1）采用固定劳务报酬的，施工中不计算工时和工程量。

（2）采用按确认的工时计算劳务报酬的，由劳务分包人每日将提供劳务人数报承包人，由承包人确认。

（3）采用按确认的工程量计算劳务报酬的，由劳务分包人按月（或旬、日）将完成的工程量报承包人，由承包人确认。对劳务分包人未经承包人认可，超出设计图纸范围和因劳务分包人原因造成返工的工程量，承包人不予计量。

7）劳务报酬最终支付

（1）全部工作完成，经承包人认可后 14 天内，劳务分包人向承包人递交完整的结算资料，双方按照本合同约定的计价方式，进行劳务报酬的最终支付。

（2）承包人收到劳务分包人递交的结算资料后 14 天内进行核实，给予确认或者提出修改意见。承包人确认结算资料后 14 天内向劳务分包人支付劳务报酬尾款。

（3）劳务分包人和承包人对劳务报酬结算价款发生争议时，按合同约定处理。

特别提示

劳务分包人不得将合同项下的劳务作业转包或再分包给他人。

5. 项目总承包合同的内容

1）项目总承包合同的示范文本

为促进建设工程项目总承包的健康发展，规范项目总承包合同当事人的市场行为，住房城乡建设部、国家市场监督管理总局联合制定了《建设项目工程总承包合同（示范文本）》（GF—2020—0216）。在国际上，有的专业组织如 FIDIC 也针对建设工程项目总承包发布了有关合同示范文本，可作为参考。

2）开展项目总承包的依据

合同中应该将发包人对工程项目的各种要求描述清楚，承包人可以据此开展设计、采购和施工等，开展项目总承包的依据一般包括以下方面。

（1）发包人的功能要求。

（2）发包人提供的部分设计图纸。

（3）发包人自行采购设备清单及采购界面。

（4）发包人采用的工程技术标准和各种工程技术要求。

（5）工程所在地有关工程建设的国家标准、地方标准或行业标准。

上述要求可以体现在专用合同条件和合同附件《发包人要求》中。

3）发包人的义务和责任

按照《建设项目工程总承包合同（示范文本）》，发包人的主要义务和责任如下。

(1) 遵守法律（第 2.1 款）：发包人在履行合同过程中应遵守法律，并承担因发包人违反法律给承包人造成的任何费用和损失。发包人不得以任何理由，要求承包人在工程实施过程中违反法律、行政法规以及建设工程质量、安全、环保标准，任意压缩合理工期或者降低工程质量。

(2) 提供施工现场和工作条件（第 2.2 款）。

① 提供施工现场：发包人应按专用合同条件约定向承包人移交施工现场，给承包人进入和占用施工现场各部分的权利，并明确与承包人的交接界面，上述进入和占用权可不为承包人独享。

② 提供工作条件：发包人应按专用合同条件约定向承包人提供以下工作条件。

a. 将施工用水、电力、通信线路等施工所必须的条件接至施工现场内。

b. 保证向承包人提供正常施工所需要的进入施工现场的交通条件。

c. 协调处理施工现场周围地下管线和邻近建筑物、构筑物、古树名木、文物、化石及坟墓等的保护工作，并承担相关费用。

d. 对工程现场临近发包人正在使用、运行或由发包人用于生产的建筑物、构筑物、生产装置、设施、设备等隔离设施，树立禁止入内、禁止动火的明显标志，并以书面形式通知承包人须遵守的安全规定和位置范围。

e. 按照专用合同条件约定应提供的其他设施和条件。

(3) 提供基础资料（第 2.3 款）：发包人应按专用合同条件和《发包人要求》中的约定向承包人提供施工现场及工程实施所必需的毗邻区域内的供水、排水、供电、供气、供热、通信、广播电视等地上、地下管线和设施资料，气象和水文观测资料，地质勘察资料，相邻建筑物、构筑物和地下工程等有关基础资料，并根据第 1.12 款[《发包人要求》和基础资料中的错误]承担基础资料错误造成的责任。按照法律规定确需在开工后方能提供的基础资料，发包人应尽其努力及时地在相应工程实施前的合理期限内提供，合理期限应以不影响承包人的正常履约为限。因发包人原因未能在合理期限内提供相应基础资料的，由发包人承担由此增加的费用和延误的工期。

(4) 办理许可和批准（第 2.4 款）：发包人在履行合同过程中应遵守法律，并办理法律规定或合同约定，由其办理的许可、批准或备案，包括但不限于建设用地规划许可证、建设工程规划许可证、建设工程施工许可证等许可和批准。对于法律规定或合同约定由承包人负责的有关设计、施工证件、批件或备案，发包人应给予必要的协助。

因发包人原因未能及时办理完毕前述许可、批准或备案，由发包人承担由此增加的费用和（或）延误的工期，并支付承包人合理的利润。

(5) 支付合同价款（第 2.5 款）：发包人应按合同约定向承包人及时支付合同价款（第 2.5.1 项）。

(6) 现场管理配合（第 2.6 款）：发包人应负责保证在现场或现场附近的发包人人员和发包人的其他承包人（如有）根据第 7.3 款[现场合作]的约定，与承包人进行合作；遵守第 7.5 款[现场劳动用工]、第 7.6 款[安全文明施工]、第 7.7 款[职业健康]和第 7.8 款[环境保护]的相关约定。

发包人应与承包人、由发包人直接发包的其他承包人（如有）订立施工现场统一管理协议，明确各方的权利义务。

4）承包人的一般义务

按照《建设项目工程总承包合同（示范文本）》，承包人的一般义务（第4.1款）如下。

（1）办理法律规定和合同约定由承包人办理的许可和批准，将办理结果书面报送发包人留存，并承担因承包人违反法律或合同约定给发包人造成的任何费用和损失。

（2）按合同约定完成全部工作并在缺陷责任期和保修期内承担缺陷保证责任和保修义务，对工作中的任何缺陷进行整改、完善和修补，使其满足合同约定的目的。

（3）提供合同约定的工程设备和承包人文件，以及为完成合同工作所需的劳务、材料、施工设备和其他物品，并按合同约定负责临时设施的设计、施工、运行、维护、管理和拆除。

（4）按合同约定的工作内容和进度要求，编制设计、施工的组织和实施计划，保证项目进度计划的实现，并对所有设计、施工作业和施工方法，以及全部工程的完备性和安全可靠性负责。

（5）按法律规定和合同约定采取安全文明施工、职业健康和环境保护措施，办理员工工伤保险等相关保险，确保工程及人员、材料、设备和设施的安全，防止因工程实施造成的人身伤害和财产损失。

（6）将发包人按合同约定支付的各项价款专用于合同工程，且应及时支付其雇用人员（包括建筑工人）工资，并及时向分包人支付合同价款。

（7）在进行合同约定的各项工作时，不得侵害发包人与他人使用公用道路、水源、市政管网等公共设施的权利，避免对邻近的公共设施产生干扰。

5）设计

（1）承包人的设计义务（第5.1款）。

① 设计义务的一般要求：承包人应当按照法律规定，国家、行业和地方的规范和标准，以及《发包人要求》和合同约定完成设计工作和设计相关的其他服务，并对工程的设计负责。承包人应根据工程实施的需要及时向发包人和工程师说明设计文件的意图，解释设计文件。

② 对设计人员的要求：承包人应保证其或其设计分包人的设计资质在合同有效期内满足法律法规、行业标准或合同约定的相关要求，并指派符合法律法规、行业标准或合同约定的资质要求并具有从事设计所必需的经验与能力的设计人员完成设计工作。承包人应保证其设计人员（包括分包人的设计人员）在合同期限内，都能按时参加发包人或工程师组织的工作会议。

③ 法律和标准的变化：除合同另有约定外，承包人完成设计工作所应遵守的法律规定，以及国家、行业和地方的规范和标准，均应视为在基准日期适用的版本。基准日期之后，前述版本发生重大变化，或者有新的法律，以及国家、行业和地方的规范和标准实施的，承包人应向工程师提出遵守新规定的建议。发包人或其委托的工程师应在收到建议后7天内发出是否遵守新规定的指示。如果该项建议构成变更的，按照第13.2款[承包人的合理化建议]的约定执行。

在基准日期之后，因国家颁布新的强制性规范、标准导致承包人的费用变化的，发包人应合理调整合同价格；导致工期延误的，发包人应合理延长工期。

(2) 承包人文件审查（第 5.2 款）。

① 根据《发包人要求》应当通过工程师报发包人审查同意的承包人文件，承包人应当按照《发包人要求》约定的范围和内容及时报送审查。

除专用合同条件另有约定外，自工程师收到承包人文件以及承包人的通知之日起，发包人对承包人文件的审查期不超过 21 天。承包人的设计文件对于合同约定有偏离的，应在通知中说明。承包人需要修改已提交的承包人文件的，应立即通知工程师，并向工程师提交修改后的承包人文件，审查期重新起算。

发包人同意承包人文件的，应及时通知承包人，发包人不同意承包人文件的，应在审查期限内通过工程师以书面形式通知承包人，并说明不同意的具体内容和理由。

合同约定的审查期满，发包人没有做出审查结论也没有提出异议的，视为承包人文件已获发包人同意。

发包人对承包人文件的审查和同意不得被理解为对合同的修改或改变，也并不减轻或免除承包人的任何责任和义务。

② 承包人文件不需要政府有关部门或专用合同条件约定的第三方审查单位审查或批准的，承包人应当严格按照经发包人审查同意的承包人文件设计和实施工程。

③ 承包人文件需政府有关部门或专用合同条件约定的第三方审查单位审查或批准的，发包人应在发包人审查同意承包人文件后 7 天内，向政府有关部门或第三方报送承包人文件，承包人应予以协助。

对于政府有关部门或第三方审查单位的审查意见，不需要修改《发包人要求》的，承包人需按该审查意见修改承包人的设计文件；需要修改《发包人要求》的，承包人应按第 13.2 款［承包人的合理化建议］的约定执行。上述情形还应适用第 5.1 款［承包人的设计义务］和第 13 条［变更与调整］的有关约定。

政府有关部门或第三方审查单位审查批准后，承包人应当严格按照批准后的承包人文件实施工程。政府有关部门或第三方审查单位批准时间较合同约定时间延长的，竣工日期相应顺延。因此给双方带来的费用增加，由双方在负责的范围内各自承担。

(3) 操作和维修手册（第 5.5 款）。

① 在竣工试验开始前，承包人应向工程师提交暂行的操作和维修手册并负责及时更新，该手册应足够详细，以便发包人能够对工程设备进行操作、维修、拆卸、重新安装、调整及修理，以及实现《发包人要求》。同时，手册还应包含发包人未来可能需要的备品备件清单。

② 工程师收到承包人提交的文件后，应依据第 5.2 款［承包人文件审查］的约定对操作和维修手册进行审查，竣工试验工程中，承包人应为任何因操作和维修手册错误或遗漏引起的风险或损失承担责任。

③ 除专用合同条件另有约定外，承包人应提交足够详细的最终操作和维修手册，以及在《发包人要求》中明确的相关操作和维修手册。除专用合同条件另有约定外，在工程师收到上述文件前，不应认为工程已根据第 10.1 款［竣工验收］和第 10.2 款［单位/区段工程的验收］的约定完成验收。

(4)承包人文件错误(第 5.6 款)。

承包人文件存在错误、遗漏、含混、矛盾、不充分之处或其他缺陷,无论承包人是否根据本款获得了同意,承包人均应自费对前述问题带来的缺陷和工程问题进行改正,并按照第 5.2 款[承包人文件审查]的要求,重新送工程师审查,审查日期从工程师收到文件开始重新计算。因此款原因重新提交审查文件导致的工程延误和必要费用增加由承包人承担。《发包人要求》的错误导致承包人文件错误、遗漏、含混、矛盾、不充分或其他缺陷的除外。

6)材料和工程设备

(1)发包人提供的材料和工程设备(第 6.2.1 项)。

发包人自行供应材料、工程设备的,应在订立合同时在专用合同条件的附件《发包人供应材料设备一览表》中明确材料、工程设备的品种、规格、型号、主要参数、数量、单价、质量等级和交接地点等。

承包人应根据项目进度计划的安排,提前 28 天以书面形式通知工程师供应材料与工程设备的进场计划。承包人按照第 8.4 款[项目进度计划]约定修订项目进度计划时,需同时提交经修订后的发包人供应材料和工程设备的进场计划。发包人应按照上述进场计划,向承包人提交材料和工程设备。

发包人应在材料和工程设备到货 7 天前通知承包人,承包人应会同工程师在约定的时间内,赴交货地点共同进行验收。除专用合同条件另有约定外,发包人提供的材料和工程设备验收后,由承包人负责接收、运输和保管。

发包人需要对进场计划进行变更的,承包人不得拒绝,应根据第 13 条[变更与调整]的规定执行,并由发包人承担承包人由此增加的费用,以及引起的工期延误。承包人需要对进场计划进行变更的,应事先报请工程师批准,由此增加的费用和(或)工期延误由承包人承担。

发包人提供的材料和工程设备的规格、数量或质量不符合合同要求,或由于发包人原因发生交货日期延误及交货地点变更等情况的,发包人应承担由此增加的费用和(或)工期延误,并向承包人支付合理利润。

(2)承包人提供的材料和工程设备(第 6.2.2 项)。

承包人应按照专用合同条件的约定,将各项材料和工程设备的供货人及品种、技术要求、规格、数量和供货时间等报送工程师批准。承包人应向工程师提交其负责提供的材料和工程设备的质量证明文件,并根据合同约定的质量标准,对材料、工程设备质量负责。

承包人应按照已被批准的第 8.4 款[项目进度计划]规定的数量要求及时间要求,负责组织材料和工程设备采购(包括备品备件、专用工具及厂商提供的技术文件),负责运抵现场。合同约定由承包人采购的材料、工程设备,除专用合同条件另有约定外,发包人不得指定生产厂家或供应商,发包人违反本款约定指定生产厂家或供应商的,承包人有权拒绝,并由发包人承担相应责任。

对承包人提供的材料和工程设备,承包人应会同工程师进行检验和交货验收,查验材料合格证明和产品合格证书,并按合同约定和工程师指示,进行材料的抽样检验和工程设备的检验测试,检验和测试结果应提交工程师,所需费用由承包人承担。

因承包人提供的材料和工程设备不符合国家强制性标准、规范的规定或合同约定的标准、规范，所造成的质量缺陷，由承包人自费修复，竣工日期不予延长。在履行合同过程中，由于国家新颁布的强制性标准、规范，造成承包人负责提供的材料和工程设备，虽符合合同约定的标准，但不符合新颁布的强制性标准时，由承包人负责修复或重新订货，相关费用支出及导致的工期延长由发包人负责。

7）工期和进度

（1）项目进度计划（第8.4款）。

① 项目进度计划的提交和修改：承包人应按照第8.3款[项目实施计划]约定编制并向工程师提交项目初步进度计划，经工程师批准后实施。除专用合同条件另有约定外，工程师应在21天内批复或提出修改意见，否则该项目初步进度计划视为已得到批准。对工程师提出的合理意见和要求，承包人应自费修改完善。

经工程师批准的项目初步进度计划称为项目进度计划，是控制合同工程进度的依据，工程师有权按照进度计划检查工程进度情况。承包人还应根据项目进度计划，编制更为详细的分阶段或分项的进度计划，由工程师批准。

② 项目进度计划的内容：项目进度计划应当包括设计、承包人文件提交、采购、制造、检验、运达现场、施工、安装、试验的各个阶段的预期时间以及设计和施工组织方案说明等，其编制应当符合国家法律规定和一般工程实践惯例。项目进度计划的具体要求、关键路径及关键路径变化的确定原则、承包人提交的份数和时间等，在专用合同条件约定。

③ 项目进度计划的修订：项目进度计划不符合合同要求或与工程的实际进度不一致的，承包人应向工程师提交修订的项目进度计划，并附具有关措施和相关资料。工程师也可以直接向承包人发出修订项目进度计划的通知，承包人如接受，应按该通知修订项目进度计划，报工程师批准。承包人如不接受，应当在14天内答复，如未按时答复视作已接受修订项目进度计划通知中的内容。

除专用合同条件另有约定外，工程师应在收到修订的项目进度计划后14天内完成审批或提出修改意见，如未按时答复视作已批准承包人修订后的项目进度计划。工程师对承包人提交的项目进度计划的确认，不能减轻或免除承包人根据法律规定和合同约定应承担的任何责任或义务。

除合同当事人另有约定外，项目进度计划的修订并不能减轻或者免除双方按第8.7款[工期延误]、第8.8款[工期提前]、第8.9款[暂停工作]应承担的合同责任。

（2）进度报告（第8.5款）。

项目实施过程中，承包人应进行实际进度记录，并根据工程师的要求编制月进度报告，并提交给工程师。进度报告的主要内容和具体要求等，在通用合同条件和专用合同条件中约定。

（3）工期延误（第8.7款）。

① 因发包人原因导致工期延误：在合同履行过程中，由于发包人原因导致工期延误和（或）费用增加的，由发包人承担由此延误的工期和（或）增加的费用，且发包人应支付承包人合理的利润。

② 因承包人原因导致工期延误：由于承包人的原因，未能按项目进度计划完成工作，承包人应采取措施加快进度，并承担加快进度所增加的费用。由于承包人原因造成工期延

误并导致逾期竣工的，承包人应支付逾期竣工违约金。

③ 行政审批迟延：合同约定范围内的工作需国家有关部门审批的，发包人和（或）承包人应按照专用合同条件约定的职责分工完成行政审批报送。因国家有关部门审批迟延造成工期延误的，竣工日期相应顺延。造成费用增加的，由双方在负责的范围内各自承担。

（4）工期提前（第 8.8 款）。

发包人指示承包人提前竣工且被承包人接受的，应与承包人共同协商采取加快工程进度的措施和修订项目进度计划。发包人应承担承包人由此增加的费用，增加的费用按第 13 条 [变更与调整] 的约定执行；发包人不得以任何理由要求承包人超过合理限度压缩工期。承包人有权不接受提前竣工的指示，工期按照合同约定执行。

承包人提出提前竣工的建议且发包人接受的，应与发包人共同协商采取加快工程进度的措施和修订项目进度计划。发包人应承担承包人由此增加的费用，增加的费用按第 13 条 [变更与调整] 的约定执行，并向承包人支付专用合同条件约定的相应奖励金。

8）保险

（1）设计和工程保险（第 18.1 款）。

双方应按照专用合同条件的约定向双方同意的保险人投保建设工程设计责任险、建筑安装工程一切险等保险。具体的投保险种、保险范围、保险金额、保险费率、保险期限等有关内容应当在专用合同条件中明确约定。

双方应按照专用合同条件的约定投保第三者责任险，并在缺陷责任期终止证书颁发前维持其持续有效。第三者责任险最低投保额应在专用合同条件内约定。

（2）工伤和意外伤害保险（第 18.2 款）。

发包人应依照法律规定为其在施工现场的雇用人员办理工伤保险，缴纳工伤保险费；并要求工程师及由发包人为履行合同聘请的第三方在施工现场的雇用人员依法办理工伤保险。

承包人依照法律规定为其履行合同雇用的全部人员办理工伤保险，缴纳工伤保险费，并要求分包人及由承包人为履行合同聘请的第三方雇用的全部人员依法办理工伤保险。

发包人和承包人可以为其施工现场的全部人员办理意外伤害保险并支付保险费，包括其员工及为履行合同聘请的第三方的人员，具体事项由合同当事人在专用合同条件约定。

（3）货物保险（第 18.3 款）。

承包人应按照专用合同条件的约定为运抵现场的施工设备、材料、工程设备和临时工程等办理财产保险，保险期限自上述货物运抵现场至其不再为工程所需要为止。

6. 工程监理合同

工程监理合同文件由协议书、中标通知书（适用于招标工程）或委托书（适用于非招标工程）、投标文件（适用于招标工程）或监理与相关服务建议书（适用于非招标工程）、通用条件、专用条件、附录（附录 A 相关服务的范围和内容，附录 B 委托人派遣的人员和提供的房屋、资料、设备）组成。合同签订后实施过程中，双方依法签订的补充协议也是合同文件的组成部分。

住房城乡建设部与国家工商行政管理总局 2012 年颁布执行的《建设工程监理合同（示范文本）》（GF—2012—0202）的主要条款如下。

1) 监理的范围和工作内容（第 2.1 款）

监理范围在专用条件中约定。除专用条件另有约定外，监理工作内容如下。相关服务的范围和内容在附录 A 中约定。

（1）收到工程设计文件后编制监理规划，并在第一次工地会议 7 天前报委托人。根据有关规定和监理工作需要，编制监理实施细则。

（2）熟悉工程设计文件，并参加由委托人主持的图纸会审和设计交底会议。

（3）参加由委托人主持的第一次工地会议；主持监理例会并根据工程需要主持或参加专题会议。

（4）审查施工承包人提交的施工组织设计，重点审查其中的质量安全技术措施、专项施工方案与工程建设强制性标准的符合性。

（5）检查施工承包人工程质量、安全生产管理制度及组织机构和人员资格。

（6）检查施工承包人专职安全生产管理人员的配备情况。

（7）审查施工承包人提交的施工进度计划，核查承包人对施工进度计划的调整。

（8）检查施工承包人的试验室。

（9）审核施工分包人资质条件。

（10）查验施工承包人的施工测量放线成果。

（11）审查工程开工条件，对条件具备的签发开工令。

（12）审查施工承包人报送的工程材料、构（配）件、设备质量证明文件的有效性和符合性，并按规定对用于工程的材料采取平行检验或见证取样方式进行抽检。

（13）审核施工承包人提交的工程款支付申请，签发或出具工程款支付证书，并报委托人审核、批准。

（14）在巡视、旁站和检验过程中，发现工程质量、施工安全存在事故隐患的，要求施工承包人整改并报委托人。

（15）经委托人同意，签发工程暂停令和复工令。

（16）审查施工承包人提交的采用新材料、新工艺、新技术、新设备的论证材料及相关验收标准。

（17）验收隐蔽工程、分部分项工程。

（18）审查施工承包人提交的工程变更申请，协调处理施工进度调整、费用索赔、合同争议等事项。

（19）审查施工承包人提交的竣工验收申请，编写工程质量评估报告。

（20）参加工程竣工验收，签署竣工验收意见。

（21）审查施工承包人提交的竣工结算申请并报委托人。

（22）编制、整理工程监理归档文件并报委托人。

2) 项目监理机构和人员（第 2.3 款）

（1）监理人应组建满足工作需要的项目监理机构，配备必要的检测设备。项目监理机构的主要人员应具有相应的资格条件。

（2）本合同履行过程中，总监理工程师及重要岗位监理人员应保持相对稳定，以保证监理工作正常进行。

（3）监理人可根据工程进展和工作需要调整项目监理机构人员。监理人更换总监理工程师时，应提前 7 天向委托人书面报告，经委托人同意后方可更换；监理人更换项目监理机构其他监理人员，应以相当资格与能力的人员替换，并通知委托人。

（4）监理人应及时更换有下列情形之一的监理人员。

① 严重过失行为的。

② 有违法行为不能履行职责的。

③ 涉嫌犯罪的。

④ 不能胜任岗位职责的。

⑤ 严重违反职业道德的。

⑥ 专用条件约定的其他情形。

（5）委托人可要求监理人更换不能胜任本职工作的项目监理机构人员。

3）履行职责（第 2.4 款）

监理人应遵循职业道德准则和行为规范，严格按照法律法规、工程建设有关标准及本合同履行职责。

（1）在监理与相关服务范围内，委托人和承包人提出的意见和要求，监理人应及时提出处置意见。当委托人与承包人之间发生合同争议时，监理人应协助委托人、承包人协商解决。

（2）当委托人与承包人之间的合同争议提交仲裁机构仲裁或人民法院审理时，监理人应提供必要的证明资料。

（3）监理人应在专用条件约定的授权范围内，处理委托人与承包人所签订合同的变更事宜。如果变更超出授权范围，应以书面形式报委托人批准。在紧急情况下，为了保护财产和人身安全，监理人所发出的指令未能事先报委托人批准时，应在发出指令后的 24 小时内以书面形式报委托人。

（4）除专用条件另有约定外，监理人发现承包人的人员不能胜任本职工作的，有权要求承包人予以调换。

5.3.3 建设工程施工合同的计价方式

建设工程施工合同的计价方式主要有三种，即单价合同、总价合同和成本加酬金合同。

1. 单价合同

1）单价合同的含义

当施工发包的工程内容和工程量尚不能十分明确、具体地予以规定时，可以采用单价合同形式，即根据计划工程内容和估算工程量，在合同中明确每项工程内容的单位价格，实际支付时则根据实际完成的工程量进行结算。

2）单价合同的特点

单价合同的特点是单价优先。例如，FIDIC 的《施工合同条件》中，发包人给出的工程量清单的数字是参考数字，而实际工程款则按实际完成的工程量和合同中确定的单价计算。虽然在投标报价、评标及签订合同中，人们常常注重总价格，但在工程款结算中单价优先，对于投标书中明显的数字计算错误，发包人有权利先修改再评标，当总价和单价的计算结果不一致时，以单价为准调整总价。

由于单价合同允许随工程量变化而调整工程总价，发包人和承包人都不存在工程量方面的风险，因此对合同双方都比较公平。另外，在招标前，发包人无须对工程范围做出完整、详尽的规定，从而可以缩短招标准备时间，投标人也只需对所列工程内容报出自己的单价，从而缩短投标时间。

采用单价合同对发包人的不足之处是，发包人需要安排专门力量来核实已经完成的工程量，需要在施工过程中花费不少精力，协调工作量大。另外，用于计算应付工程款的实际工程量可能超过预测的工程量，即实际投资容易超过计划投资，对投资控制不利。

3）单价合同的形式和应用

单价合同又分固定单价合同和变动单价合同。

在固定单价合同条件下，无论发生哪些影响价格的因素都不对单价进行调整，因而对承包人而言就存在一定的风险。固定单价合同适用于工期较短、工程量变化幅度不会太大的项目。为降低承包人的风险，当采用变动单价合同时，合同双方可以约定一个估计的工程量，当实际工程量发生较大变化时，可以对单价进行调整，同时还应该约定如何对单价进行调整；也可以约定，当通货膨胀达到一定水平或者国家政策发生变化时，可以对哪些工程内容的单价进行调整及如何调整等。

📝 特别提示

在工程实践中，采用单价合同有时也会根据估算的工程量计算一个初步的合同总价，作为投标报价和签订合同之用。但是，当上述初步的合同总价与各项单价乘以实际完成的工程量之和发生矛盾时，则肯定以后者为准，即单价优先。实际工程款的支付也将以实际完成工程量乘以合同单价进行计算。

2. 总价合同

1）总价合同的含义

总价合同是指根据合同规定的工程施工内容和有关条件，发包人应付给承包人的款额是一个规定的金额，即明确的总价。总价合同也称总价包干合同，即根据施工招标时的要求和条件，当施工内容和有关条件不发生变化时，发包人付给承包人的价款总额就不发生变化。

固定总价合同

总价合同又分固定总价合同和变动总价合同两种。

2）固定总价合同

固定总价合同的价格计算以图纸及相关规定、规范为基础，工程任务和内容明确，发包人的要求和条件清楚，合同总价一次包死，固定不变，即不再因为环境的变化和工程量的增减而变化。在这类合同中，承包人承担了全部的工作量和价格的风险。因此，承包人在报价时应对一切费用的价格变动因素和不可预见因素都做充分的估计，并将其包含在合同价格之中。

📝 特别提示

在国际上,这种合同被广泛接受和采用,因为有比较成熟的法规和先例的经验。对发包人而言,在合同签订时就可以基本确定项目的总投资额,对投资控制有利;在双方都无法预测的风险条件下和可能有工程变更的情况下,承包人承担了较大的风险,发包人的风险较小。但是,工程变更和不可预见的困难也常常引起合同双方的纠纷或者诉讼,最终导致其他费用的增加。

当然,在固定总价合同中还可以约定,在发生重大工程变更、累计工程变更超过一定幅度或者其他特殊条件下可以对合同价格进行调整。因此,需要定义重大工程变更的含义、累计工程变更的幅度和在什么样的特殊条件下才能调整合同价格,以及如何调整合同价格等。

采用固定总价合同,双方结算比较简单,但是由于承包人承担了较大的风险,因此报价中不可避免地要增加一笔较高的不可预见的风险费。承包人的风险主要有两个方面,即价格风险和工作量风险。价格风险有报价计算错误、漏报项目、物价和人工费上涨等;工作量风险有工程量计算错误、工程范围不确定、工程变更或者由于设计深度不够所造成的误差等。

固定总价合同适用于以下情况。

(1)工程量小,工期短,估计在施工过程中环境因素变化小,工程条件稳定并合理。

(2)工程设计详细,图纸完整、清楚,工程任务和范围明确。

(3)工程结构和技术简单,风险小。

(4)投标期相对宽裕,承包人可以有充足的时间详细考察现场、复核工程量,分析招标文件,拟订施工计划。

3)变动总价合同

变动总价合同

变动总价合同又称可调总价合同,合同价格以图纸及相关规定、规范为基础,按照时价进行计算,包括全部工程任务和内容的暂定合同价格。它是一种相对固定的价格,在合同执行过程中,由于通货膨胀等原因而使所使用的工、料成本增加时,可以按照合同约定对合同总价进行相应的调整。当然,一般由于设计变更、工程量变化和其他工程条件变化所引起的费用变化也可以进行调整。因此,通货膨胀等不可预见因素的风险由发包人承担,对承包人而言,其风险相对较小,但对发包人而言,不利于其进行投资控制,突破投资的风险就增大了。

在工程施工承包招标时,施工期限一年左右的项目一般实行固定总价合同,通常不考虑价格调整问题,以签订合同时的单价和总价为准,物价上涨的风险全部由承包人承担。但是对建设周期一年半以上的工程项目,则应考虑下列因素引起的价格变化问题。

(1)劳务工资及材料费用的上涨。

(2)其他影响工程造价的因素,如运输费、燃料费、电力等价格的变化。

(3)外汇汇率的不稳定。

(4)国家或者省、市立法的改变引起的工程费用的上涨。

4）总价合同的特点和应用

总价合同的特点如下。

（1）发包人可以在报价竞争状态下确定项目的总造价，可以较早确定或者预测工程成本。

（2）发包人的风险较小，承包人将承担较多的风险。

（3）评标时易于迅速确定最低报价的投标人。

（4）在施工进度方面能极大地调动承包人的积极性。

（5）发包人能更容易、更有把握地对项目进行控制。

（6）必须完整而明确地规定承包人的工作。

（7）必须将设计和施工方面的变更控制在最小限度内。

一般在采用总价合同时，对承发包工程的内容及其各种条件都应基本清楚、明确，否则承发包双方都有蒙受损失的风险。因此，一般是在施工图设计完成，施工任务和范围比较明确，发包人的目标、要求和条件都清楚的情况下才采用总价合同。对发包人来说，由于设计花费时间长，因而开工时间较晚，开工后的变更容易带来索赔，而且在设计过程中难以吸收承包人的建议。

> 📝 **特别提示**
>
> 总价合同和单价合同有时在形式上很相似。例如，在有的总价合同的招标文件中也有工程量清单，也要求承包人提出各分项工程的报价，与单价合同在形式上很相似，但两者在性质上是完全不同的。总价合同是总价优先，承包人报总价，双方商讨并确定合同总价，最终也按总价结算。

3. 成本加酬金合同

1）成本加酬金合同的含义

成本加酬金合同也称成本补偿合同，是与固定总价合同正好相反的一种合同，工程施工的最终合同价格将按照工程的实际成本再加上一定的酬金进行计算。在合同签订时，工程实际成本往往不能确定，只能确定酬金的取值比例或者计算原则。

2）成本加酬金合同的特点和适用条件

采用这种合同，承包人不承担任何价格变化或工程量变化的风险，这些风险主要由发包人承担，对发包人的投资控制很不利。承包人也往往缺乏控制成本的积极性，常常不仅不愿意控制成本，甚至还会期望提高成本以提高自己的经济效益，因此这种合同容易被那些不道德或不称职的承包人滥用，从而损害工程的整体效益。所以，应该尽量避免采用这种合同。

对发包人而言，这种合同形式也有以下优点。

（1）可以通过分段施工缩短工期，而不必等待所有施工图完成才开始招标和施工。

（2）可以减少承包人的对立情绪，承包人对工程变更和不可预见条件的反应会比较积极和快捷。

（3）可以利用承包人的施工技术专家，帮助改进或弥补设计中的不足。

（4）发包人可以根据自身力量和需要，较深入地介入和控制工程施工和管理。

（5）可以通过确定最大保证价格约束工程成本不超过某一限值，从而转移一部分风险。

对承包人来说，这种合同的风险低，利润比较有保证，因而优点更多；其缺点是合同的不确定性，由于设计未完成，无法准确确定合同的工程内容、工程量及合同的终止时间，有时难以对工程计划进行合理安排。

成本加酬金合同通常适用于如下情况。

（1）工程特别复杂，工程技术、结构方案不能预先确定，或者尽管可以确定工程技术和结构方案，但是不可能进行竞争性的招标活动并以总价合同或单价合同的形式确定承包人，如研究开发性质的工程项目。

（2）时间特别紧迫，如抢险救灾工程，来不及进行详细的计划和商谈。

3）成本加酬金合同的形式

成本加酬金合同有许多种形式，主要如下。

（1）成本加固定酬金合同。根据双方讨论同意的工程规模、估计工期、技术要求、工作性质及复杂性、所涉及的风险等来考虑确定一笔固定数目的酬金作为管理费及利润，对人工、材料、机械台班等直接成本则实报实销。如果设计变更或增加新项目，当直接费超过原估算成本的一定比例时，固定的酬金也要增加。这种方式虽然不能鼓励承包人降低成本，但为了尽快得到酬金，承包人会尽力缩短工期。有时也可在固定酬金之外根据工程质量、工期和节约成本等因素，给承包人另加奖金，以鼓励承包人积极工作。

（2）成本加固定比例酬金合同。这种合同形式是在工程成本的直接费中加一定比例的酬金，酬金的比例在签订合同时由双方确定。这种方式的酬金总额随成本加大而增加，不利于缩短工期和降低成本。一般在工程初期很难描述工作范围和性质，或工期紧迫，无法按常规编制招标文件招标时采用。

（3）成本加奖金合同。奖金是根据报价书中的成本估算指标制订的，在合同中对这个估算指标规定一个底点和顶点。承包人在估算指标的顶点以下完成工程可得到奖金，超过顶点则要对超出部分支付罚款。如果成本在底点之下，则可加大酬金值或酬金百分比。采用这种方式通常规定，当实际成本超过顶点对承包人罚款时，最大罚款限额不超过原先商定的最高酬金值。

在招标时，当图纸、规范等准备不充分，不能据以确定合同价格，而仅能制订一个估算指标时可采用这种形式。

（4）最大成本加费用合同。在工程成本总价合同基础上加固定酬金，即当设计深度达到可以报总价的深度时，投标人报工程成本总价和固定的酬金（包括各项管理费、风险费和利润等）。如果实际成本超过合同中规定的工程成本总价，由承包人承担所有的额外费用，若实施过程中节约了成本，节约的部分归发包人，或者由发包人和承包人分享，在合同中要确定节约分成的比例。在风险型（非代理型）CM模式的合同中就采用这种方式。

知识链接

CM模式（construction management model，建筑管理模式），又称阶段发包方式或快速轨道方式，是近年在国外广泛流行的一种合同管理模式。

CM模式常用的有两种。第一种形式为代理型建筑管理（"Agency" CM）模式，在此种模式下，CM 单位是发包人的咨询和代理；发包人和 CM 单位的服务合同规定费用是固定酬金加管理费；发包人在各施工阶段和承包人签订工程施工合同。第二种形式为风险型建筑管理（"At_Risk" CM）模式，采用这种模式，CM 单位同时也担任施工总承包人的角色，一般发包人要求 CM 单位提出保证最大工程费用（guaranteed maximum price，GMP），以保证发包人的投资控制，如最后结算超过 GMP，则由 CM 单位赔偿；如低于 GMP，则节约的投资归发包人所有，但 CM 单位由于额外承担了保证施工成本风险，因而能够得到额外的收入。

4）成本加酬金合同的应用

当实行施工总承包管理模式或 CM 模式时，发包人与施工总承包管理单位或 CM 单位的合同一般采用成本加酬金合同。

在国际上，许多项目管理合同、咨询服务合同等也多采用成本加酬金合同。

在施工承包合同中采用成本加酬金计价方式时，发包人与承包人应注意以下问题。

（1）必须有一个明确的如何向承包人支付酬金的条款，包括支付时间和金额比例，以及如果发生变更和其他变化，酬金支付如何调整。

（2）应该列出工程费用清单，要规定一套详细的、与工程现场有关的数据记录、信息存储甚至记账的格式和方法，以便对工地实际发生的人工、机械和材料消耗等数据进行认真而及时的记录。应该保留有关工程实际成本的发票或付款的账单、表明款额已经支付的记录或证明等，以便发包人进行审核和结算。

5.3.4 建设工程施工合同的实施

1. 建设工程施工合同分析

1）合同分析

（1）合同分析的含义。合同分析是从合同执行的角度去分析、补充和解释合同的具体内容和要求，将合同目标和合同规定落实到合同实施的具体问题和具体时间上，用以指导具体工作，使合同能契合日常工程管理的需要，工程能按合同要求实施，为合同执行和控制确定依据。

合同分析不同于招标投标过程中对招标文件的分析，其目的和侧重点都不同。合同分析往往由企业的合同管理部门或项目中的合同管理人员负责。

（2）合同分析的必要性。由于以下诸多因素的存在，承包人在签订合同后、履行和实施合同前有必要进行合同分析。

① 许多合同条文采用法律用语，往往不够直观明了，不容易理解，通过补充和解释，可以使之简单、明确、清晰。

② 同一个工程中的不同合同形成一个复杂的体系，十几份、几十份甚至上百份合同之间有十分复杂的关系。

③ 合同事件和工程活动的具体要求（如工期、质量、费用等），合同各方的责任关系，事件和活动之间的逻辑关系等极为复杂。

④ 许多工程小组、项目管理职能人员所涉及的活动和问题不是合同文件的全部，而仅

为合同的部分内容,全面理解合同对合同的实施有重要意义。

⑤ 在合同中依然存在问题和风险,包括合同审查时已经发现的风险和仍可能隐藏着的尚未发现的风险。

⑥ 合同中的任务需要分解和落实。

⑦ 在合同实施过程中,合同双方会有许多争执,在分析时就可以预测预防。

(3)合同分析的目的和作用。合同分析的目的和作用体现在以下方面。

① 分析合同中的漏洞,解释有争议的内容。在合同起草和谈判过程中,双方都会力争完善条款,但仍然难免会有疏漏。通过合同分析找出并解释漏洞,可以作为执行合同的依据。

在合同执行过程中,合同双方有时也会发生争议,这往往是由于对合同条款的理解不一致所造成的,通过分析可就合同条文达成一致理解,从而解决争议。在遇到索赔事件后,合同分析也可以为索赔提供理由和根据。

② 分析合同风险,制订风险对策。不同的工程合同,其风险的来源和风险量的大小都不同,要根据合同进行分析,并采取相应的对策。

③ 合同任务分解、落实。在实际工程中,要将合同中的任务进行分解,将合同中与各部分任务相对应的具体要求明确,然后落实到具体的工程小组或部门、人员身上,以便于实施与检查。

2)建设工程施工合同分析的内容

合同分析,在不同的时期、为了不同的目的有不同的内容。建设工程施工合同分析通常涉及以下方面的内容。

建设工程施工合同分析的内容

(1)合同的法律基础,即合同签订和实施的法律背景。通过分析,承包人了解适用于合同的法律的基本情况(范围、特点等),用以指导整个合同实施和索赔工作。对合同中明示的法律应重点分析。

(2)承包人的主要任务。例如承包人的总任务、工程范围、关于工程变更的规定。

① 承包人的总任务,即合同标的。其包括承包人在设计、采购、制作、试验、运输、土建施工、安装、验收、试生产、缺陷责任期维修等方面的主要责任,施工现场的管理,给发包人的管理人员提供生活和工作条件等责任。

② 工程范围。其通常由合同中的工程量清单、图纸、工程说明、技术规范所定义。工程范围的界限应很清楚,否则会影响工程变更和索赔,特别是固定总价合同。

在合同实施中,如果监理人指令的工程变更属于合同规定的工程范围,则承包人必须无条件执行;如果工程变更超过承包人应承担的风险范围,则可向发包人提出工程变更的补偿要求。

③ 关于工程变更的规定。在合同实施过程中,变更程序非常重要,通常要做工程变更工作流程图,并交付相关的职能人员。

工程变更的补偿范围,通常以合同金额的一定百分比表示,这个百分比越大,承包人的风险一般也越大。工程变更的索赔有效期由合同具体规定,一般为 28 天,也有的为 14 天,时间越短,对承包人管理水平的要求越高,对承包人越不利。

(3)发包人的责任。这里主要分析发包人的合作责任,通常涉及如下方面。

① 发包人雇用工程师并委托其在授权范围内履行发包人的部分合同责任。

② 发包人和监理人有责任对平行的各承包人和供应商之间的责任界限做出划分，对这方面的争执做出裁决，对他们的工作进行协调，并承担管理和协调失误造成的损失。

③ 及时做出承包人履行合同所必需的决策，如下达指令、履行各种批准手续、做出认可、答复请示，完成各种检查和验收手续等。

④ 提供施工条件，如及时提供设计资料、图纸、施工场地、道路等。

⑤ 按合同规定及时支付工程款，及时接收已完工程等。

（4）合同价格。对合同的价格，应重点分析以下方面。

① 合同所采用的计价方法及合同价格所包括的范围。

② 工程量计量程序，工程款结算（包括进度付款、竣工结算、最终结算）方法和程序。

③ 合同价格的调整，即费用索赔的条件、价格调整方法、计价依据、索赔有效期规定等。

④ 拖欠工程款的合同责任。

（5）施工工期。在实际工程中，工期拖延极为常见和频繁，而且对合同实施和索赔的影响很大，所以要特别重视。

（6）违约责任。如果合同一方未遵守合同规定，造成对方损失，应受到相应的合同处罚。通常要分析下列情形中的违约责任。

① 承包人不能按合同规定工期完成工程的违约金或承担发包人损失的条款。

② 管理上的疏忽造成对方人员和财产损失的赔偿条款。

③ 预谋或故意行为造成对方损失的处罚和赔偿条款。

④ 承包人不履行或不能正确地履行合同责任，或出现严重违约时的处理规定。

⑤ 发包人不履行或不能正确地履行合同责任，或出现严重违约时的处理规定，特别是对发包人不及时支付工程款的处理规定。

（7）验收、移交。验收包括许多内容，如材料和机具设备的现场验收、隐蔽工程验收、单项工程验收、全部工程竣工验收等。在合同分析中，应对重要的验收要求、时间、程序及验收所带来的法律后果作说明。

竣工验收合格即办理移交。移交为一个重要的合同事件，同时又是一个重要的法律概念，它表示：①发包人认可并接收工程，承包人工程施工任务的完结；②工程所有权的转让；③承包人工程照管责任的结束和发包人工程照管责任的开始；④保修责任的开始；⑤合同规定的工程款支付条款有效。

（8）索赔程序和争议的解决。这决定着索赔的解决方法，应相应分析以下内容。

① 索赔的程序。

② 争议的解决方式和程序。

③ 仲裁条款，包括仲裁所依据的法律、仲裁地点、仲裁的方式和程序、仲裁结果的约束力等。

2. 建设工程施工合同交底

合同和合同分析的资料是工程实施管理的依据。合同分析后，应向各层次管理者作"合同交底"，即由合同管理人员在对合同的主要内容进行分析、解释和说明的基础上，组织项目管理人员和各个工程小组学习合同条文和合同总体分析结果，使大家熟悉合同中的主要内容、规定、管理程序，了解合同双方的合同责任、工作范围、各种行为的法律后果等，树立全局观念，保证各项工作协调一致，避免执行中的违约行为。

在传统的建设工程施工项目管理系统中，人们十分重视图纸交底工作，却不重视合同分析和合同交底工作，导致各个项目组和各个工程小组对项目的合同体系、合同基本内容不甚了解，影响了合同的履行。因此，项目经理或合同管理人员应将合同中各种任务或事件的责任分解，落实到具体的工程小组、人员或分包人。建设工程施工合同交底的目的和任务如下。

（1）对合同的主要内容达成一致理解。

（2）将各种合同事件的责任分解落实到各工程小组或分包人。

（3）将工程项目和任务分解，明确其质量和技术要求及实施的注意要点等。

（4）明确各项工作或各个工程的工期要求。

（5）明确成本目标和消耗标准。

（6）明确相关事件之间的逻辑关系。

（7）明确各个工程小组（分包人）之间的责任界限。

（8）明确完不成任务的影响和法律后果。

（9）明确合同有关各方（如发包人、监理人）的责任和义务。

3. 建设工程施工合同实施的控制

在工程实施的过程中要对合同的履行情况进行跟踪与控制，并加强工程变更管理，保证合同的顺利履行。

1）施工合同跟踪

合同签订以后，合同中各项任务的执行要落实到具体的项目经理部或具体的项目参与人身上，承包人作为履行合同义务的主体，必须对合同执行者（项目经理部或项目参与人）的履行情况进行跟踪、监督和控制，确保合同义务的完全履行。

施工合同跟踪有两个方面的含义：一是承包人的合同管理职能部门对合同执行者（项目经理部或项目参与人）的履行情况进行的跟踪、监督和检查；二是合同执行者（项目经理部或项目参与人）本身对合同计划的执行情况进行的跟踪、检查与对比。在合同实施过程中，两者缺一不可。

对合同执行者（项目经理部或项目参与人）而言，应该掌握施工合同跟踪的以下方面。

（1）施工合同跟踪的依据。施工合同跟踪的重要依据包括：合同；依据合同而编制的各种计划文件；各种实际工程文件，如原始记录、报表、验收报告等；管理人员对现场情况的直观了解，如现场巡视、交谈、会议、质量检查等。

（2）施工合同跟踪的对象。

① 承包人的任务。具体如下。

a. 工程施工的质量，包括材料、构件、制品和设备等的质量，以及施工或安装质量是否符合合同要求等。

b. 工程进度，是否在预定期限内施工，工期有无延长，延长的原因是什么等。

c. 工程数量，是否按合同要求完成全部施工任务，有无合同规定以外的施工任务等。

d. 成本的增加和减少。

② 工程小组或分包人的工程和工作。工程施工任务分解交由不同工程小组或发包给专业分包人完成的，承包人必须对这些工程小组或分包人及其所负责的工程进行跟踪、检查、协调关系，提出意见、建议或警告，保证工程总体质量和进度。对分包人的工作和负责的工程，总承包人负有协调和管理的责任，并承担由此造成的损失，所以分包人的工作和负责的工程必须纳入总承包工程的计划和控制中，防止因分包人工程管理失误而影响全局。

③ 发包人和其委托的监理人的工作。具体如下。

a. 发包人是否及时、完整地提供了工程施工的实施条件，如场地、图纸、资料等。

b. 发包人和监理人是否及时给予了指令、答复和确认等。

c. 发包人是否及时并足额地支付了应付的工程款项。

2）合同实施偏差分析

通过施工合同跟踪，可能会发现合同实施中存在偏差，即工程实施实际情况偏离了工程计划和工程目标。对此应该及时分析原因，采取措施纠正偏差，以避免损失。

合同实施偏差分析的内容包括以下方面。

（1）产生偏差的原因分析。通过对合同实施实际情况与实施计划的对比分析，不仅可以发现合同实施的偏差，而且可以探索引起差异的原因。原因分析可以采用鱼刺图、因果关系分析图（表）、成本量差分析、价差分析、效率差分析等方法定性或定量地进行。

（2）合同实施偏差的责任分析。即分析偏差的产生是由谁引起的，应该由谁承担责任。责任分析必须以合同为依据，按合同规定落实双方的责任。

（3）合同实施趋势分析。针对合同实施偏差情况，可以采取不同的措施，应分析在不同措施下合同实施的结果与趋势，具体如下。

① 最终的工程状况，包括总工期的延误、总成本的超支、质量标准、所能达到的生产能力（或功能要求）等。

② 承包人将承担什么样的后果，如被罚款、被清算甚至被起诉，对承包人资信、企业形象、经营战略的影响等。

③ 最终工程经济效益（利润）水平。

3）合同实施偏差处理

根据合同实施偏差分析的结果，承包人应该采取相应的调整措施，一般可采取如下调整措施。

（1）组织措施，如增加人员投入、调整人员安排、调整工作流程和工作计划等。

（2）技术措施，如变更技术方案、采用新的高效率的施工方案等。

（3）经济措施，如增加投入、采取经济激励措施等。

（4）合同措施，如进行合同变更、签订附加协议、采取索赔手段等。

4）工程变更管理

工程变更一般是指在工程施工过程中，根据合同约定对施工的程序以及工程的内容、数量、质量要求和标准等做出的变更。

(1) 工程变更的原因。工程变更主要有以下方面的原因。

① 发包人新的变更指令，对建筑的新要求，如发包人有新的意图、修改项目计划、削减项目预算等。

② 设计人、监理人、承包人事先没有很好地理解发包人的意图，或存在设计的错误，导致图纸修改。

③ 工程环境的变化，预定的工程条件不准确，要求实施方案或实施计划变更。

④ 产生新技术和新知识，有必要改变原设计、原实施方案或实施计划，或发包人指令及发包人责任造成承包人施工方案的改变。

⑤ 政府部门对工程的新要求，如国家计划变化、环境保护要求、城市规划变动等。

⑥ 合同实施出现问题，必须调整合同目标或修改合同条款。

(2) 工程变更的范围。根据我国《建设工程施工合同（示范文本）》第 10.1 款，除专用合同条款另有约定外，合同履行过程中发生以下情形的，应按照本条约定进行变更。

① 增加或减少合同中任何工作，或追加额外的工作。

② 取消合同中任何工作，但转由他人实施的工作除外。

③ 改变合同中任何工作的质量标准或其他特性。

④ 改变工程的基线、标高、位置和尺寸。

⑤ 改变工程的时间安排或实施顺序。

知识链接

根据 FIDIC《施工合同条件》，工程变更的内容可能包括以下几个方面。

① 改变合同中所包括的任何工作的数量。

② 改变任何工作的质量和性质。

③ 改变工程任何部分的标高、基线、位置和尺寸。

④ 删减任何工作，但要交他人实施的工作除外。

⑤ 任何永久工程需要的任何附加工作、工程设备、材料或服务。

⑥ 改动工程的施工顺序或时间安排。

(3) 工程变更的程序。根据统计，工程变更是索赔的主要起因。由于工程变更对工程施工过程影响很大，会造成工期的拖延和费用的增加，容易引起双方的争执，所以要十分重视工程变更管理问题。

一般工程施工承包合同中都有关于工程变更的具体规定。工程变更一般按照如下程序进行。

① 提出工程变更。根据工程实施的实际情况，承包人、发包人和设计人都可以根据需要提出工程变更。

② 工程变更的批准。承包人提出的工程变更，应该交予监理人审查并批准；由设计人提出的工程变更，应该与发包人协商或经发包人审查并批准；由发包人提出的工程变更，涉及设计修改的应该与设计人协商，并一般通过监理人发出。监理人发出工程变更的权力，一般会在施工合同中明确约定，通常在发出变更通知前应征得发包人批准。

③ 工程变更指令的发出及执行。为了避免耽误工程，监理人和承包人就变更价格和工期补偿达成一致意见之前有必要先行发布变更指示，先执行工程变更工作，然后就变更价格和工期补偿进行协商和确定。

工程变更指示的发出有两种形式：书面形式和口头形式。一般情况下要求用书面形式发布变更指示，如果由于情况紧急而来不及发出书面指示，承包人应该根据合同规定要求监理人书面认可。

根据工程惯例，除非监理人明显超越合同权限，承包人应该无条件地执行工程变更指示。即使工程变更价款没有确定，或者承包人对监理人答应给付的金额不满意，承包人也必须一边进行变更工作，一边根据合同寻求解决办法。

(4) 工程变更的责任分析与补偿要求。根据工程变更的具体情况，可以分析确定工程变更的责任以及工期和费用补偿。

① 由于发包人要求、政府部门要求、环境变化、不可抗力、原设计错误等导致的设计修改，应该由发包人承担责任。由此所造成的施工方案的变更、工期的延长和费用的增加应该向发包人索赔。

② 由于承包人的施工过程、施工方案出现错误或疏忽而导致的设计修改，应该由承包人承担责任。

③ 施工方案变更要经过监理人的批准，不论这种变更是否会给发包人带来好处（如工期缩短、节约费用）。

④ 由于承包人的施工过程、施工方案本身的缺陷而导致了施工方案的变更，由此所引起的费用增加和工期延长应该由承包人承担责任。

⑤ 发包人向承包人授标前（或签订合同前），可以要求承包人对施工方案进行补充、修改或做出说明，以便符合发包人的要求。在授标后（或签订合同后）发包人为了加快工期、提高质量等要求变更施工方案，由此所引起的费用增加可以向发包人索赔。

4. 建设工程施工分包管理的实施

建设工程施工分包，包括专业工程分包和劳务作业分包两种。

在国内，建设工程施工总承包或者施工总承包管理的任务往往由那些技术密集型和综合管理型的大型企业承担（或获得），项目中的许多专业工程施工往往由中小型的专业化公司或劳务公司承担。建设工程施工分包是国内目前非常普遍的现象和工程实施方式。

1) 对分包单位进行管理的责任主体

分包单位的选择可由发包人指定，也可以在发包人同意的前提下由施工总承包单位或者施工总承包管理单位自主选择，其合同既可以与发包人签订，也可以与施工总承包单位或者施工总承包管理单位签订。但一般情况下，无论怎样选择分包单位，其分包合同都是与施工总承包单位或者施工总承包管理单位签订的，因此对分包单位的管理责任，也是由施工总承包单位或者施工总承包管理单位承担的。也就是说，将由施工总承包单位或者施工总承包管理单位向发包人承担分包单位负责施工的工程质量、工程进度、安全等的责任。

在许多大型工程的施工中，发包人指定分包的工程内容比较多，指定分包单位的数量也比较多。施工总承包单位往往对指定的分包单位疏于管理，出现问题后就百般推脱，以"该分包单位是发包人找的，不是自己找的"等理由推卸责任。特别是在施工总承包管理模式下,几乎所有分包单位的选择都是由发包人决定的,而由于施工总承包管理单位几乎不进行具体工程的施工,其派驻该工程的管理力量就相对薄弱,对分包单位的管理就非常容易形成漏洞或造成缺位。必须明确的是,对分包单位进行管理的第一责任主体,是施工总承包单位或者施工总承包管理单位。

2)施工分包管理的内容

施工分包管理的内容,包括成本控制、进度控制、质量控制和安全管理、信息管理、人员管理、合同管理等。下面重点介绍下前三项内容。

(1)成本控制。无论采用何种计价方式,都可以通过竞争方式降低分包工程的合同价格,从而降低承包工程的施工总成本。在对分包工程款的支付审核方面,应通过严格审核实际完成工程量,建立工程支付与工程质量和工程实际进度挂钩的联动审核方式,以防止超付和早付。

(2)进度控制。首先应该根据施工总进度计划提出分包工程的进度要求,向分包单位明确分包工程的进度目标;然后要求分包单位据此建立详细的分包工程施工进度计划,通过审核判断其是否合理、是否符合施工总进度计划的要求,并在工程进展过程中严格控制其执行。

在施工分包合同中应该确定进度计划拖延的责任,并在施工过程中进行严格考核。在工程进展过程中,施工总承包单位还应该积极为分包工程的施工创造条件,及时审核和签署有关文件,保证材料供应,协调好各分包单位之间的关系,按照施工分包合同的约定履行好承包人的职责。

(3)质量控制和安全管理。在分包工程施工前,应该向分包单位明确施工质量要求,要求分包单位建立质量保证与安全管理体系、制订质量保证与安全管理措施,经审查批准后再进行分包工程的施工。

施工过程中严格检查分包单位的质量保证与安全管理体系和措施的落实情况,并根据承包人自身的质量保证体系控制分包工程的施工质量。应该在施工总承包单位和分包单位自检合格的基础上提交发包人检查和验收。

增强全体人员的质量和安全意识,是工程施工的首要措施。工程开工前,应该针对工程的特点,由项目经理或负责质量、安全的管理人员组织进行质量、安全教育,以提高各类管理人员和施工人员的相关意识,并将其贯穿到实际工作中去。

由于目前国内的工程施工主要由分包单位操作完成,只有分包单位的管理水平和技术实力提高了,工程质量才能达到既定的目标。因此,要着重对分包单位的操作人员和管理人员进行技术培训和质量教育,帮助他们提高管理水平;对分包工程的班组长及施工人员按不同专业进行技术、工艺、质量等的综合培训,未经培训或培训不合格的分包队伍不允许进场施工。

3)施工分包管理的方法

(1)建立对分包单位进行管理的组织体系和责任制度,对每一个分包单位都有负责管理的部门或人员,实行对口管理。

(2)分包单位的选择应该经过严格考察,并经发包人和监理人的认可,其资质类别和等级应该符合有关规定。

(3) 对分包单位的劳动力组织及计划安排进行审批和控制，根据其施工内容、进度计划等进行人员数量、资格和能力的审批和检查。

(4) 责成分包单位建立责任制，将项目的质量、安全等保证体系贯彻落实到各个分包单位、各个施工环节中，督促分包单位对各项工作的落实。对加工构件的分包单位，可委派驻厂代表负责对加工厂的进度和质量进行监督、检查和管理。

(5) 建立工程例会制度，及时反映和处理分包单位在施工过程中出现的各种问题。

(6) 建立合格材料、制品、配件等的分供方档案库，并对其进行考核、评价，确定信誉好的分供方名单。

(7) 材料、成品和半成品进场要按规范、图纸和施工要求严格检验。进场后的材料堆放要按照材料性能、厂家要求等进行，对易燃易爆材料要单独存放。

(8) 对于有多个分包单位同时进场施工的项目，可以开展工程质量、安全或进度竞赛活动，通过定期的检查和评比建立奖惩机制，激励分包单位不断进步。

任务 5.4 建设工程项目索赔管理

在国际工程承包市场上，工程索赔是承包人和发包人保护自身正当权益、弥补工程损失的重要而有效的手段。

5.4.1 索赔概述

工程索赔通常是指在工程合同履行过程中，合同当事人一方因对方不履行或未能正确履行合同，或者由于其他非自身因素而受到经济损失或权利损害，通过合同规定的程序向对方提出经济或时间补偿要求的行为。索赔是一种正当的权利要求，它是合同当事人之间一项正常的而且普遍存在的合同管理业务，是一种以法律和合同为依据的合情合理的行为。

1. 索赔的起因

索赔可能由以下一个或几个方面的原因引起。

(1) 合同对方违约，不履行或未能正确履行合同义务与责任。

(2) 合同错误，如合同条文不全、错误、矛盾等，设计图纸、技术规范错误等。

(3) 合同变更。

(4) 工程环境变化，包括法律、物价和自然条件的变化等。

(5) 不可抗力因素，如恶劣气候条件、地震、洪水、战争状态等。

2. 索赔的分类

1) 按索赔当事人分类

(1) 承包人与发包人之间的索赔。

(2) 承包人与分包人之间的索赔。

（3）承包人或发包人与保险人之间的索赔。

2）按索赔的目的和要求分类

（1）工期索赔。一般指承包人向发包人，或分包人向承包人要求延长工期。

（2）费用索赔。即要求补偿经济损失，调整合同价格。

3）按索赔事件的性质分类

（1）工期延误索赔。因为发包人未按合同要求提供施工条件，或者发包人指令工程暂停或不可抗力事件等原因造成工期拖延的，承包人向发包人提出索赔；如果由于承包人原因导致工期拖延，发包人可以向承包人提出索赔；由于非分包人的原因导致工期拖延，分包人可以向承包人提出索赔。

（2）工程加速索赔。通常是由于发包人或监理人指令承包人加快施工进度，缩短工期，引起承包人的人力、物力、财力的额外开支，承包人提出索赔；承包人指令分包人加快进度，分包人也可以向承包人提出索赔。

（3）工程变更索赔。由于发包人或监理人指令增加或减少工程量，或增加附加工程、修改设计、变更施工顺序等，造成工期延长和费用增加，承包人对此向发包人提出索赔，分包人也可以对此向承包人提出索赔。

（4）工程终止索赔。由于发包人违约或发生了不可抗力事件等造成工程非正常终止，承包人和分包人因蒙受经济损失而提出索赔；如果由于承包人或者分包人的原因导致工程非正常终止，或者合同无法继续履行，发包人可以对此提出索赔。

（5）不可预见的外部障碍或条件索赔。即施工期间在现场遇到一个有经验的承包人通常不能预见的外界障碍或条件，导致承包人损失，这类风险通常应该由发包人承担，即承包人可以据此提出索赔。

（6）不可抗力事件引起的索赔。在 FIDIC《施工合同条件》中，不可抗力通常指满足以下条件的特殊事件或情况：一方无法控制的、该方在签订合同前不能对之进行合理防备的、发生后该方不能合理避免或克服的、不主要归因于他方的。不可抗力事件发生导致承包人损失，通常应该由发包人承担，即承包人可以据此提出索赔。

（7）其他索赔。如货币贬值、汇率变化、物价变化、政策法令变化等原因引起的索赔。

4）承包人向发包人的索赔

在建设工程实践中，比较多的是承包人向发包人提出索赔。常见的建设工程施工索赔如下。

（1）合同文件引起的索赔。

① 有关合同文件的组成问题引起的索赔。

② 关于合同文件有效性引起的索赔。

③ 图纸或工程量表中的错误引起的索赔。

（2）有关工程施工的索赔。

① 地质条件变化引起的索赔。

② 工程中人为障碍引起的索赔。

③ 增减工程量的索赔。

④ 各种额外的试验和检查费用的补偿。

⑤ 工程质量等级变更引起的索赔。

⑥ 指定分包人违约或延误造成的索赔。

⑦ 其他有关施工的索赔。

(3) 关于价款的索赔。

① 价格调整引起的索赔。

② 货币贬值和严重的经济失调导致的索赔。

③ 拖延支付工程款的索赔。

(4) 关于工期的索赔。

① 关于延长工期的索赔。

② 由于延误产生损失的索赔。

③ 赶工费用的索赔。

(5) 特殊风险和人力不可抗拒灾害的索赔。

① 特殊风险的索赔。特殊风险一般是指战争、敌对行动、入侵行为、核污染及冲击波破坏、叛乱、革命、暴动、军事政变或篡权、内战等。特殊风险造成的损失由发包人承担。

② 人力不可抗拒灾害的索赔。人力不可抗拒灾害主要是指自然灾害，由这类灾害造成的损失应向承保的保险公司索赔。在许多合同中，承包人以发包人和承包人共同的名义投保工程一切险，这种索赔可同发包人一起进行。

(6) 工程暂停、终止合同的索赔。

① 工程暂停的索赔。施工过程中，监理人有权下令暂停全部或任何部分工程，只要这种暂停命令并非承包人违约或其他意外风险造成的，承包人不仅可以得到要求工期延长的权利，而且可以就其停工损失获得合理的额外费用补偿。

② 终止合同的索赔。终止合同与工程暂停不同，有些是由于意外风险造成的损害十分严重因而终止合同，也有些是由于"错误"引起的合同终止，如发包人认为承包人不能履约而终止合同，甚至从工地驱逐该承包人。

(7) 财务费用补偿的索赔。

要求补偿的财务费用，是指由于各种原因使承包人财务开支增大而导致的贷款利息等费用。

5）发包人向承包人索赔

在承包人未按合同要求实施工程时，监理人除了可向承包人发出批评或警告，要求承包人及时改正，在许多情况下，还可以代表发包人根据合同向承包人提出索赔。

(1) 索赔费用和（或）利润。承包人未按合同要求实施工程，发生下列损害发包人权益或违约的情况，发包人可索赔费用和（或）利润。

① 工程进度太慢而要求承包人赶工，可索赔监理人的加班费。

② 合同工期已到而工程仍未完工，可索赔误期损害赔偿费。

③ 质量不满足合同要求，如不按照监理人的指示拆除不合格工程和材料，不进行返工或不按照监理人的指示在缺陷责任期内修复缺陷，发包人可委托其他公司完成此类工作，并向承包人索赔成本及利润。

④ 质量不满足合同要求，工程被拒绝接收，在承包人自费修复后，发包人可索赔重新检验费。

⑤ 未按合同要求办理保险，发包人可前去办理并扣除或索赔相应的费用。

⑥ 由于合同变更或其他原因造成工程施工的性质、范围或进度计划等方面发生变化，承包人未按合同要求去及时办理保险，由此造成的损失或损害可向承包人索赔。

⑦ 未按合同要求采取合理措施，造成运输道路、桥梁等的破坏。

⑧ 未按合同条件要求，无故不向分包人付款。

⑨ 严重违背合同（如工程进度一拖再拖、质量经常不合格等），监理人一再警告而没有明显改进时，发包人可没收履约保函。

（2）索赔工期。FIDIC《施工合同条件》规定，当承包人的工程质量不能满足要求，即某项缺陷或损害使工程、区段或某项主要生产设备不能按原定目的使用时，发包人有权延长工程或某一区段的缺陷责任期。

3. 反索赔的概念

反索赔就是反驳、反击对方的索赔要求或者防止对方提出索赔，不让对方索赔成功或者全部成功。一般认为，索赔是双向的，发包人和承包人都可以向对方提出索赔要求，任何一方也都可以对对方提出的索赔要求进行反驳和反击，这种反驳和反击就是反索赔。

在工程实践过程中，当合同一方向对方提出索赔要求时，合同另一方对对方的要求和索赔文件的处理可能会有三种选择。

（1）全部认可对方的索赔，包括索赔的数额。

（2）全部否定对方的索赔。

（3）部分否定对方的索赔。

针对一方的索赔要求，反索赔的一方应以事实为依据、以合同为准绳，反驳和拒绝对方的不合理要求或索赔要求中的不合理部分。

4. 索赔成立的条件

1）构成施工索赔条件的事件

索赔事件又称干扰事件，是指那些使实际情况与合同规定不符合，最终引起工期和费用变化的各类事件。在工程实施过程中，不断地跟踪、监督索赔事件，就可以不断地发现索赔机会。通常承包人可以提起索赔的事件如下。

（1）发包人违反合同给承包人造成时间、费用的损失。

（2）因工程变更（含设计变更、发包人提出的工程变更、监理人提出的工程变更、承包人提出并经监理人批准的变更）造成时间、费用的损失。

（3）由于监理人对合同文件的歧义解释、技术资料不确切，或由于不可抗力导致施工条件的改变，造成了时间、费用的增加。

（4）发包人提出提前完成项目或缩短工期而造成承包人费用的增加。

（5）发包人延误支付期限，造成承包人的损失。

（6）对合同规定以外的项目进行检验，且检验合格，或非承包人原因导致项目缺陷的修复，造成承包人的损失。

（7）非承包人原因导致工程暂时停工。

（8）物价上涨，法规、政策的变化等。

2）索赔成立的前提条件

索赔的成立，应该同时具备以下三个前提条件。

（1）与合同对照，事件已造成了承包人工程项目成本的额外支出，或直接工期损失。

（2）造成费用增加或工期损失的原因，按合同约定不属于承包人的行为责任或风险范围。

（3）承包人按合同规定的程序和时间提交索赔意向通知和索赔报告。

以上三个条件必须同时具备，缺一不可。

5. 索赔的依据

总体而言，索赔的依据主要来自三个方面：合同文件；订立合同所依据的法律法规；工程建设惯例。

针对具体的索赔要求（工期或费用），索赔的具体依据也不相同，如有关工期的索赔，就要依据有关的进度计划、变更指令等。

1）合同文件

合同文件是索赔的最主要依据，包括以下文件。

（1）合同协议书。

（2）中标通知书。

（3）投标书及其附件。

（4）专用合同条款。

（5）通用合同条款。

（6）标准、规范及有关技术文件。

（7）图纸。

（8）已标价工程量清单或预算书。

（9）其他合同文件。合同履行中，发包人与承包人有关工程的洽商、变更等书面协议或文件，应视为合同文件的组成部分。

知识链接

《建设工程施工合同（示范文本）》的第19条列举了发包人可以向承包人提出索赔的依据条款，也列举了承包人在哪些条件下可以向发包人提出索赔；《建设工程施工专业分包合同（示范文本）》中列举了承包人与分包人之间索赔的诸多依据条款。

2）订立合同所依据的法律法规

（1）适用法律法规。建设工程合同文件适用国家的法律和行政法规。需要明示的法律、行政法规，由双方在专用合同条款中约定。

（2）适用标准及规范。由双方在专用合同条款中约定适用的国家标准及规范的名称。

6. 索赔证据

1）索赔证据的含义

索赔证据是当事人用来支持其索赔成立或与索赔有关的证明文件和资料。索赔证据作为索赔报告的组成部分，在很大程度上关系到索赔的成功与否，证据不全、不足或没有证据，索赔是很难获得成功的。

在工程项目实施过程中，会产生大量的工程信息和资料，这是开展索赔的重要证据。因此，在工程建设过程中应该自始至终做好资料积累工作，建立完善的资料记录和科学管理制度，认真系统地积累和管理合同、工程质量、工程进度及财务收支等方面的资料。

索赔证据的材料与形式

2）可以作为索赔证据使用的材料

一般情况下，可以作为索赔证据使用的材料有以下七种。

（1）书证。书证是指以其文字或数字记载的内容起证明作用的书面文书和其他载体，如合同文本、财务账册、欠据、收据、往来信函及确定有关权利的判决书、法律文件等。

（2）物证。物证是指以其存在、存放的地点外部特征及物质特性来证明案件事实真相的证据，如购销过程中封存的样品，被损坏的机板、设备，有质量问题的产品等。

（3）证人证言。知道、了解事实真相的人所提供的证词，或向司法机关所做的陈述。

（4）视听材料。能够证明案件真实情况的音像资料，如录音带、录像带等。

（5）被告人供述和有关当事人陈述。它包括：被告人向司法机关所做的承认并交代事实的陈述，或否认事实或具有从轻、减轻、免除处罚的辩解、申诉；有关当事人就案件事实向司法机关所做的陈述。

（6）鉴定结论。专业人员就案件有关情况向司法机关提供的专门性的书面鉴定意见，如损伤鉴定、痕迹鉴定、质量责任鉴定等。

（7）勘验、检验笔录。司法人员或行政执法人员对与案件有关的现场物品、人身等进行勘察、试验、实验或检查的文字记载，这项证据也具有专门性。

3）常见的施工索赔证据

常见的施工索赔证据有以下多种类型。

（1）各种合同文件，包括施工合同的协议书及其附件、中标通知书、投标书、标准和技术规范、图纸、工程报价单或预算书、有关技术资料和要求、施工过程中的补充协议等。

（2）工程各种往来函件、通知、答复等。

（3）各种会谈纪要。

（4）经过发包人或者监理人批准的承包人的施工进度计划、施工方案、施工组织设计和现场实施情况记录。

（5）工程各项会议纪要。

（6）气象报告和资料，如有关温度、风力、雨雪的资料。

（7）施工现场记录，包括有关设计交底、设计变更、施工变更指令，工程材料和机具设备的采购、验收与使用等方面的凭证及材料供应清单、合格证书，工程现场水、电、道路等开通、封闭的记录，停水、停电等各种事件的发生时间和影响记录等。

（8）工程有关照片和录像等。

（9）施工日记、备忘录等。

（10）发包人或者监理人签认的签证。

（11）发包人或者监理人发布的各种书面指令和确认书，以及承包人的要求、请求、通知书等。

（12）工程中的各种检查验收报告和各种技术鉴定报告。

（13）工地的交接记录（应注明交接日期，场地平整情况，水、电、路情况等），图纸和各种资料交接记录。

（14）建筑材料和设备的采购、订货、运输、进场、使用方面的记录、凭证和报表等。

（15）市场行情资料，包括市场价格、官方的物价指数、工资指数、中央银行的外汇比率等公布材料。

（16）投标前发包人提供的参考资料和现场资料。

（17）工程结算资料、财务报告、财务凭证等。

（18）各种会计核算资料。

（19）国家法律、法令、政策文件。

4）索赔证据的基本要求

索赔证据应该具有以下属性：真实性；及时性；全面性；关联性；有效性。

5.4.2 索赔的方法

工程施工中，承包人向发包人索赔、发包人向承包人索赔及分包人向承包人索赔的情况都有可能发生。以下说明承包人向发包人索赔的一般程序和方法。

1. 索赔意向通知

在工程实施过程中发生索赔事件，或者承包人发现索赔机会以后，首先要提出索赔意向，即在合同规定时间内将索赔意向以书面形式及时通知发包人或者监理人，向对方表明索赔愿望、要求或者声明保留索赔权利，这是索赔工作程序的第一步。

索赔意向通知，要简明扼要地说明索赔事由发生的时间、地点、简单事实情况描述和发展动态、索赔依据和理由、索赔事件的不利影响等。

2. 索赔证据的准备

在索赔证据准备阶段，主要工作如下。

（1）跟踪和调查索赔事件，掌握事件发生的详细经过。

（2）分析索赔事件产生的原因，划清各方责任，确定索赔根据。

（3）损失或损害调查分析与计算，确定工期索赔和费用索赔值。

（4）搜集证据，获得充分而有效的各种证据。

（5）起草索赔报告。

3. 索赔文件的提交

提出索赔的一方应该在合同规定的时限内向对方提交正式的书面索赔文件。FIDIC《施工合同条件》和我国《建设工程施工合同（示范文本）》都规定，承包人必须在发出索赔意向通知后的 28 天内或经过监理人同意的其他合理时间内，向监理人提交一份详细的索赔报告和有关资料。如果索赔事件对工程的影响持续时间长，承包人则应按工程师要求的合理间隔（一般为 28 天），提交中间索赔报告，并在索赔事件影响结束后的 28 天内提交一份最终索赔报告。否则将失去就该事件请求补偿的索赔权利。

索赔报告的主要内容包括以下方面。

(1) 总述部分。概要论述索赔事项发生的日期和过程；承包人为该索赔事项付出的努力和附加开支；承包人的具体索赔要求。

(2) 论证部分。论证部分是索赔报告的关键部分，其目的是说明自己有索赔权，这是索赔能否成立的关键。

(3) 索赔款项（和/或工期）计算部分。如果说索赔报告论证部分的任务是解决索赔权能否成立，则款项计算是为了解决能得到多少款项。前者定性，后者定量。

(4) 证据部分。要注意引用的每个证据的效力或可信程度，对重要的证据资料最好附以文字说明，或附以确认件。

4. 索赔文件的审核

对于承包人向发包人的索赔请求，索赔文件首先应该交由监理人审核。监理人根据发包人的委托或授权，对承包人索赔文件的审核工作主要分为判定索赔事件是否成立和核查承包人的索赔计算是否正确合理两个方面，并可在授权范围内做出判断：初步确定补偿额度，或者要求补充证据、修改索赔报告等。对索赔的初步处理意见要提交发包人审查。

5. 发包人审查

对于监理人的初步处理意见，发包人需要进行审查和批准，然后监理人才可以签发有关证书。

当索赔额度超过了监理人权限范围时，应由监理人将审核的索赔文件报请发包人审批，并与承包人谈判解决。

6. 协商

对于监理人的初步处理意见，发包人和承包人可能有一方不接受或者都不接受，这时三方可就索赔进行协商解决，达成一致，其中可能包括复杂的谈判过程，经过多次协商才能达成。

如果经过协商无法就索赔事宜达成一致意见，则发包人和承包人可根据合同约定选择采用仲裁或者诉讼方式解决。

7. 反索赔的基本内容

反索赔的工作内容包括两个方面：一是防止对方提出索赔；二是反击或反驳对方的索赔要求。

要成功地防止对方提出索赔，应采取积极防御的策略。首先是自己严格履行合同规定的各项义务，防止自己违约，并通过加强合同管理，使对方找不到索赔的理由和根据，使自己处于不能被索赔的地位。其次，如果在工程实施过程中发生了索赔事件，则应立即着手研究和分析合同依据，为提出索赔和反索赔做好两手准备。

如果对方提出了索赔要求，则己方应采取各种措施来反击或反驳对方的索赔要求。常用的措施如下。

(1) 抓对方的失误，直接向对方提出索赔，以对抗或平衡对方的索赔要求，以求在最终解决索赔时互相让步或者互不支付。

(2) 针对对方的索赔报告，进行仔细、认真研究和分析，找出理由和证据，证明对方索赔要求或索赔报告不符合实际情况和合同规定，没有合同依据或事实证据，索赔值计算不合理或不准确等,以反击对方的不合理索赔要求,减轻自己的责任,使自己不受或少受损失。

8. 对索赔报告的反击或反驳要点

对对方索赔报告的反击或反驳,一般可以从以下方面进行。

(1)索赔要求或索赔报告的时限性。审查对方是否在索赔事件发生后的索赔时限内及时提出索赔要求或索赔报告。

(2)索赔事件的真实性。

(3)索赔事件的原因、责任分析。如果索赔事件确实存在,则要通过对事件的调查分析,确定原因和责任。如果事件责任属于索赔者自己,则索赔不能成立;如果合同双方都有责任,则应按各自的责任大小分担损失。

(4)索赔依据分析。分析对方的索赔要求是否与合同条款或有关法规一致,所受损失是否属于非对方负责的原因造成。

(5)索赔证据分析。分析对方所提供的证据是否真实、有效、合法,是否能证明索赔要求成立。证据不足、不全、不当、没有法律证明效力或没有证据,索赔都不能成立。

(6)索赔值审核。如果经过上述的各种分析、评价,仍不能从根本上否定对方的索赔要求,则必须对索赔报告中的索赔值进行认真细致的审核,审核的重点是索赔值的计算方法是否合情合理,各种取费是否合理适度,有无重复计算,计算结果是否准确等。

5.4.3 费用索赔的计算

1. 索赔款的组成

按国际惯例,一般承包人可索赔的费用组成如图5-1所示。

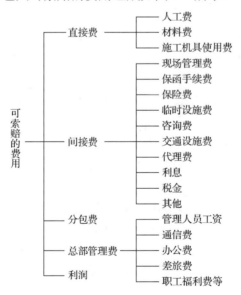

图5-1 承包人可索赔的费用组成

我国现行规定同国际上通行的做法尚不完全一致。

从原则上说，承包人有索赔权利的工程成本增加，都是可以索赔的费用。但对于不同原因引起的索赔，承包人可索赔的具体费用内容是不完全一样的。哪些内容可索赔，要按照各项费用的特点、条件进行分析论证。我国建设工程索赔款的主要组成如下。

（1）人工费。人工费包括施工人员的基本工资、工资性质的津贴、加班费、奖金及法定的安全福利等费用。对于索赔款中的人工费部分而言，人工费是指完成合同之外的额外工作所花费的人工费、由于非承包人责任的工效降低所增加的人工费、超过法定工作时间的加班劳动、法定人工费增长及非承包人责任工期延误导致的人员窝工费和工资上涨费等。

（2）材料费。材料费的索赔款包括：由于索赔事件，材料实际用量超过计划用量而增加的材料费；由于客观原因导致材料价格大幅度上涨；由于非承包人责任工期延误导致的材料价格上涨和超期储存费用。材料费中应包括运输费、仓储费及合理的损耗费用。如果由于承包人管理不善，造成材料损坏失效，则不能列入索赔款。承包人应该建立健全物资管理制度，记录建筑材料的进货日期和价格，建立领料耗用制度，以便索赔时能准确地分离出索赔事件所引起的材料额外耗用量。为了证明材料单价的上涨，承包人应提供可靠的订货单、采购单或官方公布的材料价格调整指数。

（3）施工机具使用费。施工机具使用费的索赔款，包括由于完成额外工作增加的机具使用费、非承包人责任工效降低增加的机具使用费、由于发包人或监理人原因导致机械停工的窝工费。窝工费的计算，如为租赁设备，一般按实际租金和调进调出费的分摊计算；如为承包人自有设备，一般按台班折旧费计算而不能按台班费计算，因台班费中包括了设备使用费。

（4）分包费。分包费索赔款是分包人的索赔款，一般也包括人工费、材料费、施工机具使用费的索赔。分包人的索赔款，应如数列入承包人的索赔款总额以内。

（5）现场管理费。索赔款中的现场管理费，是指承包人完成额外工程、索赔事件工作及工期延误期间的现场管理费，包括管理人员工资、办公费、通信费、交通费等。

（6）利息。在索赔款中，经常包括利息。利息的索赔通常发生于下列情况：拖期付款的利息；错误扣款的利息。至于具体利率应是多少，在实践中可采用不同的标准，主要有下面几种规定。

① 按当时的银行贷款利率。

② 按当时的银行透支利率。

③ 按合同双方协议的利率。

④ 按中央银行贴现率加三个百分点。

（7）企业管理费。索赔款中的企业管理费，主要指的是工期延误期间所增加的管理费，包括企业职工工资、办公场所、办公用品、财务管理、通信设施及领导人员赴工地检查指导工作等开支，在国际惯例中为总部管理费。这项索赔款的计算目前没有统一的办法。在国际工程施工索赔中，总部管理费的计算方法有以下几种。

① 按照投标书中总部管理费的比率（3%～8%）计算。

总部管理费=投标书中总部管理费比率×（直接费索赔款项+现场管理费索赔款项等）

② 按照公司总部统一规定的管理费比率计算。

总部管理费=公司管理费比率×（直接费索赔款项+现场管理费索赔款项等）

③ 以工期延误的总天数为基础计算。计算步骤如下。

$$对某一工程提取的管理费 = 同期内公司的总管理费 \times \frac{该工程的合同额}{同期内公司的总合同额}$$

$$该工程的每日管理费 = \frac{对该工程提取的管理费}{合同实施天数}$$

$$索赔的总部管理费 = 该工程的每日管理费 \times 工期延误的天数$$

(8) 利润。一般来说，由于工程范围的变更、文件有缺陷或技术性错误、发包人未能提供现场等引起的索赔，承包人可以列入利润。但对于工程暂停的索赔，由于利润通常是包括在每项实施工程内容的价格之内的，而延长工期并未影响或削减某些项目的实施，也未导致利润减少，所以一般监理人很难同意在工程暂停的费用索赔中计算利润损失。

利润的索赔款额计算，通常与原报价单中的利润百分率保持一致。

2. 费用索赔的计算方法

费用索赔的计算方法，有实际费用法、总费用法和修正的总费用法。

1) 实际费用法

实际费用法是计算费用索赔时最常用的一种方法，其计算原则是以承包人为某项索赔工作所支付的实际开支为根据，向发包人要求费用补偿。

用实际费用法计算时，在直接费的额外费用部分的基础上，再加上应得的间接费和利润，即为承包人应得的索赔款额。由于实际费用法所依据的是实际发生的成本记录或单据，所以在施工过程中，系统而准确地积累记录资料是非常重要的。

2) 总费用法

总费用法就是当发生多次索赔事件以后，重新计算该工程的实际总费用，实际总费用减去投标报价时的估算总费用即为索赔款额，即

$$索赔款额 = 实际总费用 - 投标报价估算总费用$$

不少人对采用该方法计算索赔款额持批评态度，因为实际发生的总费用中可能包括了承包人的原因，如施工组织不善而增加的费用，同时其投标报价估算的总费用也可能为了中标而过低。所以这种方法只有在难以采用实际费用法时才应用。

3) 修正的总费用法

修正的总费用法是对总费用法的改进，即在总费用法计算的原则上，去掉一些不合理的因素，使计算结果更为合理。修正的内容如下。

(1) 将计算索赔款额的时段局限于受到外界影响的时间，而不是整个施工期。

(2) 只计算受影响时段内的某项工作所受影响的损失，而不是计算该时段内所有施工工作所受的损失。

(3) 与该项工作无关的费用不列入总费用中。

(4) 对投标报价费用重新进行核算：按受影响时段内该项工作的实际单价进行核算，乘以实际完成的该项工作的工程量，得出调整后的报价费用。

按修正的总费用法计算索赔款额的公式为

$$索赔款额 = 某项工作调整后的实际总费用 - 该项工作调整后的报价费用$$

修正的总费用法与总费用法相比有了实质性的改进，它的准确程度已接近于实际费用法。

5.4.4 工期索赔的计算

1. 工期延误

1）工期延误的含义

工期延误,是指工程实施过程中任何一项或多项工作的实际完成日期迟于计划规定的完成日期,从而可能导致整个合同工期的延长。工期延误对合同双方一般都会造成损失。工期延误的后果是形式上的时间损失,实质上的经济损失。

2）工期延误的分类

（1）按照工期延误的原因划分。

① 由于发包人和监理人原因引起的延误。例如,发包人未能及时交付合格的施工现场;发包人未能及时交付施工图纸;发包人或监理人未能及时审批图纸、施工方案、施工计划等;发包人未能及时支付预付款或工程款;发包人未能及时提供合同规定的材料或设备;发包人自行发包的工程未能及时完成,或其他承包人违约导致工期延误;发包人或监理人拖延关键线路上工序的验收时间,导致下道工序施工延误;发包人或监理人发布暂停施工指令导致延误;发包人或监理人设计变更导致工期延误;发包人或监理人提供的数据错误导致工期延误。

② 由于承包人原因引起的延误。例如,由于管理不善引起的延误,如计划不周密、组织不力、指挥不当等;施工组织不当,出现窝工或停工待料等现象;质量不符合合同要求而造成返工;资源配置不足造成延误;开工延误;劳动生产率低;分包人或供货商延误等。

③ 不可控制因素引起的延误。例如,人力不可抗拒的自然灾害导致的延误,特殊风险如战争或叛乱等造成的延误,不利的施工条件或外界障碍引起的延误。

（2）按照承包人可能得到的要求和索赔结果划分。

① 可索赔延误。可索赔延误是指非承包人原因引起的延误,包括由于发包人或监理人的原因和双方不可控制因素引起的索赔。根据补偿的内容不同,可进一步划分为三种情况:只可索赔工期的延误;只可索赔费用的延误;可索赔工期和费用的延误。

② 不可索赔延误。不可索赔延误是指由于承包人原因引起的延误,承包人不应就此向发包人提出索赔,而应该采取措施赶工,否则应向发包人支付误期损害赔偿。

（3）按照延误工作在工程网络计划上的线路划分。

① 关键线路延误。由于关键线路上任何工作（或工序）的延误都会造成总工期的推迟,因此,非承包人原因造成的关键线路延误都是可索赔延误。

② 非关键线路延误。非关键线路上的工作一般都存在机动时间,其延误是否会影响到总工期的推迟,取决于其总时差的大小和延误时间的长短。如果延误时间少于该工作的总时差,发包人一般不会给予工期顺延,但可能给予费用补偿;如果延误时间大于该工作的总时差,非关键线路的工作就会转化为关键工作,从而成为可索赔延误。

（4）按照延误事件之间的关联性划分。

① 单一延误。单一延误是指在某一延误事件从发生到终止的时间间隔内,没有其他延误事件的发生,该延误事件引起的延误称为单一延误。

② 共同延误。当两个或两个以上的延误事件从发生到终止的时间完全相同时,这些事

件引起的延误称为共同延误。共同延误的补偿分析比单一延误要复杂一些。当由于发包人原因引起的延误或双方不可控制因素引起的延误与由于承包人原因引起的延误共同发生，即可索赔延误与不可索赔延误同时发生时，可索赔延误就将变成不可索赔延误，这是工期索赔的惯例之一。

③ 交叉延误。当两个或两个以上的延误事件，从发生到终止只有部分时间重合时，称为交叉延误。共同延误是交叉延误的一种特例。由于工程项目是一个较为复杂的系统工程，影响因素众多，常常会出现多种原因引起的延误交织在一起的情况，这种交叉延误的索赔分析更加复杂。

2. 工期索赔的依据和条件

工期索赔，一般是指承包人依据合同就由于非自身的原因而导致的工期延误向发包人提出的工期顺延要求。

1）工期索赔的具体依据

承包人向发包人提出工期索赔的具体依据主要有：合同约定或双方认可的工期进度计划；合同双方认可的详细进度计划；合同双方认可的对工期的修改文件；施工日志、气象资料；发包人或监理人的变更指令；影响工期的索赔事件；受影响后的实际工程进度等。

2）《建设工程施工合同（示范文本）》确定的可以顺延工期的条件

《建设工程施工合同（示范文本）》第 7.5.1 项规定，在合同履行过程中，因下列情况导致工期延误和（或）费用增加的，由发包人承担此延误的工期和（或）增加的费用，且发包人应支付承包人合理的利润：发包人未能按合同约定提供图纸或提供图纸不符合合同约定的；发包人未能按合同约定提供施工现场、施工条件、基础资料、许可、批准等开工条件的；发包人提供的测量基准点、基准线和水准点及其书面资料存在错误或疏漏的；发包人未能在计划开工日期之日起 7 天内同意下达开工通知的；发包人未能按合同约定日期支付工程预付款、进度款或竣工结算款的；监理人未按合同约定发出指示、批准等文件的；专用合同条款中约定的其他情形。

因发包人原因未按计划开工日期开工的，发包人应按实际开工日期顺延竣工日期，确保实际工期不低于合同约定的工期总日历天数。因发包人原因导致工期延误需要修订施工进度计划的，按照第 7.2.2 项［施工进度计划的修订］执行。

3. 工期索赔的分析和计算方法

1）工期索赔的分析

工期索赔的分析，包括延误原因分析、延误责任界定、关键线路法（critical path method，CPM）分析、工期索赔计算等。

运用 CPM 分析延误事件是否发生在关键线路上，以决定延误是否可以索赔。在工期索赔中，一般只考虑在关键线路上的延误，或者在非关键线路因延误而变为关键工作时才给予顺延工期。

2）工期索赔的计算方法

（1）直接法。如果某索赔事件直接发生在关键线路上，造成总工期的延误，可以直接将该干扰事件的实际干扰时间（延误时间）作为工期索赔值。

（2）比例分析法。如果某索赔事件仅仅影响某单项工程、单位工程或分部分项工程的

工期，要分析其对总工期的影响，可以采用比例分析法。采用比例分析法时，可以按工程量的比例进行分析，计算公式为

$$工期索赔值=原工期\times 新增工程量/原工程量$$

工期索赔值也可以按照造价的比例进行分析，计算公式为

$$工期索赔值=原合同工期\times 附加或新增工程造价/原合同总价$$

（3）网络分析法。在实际工程中，影响工期的索赔事件可能很多，各个索赔事件的影响程度大多不一样，有的直接在关键线路上，有的不在关键线路上，多个索赔事件的共同影响结果究竟是多少，可能引起合同双方很大的争议。网络分析法是比较科学合理的方法，其思路是：假设工程按照双方认可的工程网络计划确定的施工顺序和时间施工，当某个或某几个索赔事件发生后，网络中的某个工作或某些工作受到影响，使其持续时间延长或开始时间推迟，从而影响总工期，则将这些工作受干扰后的新的持续时间和开始时间等代入网络中，重新进行网络分析和计算，得到的新工期与原工期之间的差值就是索赔事件对总工期的影响，也就是承包人可以提出的工期索赔值。

网络分析法通过分析索赔事件发生前和发生后网络计划的工期之差来计算工期索赔值，可以用于各种索赔事件和多种索赔事件共同作用所引起的工期索赔。

任务 5.5　国际工程施工承包合同

国际工程通常是指一项由多个国家的公司参与工程建设，并且按照国际通用的项目管理理念和方法进行管理的建设工程项目。在国际工程中实行项目管理的专业化，许多业主会聘请专业化的项目管理公司负责或者协助其进行项目管理，项目管理公司代表业主的利益进行管理。

在许多发展中国家，根据项目建设资金的来源（如外国政府贷款、国际金融机构贷款等）和技术复杂程度，以及本国公司的能力具有局限性等情况，允许外国公司承担某些工程任务。

国际工程承包包括对工程项目进行施工、设备供货及安装调试等，既包括建设工程项目总承包或施工总承包，又包括专业工程分包、劳务作业分包等。按照业主的要求，有时也作施工详图设计和部分永久工程的设计。

国际工程承包合同，即指参与国际工程的不同国家的有关法人之间，为了实现某个工程项目中的施工、设备供货、安装调试及提供劳务等特定目的而签订的明确彼此权利义务关系的协议。

国际工程承包合同通常使用国际通用的合同示范文本。其中，著名的施工承包合同示范文本有 FIDIC 合同、ICE 合同、JCT 合同、AIA 合同、AGC 合同等。计价方式通常采用总价合同或单价合同，有时也采用成本加酬金合同。合同管理是整个项目管理的核心，国

际工程中的合同双方对合同的内容和条款都非常重视。

5.5.1 国际常用的施工承包合同条件

FIDIC 合同条件主要适用于世界银行、亚洲开发银行等国际金融机构贷款项目及其他国际工程，是我国工程界最为熟悉的国际标准合同条件，也是我国《建设工程施工合同（示范文本）》的主要参考蓝本；ICE 合同条件和 JCT 合同条件是英国及英联邦国家和地区的主流合同条件；AIA 合同条件和 AGC 合同条件是美国及受美国建筑业影响较大国家的主流合同条件。其中 FIDIC 合同条件和 ICE 合同条件主要用于土木工程，而 JCT 合同条件和 AIA 合同条件主要用于建筑工程。以下主要介绍 FIDIC 合同条件、JCT 合同条件和 AIA 合同条件。

1. FIDIC 合同条件

FIDIC（国际咨询工程师联合会）是国际上最权威的咨询工程师的组织之一。与其他类似的国际组织一样，它推动了高质量的工程咨询服务业的发展。

FIDIC 专业委员会编制了许多规范性的文件，被许多国际组织和国家采用，其中最主要的文件就是一系列的工程合同条件。在 1999 年以前，FIDIC 编制出版的合同条件包括《土木工程施工合同条件》（FIDIC"红皮书"）、《电气和机械工程合同条件》（FIDIC"黄皮书"）、《设计-建造与交钥匙工程合同条件》（FIDIC"橘皮书"）和《土木工程施工分包合同条件》等。为了适应国际工程市场的需要，FIDIC 于 1999 年出版了一套新版的合同条件，旨在逐步取代以前的合同条件，这套新版合同条件共四本，分别是《施工合同条件》《生产设备和设计-施工合同条件》《EPC/交钥匙工程合同条件》和《简明合同格式》。

（1）《施工合同条件》（*Condition of Contract for Construction*，简称"新红皮书"）。"新红皮书"与原"红皮书"相对应，但其名称改变后合同的适用范围更大。该合同主要用于由发包人设计的或由咨询工程师设计的房屋建筑工程和土木工程的施工项目。合同计价方式属于单价合同，但也有某些子项采用包干价格。工程款按实际完成工程量乘以单价进行结算。一般情况下，单价可随各类物价的波动而调整。业主委派工程师管理合同，监督工程进度、质量，签发支付证书、接收证书和履约证书，处理合同管理中的有关事项。

（2）《生产设备和设计-施工合同条件》（*Conditions of Contract for Plant and Design-Build*，简称"新黄皮书"）。该条件适用于由承包商做绝大部分设计的工程项目，承包商要按照业主的要求进行设计、提供设备及建造其他工程（可能包括由土木、机械、电力等工程的组合）。合同计价采用总价合同方式，如果发生法规规定的变化或物价波动，合同价格可随之调整。其合同管理与《施工合同条件》中由工程师负责合同管理的模式基本类似。

（3）《EPC/交钥匙工程合同条件》（*Conditions of Contract for EPC/Turnkey Projects*，简称"银皮书"）。该条件适用于在交钥匙的基础上进行的工程项目的设计和施工，承包商要负责所有的设计、采购和建造工作，在交钥匙时，要提供一个设施配备完整、可以投产运行的项目。合同计价采用固定总价合同方式，只有在某些特定风险出现时才调整价格。在该合同条件下，没有业主委托的工程师这一角色，由业主或业主代表管理合同和工程的具体实施。与前两种合同条件相比，承包商要承担较大的风险。

（4）《简明合同格式》（*Short Form of Contract*）。该合同格式主要适用于投资额较低的一般不需要分包的建筑工程或设施，或尽管投资额较高，但工作内容简单、重复或建设周期短。合同计价可以采用单价合同、总价合同或其他方式。

FIDIC 合同条件具有国际性、通用性和权威性。其合同条款公正合理，职责分明，程序严谨，易于操作。考虑到工程项目的一次性、唯一性等特点，FIDIC 合同条件分成了"通用条件"（*General Conditions*）和"专用条件"（*Conditions of Particular Application*）两部分。"通用条件"适用于所有的工程；"专用条件"则针对一个具体的工程项目，是在考虑项目所在国法律法规、项目特点和业主的不同要求的基础上，对"通用条件"进行的具体化、修改和补充。

2. JCT 合同条件

英国合同审定联合会（Joint Contracts Tribunal，JCT）是一个审议合同的组织，在 ICE 合同条件的基础上制定了建筑工程合同的标准格式。JCT 的建筑工程合同条件（JCT98）用于业主和承包商之间的施工合同，主要适用于传统的施工总承包模式，属于总价合同。另外还有适用于 DB 模式、MC（managing contractor，施工管理总承包）模式的合同条件。

JCT98 是 JCT 的标准合同条件，在 JCT98 的基础上发展形成了 JCT 合同条件系列。JCT98 主要用于传统采购模式，也可以用于 CM 模式，共有六种不同的版本。JCT98 的适用条件如下。

（1）传统的房屋建筑工程，发包前的准备工作完善。

（2）项目复杂程度由低到高都可以，尤其适用于项目比较复杂、有较复杂的设备安装或专业性工作。

（3）设计与项目管理之间的配合紧密程度高，业主主导项目管理的全过程，对业主项目管理人员的经验要求高。

（4）大型项目，合同总金额高，工期较长，至少一年以上。

（5）从设计到施工的执行速度较慢。

（6）对变更的控制能力强，成本确定性较高。

（7）索赔条件较清晰。

（8）违约和质量缺陷的风险主要由承包商承担，但工期延误风险由业主和承包商共同承担。

3. AIA 合同条件

AIA（美国建筑师协会）成立于 1857 年，是重要的建筑师专业组织，致力于提高建筑师的专业水平。AIA 出版的合同条件在美国建筑业及国际工程承包领域具有较高的权威性。

经过多年的发展，AIA 合同条件已经系列化，形成了包括 80 多个独立文件在内的复杂体系，这些文件适用于不同的建设工程项目管理模式、合同类型及项目的不同方面。根据文件的不同性质，AIA 合同条件分为 A、B、C、D、F、G、INT 系列。A 系列是关于业主与承包商之间的合同条件，B 系列是关于业主与建筑师之间的合同条件，C 系列是关于建筑师与提供专业服务的咨询机构之间的合同条件，D 系列是建筑师行业所用的有关文件，F 系列是财务管理报表，G 系列是合同和办公管理中使用的文件和表格，INT 系列是用于国际工程项目的合同条件（为 B 系列的一部分）。

每个系列又有不同的标准合同文件，如 A 系列有：

A101——业主与承包商协议书格式——总价；

A105——业主与承包商协议书标准格式——用于小型项目；

A205——施工合同一般条件——用于小型项目（与 A105 配合）；

……

AIA 合同条件主要用于私营的房屋建筑工程。AIA 合同条件中的 A201 即施工合同通用条件，类似于 FIDIC 的"红皮书"，是系列合同条件中的核心。

1) 关于建筑师

AIA 合同条件中的建筑师类似于 FIDIC"红皮书"中的工程师，是业主与承包商的联系纽带，是施工期间业主的代表，在合同规定的范围内有权代表业主行事。建筑师的主要权利如下。

（1）检查权：检查工程进度和质量，有权拒绝不符合合同条件的工程。

（2）支付确认权：审查、评价承包商的付款申请，检查证实支付数额并签发支付证书。

（3）文件审批权：对施工图、文件资料和样品的审查批准权。

（4）编制变更指令权：负责编制变更指令、施工变更指示和次要变更令，确认竣工日期。

尽管 AIA 合同条件规定建筑师在做出解释和决定时对业主和承包商要公平对待，但建筑师的"业主代表"身份和"代表业主行事"的职能，实际上更强调建筑师维护业主的一面，相应淡化了维护承包商权益的一面，这与 FIDIC"红皮书"强调工程师"独立性"和"第三方"的特点有所不同。

2) 由于不支付而导致的停工

AIA 合同条件在承包商申请付款问题上有倾向于承包商的特点。例如，规定在承包商没有过错的情况下，如果建筑师在接到承包商付款申请后 7 日内不签发支付证书，或在收到建筑师签发的支付证书后，业主在合同规定的支付日到期 7 日没有向承包商付款，则承包商可以在下一个 7 日内书面通知业主和建筑师，将停止工作直到收到应得的款额，并要求补偿因停工造成的工期和费用损失。与 FIDIC 合同条件相比，AIA 合同条件从承包商催款到停工的时间间隔更短，操作性更强。三个"7 日"的时间限定和停工后果的严重性会促使三方避免长时间扯皮，特别是业主面临停工压力，要迅速解决付款问题，体现了美国工程界的效率，这也是美国建筑市场未造成工程款严重拖欠的原因之一。

3) 关于保险

AIA 合同条件将保险分为三部分，即承包商责任保险、业主责任保险、财产保险。与 FIDIC 合同条件相比，AIA 合同条件中业主要承担更多的办理保险、支付保险费用方面的义务。AIA 合同条件规定，业主应按照合同总价及由他人提供材料或安装设备的费用投保并持有财产保险，该保险中包括了业主、承包商及分包商的权益，并规定业主如果不准备按照合同条款购买财产保险，业主应在开工前通知承包商，这样承包商可以自己投保，以保护承包商、分包商的利益，承包商将以工程变更令的形式向业主收取该保险费用。比较而言，承包商责任保险的种类较少，主要是人身伤亡方面的保险。

4）业主义务

AIA 合同条件对业主的支付能力做出了明确的规定。AIA2.2.1 规定，按照承包商的书面要求，工程正式开工之前，业主必须向承包商提供一份合理的证明文件，说明业主方面已根据合同开始履行义务，做好了用于该项目的资金调配工作。提供这份证明文件是工程开工或继续施工的先决条件。证明文件提供后，在未通知承包商前，业主的资金安排不得再轻易变动。该规定可以对业主资金准备工作起到一定的推动和监督作用，同时也说明 AIA 合同条件在业主和承包商的义务分配方面处理得比较公正合理。

5.5.2 施工承包合同争议的解决方式

国际工程施工承包合同争议的解决方式，一般包括协商、调解和仲裁等。

1. 协商

协商解决合同争议是最常见也是最有效的方式，是应该首选的最基本的方式。双方依据合同，通过友好磋商和谈判互相让步，折中解决合同争议。

协商解决方式对合同双方都有利，按合同原则达成和解，为继续履行合同和将来进一步友好合作创造条件。

2. 调解

如果合同双方经过协商谈判达不成一致意见，可以邀请中间人进行调解。调解人通过调查分析，了解有关情况，根据争议双方的有关合同做出自己的判断，并对双方进行协调和劝说，仍以和平的方式解决合同争议。

通过调解解决合同争议有如下优点。

（1）提出调解，能较好表达双方对协商谈判结果的不满意和争取解决争议的决心。

（2）由于调解人的介入，增加了解决争议的公正性，双方都会顾及声誉和影响，容易接受调解人的劝说和意见。

（3）程序简单，灵活性较大，调解不成也不影响采取其他解决途径。

（4）节约时间、精力和费用。

（5）双方关系仍比较友好，不伤感情。

3. 仲裁

1）仲裁的概念

由于诉讼在解决工程承包合同争议方面存在明显的缺陷，国际工程施工承包合同的争议尤其是较大规模项目的施工承包合同争议，双方即使协商和调解不成功，也很少采用诉讼的方式解决。当协商和调解不成时，仲裁是解决国际工程施工承包合同争议的常用方式。

2）仲裁的地点

国际工程施工承包合同争议解决的仲裁地点，通常有以下三种选择。

（1）在工程所在国仲裁，这是比较常见的选择。有些国家规定，施工承包合同在本国实施，则只准使用本国法律、在本国仲裁，裁决结果要符合本国法律，拒绝其他第三国或国际仲裁机构裁决，这对外国承包商很不利。

（2）在被诉方所在国仲裁。

（3）在合同中约定的第三国仲裁。

3）仲裁的效力

双方在合同中应该约定仲裁的效力，即仲裁决定是否为终局性的。如果合同一方或双方对裁决不服，是否可以提起诉讼，是否可以强制执行等。在我国，仲裁实行一裁终局制。

4）仲裁的特点

与诉讼方式相比，采用仲裁方式解决合同争议具有以下特点。

（1）效率高、周期短、费用少。

（2）保密性。仲裁程序一般都是保密的，从开始到终结的全过程中，双方当事人和仲裁员及仲裁机构都负有保密的责任。

（3）专业化。施工承包合同争议的双方往往会指定那些具有建设工程技术、管理和法规等知识的专业人士担任仲裁员，从而可以更加快捷、公正地审理和解决合同争议。

5.5.3 DAB（dispute adjudication board，争端裁决委员会）方式

在许多国际工程中，施工承包合同双方往往愿意采用 DAB 或 DRB（dispute review board，纠纷审议委员会）方式解决争议。这不同于调解，也不同于仲裁或诉讼。在 FIDIC 合同条件中采用的是 DAB 方式。

1. DAB 方式的概念

合同双方经过协商，选定一个独立公正的争端裁决委员会（DAB），当发生合同争议时，由该委员会对其争议做出决定。合同双方在收到决定后 28 天内均未提出异议，则该决定即是最终的，对双方均具有约束力。

2. DAB 的任命

根据工程项目的规模和复杂程度，DAB 可以由一人、三人或五人组成，其任命通常有三种方式。

（1）常任，即在施工前任命一个 DAB，通常在施工过程中定期视察现场。在视察期间，DAB 也可以协助双方避免发生争端。

（2）特聘，即只在发生争端时任命的由一名或三名委员组成的 DAB，其任期通常在 DAB 对该争端发出最终决定时期满。

（3）由工程师兼任，其前提是工程师需为具有必要经验和资源的独立专业咨询工程师。

DAB 的委员一般为工程技术和管理方面的专家，而不应是合同任何一方的代表，与业主、承包商没有任何经济利益及业务联系，与本工程所裁决的争端没有任何联系。DAB 委员必须公正行事，遵守合同。

3. DAB 的报酬

对 DAB 及其每位委员的报酬及支付的条件，应由业主、承包商及 DAB 的每位委员协商确定。业主和承包商应该按照支付条件各自支付其中的一半。

4. DAB 方式的优点

采用 DAB 方式解决争议的好处在于以下方面。

（1）DAB 可以在项目一开始就介入项目，了解项目管理情况及其存在的问题。

（2）对 DAB 委员公正性、中立性的规定通常情况下可以保证他们的决定不带有主观倾向或偏见。DAB 委员有较高的业务素质和实践经验，特别是具有项目施工方面的丰富经验。

（3）解决争议的周期短，可以及时解决争议。

（4）采用 DAB 方式的费用较低。

（5）DAB 委员是业主和承包商自己选择的，其裁决意见容易为他们所接受。

（6）由于 DAB 提出的裁决不是强制性的，不具有终局性，当合同双方或一方对裁决不满意时，仍然可以提请仲裁或诉讼。

综合应用案例

某省重点工程项目计划于 2020 年 12 月 28 日开工，由于工程复杂，技术难度高，一般施工队伍难以胜任，业主自行决定采取邀请招标的方式，并于 2020 年 9 月 8 日向通过资格预审的 A、B、C、D、E 五家施工承包企业发出了投标邀请书。该五家企业均接受了邀请，并于规定时间 9 月 20—22 日购买了招标文件。招标文件中规定，10 月 18 日下午 4 时为投标文件截止时间，11 月 10 日发出中标通知书。

在投标文件截止时间之前，A、B、D、E 四家企业提交了投标文件，但 C 企业于 10 月 18 日下午 5 时才送达，原因是中途堵车，招标人均予以接收。10 月 21 日下午由当地招投标监督管理办公室主持进行了公开开标。

评标委员会由 7 人组成，包括当地招投标监督管理办公室 1 人，公证处 1 人，招标人代表 1 人，技术、经济方面专家 4 人。评标时发现 E 企业投标文件虽无法定代表人签字和委托人授权书，但投标文件均已有项目经理签字并加盖了单位公章。评标委员会于 10 月 28 日提交了书面评标报告。B 企业和 A 企业分列综合评分第一、第二名。由于 B 企业投标报价高于 A 企业，11 月 10 日招标人向 A 企业发出了中标通知书，并于 12 月 12 日签订了书面合同。

【问题】该项目招标存在哪些方面的问题？

【分析】该项目招标存在以下问题。

（1）业主自行决定采取邀请招标方式的做法不妥。根据《招标投标法》的规定，省、自治区、直辖市人民政府确定的地方重点项目不适宜公开招标的，要求经过省、自治区、直辖市人民政府批准，才可进行邀请招标。因此，本案例业主自行决定对省重点工程项目采取邀请招标的做法是不妥的。

（2）C 企业和 E 企业的投标文件无效。

根据《招标投标法》的规定，在招标文件要求提交投标文件的截止时间后送达的投标文件，招标人应当拒收。本案例 C 企业的投标文件送达时间迟于投标文件截止时间，因此该投标文件应被拒收。另根据《招标投标法》和《评标委员会和评标方法暂行规定》，投标文件没有投标人授权代表签字和加盖公章，属于重大偏差。本案例 E 企业投标文件没有法定代表人签字，项目经理也未获得委托人授权书，无权代表本企业投标签字，尽管有单位公章，仍属存在重大偏差，故应作废标处理。

（3）开标工作存在以下不妥之处。

① 10 月 21 日下午开标。根据《招标投标法》的规定，开标应当在招标文件确定的提交投标文件截止时间的同一时间公开进行，本案例招标文件规定的投标文件截止时间为 10 月 18 日下午 4 时，但迟至 10 月 21 日下午才开标，为不妥之处。

② 当地招投标监督管理办公室主持开标。根据《招标投标法》的规定，开标应当由招

标人主持,而本案例由属于行政监督部门的当地招投标监督管理办公室主持,为不妥之处。

(4)评标委员会成员的组成不妥。根据《评标委员会和评标方法暂行规定》,评标委员会由招标人或其委托的招标代理机构熟悉相关业务的代表,以及有关技术、经济等方面的专家组成,并规定项目主管部门或者行政监督部门的人员不得担任评标委员会成员。

一般而言,公证处人员不熟悉工程项目的相关业务,当地招投标监督管理办公室属于行政监督部门,显然上述两类人员担任评标委员会成员是不妥的。《招标投标法》还规定,评标委员会技术、经济等方面的专家不得少于成员总数的2/3。而本案例技术、经济方面的专家比例为4/7,低于规定的比例要求。

(5)招标人确定A企业为中标人违规。根据《招标投标法》的规定,中标人的投标应当能够最大限度地满足招标文件中规定的各项综合评价标准。因此,中标人应当是综合评分最高或投标报价最低的投标人。本案例B企业综合评分是第一名,应当中标,以B企业投标报价高于A企业为由让A企业中标是违规的。

(6)合同签订的日期违规。根据《招标投标法》的规定,招标人和中标人应当自中标通知书发出之日起30日内,按照招标文件和中标人的投标文件订立书面合同。本案例于11月10日发出中标通知书,迟至12月12日才签订书面合同,两者的时间间隔已超过30日,违反了《招标投标法》的相关规定。

拓展讨论

党的二十大报告指出,"我们要坚持走中国特色社会主义法治道路,建设中国特色社会主义法治体系、建设社会主义法治国家,围绕保障和促进社会公平正义,坚持依法治国、依法执政、依法行政共同推进,坚持法治国家、法治政府、法治社会一体建设,全面推进科学立法、严格执法、公正司法、全民守法,全面推进国家各方面工作法治化"。

我国实行招投标制度,目前已出台《招标投标法》《中华人民共和国招标投标法实施条例》《招标公告和公示信息发布管理办法》《评标委员会和评标方法暂行规定》等一系列法律法规和文件办法,全面推进招投标市场法治化。试述坚持招投标制度对于我国建设工程项目管理发展的推动作用。

项目小结

工程招标按照不同的方式,可以分成不同的类别。根据我国相关法律法规,建设工程招标主要为公开招标与邀请招标,对于大多数的建设工程而言,应采用公开招标方式。

招投标是一个整体活动,涉及业主和承包商两个方面。其中工程招标主要是从业主角度揭示其工作内容,工程投标则主要是从承包商角度揭示其参与市场竞争的整个过程。

招投标以签订合同为结束标志,合同管理是建设工程项目管理的重要内容之一。项目实施过程中涉及的合同,包括施工承包合同、物资采购合同、分包合同、项目总承包合同、工程监理合同等,大型建设项目涉及的合同数量可能成百上千。所谓合同管理,不仅包括对每个合同的签订、履行、变更和解除等过程的管理,还包括对所有合同进行筹划的过程。

建设工程项目合同管理,是指各级工商行政管理机关、建设行政主管机关,以及发包单位、监理单位、承包单位依据法律法规,采取法律的、行政的手段,对合同关系进行组织、指导、协调及监督,保护合同当事人的合法权益,处理合同争议和纠纷,防止和制裁违法行为,保证合同贯彻实施的一系列活动。

合同管理的主要工作内容:根据项目的特点和要求,确定设计任务委托模式和施工任务承包模式(合同结构),选择合同文本,确定合同计价方法和支付方式,以及合同履行过程管理、合同索赔等。

思 考 题

1. 什么是招投标?
2. 建设工程施工招投标的原则是什么?
3. 简述建设工程招标方式及范围。
4. 建设工程招标文件的主要内容有哪些?
5. 简述常见的投标技巧。
6. 简述建设工程中的主要合同体系。
7. 施工索赔有哪些类型?
8. 简述施工索赔程序。
9. 根据《招标投标法》的规定,哪些项目必须招标?
10. 分析公开招标和邀请招标的不同之处。
11. 哪些项目可以不进行招标?
12. 简述招投标的程序。
13. 建设工程施工合同谈判的主要内容有哪些?
14. 简述施工承包合同发包人的主要责任和义务。
15. 施工承包合同中暂停施工的主要原因有哪些?
16. 简述建筑材料采购合同的主要内容。
17. 简述施工专业分包合同的主要内容。
18. 简述工程监理合同的主要内容。
19. 合同的计价方式有哪些?简述各计价方式的含义。
20. 索赔成立的前提条件是什么?

项目 6 建设工程项目施工管理

思维导图

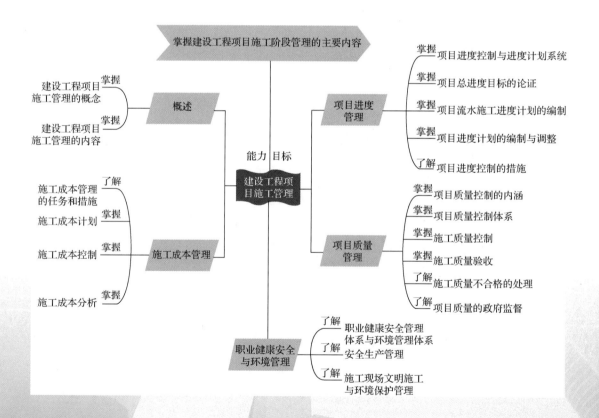

项目 6 建设工程项目施工管理

 引例

华润大厦位于北京建国门立交桥西北方向,矗立在东长安街与二环路交叉点。工程总投资 7.69 亿元人民币,占地 12096.47m², 总建筑面积 71054m², 地上建筑面积 55054m²; 地下 2 层,局部 3 层,共 16000m²。该建筑分为塔楼、裙楼两部分,塔楼地上共 26 层,檐高 114.30m; 裙楼 4 层,檐高 19.17m。该工程属一类建筑,抗震设防烈度 8 度,地下二、三层为人防工程。

该工程塔楼为现浇钢筋混凝土框架-筒体结构,基础为箱式基础;裙楼为现浇钢筋混凝土框架-剪力墙结构,基础为筏形基础。框架及剪力墙的防震等级为一级。整个建筑外墙为花岗石、铝板和玻璃幕墙组合装饰。建筑内以花岗石、地毯等进行地面装饰;内墙干挂花岗石,铺贴壁纸或饰以高级涂料;顶棚为金属板、矿棉板吊顶等。建筑装饰不仅在艺术上要求华美庄重,而且在声、光、温度、湿度等各方面均有高标准要求。

华润大厦机电安装工程实物量大、技术难度高,其中弱电工程共分 11 个子系统,整个楼宇的智能化程度非常先进。

华润大厦是由华润(集团)有限公司投资兴建的集餐饮、娱乐、健身、金融、商务于一体的多功能高智能的现代化建筑,由美国 HOK 建筑师事务所规划设计,中国建设部建筑设计院进行施工图设计,香港威宁谢中国有限公司进行工程造价预算,华润(集团)有限公司委托香港天顺国际投资集团有限公司作为项目管理公司代表投资方进行工程管理,同时与北京日日豪工程建设监理有限责任公司联合履行监理职责。

该工程由中建一局华江建设有限公司作为施工总承包单位,在项目实施的全过程全面履行总承包人责任。这是工程管理领域中新的机遇和挑战,同时对承包单位也是难得的考验,其必须具备出色的工程管理能力、丰富的施工经验及科学有效的组织手段才能完成这项考验。该建筑设计主要部分都来自外方,选用了多种世界知名品牌的建筑装饰材料,对于施工水平的要求高,同时建筑材料到场期的不确定性给工程进度的推进带来很大的困难。主要机电设备及整个弱电系统均为进口产品,使工程的计划安排、工序搭接、专业配合都有相当大的难度。

华润大厦工程于 1997 年 3 月 1 日正式开工,从清土钎探始,再到地下结构、裙房结构,直至当年 11 月 15 日塔楼结构封顶,共历时 255 个日历天。其工期、质量均得到各方好评。工程一次交验合格,核定等级为"优良",获 1999 年北京市长城杯工程奖及中建总公司优质工程金奖。

【分析】

(1)该项目投资多、质量要求高、工期紧,给施工阶段的项目管理带来很大的挑战。

(2)该项目土建施工和设备安装工程量大、技术难度高,对项目施工前的准备管理、施工中的进度控制和质量控制提出了更高的要求。

(3)该项目建筑材料选用复杂、来源广泛,给施工阶段材料组织管理带来更多困难。

(4)该项目遵循施工组织规律科学施工,取得优质工程奖,提供了施工阶段项目管理的一个样板。

建设工程项目施工阶段的投资数额大,涉及施工现场的安全、环保、防火等众多内容,所以施工阶段的管理是建设工程项目管理中的一个重要环节。本项目主要介绍建设工程项目施工管理的目标和任务,主要包括施工成本、进度、质量和安全管理等内容。

任务 6.1 概 述

6.1.1 建设工程项目施工管理的概念和特点

1. 建设工程项目施工管理的概念

建设工程项目施工管理，是指运用系统的观点、理论和科学技术对施工项目进行的计划、组织、指挥、协调、控制等全过程管理。

建设工程项目经批准开工建设，项目便进入了施工阶段，这是项目投资决策的实施、使用、建成投产发挥投资效益的重要环节。建设工程项目施工将设计转化为实体工程，是基本建设程序中唯一的生产活动。施工阶段所需的投资和资源最多，花费的时间最长，施工管理所面临的对象和内容均有很大特殊性，只有进行科学的施工管理，才能处理好这些特殊性，取得好的经济效益。同时，建设工程项目施工管理应处理好施工阶段与其他建设程序阶段的各种关系，做到衔接适当、自成体系。

2. 建设工程项目施工管理的特点

（1）建设工程项目施工管理的对象是施工项目。施工项目是建设工程项目或其中的单项工程、单位工程的施工任务，该任务的范围是由工程承包合同界定的。

（2）建设工程项目施工管理的主体是施工承包单位。虽然参与工程建设实施的单位有建设单位、勘察单位、设计单位、材料供应商、监理单位等，且均与施工管理有关，但不能算作建设工程项目施工管理的主体。

（3）建设工程项目施工管理的内容在一个长时间进行的有序过程之中是按阶段变化的。每个建设工程项目从开始到结束，要经历较长的时间，施工进程的推移带来了施工内容的变化，因而要求施工管理内容也随之发生变化。从施工准备到验收交工，各阶段管理的内容差异很大，管理者必须进行有针对性的动态管理，并使资源优化组合，以提高施工效率和效益。

（4）建设工程项目施工管理要强化组织协调工作。由于施工活动涉及复杂的经济关系、技术关系、法律关系、行政关系和人际关系等，故施工管理中的组织协调工作最为艰难、复杂、多变，必须通过强化组织协调的办法才能保证施工顺利进行。

施工管理不同于其他管理，施工管理与工业产品生产管理、企业管理在管理对象、管理主体、管理内容和管理任务方面都是不同的，有其自身的特殊性，但仍具有"管理"的共同职能，即计划、组织、指挥、协调与控制。

建设工程项目施工管理的内容

6.1.2 建设工程项目施工管理的内容

建设工程项目施工管理是承包人履行施工合同的过程，也是承包人实现该项目预期目标的过程。施工管理的每一过程，都应体现计划、实施、检查、处置（PDCA 循环）的持续改进。施工管理的内容，应包括建立施工项目管理组织，编制项目管理规划大纲和项目管理实施规划，做好施工项目进度控制、质量控制、安全控制、成本控制，进行施工项目人力资源、材料、机具设备、技术、资金、合同、信息及施工现场等管理，以及开展施工项目组织协调、竣工验收、考核评价和回访保修等工作。具体体现如下。

1. 建立施工项目管理组织

施工项目管理组织是指为进行施工管理、实现组织职能而进行的组织系统的设计与建立、运行与调整。施工项目管理组织机构与企业管理组织机构是局部与整体的关系。企业在实施施工管理中，合理设置组织机构是一项至关重要的工作。施工项目管理组织机构的建设内容主要有：由企业采用适当的方式选聘称职的项目经理；根据施工项目组织原则，选择适当的组织形式，组建管理组织机构，明确责任、权限和义务；在遵守企业规章制度的前提下，根据施工管理的需要，制定切实可行的管理制度；建立畅通的信息流通系统。

2. 编制施工项目管理规划

规划是定出目标及安排如何完成这些目标的过程。施工管理必须很好地利用规划的手段，编制科学、严密、有效的施工项目管理规划，通过实施该规划，达到提高管理绩效的目的。施工项目管理规划的主要内容相当于传统的施工组织设计，应是施工组织设计的改革产物。

按照我国现行标准《建设工程项目管理规范》的规定，项目管理规划应包括项目管理规划大纲和项目管理实施规划。当承包人以编制施工组织设计代替项目管理规划时，施工组织设计应满足项目管理规划的要求。项目管理规划大纲是由企业管理层为工程投标而编制的；项目管理实施规划则必须由项目经理组织项目经理部成员在工程开工之前编制完成。

3. 进行施工项目的目标控制

目标控制是施工管理的核心内容。施工项目的目标有阶段性目标和最终目标，实现各项目标是施工管理的目的所在，因此应当坚持以目标为导向，进行全过程的科学控制。施工项目目标控制的直接目的是实现规划目标或计划目标，最终目的是实现合同目标。因此可以说，施工项目目标控制是排除干扰、实现目标的手段，是施工管理的核心。施工管理内容中需要控制的目标，主要有进度、质量、安全、施工成本、施工现场等。

4. 进行组织协调工作

组织协调是指正确处理各种关系，其目的是为目标控制服务。组织协调的内容，包括人际关系、组织机构关系、协作配合关系、供求关系及约束关系的协调，其内容应根据施工项目不同阶段中出现的主要矛盾做动态调整。

施工管理的组织协调范围是根据与施工管理组织间关系的松散与紧密状况确定的，大致有内部关系、近外层关系和远外层关系三种。其中内部关系是紧密的自身机体关系；近外层关系是直接的和间接的合同关系，如施工项目经理部与建设单位、监理单位及设计单位等的关系；远外层关系是比较松散的关系，如项目经理部与政府部门、银行、服务行业部门、现场管理相关单位的关系就是这一类。

处理协调这些关系没有定式，施工组织协调的办法很多，包括利用合同、计划、标准、会议、制度协调等，协调中要灵活应变，防止单纯依靠相应授权做出简单粗糙的指令和决策。当协调困难时，应按有关法规、公共关系准则、经济联系规章等处理。如与政府部门的关系是请示、报告、汇报、接受领导的关系，与现场管理单位的关系则是遵守有关规定、争取给予支持等。

5. 对施工项目的生产要素进行优化配置和动态管理

施工项目的生产要素是施工项目目标得以实现的保证，主要包括劳动力、材料、机具设备、资金和技术（即5M）。施工单位应建立和完善施工项目生产要素配置机制，适应施工管理的需要。施工项目生产要素管理应实现生产要素的优化配置、动态控制和降低成本，要适时、适量、比例适当、位置适宜地配备或投入这些要素，以满足施工需要。建设工程项目的实施过程是一个不断变化的过程，对生产要素的需求也在不断变化，因此生产要素的配置和组合也需要不断调整，这就需要动态管理。

知识链接

动态管理的基本内容是按照建设工程项目的内在规律，有效地计划、组织、协调、控制各生产要素，使之在施工中合理流动，在动态中寻求平衡。施工项目生产要素管理的全过程，包括生产要素的计划、供应、使用、检查、分析和改进。

6. 施工项目的合同管理

施工管理必须依法签订合同，进行履约经营。合同管理的优劣，直接涉及施工管理及工程施工的技术经济效果和目标的实现。施工项目的合同管理，应包括施工合同的订立、履行、变更、终止和解决争议。施工合同的主体是发包人和承包人，其法律行为应由法定代表人行使，项目经理应按照承包人订立的施工合同认真履行所承接的任务，按照施工合同的约定行使权利、履行义务。

特别提示

合同管理是一项执法、守法的活动过程。施工过程中的各种原因造成的洽商变更内容，必须以书面形式签认，并作为合同的组成部分。在合同管理中，承包人在投标前应按质量管理体系文件的要求进行合同评审。为了保证经济效益，还必须注意搞好索赔、讲究方法和技巧、提供充分的索赔证据。

7. 施工项目的信息管理

现代化管理要依靠信息，施工管理是一项复杂的现代化管理活动，更要依靠大量信息并对信息进行管理。信息管理的目的是通过有组织的信息流通，使决策者能及时、准确地获得相应的信息，以做出科学的决策。信息管理要依靠计算机辅助，进行项目管理和目标控制。

施工项目信息管理应适应施工管理的需要，为预测未来和正确决策提供依据，提高管理水平。项目经理部应建立施工项目信息管理系统，优化信息结构，实现管理信息化；应配备信息管理员，及时收集信息，并将信息准确、完整地传递给使用单位和人员。施工项目信息应包括项目经理部在施工管理过程中形成的各种数据、表格、图纸、文字、音像资料等。

8. 施工管理的总结

从管理的 PDCA 循环原理来说，管理的总结阶段既是对管理计划、实施、检查阶段经验和问题的提炼，又是进行新的管理所需信息的来源，其经验可作为新管理制度和标准的源泉，其问题有待于下一循环管理予以解决。由于施工项目的一次性，对施工管理更应注意总结，从而不断提高施工管理水平。总结的内容主要有：①施工项目的竣工检查、验收及资料整理（即工程总结）；②施工项目的竣工结算（即经济总结）；③施工管理活动总结（即工作总结）；④施工管理质量及效益的分析（即效果总结）。

任务 6.2　建设工程项目施工成本管理

建设工程项目施工成本管理应从工程投标报价开始，直至项目保证金返还为止，贯穿于项目施工的全过程。成本作为项目管理的一个关键性目标，包括计划成本目标和责任成本目标，两者具有不同的性质和作用。后者反映施工单位对施工成本目标的要求，前者是后者的具体化，两者把施工成本管理在公司层和项目经理部的运行有机地连接起来。

根据成本运行规律，施工成本管理体系应包括公司层的成本管理和项目经理部的成本管理。公司层的成本管理除生产成本以外，还包括经营管理费用；项目经理部主要对生产成本进行管理。公司层的成本管理贯穿于项目投标、实施和结算过程，体现效益中心的管理职能；项目经理部则着眼于执行公司确定的施工成本目标，发挥现场生产成本控制中心的管理职能。

6.2.1　施工成本管理的任务和措施

1. 施工成本管理的任务

施工成本是指在建设工程项目的施工过程中所发生的全部生产费用的总和，包括：所消耗的原材料、辅助材料、构（配）件等费用；周转材料的摊销费或租赁费；施工机具的使用费或租赁费；支付给生产工人的工资、奖金、工资性质的津贴；进行施工组织与管理所发生的全部费用支出；等等。建设工程项目施工成本，由直接成本和间接成本组成。

直接成本是指施工过程中耗费的构成工程实体或有助于工程实体形成的各项费用支出，是可以直接计入工程对象的费用，包括人工费、材料费和施工机具使用费等；间接成本是指施工准备、组织和管理施工生产的全部费用支出，是非直接用于工程对象，也无法直接计入工程对象，但为进行工程施工所必须发生的费用，包括管理人员工资、办公费、差旅交通费等。

施工成本管理就是要在保证工期和质量满足要求的情况下，采取相应管理措施，包括组织、经济、技术、合同等措施，把成本控制在计划范围内，并进一步寻求最大程度的成本节约。施工成本管理的任务和环节主要包括施工成本预测、施工成本计划、施工成本控制、施工成本核算、施工成本分析、施工成本考核。

1）施工成本预测

施工成本预测是在工程施工前对成本进行的估算，根据成本信息和施工项目的具体情况，运用专门的方法，对未来的成本水平及其发展趋势做出科学的估计。通过施工成本预测，可以在满足项目建设单位和本企业要求的前提下，选择成本低、效益好的最佳成本方案，并能够在施工项目成本形成过程中，针对薄弱环节加强成本控制，克服盲目性，提高预见性。因此，施工成本预测是施工成本计划与控制的依据。施工成本预测的任务，通常是对施工项目计划工期内影响其成本变化的各个因素进行分析，比照近期已完工项目或将完工项目的成本（单位成本），预测这些因素对工程成本中有关项目（成本项目）的影响程度，预测出本工程的单位成本或总成本。

2）施工成本计划

施工成本计划是以货币形式编制施工项目在计划工期内的生产费用、成本水平、成本降低率，以及为降低成本所采取的主要措施和规划的书面方案。它是建立施工成本管理责任制、开展施工成本控制和核算的基础，还是项目降低成本的指导文件，是设立项目目标成本的依据，即施工成本计划是项目目标成本的一种形式。

（1）施工成本计划的编制原则。

① 从实际情况出发。编制施工成本计划必须根据国家的方针政策，从企业的实际情况出发，充分挖掘企业内部潜力，使降低成本指标既积极可靠，又切实可行。施工项目管理部门降低成本的潜力在于正确选择施工方案、合理组织施工、提高劳动生产率、改善材料供应、降低材料消耗、提高机械利用率、节约施工管理费用等。但必须注意避免以下情况发生：为了降低成本而偷工减料，忽视质量；不顾机械的维护修理而过度、不合理使用机械；片面增加劳动强度，加班加点；忽视安全工作，未给职工办理相应的保险；等等。

② 与其他计划相结合。施工成本计划必须与施工项目的其他计划如施工方案、生产进度计划、财务计划、材料供应及消耗计划等密切结合，保持平衡。一方面，施工成本计划要根据施工项目的生产、技术组织措施、劳动工资、材料供应和消耗等计划来编制；另一方面，其他各项计划又影响着施工成本计划，所以在编制其他各项计划时应考虑降低成本的要求，与施工成本计划密切配合，而不能单纯考虑单一计划本身的要求。

③ 采用先进技术经济定额。施工成本计划必须以各种先进的技术经济定额为依据，并结合工程的具体特点，采取切实可行的技术组织措施。只有这样，才能编制出既有科学依据又切实可行的施工成本计划，从而发挥施工成本计划的积极作用。

④ 统一领导、分级管理。编制施工成本计划时应采用统一领导、分级管理的原则，同时应树立全员进行施工成本控制的理念。在项目经理的领导下，以财务部门和计划部门为主体，发动全体职工共同参与，总结降低成本的经验，找出降低成本的正确途径，使施工成本计划的编制与执行更符合项目的实际情况。

⑤ 适度弹性。施工成本计划应留有一定的余地，保持计划的弹性。在计划工期内，项目的内外部环境都有可能发生变化，尤其是材料供应、市场价格等具有很大的不确定性，

这给拟订计划带来困难。因此在编制计划时应充分考虑到这些情况，使计划具有一定的适应环境变化的能力。

（2）施工成本计划的基本要求。

① 满足合同规定的项目质量和工期要求。

② 符合组织对项目成本管理目标的要求。

③ 满足以经济合理的项目实施方案为基础的要求。

④ 符合有关定额及市场价格的要求。

⑤ 符合类似项目提供的启示。

（3）施工成本计划的具体内容。

① 编制说明。编制说明包括对工程的范围、投标竞争过程及合同条件，承包人对项目经理提出的责任成本目标，施工成本计划编制的指导思想和依据等的具体说明。

② 成本指标。成本计划的指标应经过科学的分析预测确定，可以采用对比法、因素分析法等方法。一般情况下，施工成本计划中应制订以下三类指标。

a. 施工成本计划的数量指标，如按子项汇总的工程项目计划总成本指标，按分部汇总的各单位工程（或子项目）计划成本指标，按人工、材料、施工机具等各主要生产要素划分的计划成本指标。

b. 施工成本计划的质量指标，如施工成本降低率，可采用以下两种指标和计算公式。

设计预算成本计划降低率=设计预算总成本计划降低额/设计预算总成本

责任目标成本计划降低率=责任目标总成本计划降低额/责任目标总成本

c. 施工成本计划的效益指标，如施工成本降低额，可采用以下两种指标和计算公式。

设计预算成本计划降低额=设计预算总成本-计划总成本

责任目标成本计划降低额=责任目标总成本-计划总成本

③ 按工程量清单列出的单位工程计划成本汇总表，见表6-1。

表6-1 单位工程计划成本汇总表

序号	清单项目编码	清单项目名称	合同价格	计划成本
1				
2				
…				

④ 按成本性质汇总的单位工程成本计划表。根据清单项目的造价分析，分别对人工费、材料费、施工机具使用费和企业管理费进行汇总，形成单位工程成本计划表。

施工成本计划应在项目实施方案确定和不断优化的前提下进行编制，因为不同的实施方案将导致人工费、材料费、施工机具使用费和企业管理费的差异。施工成本计划的编制是施工成本控制的重要前提，因此应在工程开工前编制完成，以便将计划成本目标分解落实，为各项成本的执行提供明确的目标、控制手段和管理措施。

3）施工成本控制

施工成本控制是在施工过程中，对影响施工成本的各种因素加强管理，并采取各种有效措施，将施工中实际发生的各种消耗和支出严格控制在施工成本计划范围内；通过动态监控并及时反馈，严格审查各项费用是否符合标准，计算实际成本和计划成本之间的差异并进行分析，进而采取多种措施，减少或消除施工中的损失浪费。

建设工程项目施工成本控制应贯穿于项目从投标阶段至保证金返还的全过程，它是企业全面成本管理的重要环节。施工成本控制可分为事先控制、事中控制和事后控制。在项目的施工过程中，需按动态控制原理对实际施工成本进行有效控制。

一般来说，合同文件和施工成本计划规定了施工成本控制的目标，进度报告、工程变更与索赔资料是施工成本控制过程中的动态资料。

进行施工成本控制需编制施工成本控制报告。施工成本控制报告可单独编制，也可以根据需要与进度、质量、安全等其他进展报告结合，提出综合进展报告。

施工成本控制应满足下列要求。

（1）要按照计划成本目标值来控制生产要素的采购价格，并认真做好材料、机具设备进场数量和质量的检查、验收与保管。

（2）要控制生产要素的利用效率和消耗定额，如任务单管理、限额领料、验工报告审核等，同时要做好不可预见成本风险的分析和预控，包括制订相应的应急措施等。

（3）控制影响效率和消耗量进而引起成本增加的其他因素（如工程变更等）。

（4）把施工成本管理责任制与对项目管理人员的激励机制结合起来，以增强管理人员的成本意识，提高成本控制能力。

（5）必须有一套健全的项目财务管理制度，按规定的权限和程序对项目资金的使用和费用的结算支付进行审批，使其成为施工成本控制的一个重要手段。

4）施工成本核算

施工成本管理需要正确、及时地核算施工过程中发生的各项费用，从而得到施工项目的实际成本。施工成本核算所提供的各种成本信息是施工成本预测、施工成本计划、施工成本控制、施工成本分析和施工成本考核等各个环节的依据。

（1）施工成本核算的对象。

施工成本核算一般以单位工程为对象，但也可以按照承包工程项目的规模、工期、结构类型、施工组织和施工现场等情况，结合成本管理要求灵活划分。

（2）施工成本核算的基本环节和任务。

施工成本核算包括两个基本环节：一是按照规定的成本开支范围对施工费用进行归集和分配，计算出施工费用的实际发生额；二是根据成本核算对象，采用适当的方法，计算出该施工项目的总成本和单位成本。

施工成本核算的基本任务如下。

① 人工费核算。

② 材料费核算。

③ 周转材料费核算。

④ 施工机具使用费核算。

⑤ 措施费核算。

⑥ 分包工程成本核算。

⑦ 企业管理费核算。
⑧ 项目月度施工成本报告编制。
（3）施工成本核算制。

施工成本核算制是明确施工成本核算的原则、范围、程序、方法、内容、责任及要求的制度。项目管理必须实行施工成本核算制，它和项目经理责任制等共同构成了项目管理的运行机制。公司层与项目经理部的经济关系、管理责任关系、管理权限关系，以及项目管理组织所承担的责任成本核算的范围、核算业务流程和要求等，都应以制度的形式做出明确的规定。

项目经理部要建立一系列项目业务核算台账和施工成本会计账户，实施全过程的成本核算，具体可分为定期的成本核算和竣工工程成本核算。定期的成本核算是竣工工程成本核算的基础，包括每天、每周、每月的成本核算等。进行成本核算时形象进度、产值统计、实际成本归集应"三同步"，即三者的取值范围应是一致的，形象进度表达的工程量、施工产值统计的工程量和实际成本归集所依据的工程量均应是相同的数值。

竣工工程成本核算，应区分竣工工程现场成本和竣工工程完全成本，分别由项目经理部和企业财务部门进行核算分析，目的在于分别考核项目管理绩效和企业经营效益。

5）施工成本分析

施工成本分析是在施工成本核算的基础上，对成本的形成过程和影响成本升降的因素进行分析，以寻求进一步降低成本的途径，包括有利偏差的挖掘和不利偏差的纠正。施工成本分析贯穿于施工成本管理的全过程，其任务是在成本的形成过程中，主要利用施工项目的成本核算资料（成本信息），与目标成本、预算成本及类似项目的实际成本等进行比较，了解成本的变动情况，同时也分析主要技术经济指标对成本的影响，系统地研究成本变动的影响因素，检查施工成本计划的合理性，并深入研究成本变动的规律，寻找降低施工成本的途径，以便有效地进行施工成本控制。

成本偏差，分为局部成本偏差和累计成本偏差。局部成本偏差包括按项目的月（季）度（或周、天等）核算成本偏差、按专业核算成本偏差及按分部分项工程核算成本偏差等；累计成本偏差是指已完工程在某一时间点上实际总成本与相应的计划总成本的差异。分析成本偏差的原因，应采取定性和定量相结合的方法。

6）施工成本考核

施工成本考核是指在施工项目完成后，对施工成本形成中的各责任者，按施工成本管理责任制的有关规定，将成本的实际指标与计划、定额、预算进行对比和考核，评定施工成本计划的完成情况和各责任者的业绩，并以此给予相应的奖励和处罚。通过成本考核，做到有奖有惩、赏罚分明，才能有效调动每一位员工在各自岗位上努力完成目标成本的积极性，从而降低施工成本，提高企业的效益。

施工成本考核是衡量成本降低的实际成果，也是对成本指标完成情况的总结和评价。施工成本考核制度包括考核的目的、时间、范围、对象、方式、依据、指标、领导组织、评价与奖惩原则等内容。

特别提示

施工成本降低额和施工成本降低率为施工成本考核的主要指标,这些指标的完成,需要加强公司层对项目经理部的指导,并充分依靠管理人员、技术人员和作业人员的经验和智慧,防止项目管理在企业内部异化为靠少数人承担风险的以包代管模式。施工成本考核也可分别考核公司层和项目经理部。

公司层对项目经理部进行考核与奖惩时,既要防止虚盈实亏,也要避免实际成本归集差错等的影响,使施工成本考核真正做到公平、公正、公开,在此基础上落实施工成本管理责任制的奖惩措施。

施工成本管理的每一个环节都是相互联系和相互作用的。施工成本预测是成本决策的前提;施工成本计划是成本决策所确定目标的具体化;施工成本控制是对施工成本计划的实施进行控制和监督,保证决策的成本目标的实现;施工成本核算和分析是对施工成本计划是否实现的最后检验,它所提供的成本信息又将为下一个施工项目的施工成本预测和决策提供基础资料;施工成本考核是实现施工成本管理责任制的保证和实现决策目标的重要手段。

2. 施工成本管理的基础工作

施工成本管理的基础工作是多方面的,施工成本管理责任制的建立是其中最根本、最重要的基础工作,涉及成本管理的一系列组织制度、工作程序、业务标准和责任制度的建立。此外,应从以下各方面为施工成本管理创造良好的基础条件。

(1) 统一组织内部工程项目成本计划的内容和格式。这些成本计划的内容应能反映施工成本的划分,各成本项目的编码、名称及计量单位,单位工程量计划成本及合计金额等;格式应由各个企业按照自己的管理习惯和需要进行设计。

(2) 建立企业内部施工定额并保持其适应性、有效性和相对的先进性,为施工成本计划的编制提供支持。

(3) 建立市场资料、市场价格信息的收集网络和必要的派出询价网点,做好市场行情预测,保证采购价格信息的及时性和准确性。同时建立企业的分包商、供应商评审注册名录,发展稳定、良好的供方关系,为编制施工成本计划与采购工作提供支持。

(4) 建立已完项目的成本资料、报告报表等的归集、整理、保管和使用管理制度。

(5) 科学设计施工成本核算账册体系、业务台账、成本报告报表,为施工成本管理的业务操作提供统一的范式。

3. 施工成本管理的措施

为了取得施工成本管理的理想成效,应当从多方面采取措施实施管理,通常可以将这些措施归纳为组织措施、技术措施、经济措施和合同措施。

(1) 组织措施。组织措施是从施工成本管理的组织方面采取的措施。如果实行项目经理责任制,就应落实施工成本管理的组织机构和人员,明确各级施工成本管理人员的任务、职能分工、权力和责任。施工成本管理不仅是专业成本管理人员的工作,还应是全员的活动,各级项目管理人员都负有成本控制责任。

施工成本管理的措施

组织措施的工作内容还包括:编制施工成本控制工作计划;确定合理详细的工作流程;

做好施工采购计划，通过生产要素的优化配置、合理使用、动态管理，有效控制实际成本；加强施工定额管理和施工任务单管理，控制人工工日的消耗；加强施工调度，避免因施工计划不周和盲目调度造成窝工损失、机械利用率降低、物料积压等问题；等等。施工成本控制工作只有建立在科学管理的基础之上，具备合理的管理体制、完善的规章制度、稳定的作业秩序、完整准确的信息传递机制，才能取得成效。组织措施是其他各类措施的前提和保障，而且一般不需要增加额外的费用，运用得当可以取得良好的效果。

（2）技术措施。施工过程中降低成本的技术措施，包括：进行技术经济分析，确定最佳的施工方案；结合施工方法，进行材料使用的比选，在满足功能要求的前提下，通过代替使用、改变配合比、使用外加剂等方法降低材料消耗的费用；确定最合适的施工机具设备使用方案；结合项目的施工组织设计及自然地理条件，降低材料的库存成本和运输成本；应用先进的施工技术，运用新材料，使用先进的机具设备；等等。在实践中，也要避免仅从技术角度选定方案而忽视对其经济效果的分析论证。

技术措施不仅对解决施工成本管理过程中的技术问题是不可缺少的，而且对纠正施工成本管理目标偏差也有相当重要的作用。运用技术纠偏措施的关键，一是要能提出多个不同的技术方案；二是要对不同的技术方案进行技术经济分析比较，以选择最佳方案。

（3）经济措施。经济措施是最易为人们所接受和采用的措施。管理人员应编制资金使用计划，确定、分解施工成本管理目标；对施工成本管理目标进行风险分析，并制订防范性对策；认真做好资金的使用计划，并在施工中严格控制各项开支，及时准确地记录、收集、整理、核算实际支出的费用；对各种变更，应及时做好增减账、落实业主签证并结算工程款；通过偏差分析和未完工工程预测，发现潜在的可能引起未完工工程施工成本增加的问题，对这些问题应以主动控制为出发点，及时采取预防措施。因此，经济措施的运用绝不仅仅是财务人员的事情。

（4）合同措施。采用合同措施控制施工成本，应贯穿于整个合同周期，包括从合同策划开始到合同终结的全过程。对于分包项目，首先，要选用合适的合同结构，对各种合同结构模式进行分析、比较，在合同谈判时，要争取选用适合于工程规模、性质和特点的合同结构模式；其次，在合同的条款中应仔细考虑一切影响成本和效益的因素，特别是潜在的风险因素；最后，通过对引起成本变动的风险因素的识别和分析，采取必要的风险对策，如通过合理的方式增加承担风险的个体数量以降低损失发生的比例，并最终将这些对策体现在合同的具体条款中。在合同执行期间，既要密切关注对方的合同执行情况，以寻求合同索赔的机会，也要密切关注自己履行合同的情况，以防被对方索赔。

6.2.2 施工成本计划

1. 施工成本计划的类型

对于施工项目而言，其成本计划的编制是一个不断深化的过程，在这一过程的不同阶段形成深度和作用不同的成本计划。按照这些成本计划发挥的作用，可以将其分为以下三类。

1）竞争性成本计划

竞争性成本计划是施工项目投标及签订合同阶段的估算成本计划。这类成本计划以招标文件中的合同条件、投标者须知、技术规范、设计图纸和工程量清单为依据，以有关价格条件说明为基础,结合调研、现场踏勘、答疑等情况,根据施工单位自身工料消耗标准、水平、价格资料和费用指标等,对本企业完成投标工作所需要支出的全部费用进行估算。在投标报价过程中,竞争性成本计划虽也着重考虑降低成本的途径和措施,但总体上比较粗略。

竞争性成本计划带有成本战略的性质,是施工项目投标阶段商务标书的基础,而有竞争力的商务标书又与先进合理的技术内容形成整个施工项目的投标报价,因此竞争性成本计划奠定了施工成本的基本框架和水平。

2)指导性成本计划

指导性成本计划是选派项目经理阶段的预算成本计划,是项目经理的责任成本目标。它是以合同价为依据,按照企业的预算定额标准制订的设计预算成本计划,且一般情况下作为责任总成本目标。

3)实施性成本计划

实施性成本计划是项目施工准备阶段的施工预算成本计划,是以项目实施方案为依据,以落实项目经理责任目标为出发点,采用企业的施工定额,通过施工预算的编制而形成的施工成本计划。实施性成本计划和指导性成本计划都是竞争性成本计划的进一步开展和深化,是对竞争性成本计划的战术安排。三类成本计划相互衔接、不断深化,构成了整个工程项目施工成本的计划过程。

施工预算是编制实施性成本计划的主要依据,是施工单位为了加强企业内部的经济核算,在施工图预算的控制下,依据企业内部的施工定额,以建筑安装单位工程为对象,根据施工图纸、施工定额、施工及验收规范、标准图集、施工组织设计(或施工方案)编制的单位工程(或分部分项工程)施工所需的人工、材料和施工机械台班用量的技术经济文件。它是施工单位的内部文件,同时也是施工单位进行劳动调配、物资技术供应、控制成本开支、进行成本分析和班组经济核算的依据。施工预算不仅规定了单位工程(或分部分项工程)施工所需人工、材料和施工机械台班用量,还规定了工种的类型、工程材料的规格和品种及所需各种机械的规格,以便有计划、有步骤地合理组织施工,从而达到节约人力、物力和财力的目的。

知识链接

施工预算与施工图预算的对比

施工预算与施工图预算的对比

施工预算不同于施工图预算,虽然有一定联系,但区别较大。

(1)编制的依据不同。施工预算的编制以施工定额为主要依据,施工图预算的编制以预算定额为主要依据。

(2)适用的范围不同。施工预算是承包人内部管理用的一种文件,与发包人无直接关系;而施工图预算既适用于发包人,又适用于承包人。

(3)发挥的作用不同。施工预算是承包人组织生产、编制施工计划、准备现场材料、签发任务书、考核工效、进行经济核算的依据,也是承包人改善经营管理、降低生产成本和推行内部经营承包责任制的重要手段;而施工图预算则是投标报价的主要依据。

在编制实施性计划成本时，要进行施工预算和施工图预算的对比分析，通过"两算"对比，分析节约和超支的原因，以便制订解决问题的措施，防止工程亏损，为降低工程成本提供依据。"两算"对比的方法，有实物对比法和金额对比法。

（1）实物对比法：将施工预算和施工图预算计算出的人工、材料、机械台班消耗量分别填入两算对比表进行对比分析，算出节约或超支的数量及百分比，并分析其原因。

（2）金额对比法：将施工预算和施工图预算计算出的人工费、材料费、施工机具使用费分别填入两算对比表进行对比分析，算出节约或超支的金额及百分比，并分析其原因。

2. 施工成本计划的编制依据

施工成本计划是施工成本管理的一个重要环节，是实现降低施工成本任务的指导性文件。如果针对施工项目所编制的成本计划达不到目标成本要求，就必须组织施工项目经理部的有关人员重新研究，寻找降低成本的途径，重新进行编制。同时，编制成本计划的过程也是动员全体管理人员的过程，是挖掘降低成本潜力的过程，是检验施工技术质量管理、工期管理、物资消耗和劳动力消耗管理等是否有效落实的过程。

编制施工成本计划，需要广泛收集相关资料并进行整理，以作为施工成本计划的编制依据。在此基础上，根据有关设计文件、施工承包合同、施工组织设计（或施工方案）、施工成本预测资料等，按照施工项目应投入的生产要素，结合各种因素变化的预测和拟采取的各种措施，估算施工项目生产费用支出的总水平，进而提出施工项目的成本计划控制指标，确定目标总成本。目标总成本确定后，应分解落实到各级部门，以便有效地进行具体控制。最后通过综合平衡，编制完成施工成本计划。

施工成本计划的编制依据包括以下资料。

（1）投标报价文件。
（2）有关设计文件。
（3）企业定额、施工预算。
（4）施工组织设计（或施工方案）。
（5）人工、材料、机械台班的市场价。
（6）企业颁布的材料指导价、企业内部机械台班价格、劳动力内部挂牌价格。
（7）周转设备内部租赁价格、摊销损耗标准。
（8）已签订的施工承包合同、分包合同（或估价书）。
（9）结构件外加工计划和合同。
（10）有关财务成本核算制度和财务历史资料。
（11）施工成本预测资料。
（12）拟采取的降低施工成本的措施。
（13）其他相关资料。

3. 施工成本计划的编制方法

施工成本计划的编制以成本预测为基础，关键是确定目标成本。一般情况下，施工成本计划总额应控制在目标成本的范围内，并建立在切实可行的基础上。

目标成本确定之后，还需通过编制详细的实施性成本计划，把目标成本层层分解，落实到施工过程的每个环节，以有效地进行成本控制。编制施工成本计划，主要有三种方法。

1) 按施工成本构成编制施工成本计划

按照成本构成要素划分,建筑安装工程费由人工费、材料(包含工程设备)费、施工机具使用费、企业管理费、利润、规费和税金组成。

施工成本可以按成本构成,分解为人工费、材料费、施工机具使用费和企业管理费等,在此基础上可编制按施工成本构成分解的施工成本计划。

2) 按施工项目组成编制施工成本计划

大中型建设工程项目通常由若干单项工程组成,而每个单项工程包括了多个单位工程,每个单位工程又由若干个分部分项工程构成。因此,可首先把项目总施工成本分解到单项工程和单位工程中,再进一步分解到分部分项工程中,如图6-1所示。

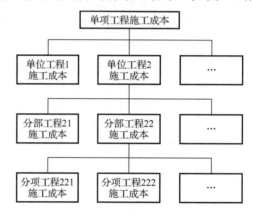

图6-1 按项目组成分解施工成本

在完成施工成本目标分解之后,可具体分配成本,编制分项工程的成本支出计划,从而形成详细的成本计划表,见表6-2。

表6-2 分项工程成本计划表

分项工程编码	工程内容	计量单位	工程量	计划成本	本分项总计
(1)	(2)	(3)	(4)	(5)	(6)

在编制成本支出计划时,要在项目总体层面上考虑总的预备费,也要在主要的分项工程中安排适当的不可预见费,避免在具体编制成本计划时,可能发现个别单位工程或分项工程成本计划表中某项内容的工程量计算有较大出入,偏离原来的成本预算,同时应在项目实施过程中对其尽可能地采取一些措施。

3) 按施工进度编制施工成本计划

按施工进度编制施工成本计划,通常可在控制项目进度的网络图的基础上进一步扩充得到。即在建立网络图时,一方面确定完成各项工作所需花费的时间,另一方面确定完成各项工作合适的施工成本支出计划。但在实践中,将工程项目分解为既能方便地表示时间,又能方便地表示施工成本支出计划的工作是不容易的,通常如果项目分解程度对时间控制合适的话,则对施工成本支出计划可能分解过细,以至于不可确定每项工作的施工成本支出计划；反之亦然。因此在建立网络图时，应在充分考虑进度控制对项目划分要求的同时，考虑确定施工成本支出计划对项目划分的要求，做到两者兼顾。

将施工成本目标按时间进行分解，在网络图的基础上，可获得项目进度计划的横道图，在此基础上即可编制施工成本计划。其表示方式有两种：一种是在时标网络图上按月编制的成本计划直方图，如图6-2所示；另一种是时间-成本累积曲线（S形曲线），如图6-3所示。

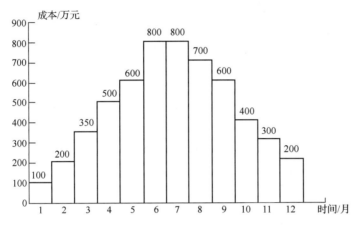

图6-2　时标网络图上按月编制的成本计划直方图

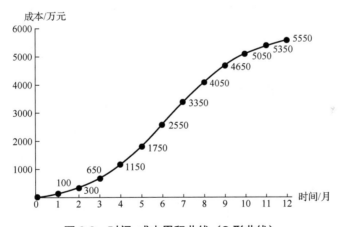

图6-3　时间-成本累积曲线（S形曲线）

以上三种施工成本计划的编制方法并不是相互独立的。在实践中，往往是将这几种方法结合起来使用，从而可以取得扬长避短的效果。例如，可将按施工项目组成分解与按施工成本构成分解总施工成本两种方法相结合，横向按施工成本构成分解，纵向按子项目分解，或相反。这种分解方式有助于检查各分部分项工程施工成本构成是否完整，有无重复计算或漏算，还有助于检查各项具体的施工成本支出的对象是否明确或落实，并且可以从数字上校核分解的结果有无错误。再如，可将按子项目分解与按时间分解结合起来，一般纵向按子项目分解，横向按时间分解。

6.2.3 施工成本控制

施工成本控制是在施工成本的形成过程中，对生产经营所消耗的人力资源、物资资源和费用开支进行指导、监督、检查和调整，及时纠正将要发生和已经发生的偏差，把各项生产费用控制在计划成本的范围之内，以保证成本目标的实现。

1. 施工成本控制的依据

施工成本控制的依据包括以下内容。

（1）施工承包合同。施工成本控制要以施工承包合同为依据，围绕降低施工成本这个目标，从预算收入和实际成本两方面，研究节约成本、增加收益的有效途径，以求获得最大的经济效益。

（2）施工成本计划。施工成本计划是根据施工项目的具体情况制订的施工成本控制方案，既包括预定的具体成本控制目标，又包括实现控制目标的措施和规划，是施工成本控制的指导文件。

（3）进度报告。进度报告提供了对应时间节点的工程实际完成量、工程施工成本实际支付情况等重要信息。施工成本控制工作正是通过将实际情况与施工成本计划相比较，找出两者之间的差别，分析偏差产生的原因，从而采取措施改进以后的工作。此外，进度报告还有助于管理人员及时发现工程实施中存在的隐患，并在可能造成重大损失之前采取有效措施，尽量避免损失。

（4）工程变更。在项目的实施过程中，由于各方面的原因，工程变更是很难避免的，包括设计变更、进度计划变更、施工条件变更、技术规范与标准变更、施工次序变更、工程量变更等。一旦出现变更，工程量、工期、成本都有可能发生变化，从而使得施工成本控制工作变得更加复杂和困难。因此，施工成本管理人员应当通过对变更要求中各类数据的计算、分析，及时掌握变更情况，包括已发生工程量、将要发生工程量、工期是否拖延、支付情况等重要信息，判断变更及变更可能带来的索赔额度等。

（5）各种资源的市场信息。

除上述几种施工成本控制工作的主要依据外，施工组织设计（或施工方案）、分包合同等有关文件资料也是施工成本控制的依据。

2. 施工成本控制的程序

要做好施工成本的过程控制，必须制订规范化的过程控制程序。成本的过程控制中，有两类控制程序，一是管理行为控制程序，二是指标控制程序。管理行为控制程序是对成本进行全过程控制的基础，指标控制程序则是对成本进行过程控制的重点。两个程序既相对独立又相互联系，既相互补充又相互制约。

1）管理行为控制程序

管理行为控制的目的是确保每个岗位人员在成本管理过程中的行为符合事先确定的程序和方法的要求。从这个意义上讲，首先要清楚企业建立的项目施工成本管理体系是否能对成本形成的过程进行有效的控制，其次要考察体系是否处在有效的运行状态。管理行为控制程序就是为规范项目施工成本的管理行为而制订的约束和激励体系，内容如下。

（1）建立项目施工成本管理体系的评审组织和评审程序。成本管理体系的建立不同于质量管理体系，质量管理体系反映的是企业的质量保证能力，由社会有关组织进行评审和认证；成本管理体系的建立是出于企业自身生存发展的需要，没有社会组织来评审和认证。因此企业必须建立项目施工成本管理体系的评审组织和评审程序，定期进行评审和总结，以持续改进。

（2）建立项目施工成本管理体系运行的评审组织和评审程序。项目施工成本管理体系的运行，有一个逐步推行的过程，而且一个企业的各分公司、各项目经理部的运行质量往往是不平衡的。因此必须建立专门的常设组织，依照程序定期地进行检查和评审，发现问题，总结经验，以保证项目施工成本管理体系的保持和持续改进。

（3）目标考核，定期检查。管理行为控制程序文件应明确每个岗位人员在成本管理中的职责，确定每个岗位人员的管理行为，如应提供的报表、提供的时间和原始数据的质量要求等。要把每个岗位人员是否按要求去履行职责作为一个目标来考核。为了方便检查，应将考核指标具体化，并设专人定期或不定期地检查。表 6-3 是为规范施工成本管理行为而设计的项目成本岗位责任考核表，可以参照。

表 6-3　项目成本岗位责任考核表

序号	岗位名称	职责	检查办法	检查人	检查时间
1	项目经理	（1）建立项目施工成本管理组织； （2）组织编制《项目施工成本管理手册》； （3）定期或不定期地检查有关人员管理行为是否符合岗位职责要求	（1）查看有无组织结构图； （2）查看《项目施工成本管理手册》	上级或自身成员	开工初期检查一次，以后每月检查一次
2	项目工程师	（1）指定采用新技术降低成本措施； （2）编制总进度计划； （3）编制总的机具设备使用计划	（1）查看资料； （2）现场实际情况与计划对比	项目经理或其委托人	开工初期检查一次，以后每月检查一或二次
3	主管材料员	（1）编制材料采购计划； （2）编制材料采购月报表； （3）对材料管理工作每周组织检查一次； （4）编制月材料盘点表及材料收发结存报表	（1）查看资料； （2）现场实际情况与管理制度中的要求对比	项目经理或其委托人	每月或不定期抽查
4	成本会计	（1）编制月度成本计划； （2）进行成本核算，编制月度成本核算表； （3）每月编制一次材料复核报告	（1）查看资料； （2）审核编制依据	项目经理或其委托人	每月检查一次

续表

序号	岗位名称	职责	检查办法	检查人	检查时间
5	成本员	（1）编制月度用工计划； （2）编制月材料需求计划； （3）编制月度机具设备使用计划； （4）开具限额领料单	（1）查看资料； （2）实际与计划对比，考核计划的准确性及实用性	项目经理或其委托人	每月或不定期抽查

检查人应根据检查的内容编制相应的检查表，检查后填写检查表。检查表要由专人负责整理归档。

（4）制订对策，纠正偏差。对管理工作进行检查的目的是保证管理工作按预定的程序和标准进行，从而保证项目施工成本管理能够达到预期的目标。因此，对检查中发现的问题要及时进行分析，然后根据不同的情况及时采取对策，纠正偏差。

2）指标控制程序

能否达到预期的成本目标，是施工成本控制成功与否的关键。对施工过程进行指标控制，就是为了保证成本目标的实现。成本指标控制程序如图6-4所示。

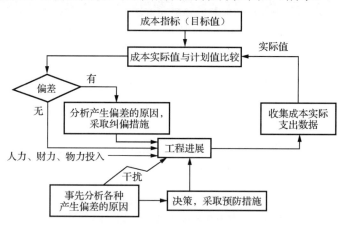

图6-4　成本指标控制程序

（1）确定施工项目成本目标及月度成本目标。在工程开工之初，项目经理部就应根据企业与业主签订的《施工承包合同》确定项目的成本目标，并根据工程进度计划确定月度成本目标。

（2）收集成本数据，监测成本形成过程。过程控制的目的就在于不断纠正成本形成过程中的偏差，保证成本项目的发生在预定范围之内。因此，在施工过程中要定期收集反映施工成本支出情况的数据，并将实际发生情况与目标计划进行对比，从而保证有效控制成本的整个形成过程。

（3）分析偏差原因，制订对策。施工过程是一个多工种、多方位立体交叉作业的复杂活动，成本的发生和形成是很难按预定的目标进行的，因此，需要及时分析偏差产生的原因，分清是客观因素（如市场调价）还是人为因素（如管理行为失控），及时制订对策并予以纠正。

在对项目施工成本进行过程控制时,还要将指标控制程序和管理行为控制程序相结合,用成本指标考核管理行为,用管理行为来保证成本指标,这样才能保证成本管理工作有序地、富有成效地进行。

3. 施工成本控制的方法

1)施工成本的过程控制方法

施工阶段是成本发生的主要阶段,这个阶段的成本控制主要是通过确定成本目标并按施工成本计划组织施工,合理配置资源,对施工现场发生的各项成本费用进行有效控制,其具体的控制方法如下。

(1)人工费的控制。人工费的控制实行"量价分离"的方法,将作业用工及零星用工按定额工日的一定比例综合确定用工数量与单价,通过劳务合同进行控制。

① 人工费的影响因素。

a. 社会平均工资水平。建筑安装工人人工单价必须和社会平均工资水平趋同。社会平均工资水平取决于经济发展水平。由于我国经济迅速增长,社会平均工资也有大幅增长,从而导致人工单价的大幅提高。

b. 生活消费指数。生活消费指数的提高会导致人工单价的提高,以减少生活水平的下降,维持原来的生活水平。生活消费指数的变动取决于物价的变动,尤其取决于生活消费品物价的变动。

c. 劳动力市场供需变化。劳动力市场如果供不应求,人工单价就会提高;供过于求,人工单价就会下降。

d. 政府推行的社会保障和福利政策。这些保障和政策也会影响人工单价的变动。

e. 经会审的施工图、施工定额、施工组织设计等。其将决定人工的消耗量。

② 控制人工费的方法。加强劳动定额管理,提高劳动生产率,降低工程耗用人工工日,是控制人工费支出的主要手段,具体方法如下。

a. 制订先进合理的企业内部劳动定额并严格执行,同时将安全生产、文明施工及零星用工的要求下达到作业队进行控制;全面推行全额计件的劳动管理办法和单项工程集体承包的经济管理办法,以不超出施工图预算人工费指标为控制目标,实行工资包干制度;认真执行按劳分配的原则,使工人个人所得与劳动贡献相一致,充分调动广大工人的劳动积极性,以提高劳动效率;把工程项目的进度、安全、质量等指标与定额管理结合起来,提高工人的综合能力,实行奖励制度。

b. 提高工人的技术水平和作业队的组织管理水平,根据施工进度、技术要求,合理搭配各工种工人的数量,减少和避免无效劳动;不断地改善劳动组织,创造良好的工作环境,改善工人的劳动条件,提高劳动效率。

c. 加强工人的技术培训和多种施工作业技能的培训,不断提高工人的业务技术水平和熟练操作程度,培养一专多能的技术工人,提高作业工效;提倡技术革新和推广新技术,提高技术装备水平和工厂化生产水平,提高企业的劳动生产率。

d. 实行弹性需求的劳务管理制度。施工生产各环节上的业务骨干和基本的施工力量要保持相对稳定;对短期需要的施工力量,要做好预测、计划管理,通过企业内部的劳务市场及外部协作队伍进行调剂;严格做到项目部的定员随工程进度要求及时调整,进行弹性管理。

（2）材料费的控制。材料费的控制同样按照"量价分离"原则，控制材料用量和材料价格。

① 材料用量的控制。在保证符合设计要求和质量标准的前提下，合理使用材料，通过定额控制、指标控制、计量控制、包干控制等手段有效控制材料物资的消耗。

② 材料价格的控制。材料价格主要由材料采购部门控制，由于材料价格是由购买价、运杂费、运输中的合理损耗等所组成，因此采购部门主要是通过掌握市场信息，应用招标和询价等方式控制材料的采购价格。

施工项目的材料物资，包括构成工程实体的主要材料和构件，以及有助于工程实体形成的周转使用材料和低值易耗品。从价值角度看，材料物资的价值占建筑安装工程造价的60%甚至70%以上，因此，对材料价格的控制非常重要。由于材料物资的供应渠道和管理方式各不相同，所以控制的内容和所采取的控制方法也将有所不同。

（3）施工机具使用费的控制。合理选择和合理使用施工机具设备对成本控制具有十分重要的意义，尤其是高层建筑施工。据某些工程实例统计，高层建筑地面以上部分的总费用中，垂直运输机械费用占6%~10%。由于不同的起重运输机械各有不同的特点，在选择起重运输机械时，应根据工程特点和施工条件确定起重运输机械的组合方式。在确定采用何种组合方式时，首先应满足施工需要，其次要考虑到费用的高低和综合经济效益。

施工机具使用费主要由台班数量和台班单价两方面决定，因此为有效控制施工机具使用费支出，应主要从这两个方面着手。

（4）施工分包费用的控制。分包工程价格的高低，必然对项目经理部的施工成本产生一定的影响。因此，施工成本控制的重要工作还包括对分包工程价格的控制。项目经理部应在确定施工方案的初期就确定需要分包的工程范围，决定分包范围的因素主要是施工项目的专业性和项目规模。对分包费用的控制，主要是做好分包工程的询价、订立平等互利的分包合同、建立稳定的分包关系网络、加强施工验收和分包结算等工作。

2）挣值管理方法

挣值管理（earned value management，EVM）作为一项先进的项目管理技术，是由美国国防部于1967年首次确立的。目前，国际上先进的工程公司已普遍采用挣值管理的方法进行工程项目的费用、进度的综合分析控制。

（1）挣值管理的三个基本参数。用挣值管理方法进行费用、进度综合分析控制，基本参数有三项，即已完成工作预算费用、计划工作预算费用和已完成工作实际费用。

① 已完成工作预算费用（budgeted cost of work performed，BCWP）：是指在某一时间已完成的工作（或部分工作）以批准认可的预算为标准所需要的资金总额，由于发包人正是根据这个值为承包人完成的工作量支付相应的费用，该值也就是承包人获得（挣得）的金额，故又称挣值。其计算公式为

$$BCWP = 已完成工作量 \times 预算单价$$

② 计划工作预算费用（budgeted cost of work scheduled，BCWS）：是指根据进度计划，在某一时刻应当完成的工作（或部分工作）以预算为标准所需要的资金总额，又称计划值。一般来说，除非合同有变更，BCWS在工程实施过程中应保持不变。其计算公式为

$$BCWS = 计划工作量 \times 预算单价$$

③ 已完成工作实际费用（actual cost of work performed，ACWP）：是指到某一时刻为止，已完成的工作（或部分工作）所实际花费的总金额。其计算公式为

$$ACWP = 已完成工作量 \times 实际单价$$

（2）挣值管理的四个评价指标。在上述三个基本参数的基础上，可以确定挣值管理的以下四个评价指标，它们都是时间的函数。

① 费用偏差（cost variance，CV）：

$$CV = BCWP - ACWP$$

由于 BCWP 和 ACWP 均以已完成工作为计算基准，所以两项参数之差反映了项目进展的费用偏差。当 CV 为负值时，表示项目运行超支，即实际费用超出预算费用；当 CV 为正值时，表示项目运行节支，即实际费用低于预算费用。

② 进度偏差（schedule variance，SV）：

$$SV = BCWP - BCWS$$

由于 BCWP 和 BCWS 均以预算值（计划值）为计算基准，所以两者之差反映了项目进展的进度偏差。当 SV 为负值时，表示进度延误，即实际进度落后于计划进度；当 SV 为正值时，表示进度提前，即实际进度快于计划进度。

③ 费用绩效指数（cost performance index，CPI）：

$$CPI = BCWP / ACWP$$

当 CPI<1 时，表示超支，即实际费用高于预算费用；当 CPI>1 时，表示节支，即实际费用低于预算费用。

④ 进度绩效指数（schedule performance index，SPI）：

$$SPI = BCWP / BCWS$$

当 SPI<1 时，表示进度延误，即实际进度比计划进度慢；当 SPI>1 时，表示进度提前，即实际进度比计划进度快。

费用（进度）偏差反映的是绝对偏差，结果很直观，有助于费用管理人员了解项目费用出现偏差的绝对数额，并依此采取一定措施，制订或调整费用支出计划和资金筹措计划。但是，绝对偏差有其不容忽视的局限性，如同样是 10 万元的费用偏差，对于总费用 1000 万元的项目和总费用 1 亿元的项目而言，其影响显然是不同的。因此，费用（进度）偏差仅适合于对同一项目作偏差分析。费用（进度）绩效指数反映的是相对偏差，它不受项目层次的限制，也不受项目实施时间的限制，因而在同一项目和不同项目比较中均可采用。

在项目的费用、进度综合控制中引入挣值管理，可以克服过去费用、进度分开控制的缺点，即当发现费用超支时，很难立即知道是由于费用超出预算还是由于进度提前；相反，当发现费用低于预算时，也很难立即知道是由于费用节省还是由于进度拖延。引入挣值管理，即可定量地判断费用、进度的执行效果。

3）偏差分析的表达方法

偏差分析可以采用不同的表达方法，常用的有横道图法、表格法和曲线法。

（1）横道图法。用横道图法表达费用偏差分析，是用不同的横道标识已完成工作预算费用（BCWP）、计划工作预算费用（BCWS）和已完成工作实际费用（ACWP），横道的长度与其金额成正比，如图 6-5 所示。

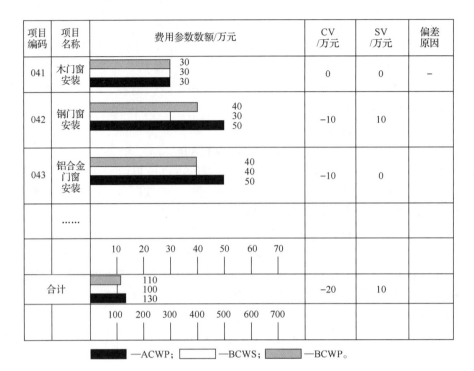

图 6-5 费用偏差分析横道图

横道图法具有形象、直观、一目了然等优点，能够准确表达出费用的绝对偏差，而且能直观地表明偏差的严重性。但这种方法反映的信息量少，一般在项目的较高管理层应用。

（2）表格法。表格法是表达偏差分析最常用的一种方法。它将项目编码、名称、各费用参数及费用偏差值综合归纳入一张表格中，并且直接在表格中进行比较。由于各偏差参数都在表中列出，费用管理人员能够综合地了解并处理这些数据。费用偏差分析表见表 6-4。

表 6-4 费用偏差分析表

项目编码	（1）	041	042	043
项目名称	（2）	木门窗安装	钢门窗安装	铝合金门窗安装
单位	（3）			
预算（计划）单价	（4）			
计划工作量	（5）			
BCWS	（6）=（5）×（4）	30	30	40
已完成工作量	（7）			
BCWP	（8）=（7）×（4）	30	40	40
实际单价	（9）			
其他款项	（10）			
ACWP	（11）=（7）×（9）+（10）	30	50	50

				续表
费用局部偏差	（12）=（8）−（11）	0	−10	−10
CPI	（13）=（8）÷（11）	1	0.8	0.8
费用累计偏差	（14）=∑(12)	−20		
进度局部偏差	（15）=（8）−（6）	0	10	0
SPI	（16）=（8）÷（6）	1	1.33	1
进度累计偏差	（17）=∑(15)	10		

用表格法表达偏差分析具有如下优点。

① 灵活、适用性强。可根据实际需要设计表格，进行增减项。

② 信息量大。可以反映偏差分析所需的资料，从而有利于费用控制人员及时采取针对性措施，加强控制。

③ 表格处理可借助于计算机，节约大量数据处理所需的人力，并大大提高速度。

（3）曲线法。在项目实施过程中，以上三个基本参数可以形成三条曲线，即 BCWP、BCWS 及 ACWP 曲线，如图 6-6 所示。

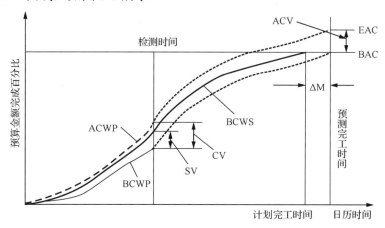

图 6-6　挣值管理评价曲线

采用挣值管理的方法进行费用、进度综合控制时，还可以根据当前的费用、进度偏差情况，通过偏差原因分析对趋势进行预测，预测项目结束时的费用、进度情况。相关指标如下。

① 完工预算（budget at completion，BAC）：指编制计划时预计的项目完工费用。

② 完工估算（estimate at completion，EAC）：指计划执行过程中根据当前的费用、进度偏差情况预测的项目完工总费用。

③ 完成费用偏差（at completion variance，ACV）：即预测项目完工时的费用偏差。

以上三者的关系为

$$ACV=BAC-EAC$$

4）偏差原因分析与纠偏措施

（1）偏差原因分析。在实际执行过程中，最理想的状态是上述三条曲线靠得很近、平稳上升，表示项目按预定计划目标进行。如果三条曲线离散度不断增加，则可能出现较大的投资偏差。

偏差分析的一个重要目的是要找出引起偏差的原因，从而采取有针对性的措施，减少或避免相同问题的再次发生。在进行偏差原因分析时，首先应当将已经导致和可能导致偏差的各种原因逐一列举出来。导致不同工程项目产生费用偏差的原因具有一定共性，因而可以通过对已建项目的费用偏差原因进行归纳、总结，为该项目采取预防措施提供依据。

一般来说，产生费用偏差的原因如图 6-7 所示。

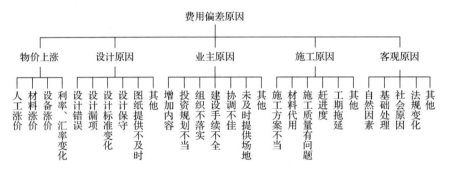

图 6-7 费用偏差原因

（2）纠偏措施。通常要压缩已经超支的费用而不影响其他目标是十分困难的，一般只有当给出的措施比原计划已选定的措施更为有利的时候，比如使工程范围减小或生产效率提高等，成本才能降低。常用的纠偏措施如下。

① 寻找新的、效率更高的设计方案。
② 购买部分产品，而不是采用完全由自己生产的产品。
③ 重新选择供应商，但会产生供应风险，选择需要时间。
④ 改变实施过程。
⑤ 变更工程范围。
⑥ 索赔，如向业主、承（分）包商、供应商索赔以弥补费用超支。

挣值管理参数分析与对应纠偏措施见表 6-5。

表 6-5 挣值管理参数分析与对应纠偏措施

序号	图型	三参数关系	分析	措施
1		ACWP>BCWS>BCWP SV<0；CV<0	效率低 进度较慢 投入超前	用工作效率高的人员更换一批工作效率低的人员

续表

序号	图型	三参数关系	分析	措施
2		BCWP＞BCWS＞ACWP SV＞0；CV＞0	效率高 进度较快 投入延后	若偏离不大，维持现状
3		BCWP＞ACWP＞BCWS SV＞0；CV＞0	效率较高 进度快 投入延后	抽出部分人员，放慢进度
4		ACWP＞BCWP＞BCWS SV＞0；CV＜0	效率较低 进度较快 投入超前	抽出部分人员，增加少量骨干人员
5		BCWS＞ACWP＞BCWP SV＜0；CV＜0	效率较低 进度慢 投入超前	增加高效人员投入
6		BCWS＞BCWP＞ACWP SV＜0；CV＞0	效率较高 进度较慢 投入延后	迅速增加人员投入

6.2.4 施工成本分析

1. 施工成本分析的依据

通过施工成本分析，可从账簿、报表反映的成本现象中看清成本的实质，从而增强项目成本的透明度和可控性，为加强成本控制、实现项目成本目标创造条件。施工成本分析的主要依据是会计核算、业务核算和统计核算所提供的资料。

施工成本分析的依据

1）会计核算

会计核算主要是价值核算。会计是对一定单位的经济业务进行计量、记录、分析和检查，做出预测、参与决策、实行监督，旨在实现最优经济效益的一种管理活动。它通过设置账户、复式记账、填制及审核凭证、登记账簿、成本计算、财产清查和编制会计报表等一系列有组织的系统的方法，来记录企业的一切生产经营活动，然后据此提出一些用货币来反映的有关各种综合性经济指标的数据，如资产、负债、所有者权益、收入、费用和利润等。由于会计核算资料具有连续性、系统性、综合性等特点，所以它是施工成本分析的重要依据。

2）业务核算

业务核算是各业务部门根据业务工作的需要建立的核算制度，包括建立原始记录和计算登记表，如单位工程及分部分项工程进度登记，质量登记，工效、定额计算登记，物资消耗定额记录，测试记录等。业务核算的范围比会计、统计核算要广。会计和统计核算一般是对已经发生的经济活动进行核算，而业务核算不但可以核算已经完成的项目是否达到原定的目的、取得预期的效果，而且可以对尚未发生或正在发生的经济活动进行核算，以确定该项经济活动是否有经济效果，是否有执行的必要。业务核算的特点是对个别的经济业务进行单项核算，如各种技术措施、新工艺等项目；其目的在于迅速取得资料，以便在经济活动中及时采取措施进行调整。

3）统计核算

统计核算是利用会计核算资料和业务核算资料，把企业生产经营活动客观现状的大量数据按统计方法加以系统整理，以发现其规律性。它的计量尺度比会计核算宽，可以用货币计算，也可以用实物或劳动量计量。通过全面调查和抽样调查等特有的方法，统计核算不仅能提供绝对数指标，还能提供相对数和平均数指标，可以计算当前的实际水平，还可以确定变动速度以预测发展的趋势。

2. 施工成本分析的方法

由于施工成本涉及的范围很广，需要分析的内容较多，因此应该在不同的情况下采取不同的分析方法。除了基本的分析方法，还有综合成本的分析方法、成本项目的分析方法和专项成本的分析方法等。

1）施工成本基本的分析方法

施工成本基本的分析方法，包括比较法、因素分析法、差额计算法、比率法等。

（1）比较法。比较法又称指标对比分析法，是指对比技术经济指标，检查目标的完成情况，分析产生差异的原因，进而挖掘降低成本的方法。这种方法通俗易懂、简单易行、便于掌握，因而得到了广泛的应用，但在应用时必须注意各技术经济指标的可比性。比较法的应用通常有以下形式。

① 实际指标与目标指标对比。通过对比检查目标完成情况，分析影响目标完成的积极因素和消极因素，以便及时采取措施，保证成本目标的实现。在进行实际指标与目标指标对比时，还应注意目标本身有无问题，如果目标本身出现问题，则应调整目标，重新评价实际工作。

② 本期实际指标与上期实际指标对比。通过本期实际指标与上期实际指标对比，可以看出各项技术经济指标的变动情况，反映施工管理水平的提高程度。

③ 与本行业平均水平、先进水平对比。通过这种对比，可以反映本项目的技术和经济管理水平与行业的平均和先进水平的差距，进而采取措施提高本项目管理水平。

（2）因素分析法。因素分析法又称连环置换法，可用来分析各种因素对成本的影响程度。在进行分析时，假定众多因素中的一个因素发生了变化，而其他因素保持不变，然后逐个替换，分别比较其计算结果，以确定各个因素的变化对成本的影响程度。因素分析法的计算步骤如下。

① 确定分析对象，计算实际值与目标值的差异。

② 确定该指标是由哪几个因素组成的，并按其相互关系进行排序（排序规则：先实物量，后价值量；先绝对值，后相对值）。

③ 以目标值为基础，将各因素的目标值相乘，作为分析替代的基数。

④ 将各个因素的实际值按照已确定的排列顺序进行替换计算，并将替换后的实际值保留下来。

⑤ 将每次替换计算所得的结果，与前一次的计算结果相比较，两者的差异即为该因素对成本的影响程度。

⑥ 各个因素的影响程度之和，应与分析对象的总差异相等。

（3）差额计算法。差额计算法是因素分析法的一种简化形式，它利用各个因素的目标值与实际值的差额来计算其对成本的影响程度。

（4）比率法。比率法是指用两个以上指标的比例进行分析的方法，其特点是先把对比分析的数值变成相对数，再观察其相互之间的关系。常用的比率法有以下几种。

① 相关比率法。由于项目经济活动的各个方面是相互联系、相互依存、相互影响的，因而可以将两个性质不同但相关的指标加以对比，求出比率，并以此来考察经营成果的好坏。如工资和产值是两个不同的概念，但它们是投入与产出的关系，在一般情况下，都希望以最少的工资支出完成最大的产值。因此，用产值工资率指标来考核人工费的支出水平，可以很好地分析人工成本。

② 构成比率法。构成比率法又称比重分析法或结构对比分析法。通过构成比率，可以考察总成本的构成情况及各成本项目占总成本的比重，同时也可以看出预算成本、实际成本和降低成本的比例关系，从而寻求降低成本的途径。

③ 动态比率法。这种方法是将同类指标不同时期的数值进行对比，求出比率，以分析该项指标的发展方向和发展速度。动态比率的计算，通常采用基期指数和环比指数两种方法，见表6-6。

表6-6 指标动态比率表

指标	第一季度	第二季度	第三季度	第四季度
降低成本	45.60	47.80	52.50	64.30
基期指数/%（上一季度=100）		104.82	115.13	141.01
环比指数/%（上一季度=100）		104.82	109.83	122.48

2）综合成本的分析方法

综合成本是指涉及多种生产要素，并受多种因素影响的成本费用，如分部分项工程成本、月（季）度成本、年度成本及竣工成本等。由于这些成本都是随着项目施工的进展而逐步形成的，与生产经营有着密切的关系，因此做好综合成本的分析工作，无疑将促进项目的生产经营管理，提高项目的经济效益。

（1）分部分项工程成本分析。分部分项工程成本分析是施工成本分析的基础，其对象为已完成分部分项工程，分析的方法是进行预算成本、目标成本和实际成本的"三算"对比，分别计算实际偏差和目标偏差，分析偏差产生的原因，为今后的分部分项工程成本寻求节约途径。

分部分项工程成本分析的资料来源如下：预算成本来自投标报价成本，目标成本来自施工预算，实际成本来自施工任务单的实际工程量、实耗人工和限额领料单的实耗材料。

由于施工项目包括很多分部分项工程，无法也没有必要对每一个分部分项工程都进行成本分析，特别是一些工程量小、成本费用少的零星工程。但对那些主要分部分项工程则必须进行成本分析，而且要从开工到竣工全程进行系统的成本分析。因为通过对主要分部分项工程成本的系统分析，可以基本上了解项目成本形成的全过程，为竣工成本分析和今后的项目成本管理提供参考资料。具体分析内容可参考表 6-7。

表 6-7 分部分项工程成本分析

单位工程：_____
分部分项工程：_____　　工程量：_____　　施工班组：_____

工程名称	规格	单位	单价	预算成本	目标成本	实际成本	实际与预算比较	实际与目标比较
实际与预算比较/%（预算=100）								
实际与目标比较/%（目标=100）								
节超原因分析								

编制单位：　　　　　　　成本员：　　　　　　　填表日期：

（2）月（季）度成本分析。月（季）度成本分析是施工项目定期的、经常性的中间成本分析，对于施工项目来说具有特别重要的意义。通过月（季）度成本分析，可以及时发现问题，以便按照成本目标指定的方向进行监督和控制，保证项目成本目标的实现。

月（季）度成本分析的依据是当月（季）的成本报表，分析内容通常包括以下方面。

① 通过实际成本与预算成本的对比，分析当月（季）的成本降低水平；通过累计实际成本与累计预算成本的对比，分析累计的成本降低水平，预测实现项目成本目标的前景。

② 通过实际成本与目标成本的对比，分析目标成本的落实情况及目标管理中的问题和不足，进而采取措施，加强成本管理，保证成本目标的实现。

③ 通过对各成本项目的成本分析，可以了解成本总量的构成比例和成本管理的薄弱环

节。例如，在成本分析中，若发现人工费、材料费等项目大幅度超支，则应该对这些费用的收支配比关系进行研究，并采取应对措施，防止今后再超支；如果是属于规定的"政策性"亏损，则应从控制支出着手，把超支额压缩到最低限度。

④ 通过主要技术经济指标的实际与目标对比，分析产量、工期、质量、材料节约率、机械利用率等对成本的影响。

⑤ 通过对技术组织措施执行效果的分析，寻求更加有效的节约途径。

⑥ 分析其他有利条件和不利条件对成本的影响。

（3）年度成本分析。企业成本要求一年结算一次，不得将本年度成本转入下一年度。而项目成本则以项目的寿命期为结算期，要求从开工到竣工直至保修期结束连续计算，最后结算出总成本及盈亏。由于项目的施工周期一般较长，除进行月（季）度成本核算和分析外，还要进行年度成本的核算和分析。这不仅是企业结算年度成本的需要，同时也是项目成本管理的需要。通过对年度成本的综合分析，可以总结一年来成本管理的成绩和不足，为今后的成本管理提供经验和教训，从而可对项目成本进行更有效的管理。

年度成本分析的依据是年度成本报表。年度成本分析的内容，除月（季）度成本分析的六个方面外，还要重点针对下一年度的施工进展情况制订切实可行的成本管理措施，以保证施工项目成本目标的实现。

（4）竣工成本的综合分析。有几个单位工程且单独进行成本核算（即成本核算对象）的施工项目，其竣工成本应以各单位工程竣工成本资料为基础，再加上项目管理层的经营效益（如资金调度、对外分包等所产生的效益）进行综合分析。如果施工项目只有一个成本核算对象（单位工程），就以该成本核算对象的竣工成本资料作为成本分析的依据。

单位工程竣工成本的综合分析，应包括三方面内容：竣工成本分析，主要资源节超对比分析，主要技术节约措施及经济效果分析。通过以上分析，可以全面了解单位工程的成本构成和降低成本的因素，对今后同类工程的成本管理提供参考。

3）成本项目的分析方法

（1）人工费分析。施工项目需要的人工和人工费，由项目经理部与作业队签订劳务分包合同，明确承包范围、承包金额、双方的权利和义务。除按合同规定支付劳务费外，还可能发生一些其他人工费支出，主要如下。

① 因实物工程量增减而调整的人工和人工费。

② 定额人工以外的计日工工资（如果已按定额人工的一定比例由作业队包干，并已列入劳务分包合同的，不再另行支付）。

③ 对在进度、质量、节约、文明施工等方面做出贡献的班组和个人进行奖励的费用。

项目管理层应根据上述人工费的增减，结合劳务分包合同的管理进行分析。

（2）材料费分析。材料费分析，包括对主要材料、结构件费用和周转材料使用费的分析，以及对采购保管费和材料储备资金的分析。

① 主要材料和结构件费用分析。主要材料和结构件费用的高低，主要受价格和消耗数量的影响。材料和结构件价格的变动，受采购价格、运输费用、途中损耗、供应不足等因素的影响，材料和结构件消耗数量的变动，则受操作损耗、管理损耗和返工损失等因素的影响，因此，可在价格变动较大和数量超用异常的时候再作深入分析。为了分析价格和消

耗数量的变化对材料和结构件费用的影响程度,可按下列公式作相关计算。

因价格变动对材料费的影响=(计划单价-实际单价)×实际数量

因消耗数量变动对材料费的影响=(计划用量-实际用量)×实际价格

② 周转材料使用费分析。在实行周转材料内部租赁制的情况下,项目周转材料使用费的节约或超支,取定于材料周转率和损耗率。周转减慢,则材料周转的时间增长,租赁费支出就增加;若超过规定的损耗,则要照价赔偿。

③ 采购保管费分析。材料的采购保管费属于材料的采购成本,包括材料采购保管人员的工资、工资附加费、劳动保护费、办公费、差旅费,以及材料采购保管过程中发生的固定资产使用费、工具用具使用费、检验试验费、材料整理及零星运费、材料物资的盘亏及毁损等。材料的采购保管费一般应与材料采购数量同步,即采购的材料多,采购保管费也相应增加。因此,应根据每月实际采购的材料数量(金额)和实际发生的材料采购保管费,来分析保管费率的变化。

④ 材料储备资金分析。材料储备资金是根据日平均材料用量、材料单价和储备天数(即从采购到进场所需要的时间)计算的,上述任何一个因素变动,都会影响材料储备资金的占用量。对材料储备资金的分析,可以应用因素分析法。

(3) 施工机具使用费分析。由于项目施工具有一次性,项目经理部一般会随着施工的需要来租用施工机具。在施工机具的租赁过程中,存在两种情况:一种是按产量进行承包,并按实际完成的产量计算费用;另一种是按使用的时间(台班)计算施工机具使用费。

特别提示

由于建筑施工的特点,在流水作业和工序搭接上往往会出现某些必然或偶然的施工间隙,影响机械的连续作业;有时又因为加快施工进度和工种配合,需要机械日夜不停地运转。这样便造成机械综合利用效率不高,如机械停工,需要支付停班费。因此,在机具设备的使用过程中,应以满足施工需要为前提,加强机具设备的平衡调度,充分发挥机具设备的效用;同时应加强平时对机具设备的维修保养工作,提高机具设备的完好率,以保证其正常运转。

(4) 现场管理费分析。现场管理费分析,也应通过预算值(或目标值)与实际值的比较来进行,见表6-8。

表6-8 现场管理费分析

序号	项目	预算	实际	比较	备注
1	现场管理人员工资				包括职工福利费和劳动保护费
2	办公费				包括生活水电费及取暖费
3	差旅交通费				
4	固定资产使用费				包括折旧及修理费

续表

序号	项目	预算	实际	比较	备注
5	工器具使用费				
6	劳动保险费				
…	…				
合计					

4）专项成本的分析方法

针对与成本有关的特定事项的分析，包括成本盈亏异常分析、工期成本分析和资金成本分析等内容。

（1）成本盈亏异常分析。施工项目出现成本盈亏异常情况，必须引起高度重视，彻底查明原因并及时纠正。检查成本盈亏异常的原因，应从经济核算的"三同步"（项目经济核算的基本规律：在完成多少产值、消耗多少资源、发生多少成本之间，有着必然的同步关系，即"三同步"，如果违背这个规律，就会发生成本盈亏异常）入手。

"三同步"检查是提高项目经济核算水平的有效手段，不仅适用于成本盈亏异常分析，也可用于月（季）度成本分析。"三同步"检查可以通过以下五个方面的对比分析来实现。

① 产值与施工任务单的实际工程量和形象进度是否同步。

② 资源消耗与施工任务单的实耗人工、限额领料单的实耗材料、当期租用的周转材料和施工机具等是否同步。

③ 其他费用（如材料费、超高费和台班费等）的产值统计与实际支付是否同步。

④ 预算成本与产值统计是否同步。

⑤ 实际成本与资源消耗是否同步。

（2）工期成本分析。工期成本分析是计划工期成本与实际工期成本的比较分析。计划工期成本是指在假定完成预期利润的前提下计划工期内所耗用的计划成本，而实际工期成本是在实际工期中耗用的实际成本。

工期成本分析一般先采用比较法，即将计划工期成本与实际工期成本进行比较，然后应用因素分析法分析各种因素的变动对工期成本差异的影响程度。

（3）资金成本分析。资金与成本的关系是指工程收入与成本支出的关系。根据工程成本核算的特点，工程收入与成本支出有很强的相关性。进行资金成本分析通常应用成本支出率指标，即成本支出占工程款收入的比例，计算公式如下。

$$成本支出率 = \frac{计算期实际成本支出}{计算期实际工程款收入} \times 100\%$$

通过对成本支出率的分析，可以看出工程收入中用于成本支出的比重。可结合储备金和结存资金的比重，分析资金使用的合理性。

任务 6.3　建设工程项目进度管理

建设工程项目的进度管理是在保证建设合同相关条件的前提下，对建设工程项目特别是施工项目通过组织、计划、协调、控制等方式，实现预定的项目目标，并尽可能合理地缩短工期的一系列管理活动的统称。

进度是建设工程项目管理的主要控制目标之一。建设工程项目是在动态条件下实施的，因此进度控制也必须是一个动态的管理过程，它包括以下工作。

（1）进度目标的分析和论证，其目的是论证进度目标是否合理，进度目标有无可能实现。如果经过科学的论证，目标不可能实现，则必须调整目标。

（2）在收集资料和调查研究的基础上编制进度计划。

（3）进度计划的跟踪检查与调整，即定期跟踪检查所编制进度计划的执行情况，若执行有偏差，则采取纠偏措施，并视必要调整进度计划。

6.3.1　建设工程项目进度控制与进度计划系统

1. 项目进度控制的目的

项目进度控制的目的是实现工程的进度目标。如果只重视进度计划的编制，而不重视对进度计划做必要的调整，则进度无法得到控制。为了实现进度目标，进度控制的过程也是随着项目的进展不断调整进度计划的过程。

施工单位是工程实施的一个重要参与方，许多建设工程项目特别是大型重点建设工程项目，工期要求十分紧迫，施工单位保证工程进度的压力非常大，数百天连续施工、一天两班制施工甚至 24 小时连续施工时有发生。不进行正常、有序的施工而盲目赶工，难免导致施工质量问题和安全问题的出现，并且会引起施工成本的增加。因此，施工进度控制不仅关系到施工进度目标能否实现，还直接关系到工程的质量和成本。在工程施工实践中，必须树立和坚持一个最基本的工程管理原则，即在确保工程质量和安全的前提下控制工程的进度。

2. 项目进度控制的任务

业主方进度控制的任务，是控制整个项目实施阶段的进度，包括控制设计前准备阶段的工作进度、设计进度、施工进度、物资采购进度，以及项目动工前准备阶段的工作进度。

设计方进度控制的任务，是依据设计任务委托合同对设计进度的要求控制设计进度，是设计方履行合同的义务。另外，设计方应尽可能使设计进度与招标、施工和物资采购等工作进度相协调。在国际上，设计进度计划主要是各设计阶段的设计图纸（包括有关的说明）的出图计划，在出图计划中标明每张图纸的名称、图纸规格、负责人和出图日期。出图计划是设计方进度控制的依据，也是业主方控制设计进度的依据。

施工方进度控制的任务，是依据施工任务委托合同对施工进度的要求控制施工进度，是施工方履行合同的义务。在进度计划编制方面，施工方应视项目的特点和施工进度控制的需要，编制深度不同的控制性、指导性和实施性的进度计划，以及不同计划周期（年度、季度、月度和旬）的施工计划等。

为了有效地控制施工进度，尽可能摆脱因进度压力造成工程组织的被动，施工方有关管理人员应深化理解以下方面。

（1）整个建设工程项目的进度目标如何确定。
（2）主要有哪些因素影响整个建设工程项目进度目标的实现。
（3）如何正确处理工程进度和工程质量的关系。
（4）施工方在保证整个建设工程项目进度目标实现中的地位和作用。
（5）影响施工进度目标实现的主要因素。
（6）施工进度控制的基本理论、方法、措施和手段等。

供货方进度控制的任务，是依据供货合同对供货的要求控制供货进度，这是供货方履行合同的义务。供货进度计划应包括供货的所有环节，如采购、加工制造、运输等。

3. 项目进度计划系统的建立

1）项目进度计划系统的内涵

建设工程的项目进度计划系统是由多个相互关联的进度计划组成的系统，是项目进度控制的依据。由于各种进度计划编制的必要资料是在项目进展过程中逐步形成的，因此项目进度计划系统的建立和完善也有一个过程。

2）项目进度计划系统的类型

根据项目进度控制的不同需要和不同用途，业主方和项目各参与方可以构建下列不同类型的项目进度计划系统。

（1）由多个相互关联的不同计划深度的进度计划组成的计划系统，具体如下。
① 总进度规划（计划）。
② 项目子系统进度规划（计划）。
③ 项目子系统中的单项工程进度计划。

（2）由多个相互关联的不同计划功能的进度计划组成的计划系统，具体如下。
① 控制性进度规划（计划）。
② 指导性进度规划（计划）。
③ 实施性（操作性）进度计划。

（3）由多个相互关联的不同项目参与方的进度计划组成的计划系统，具体如下。
① 业主方编制的整个项目实施的进度计划。
② 设计进度计划。
③ 施工和设备安装进度计划。
④ 采购和供货进度计划。

（4）由多个相互关联的不同计划周期的进度计划组成的计划系统等，具体如下。
① 5年建设进度计划。
② 年度、季度、月度和旬计划等。

3）项目进度计划系统的内部关系

在项目进度计划系统中，各进度计划或各子系统进度计划在编制和调整时必须注意相互间的联系和协调，具体如下。

(1)总进度规划(计划)、项目子系统进度规划(计划)与项目子系统中的单项工程进度计划之间的联系和协调。

(2)控制性进度规划(计划)、指导性进度规划(计划)与实施性(操作性)进度计划之间的联系和协调。

(3)业主方编制的整个项目实施的进度计划、设计方编制的进度计划、施工和设备安装方编制的进度计划与采购和供货方编制的进度计划之间的联系和协调。

4)计算机辅助建设工程项目进度控制

国外有很多用于进度计划编制的商业软件,自 20 世纪 70 年代末期开始,我国也开始研制进度计划编制的软件,这些软件都是在工程网络计划原理的基础上设计的。应用这些软件可以实现计算机辅助建设工程项目进度计划的编制和调整,以确定工程网络计划的时间参数。

计算机辅助建设工程项目进度控制的意义如下。

(1)解决工程网络计划计算量大,导致手工计算难以承担的问题。

(2)确保工程网络计划计算的准确性。

(3)有利于工程网络计划及时调整。

(4)有利于编制资源需求计划等。

特别提示

进度控制是一个动态编制和调整计划的过程,初始的进度计划和在项目实施过程中不断调整的计划,以及与进度控制有关的信息应尽可能对项目各参与方透明,以便各方为实现项目的进度目标协同工作。为使业主方各工作部门和项目各参与方方便快捷地获取进度信息,可利用项目信息门户作为基于互联网的信息处理平台来辅助进度控制,如图 6-8 所示。

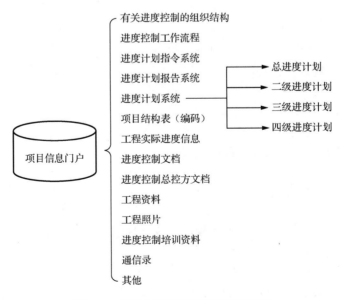

图 6-8 项目信息门户提供的进度信息

6.3.2 建设工程项目总进度目标的论证

1. 项目总进度目标论证的工作内容

建设工程的项目总进度目标指的是整个工程项目的进度目标,它是在项目投资决策阶段定义项目时确定的。项目管理的主要任务,是在项目的实施阶段对项目的相关目标进行控制。项目总进度目标的控制是业主方项目管理的任务,若采用建设工程项目总承包模式,则协助建设单位进行项目总进度目标的控制也是项目总承包方项目管理的任务。在进行项目总进度目标控制前,首先应分析和论证项目总进度目标实现的可能性。若项目总进度目标不可能实现,则项目管理者应提出调整项目总进度目标的建议,并提请项目决策者审议。

在项目的实施阶段,项目总进度应包括以下内容。
(1) 设计前准备阶段的工作进度。
(2) 设计进度。
(3) 招标进度。
(4) 施工前准备阶段的工作进度。
(5) 施工和设备安装进度。
(6) 工程物资采购进度。
(7) 项目动用前准备阶段的工作进度等。

开展项目总进度目标的论证,应分析和论证上述各项工作进度,以及上述各项工作进度的相互关系。由于此时往往还没有掌握比较详细的设计资料,也缺乏比较全面的有关工程发包的组织、施工组织、施工技术及其他有关项目实施条件的资料,因此,项目总进度目标论证并不是单纯的总进度规划(计划)的编制工作,它涉及许多工程实施的条件分析和工程实施策划方面的问题。

大型建设工程项目总进度目标论证的核心工作,是通过编制总进度纲要论证项目总进度目标实现的可能性。总进度纲要的主要内容如下。
(1) 项目实施的总体部署。
(2) 总进度规划(计划)。
(3) 各子系统进度规划(计划)。
(4) 确定里程碑事件的计划进度目标。
(5) 总进度目标实现的条件和应采取的措施等。

2. 项目总进度目标论证的工作步骤

项目总进度目标论证的工作步骤如下。
(1) 调查研究和收集资料。具体工作如下。
① 了解和收集项目决策阶段有关项目进度目标确定的情况和资料。
② 收集与进度有关的该项目的组织、管理、经济和技术资料。
③ 收集类似项目的进度资料。
④ 了解和调查该项目的总体部署。
⑤ 了解和调查该项目实施的主客观条件等。

(2）项目结构分析。大型建设工程项目的结构分析是根据编制总进度纲要的需要，将整个项目进行逐层分解，并确立相应的工作任务目录，各级工作任务目录如下。

① 一级工作任务目录，将整个项目划分成若干个子系统。
② 二级工作任务目录，将每一个子系统分解为若干个子项目。
③ 三级工作任务目录，将每一个子项目分解为若干个工作项。

整个项目划分成多少结构层，应根据项目的规模和特点而定。

(3）项目进度计划系统的结构分析。大型建设工程项目的进度计划系统一般由多层计划构成，其划分类似于项目结构分析中的工作任务目录划分。

(4）项目的工作编码。项目的工作编码指的是对每一个工作项的编码，编码有各种方式，编码时应考虑下述因素。

① 对不同计划层的标识。
② 对不同计划对象（如不同子项目）的标识。
③ 对不同工作（如设计工作、招标工作和施工工作等）的标识。

(5）编制各层进度计划。
(6）协调各层进度计划的关系，编制总进度计划。
(7）若所编制的总进度计划不符合项目的进度目标，则设法调整。
(8）若经过多次调整，进度目标仍无法实现，则需报告项目决策者。

6.3.3 建设工程项目流水施工进度计划

1. 流水作业

流水作业是行之有效的，在工程施工中广泛使用的科学组织作业计划方法，其实质就是连续作业和均衡作业。组织流水作业需具备以下条件。

组织流水作业

（1）把工程项目分解为若干个作业过程，每个作业过程分别由固定的专业工作队实施完成。其目的是逐一实现局部对象的作业，从而使整体作业对象得以实现。

（2）把工程项目尽可能划分为劳动量大致相等的流水段。划分流水段是为了把工程项目划分为"批量"的假定产品，从而形成流水作业的前提。

（3）确定各工作队在各流水段内的工作持续时间。这个工作时间又称为流水节拍，代表作业的节奏性。

（4）各工作队按一定的工艺，配备必要的机具，依次、连续地由一个流水段转移到另一流水段，反复完成同类工作。由于工程项目的产品是在固定的地点生产的，所以"流水"的是工作队。

（5）将不同工作队完成各作业过程的时间适当地搭接起来。搭接是为了节省时间，也往往是连续作业或工艺上的要求，搭接时间需要经过计算确定，并在工艺上可行。

通过组织流水作业，可以节省工作时间，实现均衡、有节奏的作业，提高劳动生产率。

2. 流水施工参数

流水施工是在研究工程特点和施工条件的基础上，通过一系列参数的计算组织流水作业来实现的。流水施工的主要参数,按其性质不同,可以分为工艺参数、空间参数和时间参数。

1)工艺参数

工艺参数是指在组织流水施工时,用以表达流水施工在施工工艺上开展顺序及其特征的参数,具体而言,是指在组织流水施工时,将施工项目的整个建造过程分解为施工过程的种类、性质和数目的总称。通常,工艺参数包括施工过程和流水强度两种。

(1)施工过程。

在施工项目施工中,施工过程所包括的范围可大可小,既可以是分部分项工程,也可以是单位工程或单项工程。它是流水施工的基本参数之一,根据工艺性质不同,它分为制备类施工过程、运输类施工过程、砌筑安装类施工过程三种。施工过程的数目,一般以"n"表示。

(2)流水强度。

某施工过程在单位时间内所完成的工程量,称为该施工过程的流水强度,一般以"V_i"表示,由以下公式计算求得。

机械操作流水强度

$$V_i = \sum_{i=1}^{X} R_i \cdot S_i \quad (6\text{-}1)$$

式中 V_i——某施工过程 i 的机械操作流水强度;
  R_i——投入施工过程 i 的某种施工机械台数;
  S_i——投入施工过程 i 的某种施工机械产量定额;
  X——投入施工过程 i 的施工机械种类数。

人工操作流水强度

$$V_i = R_i \cdot S_i \quad (6\text{-}2)$$

式中 V_i——某施工过程 i 的人工操作流水强度;
  R_i——投入施工过程 i 的专业工作队工人数;
  S_i——投入施工过程 i 的专业工作队平均产量定额。

2)空间参数

在组织流水施工时,用以表达流水施工在空间布置上所处状态的参数,称为空间参数,主要有工作面、施工段和施工层三种。

(1)工作面。

某专业工种的工人在从事施工项目产品施工、生产、加工过程中,所必须具备的活动空间称为工作面。它是根据相应工种单位时间内的产量定额、工程操作规程和安全规程等要求确定的。

(2)施工段。

在组织流水施工时,通常把施工项目在平面上划分成若干个劳动量大致相当的施工区域,这些施工区域称为施工段,数目一般用"m"表示。施工段数 m 与施工过程数 n 之间的关系,有 $m>n$、$m<n$、$m=n$ 三种情况。

施工段划分的原则如下。

① 专业工作队在各个施工段上的劳动量要大致相等，其相差幅度不宜超过 10%～15%。

② 对多层或高层建筑物，施工段的数目要满足合理流水施工组织的要求，即 $m \geq n$。

③ 为了充分发挥工人、主导机械的效率，每个施工段要有足够的工作面，使其所容纳的劳动力或机械台数能满足合理劳动组织的要求。

④ 为了保证施工项目的结构整体完整性，施工段的划分界线尽可能与结构的自然界线（如变形缝等）相一致；如果必须将划分界线设在墙体中间时，应将其设在对结构整体影响小的门窗洞口等部位，以减少对结构的不利影响。

⑤ 组织楼层结构流水施工时，为了使各工作队能连续施工，上一层的施工必须在下一层对应部位完成后才可能开始。即各工作队完成第一段后，能立即转入第二段；完成第一层的最后一段，能立即转入第二层的第一段。

⑥ 对于多层施工项目，既要划分施工段，又要划分施工层，以保证相应的专业工作队能够在施工段与施工层之间组织有节奏、连续、均衡的流水作业。

（3）施工层。

在组织流水施工时，为了满足专业工种对操作高度和施工工艺的要求，将施工项目在竖向上分为若干个操作层，这些操作层称为施工层，数目一般用"r"表示。

【例 6-1】某建筑物局部二层，现浇钢筋混凝土结构，按照施工段划分的原则，在平面上将其分成 4 个施工段，即 $m=4$；在竖向上划分为 2 个施工层，即结构层与施工层一致；现浇结构的施工过程为支模板、绑扎钢筋和浇筑混凝土，即 $n=3$；各个施工过程在各施工段上的持续时间为 3 天，即 $t_i=3$。流水施工进度图如图 6-9 所示。

解：由图 6-9 得，当 $m>n$ 时，各专业工作队能够连续作业，但施工段有空闲，图中各施工段在第一层混凝土浇筑完成后，均空闲 3 天，即工作面空闲 3 天。这种空闲可用于弥补由于技术组织间歇和备料等要求所必需的时间。

施工层	施工过程名称	施工进度（天）									
		3	6	9	12	15	18	21	24	27	30
I	支模板	①	②	③	④						
	绑扎钢筋		①	②	③	④					
	浇筑混凝土			①	②	③	④				
II	支模板					①	②	③	④		
	绑扎钢筋						①	②	③	④	
	浇筑混凝土							①	②	③	④

图 6-9 例 6-1 的流水施工进度图

在实际施工中，若某些施工过程需要考虑技术组织间歇等，则可用以下公式确定每一层的最少施工段数。

$$m_{\min} = n + \frac{\sum Z}{K} \tag{6-3}$$

式中 $m_{\min}$——每层需划分的最少施工段数；

n——施工过程数或专业工作队数；

$\sum Z$——某些施工过程要求的技术组织间歇时间的总和；

K——流水步距。

【**例 6-2**】在例 6-1 中，如果流水步距 $K=3$，第一层混凝土浇筑完毕，要求养护 6 天后才能进行第二层的施工，则为了保证专业工作队连续作业，至少应划分多少个施工段？

解：根据式（6-3）得

$$m_{\min} = n + \frac{\sum Z}{K} = 3+6/3=5（段）$$

按 $m=5$、$n=3$ 绘制流水施工进度图，如图 6-10 所示。

施工层	施工过程名称	施工进度（天）										
		3	6	9	12	15	18	21	24	27	30	33	36
I	支模板	①	②	③	④	⑤							
	绑扎钢筋		①	②	③	④	⑤						
	浇筑混凝土			①	②	③	④	⑤					
II	支模板					Z=6天		①	②	③	④	⑤	
	绑扎钢筋								①	②	③	④	⑤
	浇筑混凝土									①	②	③	④	⑤

图 6-10 $m>n$ 时流水施工进度图

【**例 6-3**】在例 6-1 中，如果将该建筑物在平面上划分为 3 个施工段，即 $m=3$，其余不变，则此时的流水施工开展状况如何？

解：$m=3$，即 $m=n$，此时的流水施工进度图如图 6-11 所示。

由图 6-11 可以看出，当 $m=n$ 时，各专业工作队能连续施工，施工过程没有空闲，这是理想化的流水施工方案。

【**例 6-4**】在例 6-1 中，如果将其在平面上划分成两个施工段，即 $m=2$，其余不变，则流水施工开展状况如何？

解：$m=2$，即 $m<n$，此时的流水施工进度图如图 6-12 所示。

在图 6-12 中，支模板工作队完成第一层的施工任务后，要停工 3 天才能进行第二层第一段的施工，其他工作队同样也要停工 3 天，即当 $m<n$ 时，工作队在一个工程中会因不能连续施工而窝工。

施工层	施工过程名称	施工进度（天）							
		3	6	9	12	15	18	21	24
Ⅰ	支模板	①	②	③					
	绑扎钢筋		①	②	③				
	浇筑混凝土			①	②	③			
Ⅱ	支模板				①	②	③		
	绑扎钢筋					①	②	③	
	浇筑混凝土						①	②	③

图 6-11　$m=n$ 时流水施工进度图

施工层	施工过程名称	施工进度（天）						
		3	6	9	12	15	18	21
Ⅰ	支模板	①	②					
	绑扎钢筋		①	②				
	浇筑混凝土			①	②			
Ⅱ	支模板				①	②		
	绑扎钢筋					①	②	
	浇筑混凝土						①	②

图 6-12　$m<n$ 时流水施工进度图

特别提示

从以上三种情况可以看出，当施工段数目过多时，必然导致工作面闲置，不利于缩短工期。而且要想保证专业工作队能够连续施工，必须满足 $m \geqslant n$。

3）时间参数

时间参数是流水施工中反映施工过程在时间排列上所处状态的参数，一般有流水节拍、流水步距、工期，以及平行搭接时间、技术组织间歇时间等。

（1）流水节拍。

流水节拍是指从事某一施工过程的专业工作队在一个施工段上完成施工任务所需的时间，用符号"t_i"表示。它是流水施工的基本参数之一，其数值的确定可采用以下几种方法。

① 定额计算法。定额计算法的计算公式如下。

$$t_i = \frac{Q_i}{S_i \cdot R_i \cdot N_i} = \frac{P_i}{R_i \cdot N_i} \tag{6-4}$$

$$\text{或 } t_i = \frac{Q_i \cdot H_i}{R_i \cdot N_i} = \frac{P_i}{R_i \cdot N_i} \tag{6-5}$$

$$P_i = \frac{Q_i}{S_i} = Q_i \cdot H_i \tag{6-6}$$

式中　t_i——某专业工作队在第 i 施工段的流水节拍；
　　　Q_i——某专业工作队在第 i 施工段要完成的工程量；
　　　S_i——某专业工作队的计划产量定额；
　　　H_i——某专业工作队的计划时间定额；
　　　P_i——某专业工作队在第 i 施工段需要的劳动量或机械台班数量；
　　　R_i——某专业工作队投入的工作人数或机械台数；
　　　N_i——某专业工作队的工作班次。

② 经验估算法。经验估算法是根据以往的施工经验进行估算。一般为了提高其准确程度，往往先估算出该流水节拍的最短（a）、最长（b）和正常（最可能）（c）三种时间，然后根据式（6-7）求出期望时间，作为某专业工作队在某施工段上的流水节拍。因此，本方法也被称为三种时间估算法。

$$t_i = \frac{a + 4c + b}{6} \tag{6-7}$$

③ 工期计算法。对于某些施工任务在规定日期内必须完成的工程项目，往往采用倒排进度法，即根据工期倒排进度，确定某施工过程的工作持续时间，然后确定某施工过程在某施工段上的流水节拍。若同一施工过程的流水节拍不等，则用经验估算法计算流水节拍；若流水节拍相等，则按式（6-8）进行计算。

$$t_i = \frac{T}{m} \tag{6-8}$$

式中　T——某施工过程的工作持续时间；
　　　m——某施工过程划分的施工段数。

（2）流水步距。

流水步距是指相邻两个专业作业队依次进入流水施工的时间间隔，以"K"表示。流水步距的确定应保证专业作业队按要求连续施工，不停工、窝工，并保证合理的技术组织间歇及合理的施工作业程序，即不发生前一期施工过程尚未全部完成，后一施工过程便开始施工的现象，以免影响施工的均衡性。当然，在技术可行的前提下，某些次要的专业作业队提前插入是可以的，但该种情况不宜过多。

① 确定流水步距的原则。
a. 流水步距要满足相邻两个专业工作队在施工顺序上的相互制约关系。
b. 流水步距要保证各专业工作队能连续作业。
c. 流水步距要保证相邻两个专业工作队在开工时间上最大限度地合理搭接。
d. 流水步距的确定要保证工程质量，满足安全生产。

② 确定流水步距的方法。

a. 当同一施工过程流水节拍相等时，流水步距的计算公式如下。

$$K_{i,i+1}=t_i+(Z-D)，当 t_i \leqslant t_{i+1} 时 \quad (6-9)$$

$$K_{i,i+1}=m \cdot t_i-(m-1)t_{i+1}+(Z-D)，当 t_i > t_{i+1} 时 \quad (6-10)$$

式中　$K_{i,i+1}$——相邻的两个施工过程"i"和"$i+1$"的流水步距；

　　　t_i——第 i 个施工过程的流水节拍；

　　　t_{i+1}——第 $i+1$ 个施工过程的流水节拍；

　　　Z——第 i 个施工过程与第 $i+1$ 个施工过程之间的技术组织间歇时间；

　　　D——第 i 个施工过程与第 $i+1$ 个施工过程之间的搭接时间，即第 i 个施工过程允许第 $i+1$ 个施工过程提前插入的时间。

b. 当同一施工过程流水节拍不完全相等时，可采用"数列累加、错位相减、取最大差"的方法。

应当注意，上述所列流水步距 K 的计算方法，前提是所有的专业作业队连续施工，如果部分施工过程有间断，则流水步距应另视具体情况而定。

（3）工期。

工期是指从第一个专业作业队投入流水施工开始，到最后一个专业作业队完成最后一个施工过程的最后一个施工段退出流水施工为止的整个持续时间，以"T"表示。工期可按下式计算。

$$T = \sum K + T_N \quad (6-11)$$

式中　$\sum K$——流水施工中各流水步距之和；

　　　T_N——最后一个专业作业队持续工作时间。

3. 流水施工组织方法

流水施工一般按流水节拍的特征进行分类，可以分为有节奏流水施工和无节奏流水施工。

1）有节奏流水施工

有节奏流水施工是同一施工过程在各施工段上的流水节拍相等的流水施工方法，又可以分为等节奏流水施工和异节奏流水施工。

（1）等节奏流水施工。等节奏流水施工是指同一施工过程在各施工段上的流水节拍相等，不同的施工过程的流水节拍也全部相等的流水施工组织方法。等节奏流水施工因各施工过程的流水节拍等于常数（一般表述为"$t_i=t$"），又称为全等节拍流水施工或固定节拍流水施工。等节奏流水施工工期的计算方法如下。

① 无层间施工，无技术组织间歇 Z_1 及层间间歇 Z_2。

$$T=(m+n-1) \cdot t \quad (6-12)$$

② 无层间施工，有技术组织间歇 Z_1，无层间间歇 Z_2。

$$T=(m+n-1) \cdot t+\sum Z_1 \quad (6-13)$$

式中　$\sum Z_1$——所有技术组织间歇之和。

③ 有层间施工，有技术组织间歇 Z_1 及层间间歇 Z_2。

| 每层施工段数 | $m_0 \geq n + \dfrac{\sum Z_1}{K} + \dfrac{Z_2}{K}$ | (6-14) |

| 总施工段数 | $m = m_0 \cdot j$ | (6-15) |

| 工期 | $T = (m+n-1) \cdot t + \sum Z_1$ | (6-16) |

式中 j——施工层数。

（2）异节奏流水施工。异节奏流水施工是指有节奏流水施工中，同一施工过程的流水节拍相等，不同施工过程的流水节拍不尽相等。异节奏流水施工通常可以采用两种组织方式，第一，可以按无节奏流水施工的形式组织，不管流水节拍特征如何，这种方式在一般情况下都可以采用；第二，特殊情况下，不同施工过程的流水节拍可能成倍数，即各施工过程的流水节拍均是最小流水节拍的整数倍时，可以采用成倍节拍流水施工的组织形式。

成倍节拍流水施工的组织要点如下。

对节拍值大的施工过程成倍地派专业工作队，专业工作队数量

$$b_i = \dfrac{t_i}{t_{\min}} \tag{6-17}$$

式中 b_i——第 i 个施工过程的专业工作队数量；

t_i——第 i 个施工过程的流水节拍；

$t_{\min}$——所有流水节拍中的最小值。

专业作业队总数

$$n' = \sum b_i \tag{6-18}$$

令每个专业作业队按一定的时间间隔依次投入施工，即令流水步距 $K=t$，其余的要求同一般流水施工，则成倍节拍流水施工工期的计算方法如下。

① 无层间施工，无技术组织间歇 Z_1 及层间间歇 Z_2。

$$T = (m+n'-1) \cdot t_{\min}$$

② 无层间施工，有技术组织间歇 Z_1，无层间间歇 Z_2。

$$T = (m+n'-1) \cdot t_{\min} + \sum Z_1 \tag{6-19}$$

③ 有层间施工，有技术组织间歇 Z_1 及层间间歇 Z_2。

| 每层施工段数 | $m_0 \geq n' + \dfrac{\sum Z_1}{K} + \dfrac{Z_2}{K}$ | (6-20) |

| 总施工段数 | $m = m_0 \cdot j$ | (6-21) |

| 工期 | $T = (m+n'-1) \cdot t_{\min} + \sum Z_1$ | (6-22) |

2）无节奏流水施工

无节奏流水施工是指同一施工过程在各施工段上的流水节拍不完全相等的流水施工组织方法。实际施工中，等节奏流水施工和成倍节拍流水施工往往是难以组织的，而无节奏流水施工则很常见。无节奏流水施工的组织要点如下。

流水节拍

$$t = \dfrac{Q}{S \cdot R \cdot b} = \dfrac{Q \cdot H}{R \cdot b} = \dfrac{P}{R \cdot b} \tag{6-23}$$

式中 t——流水节拍；

Q——一个施工段的工作量；

R——专业工作队的人数或机械台数;
S——产量定额,即单位时间(工作日或台班)完成的工作量;
H——时间定额,即完成单位工作量所需的时间(工作日或台班);
b——每天施工班数;
P——一个施工段的劳动量或台班量。

流水步距的计算可采用"数列累加、错位相减、取最大差"法。

工期可按式(6-11)计算。

6.3.4 建设工程项目进度计划的编制

1. 横道图进度计划的编制

横道图又称甘特图,是最简单、运用最广泛的一种传统的进度计划方法,尽管已出现许多新的计划技术,横道图在建设领域中的应用仍非常普遍。

横道图的表头通常为工作及其简要说明,项目进展表示在时间表格上,如图 6-13 所示。按照所表示工作的详细程度,时间单位可以为小时、天、周、月等。这些时间单位经常用日历表示,此时可以只表示出非工作时间,如停工时间、公众假日、假期等。根据使用者的要求,工作可按照时间先后、责任、项目对象、同类资源等进行排序。

施工进度计划横道图

序号	项目名称	进度计划(总工期60天)					
		3月1日至3月10日	3月11日至3月20日	3月21日至3月30日	4月1日至4月10日	4月11日至4月20日	4月21日至4月30日
1	施工准备						
2	地基工程						
3	道路工程						
4	垃圾坝工程						
5	竣工验收						

图 6-13 横道图示例

横道图时间表格中的进度线(横道)与时间坐标相对应,这种表达方式较直观,易看懂计划编制的意图。横道图可将最重要的逻辑关系标注在内,如将工作简要说明直接放在横道上。但如果将所有逻辑关系均标注在图上,则横道图的最大优点简洁性将丧失。

横道图一般应用于小型项目或大型项目的子项目上,或用于计算资源需要量和概要预示进度,也可用于其他计划技术的表示。

横道图进度计划表示方法存在以下问题。

(1)工序(工作)之间的逻辑关系可以设法表达,但不易表达清楚。

(2)适用于手工编制计划。

(3)没有通过严谨的进度计划时间参数计算,不能确定计划的关键工作、关键路线与时差。

(4)计划调整只能用手工方式进行,其工作量较大。

(5)难以适应大的进度计划系统。

2. 工程网络计划的编制

在国际上,工程网络计划有许多名称,如 CPM(critical path method)、CPA(critical path analysis)、PERT(program evaluation and review technique)、MPM(manufacturing process management)等。

工程网络计划的类型可以按不同的方法划分。如按工作持续时间的特点,可以划分为肯定型问题的网络计划、非肯定型问题的网络计划和随机网络计划等;按计划平面的个数,可以划分为单平面网络计划和多平面网络计划(也称多阶网络计划、分级网络计划)。

按工作和事件在网络图中的表示方法,工程网络计划可以划分为事件网络和工作网络。事件网络是指以节点表示事件的网络计划。工作网络包括以箭线表示工作的网络计划(双代号网络计划),和以节点表示工作的网络计划(单代号网络计划)。

我国现行行业标准《工程网络计划技术规程》(JGJ/T 121—2015)推荐使用的工程网络计划类型包括双代号网络计划、双代号时标网络计划、单代号网络计划和单代号搭接网络计划。美国多使用双代号网络计划,欧洲则更多使用单代号搭接网络计划。

1)双代号网络计划

双代号网络计划用双代号网络图表示。双代号网络图是以箭线或其两端节点的编号表示工作的网络图,如图 6-14 所示。

(1)箭线(工作)。

工作是泛指一项需要消耗人力、物力和时间的具体活动过程,也称工序、活动、作业。在双代号网络图中,每一条箭线表示一项工作。箭线的箭尾节点 i 表示该工作的开始,箭线的箭头节点 j 表示该工作的完成;工作名称可标注在箭线的上方,完成该项工作所需要的持续时间可标注在箭线的下方,如图 6-15 所示。由于在网络图中,一项工作可用一条箭线或其箭尾与箭头处两个节点中的编号来表示,故称为双代号网络计划。

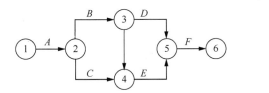

图 6-14 双代号网络图　　图 6-15 双代号网络图工作

在双代号网络图中,通常将工作用"$i—j$ 工作"表示。紧排在本工作之前的工作称为紧前工作,紧排在本工作之后的工作称为紧后工作,与之平行进行的工作称为平行工作。

双代号网络图中的任意一条实箭线都要占用时间,且多数要消耗资源。在建设工程项目中,一条实箭线表示项目中的一个施工过程,它可以是一道工序、一个分项工程、一个分部工程或一个单位工程,其粗细程度和工作范围的划分根据计划任务的需要确定。

为了正确地表达图中工作之间的逻辑关系,往往还需要应用虚箭线。虚箭线是实际工作中并不存在的一项虚设工作,它既不占用时间也不消耗资源,一般起着工作之间的联系、区分和断路三个作用:联系作用是指应用虚箭线正确表达工作之间相互依存的关系;区分作用是指双代号网络图中每一项工作都必须用一条箭线和两个节点编号表示,当两项工作的节点编号相同时,应使用虚箭线对工作加以区分,如图 6-16 所示;断路作用是指用虚箭线断掉多余联系,即若要在网络图中把无联系的工作连接上,应加上虚箭线将工作断开。

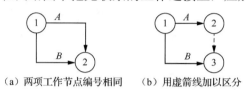

(a) 两项工作节点编号相同　　(b) 用虚箭线加以区分

图 6-16　虚箭线的区分作用

在无时间坐标的网络图中,箭线的长度原则上可以任意画,其占用的时间以下方标注的持续时间为准。箭线可为直线、折线或斜线,但其行进方向均应从左向右。在有时间坐标的网络图中,箭线的长度必须根据完成该工作所需持续时间的长短按比例绘制。

(2) 节点(事件)。

节点是网络图中箭线之间的连接点。在时间上,节点表示指向某节点的工作全部完成后该节点后面的工作才能开始的瞬间,它反映前后工作的交接点。网络图中有三种类型的节点。

① 起点节点:网络图的第一个节点,它只有外向箭线(由节点向外指的箭线),一般表示一项任务或一个项目的开始。

② 终点节点:网络图的最后一个节点,它只有内向箭线(指向节点的箭线),一般表示一项任务或一个项目的完成。

③ 中间节点:网络图中既有内向箭线又有外向箭线的节点。

在双代号网络图中,节点应用圆圈表示,并在圆圈内标注编号。一项工作应当只有唯一的一条箭线和相应的一对节点,且要求箭尾节点的编号小于其箭头节点的编号,即 $i<j$。网络图节点的编号顺序应从小到大,可不连续,但不允许重复。

(3) 线路。

线路是指网络图中从起始节点开始,沿箭头方向顺序通过一系列箭线与节点,最后达到终点节点的通路。在一个网络图中可能有多条线路,线路中各项工作持续时间之和就是该线路的长度,即线路所需要的时间。一般每条线路可依次用该线路上的节点代号来记述,如图 6-14 的双代号网络图中有三条线路:①—②—③—⑤—⑥、①—②—④—⑤—⑥、①—②—③—④—⑤—⑥。

在各条线路中,有一条或几条线路的总时间最长,称为关键路线,常用双线或粗线标注。其他线路长度均小于关键线路,称为非关键线路。

(4) 逻辑关系。

逻辑关系是指网络图中工作之间相互制约或相互依赖的关系,包括工艺关系和组织关系,在网络图中均应表现为工作之间的先后顺序。

① 工艺关系:生产性工作之间由工艺过程决定的、非生产性工作之间由工作程序决定的先后顺序。

② 组织关系:工作之间由于组织安排需要或资源(人力、材料、机具设备和资金等)调配需要而确定的先后顺序。

（5）绘图规则。

网络图必须正确地表达整个工程或任务的工艺流程和各工作开展的先后顺序，以及它们之间相互制约和相互依赖的逻辑关系。因此，绘制网络图时必须遵循一定的基本规则和要求。双代号网络图的绘图规则如下。

① 双代号网络图必须正确表达已确定的逻辑关系。网络图中常见的各种工作逻辑关系表示方法见表 6-9。

绘图规则

表 6-9 网络图中常见的各种工作逻辑关系表示方法

序号	工作之间的逻辑关系	网络图中的表示方法
1	A 完成后进行 B 和 C	
2	A、B 均完成后进行 C	
3	A、B 均完成后同时进行 C 和 D	
4	A 完成后进行 C，A、B 均完成后进行 D	
5	A、B 均完成后进行 D，A、B、C 均完成后进行 E，D、E 均完成后进行 F	
6	A、B 均完成后进行 C，B、D 均完成后进行 E	
7	A、B、C 均完成后进行 D，B、C 均完成后进行 E	

续表

序号	工作之间的逻辑关系	网络图中的表示方法
8	A 完成后进行 C，A、B 均完成后进行 D，B 完成后进行 E	
9	A、B 两项工作分成三个施工段，分段流水施工：A_1 完成后进行 A_2、B_1，A_2 完成后进行 A_3，A_2、B_1 完成后进行 B_2，A_3、B_2 完成后进行 B_3	

② 双代号网络图中不允许出现循环回路。所谓循环回路是指从网络图中的某一个节点出发，顺着箭线方向又回到了原来出发点的线路。

③ 双代号网络图中，在节点之间不能出现带双向箭头或无箭头的连线。

④ 双代号网络图中，不能出现没有箭头节点或没有箭尾节点的箭线。

⑤ 当双代号网络图的某些节点有多条外向箭线或多条内向箭线时，为使图形简洁，可使用母线法绘制（但应满足一项工作用一条箭线和相应的一对节点表示），如图 6-17 所示。

⑥ 双代号网络图中箭线不宜交叉。当交叉不可避免时，可用过桥法或指向法，如图 6-18 所示。

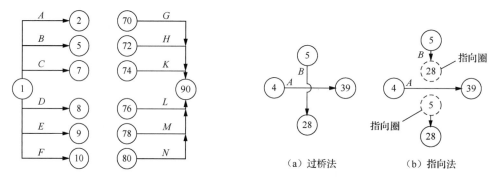

图 6-17 母线法绘图　　图 6-18 箭线交叉的表示方法

⑦ 双代号网络图中应只有一个起点节点和一个终点节点（多目标网络计划除外），而其他所有节点均应是中间节点。

⑧ 双代号网络图应条理清楚，布局合理。例如，网络图中的箭线不宜画成任意方向或曲线形状，应尽可能用水平线或斜线；关键线路、关键工作应尽可能安排在图面中心位置，其他工作分散在两边；避免倒回箭头等。

2）双代号时标网络计划

双代号时标网络计划是以水平时间坐标为尺度编制的双代号网络计划，如图 6-19 所示。双代号时标网络计划中应以实箭线表示工作，以虚箭线表示虚工作，以波形线表示工作的自由时差。

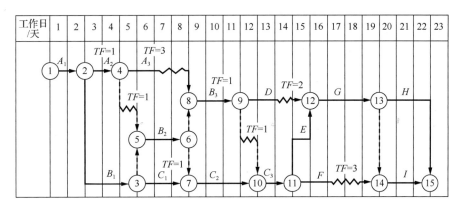

图 6-19 双代号时标网络计划示例

(1) 双代号时标网络计划的特点。

① 双代号时标网络计划兼有网络图与横道图的优点，能够清楚地表明计划的时间进程，使用方便。

② 双代号时标网络计划能在图上直接显示出各项工作的开始与完成时间、工作的自由时差及关键线路。

③ 在双代号时标网络计划中可以统计每一个单位时间对资源的需要量，以便进行资源优化和调整。

④ 由于箭线受到时间坐标的限制，当情况发生变化时，对网络计划的修改比较麻烦，往往要重新绘图，但在使用计算机后这一问题已较容易解决。

(2) 一般规定。

① 双代号时标网络计划必须以水平时间坐标为尺度表示工作时间。时标的时间单位应根据需要在编制网络计划之前确定，可为时、天、周、月或季。

② 双代号时标网络计划中所有符号在时间坐标上的水平投影位置，都必须与其时间参数相对应。节点中心必须对准相应的时标位置。

③ 双代号时标网络计划中虚工作必须以垂直方向的虚箭线表示，有自由时差时加波形线表示。

(3) 编制方法。

双代号时标网络计划宜按各个工作的最早开始时间编制。在编制双代号时标网络计划之前，应先按已确定的时间单位绘制出时标计划表，见表 6-10。

表 6-10 时标计划表

日　　历																
时间单位	1	2	3	4	5	6	7	8	9	10	11	12	13	14	15	16
网络计划																
时间单位	1	2	3	4	5	6	7	8	9	10	11	12	13	14	15	16

双代号时标网络计划的编制方法有两种。

① 间接法绘制。先绘制出时标网络计划，计算各工作的最早时间参数，再根据最早时

间参数在时标计划表上确定节点位置,连线完成;当某些工作箭线长度不足以到达该工作的完成节点时,用波形线补足。

② 直接法绘制。根据双代号网络计划中工作之间的逻辑关系及各工作的持续时间,直接在时标计划表上绘制时标网络计划。绘制步骤如下:将起点节点定位在时标计划表的起始刻度线上,按工作持续时间在时标计划表上绘制起点节点的外向箭线;其他工作的开始节点必须在其所有紧前工作都绘出以后,定位在这些紧前工作最早完成时间最大值的时间刻度上;当某些工作的箭线长度不足以到达该节点时,用波形线补足,箭头画在波形线与节点连接处;按上述步骤从左至右依次确定其他节点位置,直至网络计划终点节点定位,绘图完成。

3)单代号网络计划

单代号网络计划以节点或其编号表示工作,以箭线表示工作之间逻辑关系,并在节点中加注节点编号、工作名称和持续时间,以形成单代号网络图,如图6-20所示。

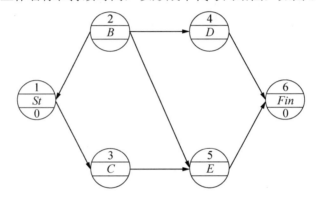

图 6-20　单代号网络图

(1)单代号网络图的特点。

与双代号网络图相比,单代号网络图具有以下特点。

① 工作之间的逻辑关系容易表达,且不使用虚箭线,故绘图较简单。

② 网络图便于检查和修改。

③ 由于工作持续时间表示在节点之中,没有长度,故不够直观。

④ 表示工作之间逻辑关系的箭线可能产生较多的纵横交叉现象。

(2)基本符号。

① 节点:单代号网络图中的每个节点表示一项工作,节点宜用圆圈或矩形表示。节点所表示的节点编号、工作名称和持续时间应标注在节点内,如图6-21所示。

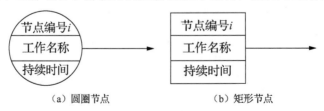

图 6-21　单代号网络图工作的表示方法

单代号网络图中的节点必须编号，其号码可间断，但严禁重复。箭线的箭尾节点编号应小于箭头的节点编号。一项工作必须有唯一的一个节点及相应的一个编号。

② 箭线：单代号网络图中的箭线表示紧邻工作之间的逻辑关系，既不占用时间，也不消耗资源，应画成水平直线、折线或斜线。箭线水平投影的方向应自左向右，表示工作的行进方向。工作之间的逻辑关系包括工艺关系和组织关系，在网络图中均表现为工作之间的先后顺序。

③ 线路：单代号网络图中，各条线路应用该线路上的节点编号从小到大依次表述。

（3）绘图规则。

① 单代号网络图必须正确表达已确定的逻辑关系。

② 不允许出现循环回路。

③ 不能出现双向箭头或无箭头的连线。

④ 不能出现没有箭尾节点的箭线和没有箭头节点的箭线。

⑤ 绘制网络图时，箭线不宜交叉，当交叉不可避免时，可采用过桥法或指向法绘制。

⑥ 单代号网络图中只应有一个起点节点和一个终点节点。当网络图中有多项起点节点或多项终点节点时，应在网络图的两端分别设置一项虚工作，作为该网络图的起点节点（St）和终点节点（Fin）。

4）单代号搭接网络计划

在普通双代号和单代号网络计划中，各项工作依次按顺序进行，即任何一项工作都必须在它的紧前工作全部完成后才能开始。

图 6-22（a）所示为用横道图表示相邻的 A、B 两工作，A 工作进行 4 天后 B 工作即可开始，而不必要等 A 工作全部完成。这种情况若按依次顺序用网络图表示，就必须把 A 工作分为两部分，即 A_1 和 A_2 工作，此时用双代号网络图表示如图 6-22（b）所示，用单代号网络图表示则如图 6-22（c）所示。

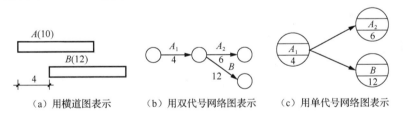

(a) 用横道图表示　　(b) 用双代号网络图表示　　(c) 用单代号网络图表示

图 6-22　A、B 两工作搭接关系的表示方法

但在实际工作中，为了缩短工期，许多工作可采用平行搭接的方式进行。为了简单直接地表达这种搭接关系，使编制网络计划得以简化，于是出现了搭接网络计划方法。单代号搭接网络计划如图 6-23 所示，其中起点节点 St 和终点节点 Fin 为虚拟节点。

（1）基本符号。

① 节点：单代号搭接网络计划中每一个节点表示一项工作，节点的表示方法同单代号网络图，应符合图 6-21 的形式。

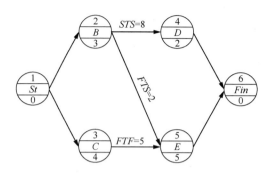

图 6-23 单代号搭接网络计划

② 箭线：单代号搭接网络计划中，箭线及其上面的时距符号表示相邻工作间的逻辑关系，如图 6-24 所示。箭线应画成水平直线、折线或斜线。箭线水平投影的方向应自左向右，表示工作的进行方向。

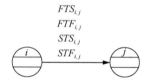

图 6-24 单代号搭接网络计划箭线表示方法

工作的搭接顺序关系是用紧前工作的开始或完成时间与其紧后工作的开始或完成时间之间的间距（即时距）来表示的，具体有以下四类：

$FTS_{i,j}$——紧前工作 i 完成时间与其紧后工作 j 开始时间的时间间距；

$FTF_{i,j}$——紧前工作 i 完成时间与其紧后工作 j 完成时间的时间间距；

$STS_{i,j}$——紧前工作 i 开始时间与其紧后工作 j 开始时间的时间间距；

$STF_{i,j}$——紧前工作 i 开始时间与其紧后工作 j 完成时间的时间间距。

工作之间的逻辑关系包括工艺关系和组织关系，在单代号搭接网络计划中均表现为工作之间的先后顺序。

③ 线路：单代号搭接网络计划中，各条线路应用该线路上的节点编号自小到大依次表述，也可用工作名称依次表述。如图 6-23 所示的单代号搭接网络计划中的一条线路可表述为 1→2→5→6，也可表述为 St→B→E→Fin。

④ 时间参数：单代号搭接网络计划中的时间参数的基本内容和形式应按图 6-25 所示标注。工作名称和工作持续时间标注在节点圆圈内，工作的时间参数（如最早开始时间 ES、最早完成时间 EF、最迟开始时间 LS、最迟完成时间 LF、总时差 TF、自由时差 FF）标注在节点圆圈的上下方，而工作之间的时间参数（如时距 $FTS_{i,j}$、$FTF_{i,j}$、$STS_{i,j}$、$STF_{i,j}$ 和间隔时间 $LAG_{i,j}$）标注在联系箭线的上下方。

（2）绘图规则。

单代号搭接网络计划的绘图规则与单代号网络图相同。

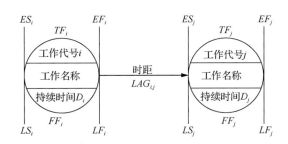

图 6-25　单代号搭接网络计划时间参数标注形式

（3）搭接关系。

单代号搭接网络计划中的搭接关系在工程实践中的具体应用简述如下。

① 时距 $FTS_{i,j}$ 的连接方法：图 6-26 所示为紧前工作 i 的完成时间与紧后工作 j 的开始时间之间的时距和连接方法。

当 $FTS_{i,j}=0$ 时，即紧前工作 i 的完成时间等于紧后工作 j 的开始时间，这时紧前工作与紧后工作紧密衔接；当计划所有相邻工作的 $FTS_{i,j}=0$ 时，整个搭接网络计划就成为一般的单代号网络计划。因此，一般的依次顺序关系只是搭接关系的一种特殊表现形式。

② 时距 $FTF_{i,j}$ 的连接方法：图 6-27 所示为紧前工作 i 完成时间与紧后工作 j 完成时间之间的时距和连接方法。

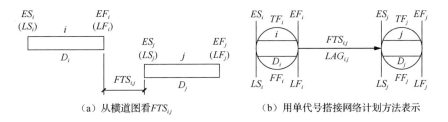

图 6-26　时距 $FTS_{i,j}$ 的表示方法

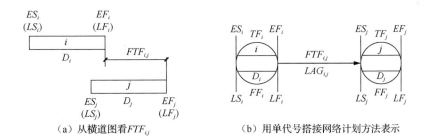

图 6-27　时距 $FTF_{i,j}$ 的表示方法

对于相邻两工作，当紧前工作的施工速度小于紧后工作时，就必须考虑为紧后工作留有充分的工作面，否则紧后工作将因无工作面而无法进行。这种结束工作时间之间的间隔，就是时距 $FTF_{i,j}$。

③ 时距 $STS_{i,j}$ 的连接方法：图 6-28 所示为紧前工作 i 的开始时间与紧后工作 j 的开始时间之间的时距和连接方法。

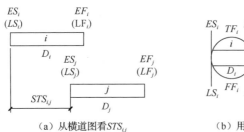

(a) 从横道图看 $STS_{i,j}$　　　(b) 用单代号搭接网络计划方法表示

图 6-28　时距 $STS_{i,j}$ 的表示方法

④ 时距 $STF_{i,j}$ 的连接方法：图 6-29 所示为紧前工作 i 的开始时间与紧后工作 j 的结束时间之间的时距和连接方法。

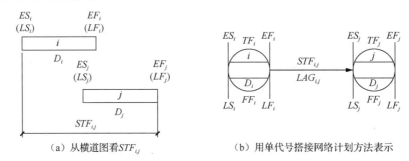

(a) 从横道图看 $STF_{i,j}$　　　(b) 用单代号搭接网络计划方法表示

图 6-29　时距 $STF_{i,j}$ 的表示方法

⑤ 混合时距的连接方法：在搭接网络计划中，两项工作之间可同时由四种基本连接关系中的两种以上来限制工作之间的逻辑关系。例如，i、j 两项工作可能同时由时距 $STS_{i,j}$ 与 $FTF_{i,j}$ 限制，或由时距 $STF_{i,j}$ 与 $FTS_{i,j}$ 限制等。

3. 工程网络计划有关时间参数的计算

1）双代号网络计划时间参数的计算

双代号网络计划时间参数计算的目的在于，通过计算各项工作的时间参数，确定网络计划的关键工作、关键线路和计算工期，为网络计划的优化、调整和执行提供明确的时间参数。双代号网络计划时间参数的计算方法很多，常用的有按工作计算法和按节点计算法。以下只介绍按工作计算法。

（1）时间参数及其符号。

① 持续时间 D_{i-j}：一项工作从开始到完成的时间。

② 工期 T：泛指完成任务所需要的时间，包括以下三种。

a. 计算工期：根据网络计划时间参数计算出来的工期，用 T_c 表示。

b. 要求工期：任务委托人所要求的工期，用 T_r 表示。

c. 计划工期：根据要求工期和计算工期确定的作为实施目标的工期，用 T_p 表示。计划工期 T_p 应按下列情况分别确定。

当已规定了要求工期 T_r 时，应满足

$$T_p \leqslant T_r \tag{6-24}$$

当未规定要求工期 T_r 时，可令计划工期等于计算工期，即
$$T_p=T_c \quad (6\text{-}25)$$

③ 双代号网络计划中工作的六个时间参数，具体如下。

a. 工作最早开始时间 ES_{i-j}：指在各紧前工作全部完成后，工作 i—j 有可能开始的最早时刻。

b. 工作最早完成时间 EF_{i-j}：指在各紧前工作全部完成后，工作 i—j 有可能完成的最早时刻。

c. 工作最迟开始时间 LS_{i-j}：指在不影响整个任务按期完成的前提下，工作 i—j 必须开始的最迟时刻。

d. 工作最迟完成时间 LF_{i-j}：指在不影响整个任务按期完成的前提下，工作 i—j 必须完成的最迟时刻。

e. 总时差 TF_{i-j}：指在不影响总工期的前提下，工作 i—j 可以利用的机动时间。

f. 自由时差 FF_{i-j}：指在不影响其紧后工作最早开始的前提下，工作 i—j 可以利用的机动时间。

按工作计算法计算双代号网络计划中各时间参数，其计算结果应标注在箭线上，如图 6-30 所示。

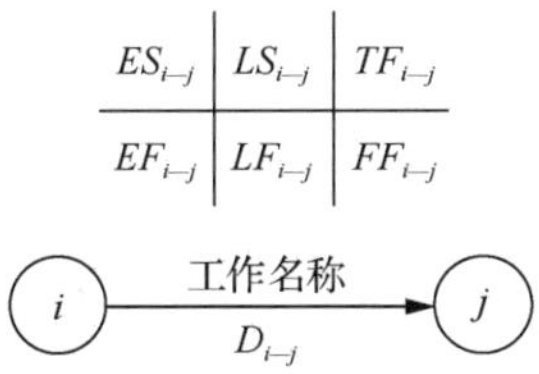

图 6-30 按工作计算法的标注内容

（2）时间参数计算步骤。

按工作计算法计算双代号网络计划的时间参数，必须在清楚计算顺序和计算步骤的基础上列出必要的公式，以加深对时间参数计算的理解。时间参数的计算步骤如下。

① 计算工作最早开始时间和工作最早完成时间。工作最早时间参数受到紧前工作的约束，故其计算顺序应从起点节点开始，顺着箭线方向依次逐项计算。

以网络计划的起点节点为开始节点的工作最早开始时间为零。如网络计划起点节点的编号为 1，则有
$$ES_{i-j}=0 \quad (i=1) \quad (6\text{-}26)$$

工作最早完成时间等于工作最早开始时间加上其持续时间，即
$$EF_{i-j}=ES_{i-j}+D_{i-j} \quad (6\text{-}27)$$

工作最早开始时间等于各紧前工作（h—i）的最早完成时间的最大值，即
$$ES_{i-j}=\max\{EF_{h-i}\} \quad (6\text{-}28)$$
或
$$ES_{i-j}=\max\{ES_{h-i}+D_{h-i}\} \quad (6\text{-}29)$$

② 确定计算工期 T_c 及计划工期 T_p。计算工期等于以网络计划的终点节点为箭头节点的各个工作的最早完成时间的最大值。当网络计划终点节点的编号为 n 时，计算工期为

$$T_c = \max\{EF_{i-n}\} \tag{6-30}$$

当无要求工期的限制时,取计划工期等于计算工期,即取 $T_p=T_c$。

③ 计算工作最迟开始时间和工作最迟完成时间。工作最迟时间参数受到紧后工作的约束,故其计算顺序应从终点节点起,逆着箭线方向依次逐项计算。

以网络计划的终点节点($j=n$)为箭头节点的工作的最迟完成时间等于计划工期,即

$$LF_{i-n}=T_p \tag{6-31}$$

工作最迟开始时间等于工作最迟完成时间减去其持续时间,即

$$LS_{i-j}=LF_{i-j}-D_{i-j} \tag{6-32}$$

工作最迟完成时间等于各紧后工作($j-k$)的最迟开始时间的最小值,即

$$LF_{i-j}=\min\{LS_{j-k}\} \tag{6-33}$$

或

$$LF_{i-j}=\min\{LF_{j-k}-D_{j-k}\} \tag{6-34}$$

④ 计算总时差。总时差等于其工作最迟开始时间减去工作最早开始时间,或等于工作最迟完成时间减去工作最早完成时间,即

$$TF_{i-j}=LS_{i-j}-ES_{i-j} \tag{6-35}$$

或

$$TF_{i-j}=LF_{i-j}-EF_{i-j} \tag{6-36}$$

⑤ 计算自由时差。当工作 $i—j$ 有紧后工作 $j—k$ 时,其自由时差应为

$$FF_{i-j}=ES_{j-k}-EF_{i-j} \tag{6-37}$$

或

$$FF_{i-j}=ES_{j-k}-ES_{i-j}-D_{i-j} \tag{6-38}$$

以网络计划的终点节点($j=n$)为箭头节点的工作,其自由时差 FF_{i-n} 应按网络计划的计划工期 T_p 确定,即

$$FF_{i-n}=T_p-EF_{i-n} \tag{6-39}$$

(3) 关键工作和关键线路的确定。

① 关键工作:网络计划中总时差最小的工作。

② 关键线路:自始至终全部由关键工作组成的线路,或总的工作持续时间最长的线路。网络图上的关键线路可用双线、粗线或彩色线标注。

【例 6-5】网络计划的已知资料见表 6-11,试绘制双代号网络图。若计划工期等于计算工期,试计算各项工作的六个时间参数及确定关键线路,并标注在网络图上。

表 6-11 某网络计划工作逻辑关系及持续时间表

工作	紧前工作	紧后工作	持续时间
A_1	—	A_2、B_1	2
A_2	A_1	A_3、B_2	2
A_3	A_2	B_3	2
B_1	A_1	B_2、C_1	3
B_2	A_2、B_1	B_3、C_2	3

续表

工作	紧前工作	紧后工作	持续时间
B_3	A_3、B_2	D、C_3	3
C_1	B_1	C_2	2
C_2	B_2、C_1	C_3	4
C_3	B_3、C_2	E、F	2
D	B_3	G	2
E	C_3	G	1
F	C_3	I	2
G	D、E	H、I	4
H	G	—	3
I	F、G	—	3

解：根据表6-11中网络计划的有关资料，按照双代号网络图的绘图规则绘制网络图，如图6-31所示。

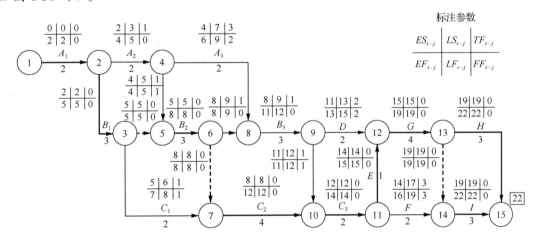

图6-31 双代号网络图计算实例

（1）计算各项工作的最早开始时间和最早完成时间。从起点节点①开始，顺着箭线方向依次逐项计算到终点节点⑮。

① 以网络计划起点节点为开始节点的各工作的最早开始时间为零。工作1—2的最早开始时间 ES_{1-2} 从网络计划的起点节点开始，顺着箭线方向依次逐项计算，因未规定其最早开始时间 ES_{1-2}，故可得

$$ES_{1-2}=0$$

② 计算各项工作的最早开始时间和最早完成时间，如

$$ES_{2-3}=ES_{1-2}+D_{1-2}=0+2=2$$
$$ES_{2-4}=ES_{1-2}+D_{1-2}=0+2=2$$
$$ES_{3-5}=ES_{2-3}+D_{2-3}=2+3=5$$

$$ES_{4-5}=ES_{2-4}+D_{2-4}=2+2=4$$
$$ES_{5-6}=\max\{ES_{3-5}+D_{3-5},\ ES_{4-5}+D_{4-5}\}=\max\{5+0,\ 4+0\}=\max\{5,\ 4\}=5$$

工作最早完成时间就是本工作最早开始时间 ES_{i-j} 与本工作的持续时间 D_{i-j} 之和,如

$$EF_{1-2}=ES_{1-2}+D_{1-2}=0+2=2$$
$$EF_{2-4}=ES_{2-4}+D_{2-4}=2+2=4$$
$$EF_{5-6}=ES_{5-6}+D_{5-6}=5+3=8$$

(2)确定计算工期 T_c 及计划工期 T_p。已知计划工期等于计算工期,即网络计划的计算工期 T_c 取以终点节点⑮为箭头节点的工作 13—15 和工作 14—15 的最早完成时间的最大值,即

$$T_c=\max\{EF_{13-15},\ EF_{14-15}\}=\max\{22,\ 22\}=22$$

(3)计算各项工作的最迟开始时间和最迟完成时间。从终点节点⑮开始,逆着箭线方向依次逐项计算到起点节点①。

① 以网络计划终点节点为箭头节点的工作的最迟完成时间等于计划工期。网络计划结束工作 $i-n$ 的最迟完成时间 $LF_{i-n}=T_p$,如

$$LF_{13-15}=T_p=22$$
$$LF_{14-15}=T_p=22$$

② 计算各项工作的最迟完成时间和最迟开始时间。算出所有工作的最迟完成时间,如

$$LF_{13-14}=\min\{LF_{14-15}-D_{14-15}\}=22-3=19$$
$$LF_{12-13}=\min\{LF_{13-15}-D_{13-15},\ LF_{13-14}-D_{13-14}\}=\min\{22-3,\ 19-0\}=19$$
$$LF_{11-12}=\min\{LF_{12-13}-D_{12-13}\}=19-4=15$$

网络计划所有工作 $i-n$ 的最迟开始时间 $LS_{i-j}=LF_{i-j}-D_{i-j}$,如

$$LS_{14-15}=LF_{14-15}-D_{14-15}=22-3=19$$
$$LS_{13-15}=LF_{13-15}-D_{13-15}=22-3=19$$
$$LS_{12-13}=LF_{12-13}-D_{12-13}=19-4=15$$

(4)计算各项工作的总时差。可以用工作最迟开始时间减去工作最早开始时间或用工作最迟完成时间减去工作最早完成时间,如

$$TF_{1-2}=LS_{1-2}-ES_{1-2}=0-0=0$$
$$TF_{2-3}=LS_{2-3}-ES_{2-3}=2-2=0$$
$$TF_{5-6}=LS_{5-6}-ES_{5-6}=5-5=0$$

(5)计算各项工作的自由时差。网络中工作 $i-j$ 的自由时差等于紧后工作的最早开始时间减去本工作的最早完成时间,如

$$FF_{1-2}=ES_{2-3}-EF_{1-2}=2-2=0$$
$$FF_{2-3}=ES_{3-5}-EF_{2-3}=5-5=0$$
$$FF_{5-6}=ES_{6-8}-EF_{5-6}=8-8=0$$

网络计划中的结束工作 $i-n$ 的自由时差为

$$FF_{13-15}=T_p-EF_{13-15}=22-22=0$$
$$FF_{14-15}=T_p-EF_{14-15}=22-22=0$$

将所有计算结果标注于图 6-31 的箭线上方相应位置。

(6)关键工作和关键线路的确定。在图 6-31 中,最小的总时差为 0,所以凡总时差为 0 的工作均为关键工作。

本例中的关键工作是 A_1、B_1、B_2、C_2、C_3、E、G、H、I。在图 6-31 中，自始至终全由关键工作组成的关键线路用粗箭线进行标注。

2）单代号网络计划时间参数的计算

单代号网络计划时间参数的计算应在确定各项工作的持续时间之后进行。时间参数的计算顺序和计算方法基本上与双代号网络计划相同。单代号网络计划时间参数的标注形式如图 6-32 所示。

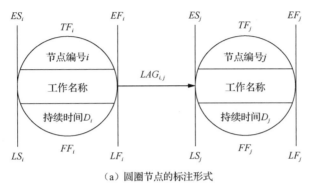

(a) 圆圈节点的标注形式

节点编号i	工作名称	D_i		节点编号j	工作名称	D_j
ES_i	EF_i	TF_i	$LAG_{i,j}$	ES_j	EF_j	TF_j
LS_i	LF_i	FF_i		LS_j	LF_j	FF_j

(b) 矩形节点的标注形式

图 6-32 单代号网络计划时间参数的标注形式

单代号网络计划时间参数的计算步骤如下。

(1) 计算工作最早开始时间和工作最早完成时间。网络计划中各项工作的最早开始时间和最早完成时间的计算应从网络计划的起点节点开始，顺着箭线方向依次逐项进行。

网络计划的起点节点的工作最早开始时间为零。如起点节点的编号为 1，则有

$$ES_i=0 \quad (i=1) \tag{6-40}$$

工作最早完成时间等于该工作最早开始时间加上其持续时间，即

$$EF_i=ES_i+D_i \tag{6-41}$$

工作最早开始时间等于该工作的各个紧前工作的最早完成时间的最大值，如工作 j 的紧前工作的代号为 i，则有

$$ES_j=\max\{EF_i\} \tag{6-42}$$

(2) 确定网络计划的计算工期 T_c。T_c 等于网络计划的终点节点 n 的工作最早完成时间 EF_n，即

$$T_c=EF_n \tag{6-43}$$

(3) 计算相邻两项工作之间的间隔时间 $LAG_{i,j}$。相邻两项工作 i 和 j 之间的间隔时间 $LAG_{i,j}$ 等于紧后工作 j 的最早开始时间 ES_j 和本工作的最早完成时间 EF_i 之差，即

$$LAG_{i,j}=ES_j-EF_i \tag{6-44}$$

(4) 计算总时差。工作 i 的总时差 TF_i 应从网络计划的终点节点开始，逆着箭线方向依

次逐项计算。对网络计划终点节点的总时差 TF_n，如计划工期等于计算工期，则其值为零，即

$$TF_n=0 \qquad (6\text{-}45)$$

其他工作 i 的总时差 TF_i 等于该工作的各个紧后工作 j 的总时差 TF_j 加该工作与其紧后工作之间的间隔时间 $LAG_{i,j}$ 之和的最小值，即

$$TF_i=\min\{TF_j+LAG_{i,j}\} \qquad (6\text{-}46)$$

（5）计算自由时差。当工作 n 无紧后工作时，其自由时差 FF_n 等于计划工期 T_p 减该工作的最早完成时间 EF_n，即

$$FF_n=T_p-EF_n \qquad (6\text{-}47)$$

当工作 i 有紧后工作 j 时，其自由时差 FF_i 等于该工作与其紧后工作 j 之间的间隔时间 $LAG_{i,j}$ 的最小值，即

$$FF_i=\min\{LAG_{i,j}\} \qquad (6\text{-}48)$$

（6）计算工作最迟开始时间和工作最迟完成时间。工作 i 的最迟开始时间 LS_i 等于该工作的最早开始时间 ES_i 与其总时差 TF_i 之和，即

$$LS_i=ES_i+TF_i \qquad (6\text{-}49)$$

工作 i 的最迟完成时间 LF_i 等于该工作的最早完成时间 EF_i 与其总时差 TF_i 之和，即

$$LF_i=EF_i+TF_i \qquad (6\text{-}50)$$

（7）关键工作和关键线路的确定。

① 关键工作：总时差最小的工作为关键工作。

② 关键线路：从起点节点到终点节点均为关键工作，且所有工作的间隔时间为零的线路为关键线路。

【例 6-6】网络计划的已知资料见表 6-11，试绘制单代号网络图。若计划工期等于计算工期，试计算各项工作的六个时间参数并确定关键线路，标注在网络图上。

解：根据表 6-11 中网络计划的有关资料，按照单代号网络图的绘图规则绘制网络图，如图 6-33 所示。

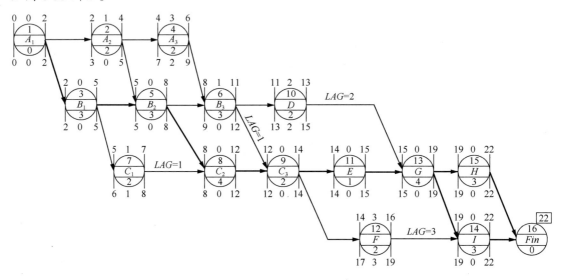

图 6-33 单代号网络图计算实例

（1）计算工作最早开始时间和工作最早完成时间。因为没有规定工作最早开始时间，所以有

$$ES_1=0$$

其他工作 i 的最早开始时间和最早完成时间依次计算，如

$$EF_1=ES_1+D_1=0+2=2$$
$$ES_5=\max\{EF_2, EF_3\}=\max\{4, 5\}=5$$
$$EF_5=ES_5+D_5=5+3=8$$

已知计划工期等于计算工期，故 $T_p=T_c=EF_{16}=22$。

（2）计算相邻两项工作之间的间隔时间 $LAG_{i,j}$。如

$$LAG_{15,16}=T_p-EF_{15}=22-22=0$$
$$LAG_{14,16}=T_p-EF_{14}=22-22=0$$
$$LAG_{12,14}=ES_{14}-EF_{12}=19-16=3$$

（3）计算工作的总时差 TF_i。已知计划工期等于计算工期，即 $T_p=T_c=22$，故终点节点⑯的总时差为零，即

$$TF_{16}=0$$

其他工作的总时差计算如

$$TF_{15}=TF_{16}+LAG_{15,16}=0+0=0$$
$$TF_{14}=TF_{16}+LAG_{14,16}=0+0=0$$
$$TF_{13}=\min\{(TF_{15}+LAG_{13,15}), (TF_{14}+LAG_{13,14})\}=\min\{(0+0), (0+0)\}=0$$
$$TF_{12}=TF_{14}+LAG_{12,14}=0+3=3$$

（4）计算工作的自由时差 FF_i。已知计划工期等于计算工期，即 $T_p=T_c=22$，故自由时差可依次计算，如

$$FF_{16}=T_p-EF_{16}=22-22=0$$
$$EF_{15}=LAG_{15,16}=0$$
$$FF_{14}=LAG_{14,16}=0$$
$$FF_{13}=\min\{LAG_{13,15}, LAG_{13,14}\}=\min\{0, 0\}=0$$
$$FF_{12}=LAG_{12,14}=3$$

（5）计算工作最迟开始时间和工作最迟完成时间，如

$$LS_1=ES_1+TF_1=0+0=0$$
$$LF_1=EF_1+TF_1=2+0=2$$
$$LS_2=ES_2+TF_2=2+1=3$$
$$LF_2=EF_2+TF_2=4+1=5$$

将以上计算结果标注在图 6-33 中的相应位置。

（6）关键工作和关键线路的确定。根据计算结果，总时差为零的工作有 A_1、B_1、B_2、C_2、C_3、E、G、H、I，均为关键工作。

从起点节点①到终点节点⑯均为关键工作，且所有工作之间间隔时间为零的线路，即①—③—⑤—⑧—⑨—⑪—⑬—⑭—⑯、①—③—⑤—⑧—⑨—⑪—⑬—⑮—⑯为关键线路。

3）单代号搭接网络计划时间参数的计算

单代号搭接网络计划时间参数的计算步骤如下。

（1）计算工作最早开始时间和工作最早完成时间。

① 计算工作最早开始时间。计算工作最早开始时间必须从起点节点开始依次进行，只有紧前工作计算完毕，才能计算本工作。工作最早开始时间的计算应按下列步骤进行。

起点节点的工作最早开始时间都应为零，即

$$ES_i=0（i=起点节点编号） \tag{6-51}$$

其他工作 j 的最早开始时间 ES_j 根据时距按下列公式计算。

相邻时距为 $STS_{i,j}$ 时有

$$ES_j=ES_i+STS_{i,j} \tag{6-52}$$

相邻时距为 $FTF_{i,j}$ 时有

$$ES_j=ES_i+D_i+FTF_{i,j}-D_j \tag{6-53}$$

相邻时距为 $STF_{i,j}$ 时有

$$ES_j=ES_i+STF_{i,j}-D_j \tag{6-54}$$

相邻时距为 $FTS_{i,j}$ 时有

$$ES_j=ES_i+D_i+FTS_{i,j} \tag{6-55}$$

当工作最早开始时间为负值时，应将该工作 j 与起点节点用虚箭线相连接，并确定其时距为

$$STS_{起点节点,j}=0 \tag{6-56}$$

当有两种以上的时距（有两项工作或两项以上紧前工作）限制工作间的逻辑关系时，应分别计算其工作最早开始时间，再取最大值。

② 计算工作最早完成时间。工作 j 的最早完成时间 EF_j 应按下式计算。

$$EF_j=ES_j+D_j \tag{6-57}$$

搭接网络计划中，全部工作的最早完成时间的最大值若在中间工作 k，则该中间工作 k 应与终点节点用虚箭线连接，并确定其时距为

$$FTF_{k,终点节点}=0 \tag{6-58}$$

③ 确定计算工期 T_c 及计划工期 T_p。搭接网络计划的计算工期 T_c 由与终点节点相联系的工作的最早完成时间的最大值决定。

搭建网络计划的计划工期 T_p 应按下列情况分别确定：当已规定了要求工期 T_r 时，$T_p \leqslant T_r$；当未规定要求工期时，$T_p=T_c$。

（2）计算间隔时间 $LAG_{i,j}$。相邻两项工作 i 和 j 之间在满足时距之外，还有多余的时间间隔时间 $LAG_{i,j}$，应按下式计算。

$$LAG_{i,j}=\min\begin{Bmatrix} ES_j-EF_i-FTS_{i,j} \\ ES_j-ES_i-STS_{i,j} \\ EF_j-EF_i-FTF_{i,j} \\ EF_j-ES_i-STF_{i,j} \end{Bmatrix} \tag{6-59}$$

（3）计算总时差。工作 i 的总时差 TF_i 应从网络计划的终点节点开始，逆着箭线方向依次逐项计算。当部分工作分期完成时，有关工作的总时差必须从分期完成的节点开始逆向

逐项计算。

终点节点所代表工作 n 的总时差 TF_n 应为

$$TF_n=0 \quad (6\text{-}60)$$

其他工作 i 的总时差 TF_i 应为

$$TF_i=\min\{TF_j+LAG_{i,j}\} \quad (6\text{-}61)$$

（4）计算自由时差。终点节点所代表工作 n 的自由时差 FF_n 应为

$$FF_n=T_p-EF_n \quad (6\text{-}62)$$

其他工作 i 的自由时差 FF_i 应为

$$FF_i=\min\{LAG_{i,j}\} \quad (6\text{-}63)$$

（5）计算工作最迟完成时间。工作 i 的最迟完成时间 LF_i 应从网络计划的终点节点开始，逆着箭线方向依次逐项计算。当部分工作分期完成时，有关工作的最迟完成时间应从分期完成的节点开始逆向逐项计算。

终点节点所代表的工作 n 的最迟完成时间 LF_n，应按网络计划的计划工期 T_p 确定，即

$$LF_n=T_p \quad (6\text{-}64)$$

其他工作 i 的最迟完成时间 LF_i 应为

$$LF_i=EF_i+TF_i \quad (6\text{-}65)$$

或

$$LF_i = \min\begin{Bmatrix} LS_j - FTS_{i,j} \\ LS_j - STS_{i,j} + D_i \\ LF_j - FTF_{i,j} \\ LF_j - STF_{i,j} + D_i \end{Bmatrix} \quad (6\text{-}66)$$

（6）计算工作最迟开始时间。工作 i 的最迟开始时间 LS_i 按下式计算。

$$LS_i=LF_i-D_i \quad (6\text{-}67)$$

或

$$LS_i=ES_i+TF_i \quad (6\text{-}68)$$

（7）关键工作和关键线路的确定。

① 关键工作：关键工作是总时差为最小的工作。搭接网络计划中工作的总时差最小，即其具有的机动时间最少，如果延长其持续时间就会影响计划工期，因此为关键工作。当计划工期等于计算工期时，总时差最小的为零。当有要求工期且要求工期小于计算工期时，总时差最小的为负值；当要求工期大于计算工期时，总时差最小的为正值。

② 关键线路：关键线路是自始至终全部由关键工作组成的线路，或总的工作持续时间最长的线路。关键线路在网络图上应用粗线、双线或彩色线标注。

在搭接网络计划中，从起点节点到终点节点均为关键工作且所有工作的间隔时间均为零的线路，即为关键线路。

【例 6-7】已知单代号搭接网络计划如图 6-34 所示，若计划工期等于计算工期，试计算各项工作的六个时间参数并确定关键线路，标注在网络计划上。

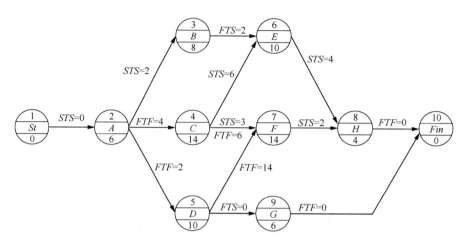

图 6-34 单代号搭接网络计划实例

解：单代号搭接网络计划时间参数计算如图 6-35 所示，具体计算步骤说明如下。

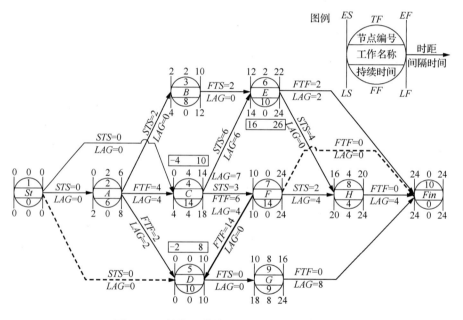

图 6-35 单代号搭接网络计划时间参数计算

（1）计算工作最早开始时间和工作最早完成时间。

计算工作最早开始时间必须从起点节点开始沿箭线方向向终点节点进行。因为在本例单代号搭接网络计划中起点节点和终点节点都是虚设的，故其工作持续时间均为零。

① 因为未规定其最早开始时间，所以有

$$ES_1=0$$

② 相邻工作的时距为 $STS_{i,j}$ 时，如 A、B 工作之间的时距为 $STS_{2,3}=2$，则有

$$ES_3=ES_2+STS_{2,3}=0+2=2$$
$$EF_3=ES_3+D_3=2+8=10$$

③ 相邻两工作的时距为 $FTF_{i,j}$ 时，如 A、C 工作之间的时距 $FTF_{2,4}=4$，则有

$$EF_4=EF_2+FTF_{2,4}=6+4=10$$
$$ES_4=EF_4-D_4=10-14=-4$$

节点④（工作 C）的最早开始时间出现负值，说明工作 C 在工程开始之前 4 天就应开始工作，这不合理，必须按以下的方法来处理。

④ 当中间工作出现 ES_i 为负值时的处理方法。在单代号搭接网络计划中，当某项中间工作的 ES_i 为负值时，应该将该工作用虚线与起点联系起来。这时该工作的最早开始时间就由起点所决定，其最早完成时间也要重新计算。如

$$EF_4=ES_1+STS_{1,4}=0+0=0$$
$$EF_4=ES_4+D_4=0+14=14$$

⑤ 相邻两项工作的时距为 $FTS_{i,j}$ 时，如 B、E 工作之间的时距为 $FTS_{3,6}=2$，则有

$$ES_6=EF_3+FTS_{3,6}=10+2=12$$

⑥ 在一项工作之前有两项以上紧前工作时，则应分别计算后从中取最大值。在本例中，按 B、E 工作搭接关系可得

$$ES_6=12$$

按 C、E 工作搭接关系可得

$$ES_6=ES_4+STS_{4,6}=0+6=6$$

从两数中取最大值，即应取 $ES_6=12$。从而有

$$EF_6=12+10=22$$

⑦ 在两项工作之间有两种以上搭接关系时，如 C、F 工作之间的时距为 $STS_{4,7}=3$ 和 $FTF_{4,7}=6$，这时也应分别计算后取最大值。

由 $STS_{4,7}=3$ 决定时，有

$$ES_7=ES_4+STS_{4,7}=0+3=3$$

由 $FTF_{4,7}=6$ 决定时，有

$$EF_7=EF_4+FTF_{4,7}=14+6=20$$
$$ES_7=EF_7-D_7=20-14=6$$

故按以上两种时距关系，应取 $ES_7=6$。

但是节点⑦（工作 F）除与节点④（工作 C）有联系外，同时还与紧前工作 D（节点⑤）有联系，所以还应在这两种逻辑关系的计算值中取最大值，即

$$EF_7=EF_5+FTF_{5,7}=10+14=24$$
$$ES_7=24-14=10$$

故应取

$$ES_7=\max\{10，6\}=10$$
$$EF_7=10+14=24$$

搭接网络计划中的所有其他工作的最早时间参数都可以依次按上述各种方法进行计算，直到终点节点为止。

⑧ 根据以上计算，则终点节点的时间应从其几个紧前工作的最早完成时间中取最大值，即

$$ES_n=\max\{22，20，16\}=22$$

⑨ 在很多情况下，上值是网络计划中的最大值，决定了计划工期。但在本例中，决定工程工期的完成时间最大值的工作却不在最后，而是在中间的工作 F，这时必须按以下方法加以处理。

终点一般是虚设的，只与没有外向箭线的工作相联系。但是当中间工作的最早完成时间大于最后工作的最早完成时间时，为了决定终点节点的时间（即工程的总工期），必须先把该工作与终点节点用虚箭线联系起来，如图 6-35 所示，然后依法计算终点节点的时间。在本例中可得

$$ES_n = \max\{24, 22, 20, 16\} = 24$$

⑩ 已知计划工期等于计算工期，故有 $T_p = T_c = EF_{16} = 24$。

（2）计算相邻两项工作之间的间隔时间 $LAG_{i,j}$。

起点节点与工作 A 是 STS 连接，故 $LAG_{1,2} = 0$。起点节点与工作 C 和 D 之间的间隔时间均为零。

工作 A 与工作 B 是 STS 连接，故有

$$LAG_{2,3} = ES_3 - ES_2 - STS_{2,3} = 2 - 0 - 2 = 0$$

工作 A 与工作 C 是 FTF 连接，故有

$$LAG_{2,4} = EF_4 - EF_2 - FTF_{2,4} = 14 - 6 - 4 = 4$$

工作 A 与工作 D 是 FTF 连接，故有

$$LAG_{2,5} = EF_5 - EF_2 - FTF_{2,5} = 12 - 10 - 2 = 0$$

工作 B 与工作 E 是 FTS 连接，故有

$$LAG_{3,6} = ES_6 - EF_3 - FTS_{3,6} = 12 - 10 - 2 = 0$$

工作 C 与工作 F 是 STS 和 FTF 两种时距连接，故有

$$LAG_{4,7} = \min\{(ES_7 - ES_4 - STS_{4,7}), (EF_7 - EF_4 - FTF_{4,7})\}$$
$$= \min\{(10-0-3), (24-14-6)\} = 4$$

（3）计算工作的总时差 TF_i。

已知计划工期等于计算工期，即 $T_p = T_c = 24$，故终点节点的总时差为

$$TF_n = T_p - EF_n = 24 - 24 = 0$$

计算其他节点的总时差，如

$$TF_8 = TF_{10} + LAG_{8,10} = 0 + 4 = 4$$

$$TF_6 = \min\{LAG_{2,3}, LAG_{2,4}, LAG_{2,5}\} = \min\{0, 4, 2\} = 2$$

（4）计算工作的自由时差 FF_i。

各项工作的自由时差 FF_i，按式（6-62）和式（6-63）进行计算。如

$$FF_7 = 0$$

$$FF_2 = \min\{LAG_{2,3}, LAG_{2,4}, LAG_{2,5}\} = \min\{0, 4, 2\} = 0$$

（5）计算工作的最迟完成时间和最迟开始时间。

① 凡是与终点节点相联系的工作，其最迟完成时间即为终点节点的完成时间，如

$$LF_7 = LF_{10} = 24$$
$$LS_7 = LF_7 - D_7 = 24 - 14 = 10$$
$$LS_9 = LF_9 - D_9 = 24 - 6 = 18$$

② 相邻两工作之间的时距为 $STS_{i,j}$ 时，如 E、H 工作之间的时距为 $STS_{6,8}=4$，则有

$$LS_6=LS_8-STS_{6,8}=20-4=16$$
$$LF_6=LS_6+D_6=16+10=26$$

③ 节点⑥（工作 E）的最迟完成时间为 26 天，大于总工期 24 天，这是不合理的，必须对节点⑥（工作 E）的最迟完成时间按下述方法进行调整。

在计算最迟时间参数中出现某工作最迟完成时间大于总工期时，应把该工作用虚箭线与终点节点连起来。这时工作 E 的最迟完成时间除受工作 H 的约束之外，还受终点节点的决定性约束，故有

$$LF_6=24$$
$$LS_6=24-10=14$$

④ 若明确中间相邻两工作之间的时距后，可按下式计算。

$$LF_5=\min\{(LS_9-FTS_{5,9}),\ (LF_7-FTF_{5,7})\}=\min\{(18-0),\ (24-14)\}=10$$
$$LS_5=LF_5-D_5=10-10=0$$
$$LF_4=\min\{(LS_7-STS_{4,7}+D_4),\ (LF_7-FTF_{4,7}),\ (LS_6-STS_{4,6}+D_4)\}$$
$$=\min\{(10-3+14),\ (24-6),\ (14-6+14)\}=18$$
$$LS_4=LF_4-D_4=18-14=4$$

（6）关键工作和关键线路的确定。

从图 6-35 看，关键线路为起点节点→D→F→终点节点。D 和 F 两项工作的总时差为最小（零值），是关键工作。同一般网络计划一样，把总时差为零的工作连接起来所形成的线路就是关键线路。因此用计算总时差的方法也可以确定关键线路。

还可以利用间隔时间来寻找关键线路，且应从终点节点向起点节点方向寻找，把 LAG=0 的线路向前连通，直到起点节点，这条线路就是关键线路。但是这并不意味着 LAG=0 的线路都是关键线路，只有 LAG=0 从起点节点至终点节点贯通的线路才是关键线路。

特别提示

一个网络计划可能有一条或几条关键线路；在网络计划执行过程中，关键线路有可能转移。

6.3.5 建设工程项目进度计划的检查与调整

在计划执行过程中，由于组织、管理、经济、技术、资源、环境和自然条件等因素的影响，往往会造成实际进度与计划进度的偏差，如果偏差不能及时纠正，必将影响进度目标的实现。因此，在计划执行过程中采取相应措施来进行管理，对保证计划目标的顺利实现具有重要意义。

进度计划执行中的管理工作主要包括：检查并掌握实际进展情况；分析产生进度偏差的主要原因；确定相应的纠偏措施或调整方法。

1. 进度计划的检查

下面主要介绍工程网络计划的检查与调整。

1）网络计划的检查方法

（1）计划执行中的跟踪检查。在网络计划的执行过程中，必须建立相应的检查制度，定时、定期地对计划的实际执行情况进行跟踪检查，收集反映实际进度的有关数据。

（2）收集数据的加工处理。反映实际进度的原始数据量大面广，必须对其进行整理、统计和分析，形成与计划进度具有可比性的数据，以便在网络图上进行记录。根据记录的结果可以分析判断进度的实际状况，及时发现进度偏差，为网络图的调整提供信息。

（3）实际进度的检查记录。具体方式如下。

① 当采用时标网络计划时，可采用实际进度前锋线记录计划的实际执行状况，以进行实际进度与计划进度的比较。

实际进度前锋线是在原时标网络计划上，从计划检查时刻的时标点出发，用点画线自上而下依次将各项工作实际进度达到的前锋点连接而形成的折线。通过实际进度前锋线与原进度计划中各工作箭线交点的位置，可以判断实际进度与计划进度的偏差。

② 当采用无时标网络计划时，可在图上直接用文字、数字、适当符号或列表记录计划的实际执行状况，以进行实际进度与计划进度的比较。网络计划检查结果记录表见表 6-12。

表 6-12　网络计划检查结果记录表

工作编号	工作名称	检查时尚需工作天数	按计划最迟完成尚有天数	总时差/天		自由时差/天		情况分析
				原有	目前尚有	原有	目前尚有	

2）网络计划检查的主要内容

（1）关键工作进度。

（2）非关键工作的进度及时差利用情况。

（3）实际进度对各项工作之间逻辑关系的影响。

（4）资源状况。

（5）成本状况。

（6）存在的其他问题。

3）检查结果的分析判断

通过对网络计划执行情况检查的结果进行分析判断，可为计划的调整提供依据。一般应进行如下分析判断。

（1）对时标网络计划，宜利用绘制的实际进度前锋线，分析计划的执行情况及其发展趋势，对未来的进度做出预测、判断，找出偏离计划目标的原因及可供挖掘的潜力所在。

（2）对无时标网络计划，宜按表 6-12 记录的情况对计划中未完成的工作进行分析判断。

2. 进度计划的调整

网络计划的调整可以定期进行，也可根据计划检查的结果在必要时进行。

1）网络计划调整的内容

（1）调整关键线路的长度。
（2）调整非关键工作的时差。
（3）增、减工作项目。
（4）调整逻辑关系。
（5）重新估计某些工作的持续时间。
（6）对资源的投入作相应调整。

2）网络计划调整的方法

（1）关键线路的调整方法。关键线路的调整方法具体如下。

① 当关键线路的实际进度比计划进度拖后时，应在尚未完成的关键工作中，选择资源强度小或费用低的工作缩短其持续时间，并重新计算未完成部分的时间参数，将其作为一个新计划实施。

② 当关键线路的实际进度比计划进度提前时，若不拟提前工期，应选用资源占用量大或者直接费用高的后续关键工作，适当延长其持续时间，以降低其资源强度或费用；若确定要提前完成计划，则应将计划尚未完成的部分作为一个新计划，重新确定关键工作的持续时间，按新计划实施。

（2）非关键工作时差的调整方法。非关键工作时差的调整应在其时差的范围内进行，以便更充分地利用资源、降低成本或满足施工的需要。每一次调整后都必须重新计算时间参数，观察该调整对计划全局的影响。调整时，可采用以下几种方法。

① 将工作在其最早开始时间与最迟完成时间范围内移动。
② 延长工作的持续时间。
③ 缩短工作的持续时间。

（3）增、减工作项目的调整方法。增、减工作项目时应符合下列规定。

① 不打乱原网络计划总的逻辑关系，只对局部逻辑关系进行调整。
② 在增、减工作项目后应重新计算时间参数，分析对原网络计划的影响，当对工期有影响时，应采取调整措施，以保证计划工期不变。

（4）逻辑关系的调整方法。逻辑关系的调整，只有当实际情况要求改变施工方法或组织方法时才可进行，调整时应避免影响原定计划工期和其他工作的顺利进行。

（5）工作持续时间的调整方法。当发现某些工作的原持续时间估计有误或实现条件不充分时，应重新估算其持续时间，并重新计算时间参数，尽量使原计划工期不受影响。

（6）资源投入的调整方法。当资源供应发生异常时，应采用资源优化方法对计划进行调整，或采取应急措施，使其对工期的影响最小。

6.3.6 建设工程项目进度控制的措施

1. 项目进度控制的组织措施

正如前述，组织是目标能否实现的决定性因素，为实现项目的进度目标，应充分重视健全项目管理的组织体系。在项目组织结构中，应有专门的工作部门和符合进度控制岗位资格的人员负责进度控制工作。

进度控制的主要工作环节，包括进度目标的分析和论证、编制进度计划、定期跟踪进度计划的执行情况、调整进度计划及采取纠偏措施。这些工作任务和相应的管理职能，应在项目管理组织设计的任务分工表和管理职能分工表中标示并落实。

应编制项目进度控制的工作流程，包括以下内容。

（1）定义项目进度计划系统的组成。

（2）明确各类进度计划的编制程序、审批程序和计划调整程序等。

进度控制工作包含了大量的组织和协调工作，而会议是组织和协调的重要手段，应进行有关进度控制会议的组织设计，以明确以下方面。

（1）会议的类型。

（2）各类会议的主持人及参加单位和人员。

（3）各类会议的召开时间。

（4）各类会议文件的整理、分发和确认等。

2. 项目进度控制的管理措施

建设工程项目进度控制的管理措施，涉及管理观念、管理方法、承发包模式和合同管理、风险管理等。在理顺组织的前提下，科学和严谨的管理显得十分重要。

（1）管理观念。建设工程项目进度控制在管理观念方面可能存在的主要问题如下。

① 缺乏进度计划系统的观念：分别编制各种独立而互不联系的计划，形成不了计划系统。

② 缺乏动态控制的观念：只重视计划的编制，而不重视及时地进行计划的动态调整。

③ 缺乏进度计划多方案比较和选优的观念：合理的进度计划应体现资源的合理使用、工作面的合理安排，有利于提高建设质量，有利于文明施工和合理缩短建设周期。

（2）管理方法。用工程网络计划的方法编制进度计划必须严谨地分析和考虑工作之间的逻辑关系，通过工程网络的计算可发现关键工作和关键线路，也可知道非关键工作可使用的时差。管理方法有利于实现进度控制的科学化。

（3）承发包模式和合同管理。承发包模式的选择直接关系到工程实施的组织和协调。为了实现进度目标，应选择合理的合同结构，以避免过多的合同交界面影响工程的进展。工程物资的采购模式对进度也有直接的影响，对此应做比较分析。

（4）风险管理。为实现进度目标，不但应进行进度控制，还应注意分析影响工程进度的风险，并在分析的基础上采取风险管理措施，以减少进度失控的风险量。常见的影响工程进度的风险，包括组织风险、管理风险、合同风险、资源（人力、物力和资金）风险、技术风险等。

另外，还要重视信息技术（包括相应的软件、局域网、互联网及数据处理设备）在进度控制中的应用。虽然信息技术对进度控制而言只是一种管理手段，但它有利于提高进度信息处理的效率和进度信息的透明度，有利于促进进度信息的交流和项目各参与方的协同。

3. 项目进度控制的经济措施

建设工程项目进度控制的经济措施，涉及资金需求计划、资金供应条件和经济激励措施等。为确保进度目标的实现，应编制与进度计划相适应的资源需求计划（资源进度计划），包括资金需求计划和其他资源（人力和物力资源）需求计划，以反映工程实施的各时段所需要的资源。通过对资源需求的分析，可发现所编制的进度计划实现的可能性，若资源条件不具备，则应调整进度计划。资金需求计划也是工程融资的重要依据。

资金供应条件包括可能的资金总供应量、资金来源（自有资金和外来资金）及资金供应的时间。在工程预算中应考虑加快工程进度所需要的资金，其中包括为实现进度目标将要采取的经济激励措施所需要的费用。

4. 项目进度控制的技术措施

建设工程项目进度控制的技术措施，涉及对实现进度目标有利的设计技术和施工技术的选用。

不同的设计理念、设计技术路线、设计方案会对工程进度产生不同的影响，在设计工作的前期特别是在设计方案评审和选用时，应对设计技术与工程进度的关系做分析比较。在工程进度受阻时，应分析是否存在设计技术方面的影响因素，为实现进度目标，有无设计变更的可能性。

施工技术对工程进度有直接的影响，在决策其是否可被选用时，不仅应分析施工技术的先进性和经济合理性，还应考虑其对进度的影响。在工程进度受阻时，应分析是否存在施工技术方面的影响因素，为实现进度目标，有无改变施工技术、方法和机械的可能性。

任务 6.4 建设工程项目质量管理

质量是建设工程项目管理的主要控制目标之一。建设工程项目的质量控制，需要系统有效地应用质量管理和质量控制的基本原理和方法，建立和运行工程项目质量控制体系，落实项目各参与方的质量责任，通过项目实施过程各个环节质量控制的职能活动，有效预防和正确处理可能发生的工程质量事故，在政府的监督下实现建设工程项目的质量目标。

6.4.1 建设工程项目质量控制概述

1. 项目质量控制的内涵

1) 对项目质量控制相关概念的理解

（1）质量和建设工程项目质量。《质量管理体系 基础和术语》（GB/T 19000—2016）关于质量的定义是：客体的一组固有特性满足要求的程度。该定义可理解为质量不仅是指产品质量，也包括产品生产活动或过程的工作质量，还包括质量管理体系运行的质量；质量由一组固有特性来表征（所谓"固有"特性是指本来就有的、永久的特性），这些固有特性是指满足顾客和其他相关方要求的特性，以其满足要求的程度来衡量；而质量要求是指关于质量的明示的、通常隐含的或必须履行的需要和期望，这些要求又是动态的、发展的和相对的。也就是说，质量"好"或者"差"，以其固有特性满足质量要求的程度来衡量。

建设工程项目质量是指通过项目实施形成的工程实体的质量，是反映建设工程满足相关标准规定或合同约定的要求，包括其在安全、使用功能及耐久性能、环境保护等方面所有明显和隐含能力的特性总和，其质量特性主要体现在适用性、安全性、耐久性、可靠性、经济性及与环境的协调性六个方面。

（2）质量管理和建设工程项目质量管理。《质量管理体系 基础和术语》关于质量管理的定义是：在质量方面指挥和控制组织的协调活动，质量管理可包括制定质量方针和质量目标，以及通过质量策划、质量保证、质量控制和质量改进实现这些质量目标的过程。可以理解为，质量管理就是建立和确定质量方针、质量目标及职责，并在质量管理体系中通过质量策划、质量保证、质量控制和质量改进等手段来实施和实现全部质量管理职能的所有活动。

建设工程项目质量管理是指在建设工程项目实施过程中，指挥和控制项目各参与方关于质量的相互协调的活动，是围绕着使建设工程项目满足质量要求而开展的策划、组织、计划、实施、检查、监督和审核等所有管理活动的总和。它是建设工程项目的建设、勘察、设计、施工、监理单位的共同职责，项目各参与方的项目经理必须调动与项目质量有关的所有人员的积极性，共同做好本职工作，才能完成项目质量管理的任务。

（3）质量控制与建设工程项目质量控制。根据《质量管理体系 基础和术语》的定义，质量控制是质量管理的一部分，是致力于满足质量要求的一系列相关活动。这些活动主要包括以下内容。

① 设定目标：即设定要求，确定需要控制的标准、区间、范围、区域。
② 测量结果：测量满足所设定目标的程度。
③ 评价：评价控制的能力和效果。
④ 纠偏：对不满足设定目标的偏差及时纠正，保持控制能力的稳定性。

也就是说，质量控制是在明确的质量目标和具体条件下，通过行动方案和资源配置的计划、实施、检查和监督，进行质量目标的事前预控、事中控制和事后纠偏控制，实现预期质量目标的系统过程。

建设工程项目的质量要求是由业主方提出的，即项目的质量总目标是业主方的建设意图通过项目策划（包括项目的定义及建设规模、系统构成、使用功能和价值、规格、档次、标准等的定位策划和目标决策）来确定的。建设工程项目质量控制，就是在项目整个实施过程中，包括项目的勘察设计、招标采购、施工安装、竣工验收等各个阶段，项目各参与方致力于实现业主要求的项目质量总目标的一系列活动，包括项目的建设、勘察、设计、施工、监理单位的质量控制活动。

2）项目质量控制的目标与任务

建设工程项目质量控制的目标，就是实现由目标决策所决定的项目质量目标，使项目的适用性、安全性、耐久性、可靠性、经济性及与环境的协调性等方面满足业主方的需要，并符合国家法律、行政法规、技术标准和规范的要求。项目的质量涵盖设计质量、材料质量、设备质量、施工质量和影响项目运行或运营的环境质量等。

建设工程项目质量控制的任务，就是对项目的建设、勘察、设计、施工、监理单位的质量控制活动，以及涉及项目工程实体质量的设计、材料、设备、施工安装等的质量进行控制。

由于项目的质量目标最终由项目工程实体的质量来体现，而项目工程实体的质量是通过施工作业过程直接形成的，设计质量、材料质量、设备质量往往也要在施工过程中进行检验。因此，施工质量控制是项目质量控制的重点。

3）项目质量控制的责任和义务

《中华人民共和国建筑法》（以下简称《建筑法》）和《建设工程质量管理条例》（中华人民共和国国务院令第 279 号）规定，建设工程项目的建设单位、勘察单位、设计单位、施工单位、工程监理单位都要依法对建设工程质量负责。

（1）建设单位的质量责任和义务。

① 建设单位应当将工程发包给具有相应资质等级的单位，并不得将建设工程肢解发包。

② 建设单位应当依法对建设工程项目的勘察、设计、施工、监理及与工程建设有关的重要设备、材料等的采购进行招标。

③ 建设单位必须向有关的勘察、设计、施工、监理等单位提供与建设工程有关的原始资料。原始资料必须真实、准确、齐全。

④ 建设单位不得迫使施工单位以低于成本的价格竞标，不得任意压缩合理工期；不得明示或者暗示设计单位或者施工单位违反工程建设强制性标准，降低建设工程质量。

⑤ 施工图设计文件审查的具体办法，由国务院建设行政主管部门、国务院其他有关部门制定。施工图设计文件未经审查批准的，不得使用。

⑥ 实行监理的建设工程，建设单位应当委托具有相应资质等级的工程监理单位进行监理，也可委任具有工程监理相应资质等级并与被监理工程的施工承包单位没有隶属关系或者其他利害关系的该工程的设计单位进行监理。

⑦ 建设单位在开工前，应当按照国家有关规定办理工程质量监督手续，工程质量监督手续可以与施工许可证或者开工报告合并办理。

⑧ 按照合同约定，由建设单位采购建筑材料、建筑构（配）件和设备的，建设单位应当保证建筑材料、建筑构（配）件和设备符合设计文件和合同要求。建设单位不得明示或者暗示施工单位使用不合格的建筑材料、建筑构（配）件和设备。

⑨ 涉及建筑主体和承重结构变动的装修工程，建设单位应当在施工前委托原设计单位或者具有相应资质等级的设计单位提出设计方案；没有设计方案的，不得施工。房屋建筑使用者在装修过程中，不得擅自变动房屋建筑主体和承重结构。

⑩ 建设单位收到建设工程竣工报告后，应当组织设计、施工、监理等有关单位进行竣工验收。建设工程经验收合格的，方可交付使用。

⑪ 建设单位应当严格按照国家有关档案管理的规定，及时收集、整理建设工程项目各环节的文件资料，建立、健全建设工程项目档案，并在建设工程竣工验收后，及时向建设行政主管部门或者其他有关部门移交建设工程项目档案。

（2）勘察、设计单位的质量责任和义务。

① 从事建设工程勘察、设计的单位应当依法取得相应等级的资质证书，在其资质等级许可的范围内承揽工程，并不得转包或者违法分包所承揽的工程。

② 勘察、设计单位必须按照工程建设强制性标准进行勘察、设计，并对其勘察、设计的质量负责。注册建筑师、注册结构工程师等注册执业人员应当在设计文件上签字，对设计文件负责。

③ 勘察单位提供的地质、测量、水文等勘察成果必须真实、准确。

④ 设计单位应当根据勘察成果文件进行建设工程设计。设计文件应当符合国家规定的设计深度要求，注明工程合理使用年限。

⑤ 设计单位在设计文件中选用的建筑材料、建筑构（配）件和设备，应当注明规格、型号、性能等技术指标，其质量要求必须符合国家规定的标准。除有特殊要求的建筑材料、专用设备、工艺生产线等外，设计单位不得指定生产厂、供应商。

⑥ 设计单位应当就审查合格的施工图设计文件向施工单位做出详细说明。

⑦ 设计单位应当参与建设工程质量事故分析，并对因设计造成的质量事故提出相应的技术处理方案。

（3）施工单位的质量责任和义务。

① 施工单位应当依法取得相应等级的资质证书，在其资质等级许可的范围内承揽工程，并不得转包或者违法分包工程。

② 施工单位对建设工程的施工质量负责。施工单位应当建立质量责任制，确定建设工程的项目经理、技术负责人和施工管理负责人。建设工程实行总承包的总承包单位应当对全部建设工程质量负责；建设工程勘察、设计、施工、设备采购的一项或者多项实行总承包的，总承包单位应当对其承包的建设工程或者采购的设备的质量负责。

③ 总承包单位依法将建设工程分包给其他单位的，分包单位应当按照分包合同的约定对其分包工程的质量向总承包单位负责，总承包单位与分包单位对分包工程的质量承担连带责任。

④ 施工单位必须按照工程设计图纸和施工技术标准施工，不得擅自修改工程设计，不得偷工减料。施工单位在施工过程中发现设计文件和图纸有差错的，应当及时提出意见和建议。

⑤ 施工单位必须按照工程设计要求、施工技术标准和合同约定，对建筑材料、建筑构（配）件、设备进行检验，检验应当有书面记录和专人签字；未经检验或者检验不合格的，不得使用。

⑥ 施工单位必须建立、健全施工质量的检验制度，严格工序管理，做好隐蔽工程的质量检查和记录。隐蔽工程在隐蔽前，施工单位应当通知建设单位和建设工程质量监督机构。

⑦ 施工人员对涉及结构安全的试块、试件及有关材料，应当在建设单位或者工程监理单位监督下现场取样，并送具有相应资质等级的质量检测单位进行检测。

⑧ 施工单位对施工中出现质量问题的建设工程或者竣工验收不合格的建设工程，应当负责返修。

⑨ 施工单位应当建立健全教育培训制度，加强对职工的教育培训；未经教育培训或者考核不合格的人员，不得上岗作业。

(4) 工程监理单位的质量责任和义务。

① 工程监理单位应当依法取得相应等级的资质证书，在其资质等级许可的范围内承担工程监理业务，并不得转让工程监理业务。

② 工程监理单位与被监理工程的施工承包单位及建筑材料、建筑构（配）件和设备供应单位有隶属关系或者其他利害关系的，不得承担该项建设工程的监理业务。

③ 工程监理单位应当依照法律、法规及有关技术标准、设计文件和建设工程承包合同，代表建设单位对施工质量实施监理，并对施工质量承担监理责任。

④ 工程监理单位应当选派具备相应资格的总监理工程师和监理工程师进驻施工现场。未经监理工程师签字，建筑材料、建筑构（配）件和设备不得在工程上使用或者安装，施工单位不得进行下一道工序的施工。未经总监理工程师签字，建设单位不得拨付工程款，不得进行竣工验收。

⑤ 监理工程师应当按照工程监理规范的要求，采取旁站、巡视和平行检验等形式对建设工程实施监理。

2. 项目质量的形成过程和影响因素分析

建筑产品的多样性和单件性生产的方式，决定了各个具体建设工程项目质量特性的差异，但它们的质量形成过程和影响因素却有共同的规律。

1）项目质量的基本特性

建设工程项目从本质上说是一项拟建或在建的建筑产品，它和一般产品具有同样的质量内涵，即一组固有特性满足要求的程度，这些特性是指建筑产品的适用性、安全性、耐久性、可靠性、经济性及与环境的协调性等。由于建筑产品一般采用单件性筹划、设计和施工的生产组织方式，因此，其具体的质量特性指标是在各建设工程项目的策划、决策和设计过程中进行定义的。建设工程项目质量的基本特性可以概括如下。

（1）反映使用功能的质量特性。工程项目的功能性质量，主要表现为反映项目使用功能需求的一系列特性指标，如房屋建筑工程的平面空间布局、通风采光性能，工业建筑工程的生产能力和工艺流程，道路交通工程的路面等级、通行能力等。按照现代质量管理理念，功能性质量必须以业主关注为焦点，满足业主的需求或期望。

（2）反映安全可靠的质量特性。建筑产品不仅要满足使用功能和用途的要求，而且在正常的使用条件下应能达到安全可靠的质量标准，如建筑结构自身安全可靠，使用过程防腐蚀、防坠、防火、防盗、防辐射，以及设备系统运行与使用安全等。可靠性质量必须在满足功能性质量需求的基础上，结合技术标准、规范（特别是强制性条文）的要求进行确定与实施。

（3）反映文化艺术的质量特性。建筑产品具有深刻的社会文化背景，历来人们都把建筑产品视同艺术品。其个性化的艺术效果，包括建筑造型、立面外观、文化内涵、时代表征，以及装修装饰、色彩视觉等，不仅使用者关注，社会也会关注；不仅现在关注，未来的人们也会关注和评价。工程项目文化艺术特性的质量来自设计者的设计理念、创意和创新，以及施工者对设计意图的领会与精益施工。

（4）反映建筑环境的质量特性。作为项目管理对象（或管理单元）的工程项目，可能是独立的单项工程、单位工程甚至某一主要分部工程，也可能是一个由群体建筑或线型工程组成的建设项目,如新建、改建、扩建的工业厂区,大学城或校区,交通枢纽,航运港区,高速公路,油气管线,等等。建筑环境质量包括项目用地范围内的规划布局、交通组织、绿化景观、节能环保,还要追求其与周边环境的协调性或适宜性。

2) 项目质量的形成过程

建设工程项目质量的形成过程,贯穿于整个建设工程项目的决策过程和各个子项目的设计与施工过程,体现在建设工程项目质量的目标决策、目标细化到目标实现的系统过程之中。

(1) 质量需求的识别过程。在建设工程项目决策阶段,主要工作包括建设工程项目发展策划、可行性研究、建设方案论证和投资决策。这一过程的质量管理职能在于识别建设意图和需求,对建设工程项目的性质、规模、使用功能、系统构成和建设标准要求等进行策划、分析、论证,为整个建设工程项目的质量总目标及项目内各个子项目的质量目标提出明确要求。

必须指出,由于建筑产品采取定制式的承发包生产,因此,其质量目标的决策是业主或项目法人的质量管理职能。尽管在建设工程项目的前期工作中,业主可以采用社会化、专业化的方式,如委托咨询机构、设计单位或建设工程总承包单位进行,但这一切并不改变业主或项目法人决策的性质。业主的需求和法律、法规的要求,是决定建设工程项目质量目标的主要依据。

(2) 质量目标的定义过程。建设工程项目质量目标的具体定义过程,主要是在工程设计阶段。工程项目的设计任务,因其产品对象的单件性,总体上符合目标设计与标准设计相结合的特征。总体规划设计与单体方案设计阶段,相当于目标产品的开发设计阶段;总体规划与单体方案经过可行性研究和技术经济论证后,进入工程的标准设计,在这整个过程中实现对工程项目质量目标的明确定义。由此可见,工程设计的任务就是按照业主的建设意图、决策要点,相关法律、法规和标准、规范的强制性条文要求,将工程项目的质量目标具体化;通过方案设计、扩大初步设计、技术设计和施工图设计等环节,对工程项目各细部的质量特性指标进行明确定义,即确定各项质量目标值,为工程项目的施工安装作业活动及质量控制提供依据。

另外,承包方有时也会为了创品牌工程或根据业主的创优要求及具体情况来制订更高的项目质量目标,以创造出精品工程。

(3) 质量目标的实现过程。工程项目质量目标的实现过程是按照质量策划的要求,制定企业或工程项目内控标准,实施目标管理、过程监控、阶段考核、持续改进的方法,严格按施工图和施工技术标准施工,把特定的劳动对象转化成符合质量标准的建筑产品。其最重要和最关键的过程是在施工阶段,包括施工准备过程和施工作业技术活动过程。

综上所述,建设工程项目质量的形成过程,贯穿于项目的决策过程和实施过程,这些过程的各个重要环节构成了工程建设的基本程序,是工程建设客观规律的体现。无论哪个国家和地区,也无论其发达程度如何,只要讲求科学,都必须遵循这样的客观规律。尽管在信息技术高度发展的今天,流程可以再造、可以优化,但仍不能改变流程所反映的事物本身的内在规律。工程项目质量的形成过程,在某种意义上说,就是在遵循建设程序的实施过程中,对工程项目实体注入一组固有的质量特性,以满足业主的预期需求。在这个过程中，业主方的质量控制，担负着对整个工程项目质量总目标的制订和实施监控的任务；而工程项目各参与方，则直接履行相关项目质量目标的实施职能和承担相应的质量责任。

3）项目质量的影响因素

建设工程项目质量的影响因素，主要是指在项目质量目标策划、决策和实现过程中影响质量形成的各种客观因素和主观因素，包括人的因素、机械因素、材料因素、方法因素和环境因素（简称人、机、料、法、环）等。

项目质量的影响因素

（1）人的因素。在工程项目质量的影响因素中，人的因素起决定性的作用。项目质量控制应以控制人的因素为基本出发点。影响项目质量的人的因素，包括两个方面：一是指直接履行项目质量职能的决策者、管理者和作业者个人的质量意识及质量活动能力；二是指承担项目质量监控或实施的建设单位、勘察单位、设计单位、咨询机构、施工单位等实体组织的质量管理体系及其管理能力。前者是个体的人，后者是群体的人。我国实行建筑业企业经营资质管理制度、市场准入制度、执业资格注册制度、作业及管理人员持证上岗制度等，从本质上说，都是对从事建设工程活动的人的素质和能力进行必要的控制。人，作为控制对象，其工作应避免失误；作为控制动力，应充分调动人的积极性，发挥人的主导作用。因此，必须有效控制项目各参与方的人员素质，不断提高人的质量活动能力，才能保证项目质量。

（2）机械因素。机械包括工程设备和施工机具。工程设备是指组成工程实体的工艺设备和各类机具，如各类生产设备、装置和辅助配套的电梯、泵机，以及通风空调、消防、环保设备等。它们是工程项目的重要组成部分，其质量的优劣，直接影响到工程使用功能的发挥。施工机具是指施工过程中使用的各类机具设备，包括运输设备、吊装设备、操作工具、测量仪器、计量器具及施工安全设施等。施工机具是所有施工方案和工法得以实施的重要物质基础，合理选择和正确使用施工机具是保证项目施工质量和安全的重要条件。

（3）材料因素。材料包括工程材料和施工用料，又包括原材料、半成品、成品、构（配）件和周转材料等。各类材料是工程施工的基本物质条件，材料质量是工程质量的基础，材料质量不符合要求，工程质量就不可能达到标准，加强对材料的质量控制是保证工程质量的基础。

（4）方法因素。方法因素也可以称为技术因素，包括勘察、设计、施工所采用的技术和方法，以及工程检测、试验的技术和方法等。从某种程度上说，技术方案和工艺水平的高低，决定了项目质量的优劣。依据科学的理论，采用先进合理的技术方案和措施，按照规范进行勘察、设计、施工，必将对保证项目的结构安全、满足使用功能，以及组成质量因素的产品精度、强度、平整度、清洁度、耐久性等物理、化学特性等方面得到保障起到良好的推进作用。住房城乡建设部在建筑业推广应用的10项新技术，包括地基基础和地下空间工程技术，钢筋与混凝土技术，模板脚手架技术，装配式混凝土结构技术，钢结构技术，机电安装工程技术，绿色施工技术，防水技术与围护结构节能，抗震、加固与监测技术，以及信息化技术，对优化升级建筑业发展需要，保证工程质量和安全生产起到了积极作用，收到明显成效。

（5）环境因素。影响项目质量的环境因素，包括项目的自然环境因素、社会环境因素、管理环境因素和作业环境因素因素。

① 自然环境因素：主要指工程地质、水文、气象条件，以及地下障碍物和其他不可抗力等影响项目质量的因素。例如，复杂的地质条件必然对地基处理和房屋基础设计提出更高的要求，处理不当就会对结构安全造成不利影响；在地下水位高的地区，若在雨期进行基坑开挖，遇到连续降雨或排水困难，就会引起基坑塌方或地基受水浸泡影响承载力等；在寒冷地区冬期施工措施不当，工程会因受到冻融而影响质量；在基层未干燥或大风天进行卷材屋面防水层的施工，就会导致粘贴不牢及空鼓等质量问题等。

② 社会环境因素：是指会对项目质量造成影响的各种社会环境因素，主要包括国家建设法律法规的健全程度及其执法力度、建设工程项目法人决策的理性化程度、建筑业经营者的经营管理理念、建筑市场包括建设工程交易市场和建筑生产要素市场的发育程度及交易行为的规范程度、政府的工程质量监督及行业管理成熟程度、建设咨询服务业的发展程度及其服务水准的高低，以及廉政管理及行风建设的状况等。

③ 管理环境因素：主要指项目参建单位的质量管理体系、质量管理制度和各参建单位之间的协调等因素。比如，参建单位的质量管理体系是否健全、运行是否有效，决定了该单位的质量管理能力；在项目施工中根据承发包的合同结构，理顺管理关系，建立统一的现场施工组织系统和质量管理的综合运行机制，确保工程项目质量管理体系处于良好的状态，创造良好的质量管理环境和氛围，是施工顺利进行、提高施工质量的保证。

④ 作业环境因素：主要指项目实施现场平面和空间环境条件，各种能源介质供应条件，施工照明、通风、安全防护设施条件，施工场地给排水条件，以及交通运输和道路条件等因素。这些条件是否良好，都直接影响到施工能否顺利进行，以及施工质量能否得到保证。

上述因素对项目质量的影响，具有复杂多变和不确定性等特点。对这些因素进行控制，是项目质量控制的主要内容。

3. 项目质量风险分析和控制

建设工程项目质量的影响因素中，有可控因素，也有不可控因素。这些因素对项目质量的影响存在不确定性，这就形成了建设工程项目的质量风险。

建设工程项目质量风险，通常是指某种因素对实现项目质量目标造成不利影响的不确定性，这些因素导致发生质量损害的概率和造成质量损害的程度都是不确定的。在项目实施的整个过程中，对项目质量风险进行识别、评估、响应及控制，减少风险源的存在，降低风险事故发生的概率，减少风险事故对项目质量造成的损害，把风险损失控制在可以接受的程度，是项目质量控制的重要内容。

1）质量风险识别

质量风险的识别，就是识别项目实施过程中存在哪些风险因素，以致可能产生哪些质量损害。

（1）项目实施过程中常见的质量风险。从风险产生的原因分析，常见的质量风险有如下几类。

① 自然风险。自然风险包括客观自然条件对项目质量的不利影响和突发自然灾害对项目质量造成的损害。软弱、不均匀的岩土地基，恶劣的水文、气象条件，是长期存在的可能损害项目质量的隐患；地震、暴风、雷电、暴雨，以及由此派生的洪水、滑坡、泥石流等突然发生的自然灾害，都可能对项目质量造成严重破坏。

② 技术风险。技术风险包括现有技术水平的局限和项目实施人员对工程技术的掌握、

应用不当会对项目质量造成的不利影响。人类对自然规律的认识有一定的局限性，现有的科学技术水平不一定能够完全解决和正确处理工程实践中的所有问题；项目实施人员自身技术水平的局限在项目决策、设计、施工和监理过程中，可能导致技术上的错误。这两方面的问题都可能对项目质量造成不利影响，特别是在不够成熟的新结构、新技术、新工艺、新材料的应用上可能存在的风险更大。

③ 管理风险。工程项目的建设、勘察、设计、施工、监理等工程质量责任单位的质量管理体系存在缺陷，组织结构不合理，工作流程组织不科学，任务分工和职能划分不恰当，管理制度不健全，或者各级管理者的管理能力不足和责任心不强，都可能对项目质量造成损害。

④ 环境风险。环境风险包括项目实施的社会环境和项目实施现场的工作环境可能对项目质量造成的不利影响。社会上各种不合规行为都会给项目质量带来严重的隐患；项目现场的空气污染、水污染、光污染和噪声、固体废弃物等，也可能对项目实施人员的工作质量和项目实体质量造成不利影响。

从风险损失责任承担的角度，项目质量风险可以分为如下几类。

① 业主方的风险。项目决策的失误，勘察、设计、施工、监理单位选择错误，向勘察、设计、施工单位提供的基础资料不准确，项目实施过程中对项目各参与方的关系协调不当，对项目的竣工验收有疏忽等，由此对项目质量造成的不利影响都是业主方的风险。

② 勘察、设计方的风险。水文地质勘察的疏漏及设计的错误，造成项目的结构安全和主要使用功能方面不满足要求，是勘察、设计方的风险。

③ 施工方的风险。在项目实施过程中，由于施工方管理松懈、混乱，施工技术错误或者材料、机械使用不当，导致发生安全、质量事故，是施工方的风险。

④ 监理方的风险。在项目实施过程中，由于监理方没有依法履行在工程质量和安全方面的监理责任，因而留下质量隐患或发生安全、质量事故，是监理方的风险。

（2）质量风险识别的方法。项目质量风险具有广泛性，影响质量的各方面因素都可能存在风险，项目实施的各个阶段也都有不同的风险。因此，进行质量风险识别应在广泛收集质量风险相关信息的基础上，集合从事项目实施的各方面工作和具有各方面知识的人员参加。质量风险识别可按风险责任单位和项目实施阶段分别进行，如设计单位在设计阶段或施工阶段的质量风险识别、施工单位在施工阶段或保修阶段的质量风险识别等。识别可分下列三步进行。

① 采用层次分析法画出质量风险结构层次图。可以按风险的种类，列出各类风险因素可能造成的质量风险；也可以按项目结构图，列出各个子项目可能存在的质量风险；还可以按工作流程图，列出各个实施步骤（或工序）可能存在的质量风险。不要轻易否定或排除某些风险，对于不能排除但又不能确认存在的风险，宁可信其有不可信其无。

② 分析每种风险的促发因素。分析的方法可以采用头脑风暴法、专家调查法、经验判断法和因果分析图等。

③ 将风险识别的结果汇总成为质量风险识别报告。报告没有固定格式，通常可以采用列表的形式，内容包括风险编号、风险种类、促发风险的因素、可能发生的风险事件的简单描述及风险承担的责任方等。

2）质量风险评估

质量风险评估包括两个方面：一是各种质量风险发生的概率；二是各种质量风险可能造成的损失量。

（1）质量风险评估的方法。质量风险评估应采取定性与定量相结合的方法进行。通常可以采用经验判断法或专家调查法，对各个风险事件发生的概率和事件后果对项目的结构安全和主要使用功能影响的严重性请专家打分，然后进行汇总分析，以估算每一个风险事件的风险水平，进而确定其风险等级。

（2）质量风险评估表。可将质量风险评估的结果汇编成质量风险评估表，格式参见表6-13。

表6-13 质量风险评估表

编号	风险种类	风险因素	风险事件描述	发生概率	损失量	风险等级	备注

3）质量风险响应

质量风险响应就是根据质量风险评估的结果，针对各种质量风险制订对策和编制质量风险管理计划。

（1）质量风险对策。常用的质量风险对策，包括风险的规避、减轻、转移、自留及其组合等策略。

① 规避。规避指采取恰当的措施避免质量风险的发生。例如，依法进行招标投标，慎重选择有资质、有能力的项目设计、施工、监理单位，避免因这些质量责任单位选择不当而发生质量风险；正确进行项目的规划选址，避开不良地基或容易发生地质灾害的区域；弃用不成熟、不可靠的设计、施工技术方案；合理安排施工工期和进度计划，避开可能发生的水灾、风灾、冻害等。

② 减轻。减轻指针对无法规避的质量风险，研究制订有效的应对方案，尽量把风险发生的概率和损失量降到最低程度，从而降低风险等级。如在施工中有针对性地制订和落实有效的施工质量保证措施及质量事故应急预案，可以降低质量事故发生的概率和减少事故损失量。

③ 转移。转移指依法采用正确的方法，把质量风险转移给其他责任方承担。转移的方法如下。

a. 分包转移。例如，施工总承包单位依法把自己缺乏经验、没有足够把握的部分工程，通过签订分包合同，分包给有经验、有能力的单位施工；承包单位依法实行联合承包，也是分担风险的办法。

b. 担保转移。例如，建设单位在工程发包时，要求承包单位提供履约担保；工程竣工结算时，扣留一定比例的质量保证金等。

c. 保险转移。质量责任单位向保险公司投保适当的险种，把质量风险全部或部分转移给保险公司等。

④ 自留，又称风险承担。当质量风险无法避免，或者估计可能造成的质量损害不会很严重而预防的成本很高时，风险自留也常常是一种有效的风险对策。风险自留的方法有两种，即无计划自留和有计划自留。

a. 无计划自留，指不知风险存在或虽预知有风险而未预做处理，一旦风险事件发生，再视造成的质量缺陷情况进行处理。

b. 有计划自留，指明知有一定风险，经分析由自己承担风险更为合理，预先做好处理可能造成的质量缺陷和承担损失的准备。

选用这种对策，可以采取设立风险基金的办法，在损失发生后用基金弥补；在建设工程预算价格中通常预留一定比例的不可预见费，一旦发生风险损失，由不可预见费支付。

（2）质量风险管理计划。制订质量风险对策应形成质量风险管理计划，其内容一般包括如下部分。

① 质量风险管理方针、目标。
② 质量风险识别和评估结果。
③ 质量风险对策和具体措施。
④ 质量风险控制的责任分工。
⑤ 相应的资源准备计划。

为便于管理，质量风险管理计划的具体内容也可以采用一览表的形式，参见表6-14。

表6-14 质量风险管理计划一览表

编号	风险事件	风险等级	响应策略	主要监控措施	责任部门	责任人	备注

4）质量风险控制

质量风险控制是在对项目质量风险进行识别、评估的基础上，按照质量风险管理计划对各种质量风险进行监控，包括对风险的预测、预警。

项目质量风险控制需要项目的建设单位、设计单位、施工单位和监理单位共同参与。这些单位质量风险控制的主要工作内容如下。

（1）建设单位质量风险控制。

① 确定工程项目质量风险控制方针、目标和策略；根据相关法律法规和工程合同的约定，明确项目各参与方的质量风险控制职责。

② 对项目实施过程中自身的质量风险进行识别、评估，确定相应的对策，制订质量风险控制计划和工作实施办法，明确项目机构各部门质量风险控制职责，落实质量风险控制的具体责任。

③ 在工程项目实施期间，对建设工程项目质量风险控制实施动态管理，通过合同约束，对参建单位质量风险管理工作进行督导、检查和考核。

④ 在项目开工前，组织设计单位、施工单位、监理单位进行设计交底，明确存在重大

质量风险源的关键部位或工序,提出风险控制要求或工作建议,并对参建单位的疑问进行解答、说明。

(2)设计单位质量风险控制。

① 在设计阶段做好方案比选工作,选择最优设计方案,有效降低工程项目实施期间和运营期间的质量风险;在设计文件中,明确高风险施工项目质量风险控制的工程措施,并就施工阶段必要的预控措施和注意事项,提出防范质量风险的指导性建议。

② 将施工图审查工作纳入风险管理体系,保证其公正独立性,摆脱业主方、设计方和施工方的干扰,提高设计产品的质量。

③ 在工程实施中,及时处理新发现的不良地质条件等潜在风险因素或风险事件,必要时进行重新验算或变更设计。

(3)施工单位质量风险控制。

① 制订施工阶段质量风险控制计划和工作实施细则,并严格贯彻执行。

② 开展与工程质量相关的施工环境、社会环境风险调查,按承包合同约定办理施工质量保险。

③ 严格进行施工图审查和现场地质核对,结合设计交底及质量风险控制要求,编制高风险分部分项工程专项施工方案,并按规定进行论证审批后实施。

④ 按照现场施工特点和实际需要,对施工人员进行针对性的岗前质量风险教育培训;关键项目的质量管理人员、技术人员及特殊作业人员必须持证上岗。

⑤ 加强对建筑构(配)件、材料的质量控制,优选构(配)件、材料的合格分供方,构(配)件、材料进场要进行质量复验,确保不将不合格的构(配)件、材料用到项目上。

⑥ 在项目施工过程中,对质量风险进行实时跟踪监控,预测风险变化趋势,对新发现的风险事件和潜在的风险因素提出预警,并及时进行风险识别、评估,制订相应对策。

(4)监理单位质量风险控制。

① 编制质量风险管理监理实施细则,并贯彻执行。

② 组织并参与质量风险源调查与识别、风险评估与响应等工作。

③ 对施工单位上报的专项施工方案进行审核,重点审查质量风险对策中的保障措施。

④ 对施工现场各种资源配置情况、各风险因素发展变化情况进行跟踪检查,尤其是对专项施工方案中的质量风险防范措施落实情况进行检查确认,发现问题及时处理。

⑤ 对关键部位、关键工序的施工质量派专人进行旁站监理;对重要的建筑构(配)件、材料进行平行检验。

6.4.2 建设工程项目质量控制体系

1. 全面质量管理思想和方法的应用

1)全面质量管理的思想

全面质量管理(total quality control,TQC)是20世纪中期开始在欧美和日本广泛应用的质量管理理念和方法。我国从20世纪80年代开始引进和推广全面质量管理,其基本原理就是强调在企业或组织最高管理者的质量方针指引下,实行全面、全过程和全员参与的质量管理(即"三全"质量管理)。

全面质量管理的主要特点是以顾客满意为宗旨,领导参与质量方针和目标的制订,提倡预防为主、科学管理、用数据说话等。在当今国际标准化组织颁布的 ISO 9000 质量管理体系标准中,处处都体现了这些重要特点和思想。建设工程项目的质量管理,同样应贯彻"三全"质量管理的基本原理。

(1) 全面质量管理。建设工程项目的全面质量管理,是指项目各参与方所进行的工程项目质量管理的总称,其中包括工程(产品)质量和工作质量的全面管理。工作质量是产品质量的保证,工作质量直接影响产品质量的形成。建设单位、监理单位、勘察单位、设计单位、施工总承包单位、施工分包单位、材料设备供应商等,任何一方、任何环节的怠慢、疏忽或质量责任不落实都会造成对项目质量的不利影响。

(2) 全过程质量管理。全过程质量管理,是指根据项目质量的形成规律,从源头抓起,全过程推进。《质量管理体系 基础和术语》(GB/T 19000—2016) 强调质量管理的"过程方法"管理原则,要求应用"过程方法"进行全过程质量控制。要控制的主要过程,包括项目策划与决策过程、勘察设计过程、设备材料采购过程、施工组织与实施过程、检测设施控制与计量过程、施工生产的检验试验过程、工程质量的评定过程、工程竣工验收与交付过程、工程回访维修服务过程等。

(3) 全员参与质量管理。按照全员参与质量管理的思想,组织内部的每个部门和工作岗位都承担着相应的质量职能,组织的最高管理者确定了质量方针和目标,就应组织和动员全体员工参与到实施质量方针的系统活动中去,发挥自己的角色作用。开展全员参与质量管理的重要手段就是运用目标管理方法,将组织的质量总目标逐级进行分解,使之形成自上而下的质量目标分解体系和自下而上的质量目标保证体系,发挥组织内部每个部门和工作岗位在实现质量总目标过程中的作用。

2) 质量管理的 PDCA 循环

在长期的生产实践和理论研究过程中形成的 PDCA 循环,是建立质量控制体系和进行质量管理的基本方法。PDCA 循环如图 6-36 所示。从某种意义上说,管理就是确定任务目标,并通过 PDCA 循环来实现预期目标。每一循环都围绕着实现预期目标进行计划、实施、检查和处置活动,随着对存在问题的解决和改进,在一次一次的滚动循环中逐步上升,不断增强质量管理能力,不断提高质量水平。每一个循环的四大职能活动相互联系,共同构成了质量管理的系统过程。

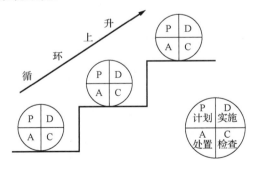

图 6-36 PDCA 循环

质量管理的 PDCA 循环

知识链接

美国质量管理专家戴明博士把全面质量管理活动的全过程划分为计划（plan）、实施（do）、检查（check）、处置（action）四个环节。即按计划—实施—检查—处置四个环节周而复始地进行质量管理，这四个环节不断循环下去，故称PDCA循环。它是提高产品质量的一种科学管理工作方法，在日本称为"戴明环"。PDCA循环，事实上就是认识—实践—再认识—再实践的过程。

P（plan，计划）：主要任务是按照使用者的要求并根据本企业生产技术条件的实际可能，进行工程施工计划安排和编制施工组织设计。

D（do，实施）：指具体运作，实现计划中的内容。实施包含两个环节，即计划行动方案的交底和按计划规定的方法与要求展开活动。

C（check，检查）：指对计划实施过程进行各类检查。检查包含两个方面，一是检查是否严格实施了计划的行动方案，实际条件是否发生了变化，没按计划实施的原因；二是检查计划实施的结果。

A（action，处置）：指对于检查中发现的问题及时进行原因分析，采取必要的措施予以纠正，保持目标处于受控状态。处置分为纠偏处置和预防处置两个步骤，前者是采取应急措施，解决已发生的或当前的问题或缺陷；后者是将信息反馈至管理部门，反思问题症结或计划时的不周，为今后类似问题的预防提供借鉴。对于处置环节中没有解决的问题，应交给下一个PDCA循环去解决。

计划—实施—检查—处置是使用资源将输入转化为输出的活动或一组活动的一个过程，必须形成闭环管理，四个环节缺一不可。应当指出，PDCA循环中的处置是关键环节，如果没有此环节，已取得的成果将无法巩固，也提不出该PDCA循环的遗留问题或新的问题。

3）三阶段控制

三阶段控制是指事前控制、事中控制和事后控制，这三阶段控制构成了质量控制的系统控制过程。

（1）事前控制，要求预先编制周密的质量计划。

（2）事中控制，首先是对质量活动的行为约束，即对质量产生过程中各项技术作业操作者在相关的制度管理下自我行为约束的同时，充分发挥其技术能力，完成预定质量目标的作业任务；其次是各参与方对质量活动的过程和结果的监督控制，这里包括来自企业内部管理者的检查检验和来自企业外部的工程监理及政府质量监督部门等的监控。

（3）事后控制，包括对质量活动结果的评价认定和对质量偏差的纠正。

上述三大环节之间构成有机的系统控制过程，实质上也就是PDCA循环的具体化，并在每一次的滚动循环中不断提高质量水平，实现质量管理的持续改进。

2. 项目质量控制体系的建立和运行

建设工程项目的实施，涉及业主方、设计方、施工方、监理方、供应方等多方质量责任主体的活动，各方主体各自承担和履行不同的质量责任和义务。为了有效地进行系统的、全面的质量控制，必须由项目实施的总负责单位来负责建设工程项目质量控制体系的建立和运行，实施质量目标的控制。

1) 项目质量控制体系的性质、特点和结构

(1) 项目质量控制体系的性质。项目质量控制体系既不是业主方，也不是施工方的质量管理体系或质量保证体系，而是整个建设工程项目目标控制的一个工作系统，其性质如下。

① 项目质量控制体系是以项目为对象，由项目实施的总组织者负责建立的面向项目对象开展质量控制的工作系统。

② 项目质量控制体系是项目管理组织的一个目标控制体系，它与项目投资、进度、职业健康安全与环境等目标控制体系共同依托于同一项目管理的组织机构。

③ 项目质量控制体系根据项目管理的实际需要而建立，随着项目的完成和项目管理组织的解体而消失，因此是一个一次性的质量控制工作系统，不同于企业的质量管理体系。

(2) 项目质量控制体系的特点。如前所述，项目质量控制体系是面向项目对象而建立的质量控制工作系统，它与建筑业企业或其他组织机构按照 GB/T 19000 族标准建立的质量管理体系相比较，有如下不同。

① 建立的目的不同。项目质量控制体系只用于特定的项目质量控制，而不是用于建筑业企业或组织机构的质量管理。

② 服务的范围不同。项目质量控制体系涉及项目实施过程所有的质量责任主体，而不只是针对某一个承包单位或组织机构。

③ 控制的目标不同。项目质量控制体系的控制目标是项目的质量目标，并非某一具体建筑业企业或组织机构的质量管理目标。

④ 作用的时效不同。项目质量控制体系与项目管理组织系统相融合，是一次性的质量控制工作系统，并非永久性的质量管理体系。

⑤ 评价的方式不同。项目质量控制体系的有效性一般由项目管理的总组织者进行自我评价与诊断，不需进行第三方认证。

(3) 项目质量控制体系的结构。项目质量控制体系一般形成多层次、多单元的结构形态，这是由其实施任务的委托方式和合同结构所决定的。

① 多层次结构。多层次结构是对应于项目工程系统纵向垂直分解的单项、单位工程项目的质量控制体系。在大中型工程项目尤其是群体工程项目中，第一层次的质量控制体系应由建设单位的工程项目管理机构负责建立；在委托代建、项目管理或实行交钥匙工程总承包的情况下，应由相应的代建方项目管理机构、受委托项目管理机构或工程总承包单位项目管理机构负责建立。第二层次的质量控制体系，通常是指分别由项目的设计总负责单位、施工总承包单位等建立的相应管理范围内的质量控制体系。第三层次及其以下是各自企业的施工质量自控体系或质量保证体系。系统纵向层次结构的合理性是项目质量目标、控制责任和措施分解落实的重要保证。

② 多单元结构。多单元结构是指在项目质量控制总体系下，第二层次的质量控制体系及其以下的质量自控或保证体系可能有多个。这是项目质量目标、控制责任和措施分解的必然结果。

2) 项目质量控制体系的建立

项目质量控制体系的建立过程，实际上就是项目质量总目标的确定和分解过程，也是项目各参与方之间质量管理关系和控制责任的确立过程。为了保证项目质量控制体系的科学性和有效性，必须明确体系建立的原则、内容、程序和主体。

（1）建立的原则。实践经验表明，在项目质量控制体系的建立过程中，遵循以下原则对于质量目标的规划、分解和有效实施控制是非常重要的。

① 分层次规划原则。项目质量控制体系的分层次规划，是指项目管理的总组织者（建设单位或代建制项目管理企业）和承担项目实施任务的各参建单位，分别进行不同层次和范围的建设工程项目质量控制体系规划。

② 目标分解原则。项目质量控制系统总目标的分解，是根据控制系统内工程项目的分解结构，将工程项目的建设标准和质量总目标分解到各个责任主体，明示于合同条件中，由各责任主体制订出相应的质量计划，确定其具体的控制方式和控制措施。

③ 质量责任制原则。项目质量控制体系的建立，应按照《建筑法》和《建设工程质量管理条例》有关工程质量责任的规定，界定各方的质量责任范围和控制要求。

④ 系统有效性原则。项目质量控制体系应从实际出发，结合项目特点、合同结构和项目管理组织系统的构成情况，建立项目各参与方共同遵循的质量管理制度和控制措施，并形成有效的运行机制。

（2）建立的内容和程序。项目质量控制体系的建立，一般可按以下环节依次展开工作。

① 确立质量控制网络。应明确体系各层面的项目质量控制负责人。一般包括承担项目实施任务的项目经理（或工程负责人）、总工程师，项目监理机构的总监理工程师、专业监理工程师等，以形成明确的项目质量控制责任者的关系网络架构。

② 制定质量控制制度。质量控制制度包括质量控制例会制度、协调制度、报告审批制度、质量验收制度和质量信息管理制度等，形成项目质量控制体系的管理文件或手册，作为承担建设工程项目实施任务各方主体共同遵循的管理依据。

③ 分析质量责任界面。项目质量控制体系的质量责任界面，包括静态界面和动态界面。一般而言，静态界面根据法律法规、合同条件、组织内部职能分工来确定；动态界面主要是指项目实施过程中设计单位之间、施工单位之间、设计与施工单位之间的衔接配合关系及其责任划分，必须通过分析研究，确定管理原则与协调方式。

④ 编制质量计划。项目管理总组织者负责主持编制建设工程项目总质量计划，并根据质量控制体系的要求，部署各质量责任主体编制与其承担任务范围相符合的质量计划，并按规定程序完成质量计划的审批，作为其实施自身质量控制的依据。

（3）建立质量控制体系的责任主体。根据项目质量控制体系的性质、特点和结构，一般情况下，项目质量控制体系应由建设单位或工程项目总承包单位的工程项目管理机构负责建立；在分阶段依次对勘察、设计、施工、安装等任务分别进行招标发包的情况下，该体系通常应由建设单位或其委托的工程项目管理企业负责建立，并由各承包单位根据项目质量控制体系的要求，建立隶属于总的项目质量控制体系的设计项目、施工项目、采购供应项目等分质量保证体系（可称相应的质量控制子系统），以具体实施其质量责任范围内的质量管理和目标控制。

3）项目质量控制体系的运行

项目质量控制体系的建立为项目的质量控制提供了组织制度方面的保证。项目质量控制体系的运行，实质上就是系统功能的发挥过程，也是质量活动职能和效果的控制过程。项目质量控制体系要有效地运行，还有赖于系统内部的运行环境和运行机制的完善。

项目质量控制体系的运行

（1）运行环境。项目质量控制体系的运行环境，主要是指以下为系统运行提供支持的管理关系、组织制度和资源配置的条件。

① 项目的合同结构。建设工程合同是联系建设工程项目各参与方的纽带，只有在项目合同结构合理、质量标准和责任条款明确并严格进行履约管理的条件下，质量控制体系的运行才能成为各方的自觉行动。

② 质量管理的组织制度。项目质量控制体系内部的各项管理制度和程序性文件的建立，为质量控制体系各个环节的运行提供必要的行动指南、行为准则和评价基准，是体系有序运行的基本保证。

③ 质量管理的资源配置。质量管理的资源配置包括专职的工程技术人员和质量管理人员的配置，以及实施技术管理和质量管理所必需的设备、设施、器具、软件等物质资源的配置。人员和资源的合理配置是质量控制体系得以运行的基础条件。

（2）运行机制。项目质量控制体系的运行机制，是由一系列质量管理制度安排所形成的内在动力。运行机制是质量控制体系的生命，而机制缺陷是造成系统运行无序、失效和失控的重要原因。因此，在进行系统内部的管理制度设计时，必须予以高度的重视，防止重要管理制度的缺失、制度本身的缺陷、制度之间的矛盾等现象出现，为系统的运行注入动力机制、约束机制、反馈机制和持续改进机制。

① 动力机制。动力机制是项目质量控制体系运行的核心机制，它来源于公正、公开、公平的竞争机制和利益机制的制度设计或安排。这是因为项目的实施过程是由多主体参与的价值增值链，只有保持合理的供方及分供方等各方关系，才能形成合力。动力机制是项目管理成功的重要保证。

② 约束机制。没有约束机制的质量控制体系是无法使项目质量处于受控状态的。约束机制取决于各质量责任主体内部的自我约束能力和外部的监控效力。约束能力表现为组织及个人的经营理念、质量意识、职业道德及技术能力的发挥；监控效力取决于项目实施主体外部对质量工作的推动和检查监督。两者相辅相成，构成了质量控制过程的制衡关系。

③ 反馈机制。运行状态和结果的信息反馈，是对质量控制体系的能力和运行效果进行评价，并为及时做出处置提供决策依据。因此，必须有相关的制度安排，保证质量信息反馈的及时和准确；坚持质量管理者深入生产第一线，掌握第一手资料，才能形成有效的质量信息反馈机制。

④ 持续改进机制。在项目实施的各个阶段，不同的层面、不同的范围和不同的质量责任主体之间，应用PDCA循环原理展开质量控制，同时注重抓好控制点的设置，加强重点控制和例外控制，并不断寻求改进机会、研究改进措施，从而保证项目质量控制体系的不断完善和持续改进，不断提高质量控制能力和控制水平。

3. 施工企业质量管理体系的建立与认证

建筑施工企业质量管理体系是企业为实施质量控制而建立的管理体系，通过第三方质量认证机构的认证，为该企业的工程承包经营和质量管理奠定基础。企业质量管理体系应按照我国 GB/T 19000 质量管理体系族标准进行建立和认证，该标准是我国按照等同原则，采用国际标准化组织颁布的 ISO 9000：2015 质量管理体系族标准制定的。

1）质量管理原则

质量管理原则是 ISO 9000：2015 族标准的编制基础，是世界各国质量管理成功经验的科学总结，其中不少内容与我国全面质量管理的经验吻合。它的贯彻执行能促进企业管理水平的提高，提高顾客对其产品或服务的满意程度，帮助企业达到持续成功的目的。

《质量管理体系标准 基础和术语》提出了质量管理七项原则，具体内容如下。

（1）以顾客为关注焦点。质量管理的首要关注点是满足顾客要求，并且努力超越顾客期望。

（2）领导作用。各级领导建立统一的宗旨和方向，并创造全员积极参与实现组织质量目标的条件。

（3）全员积极参与。整个组织内各级胜任、经授权并积极参与的人员，是提高组织创造和提供价值能力的必要条件。

（4）过程方法。将活动作为相互关联、功能连贯的过程组成的体系来理解和管理时，可以更加有效的和高效的得到一致的、可预知的结果。

（5）改进。成功的组织持续关注改进。

（6）循证决策。基于数据和信息的分析和评价的决策，更有可能产生期望的结果。

（7）关系管理。为了持续成功，组织需要管理与有关相关方（如供方）的关系。

2）企业质量管理体系文件构成

ISO 9000：2015 族标准明确要求，企业应有完整和科学的质量管理体系文件，这是企业开展质量管理的基础，也是企业为达到所要求的产品质量，实施质量体系审核、认证，进行质量改进的重要依据。质量管理体系文件主要由质量手册、程序文件、质量计划和质量记录构成。

（1）质量手册。质量手册是质量管理体系的规范，是阐明一个企业的质量政策、质量体系和质量实践的文件，是实施和保持质量体系过程中长期遵循的纲领性文件。质量手册的主要内容包括：企业的质量方针、质量目标；组织机构和质量职责；各项志愿活动的基本控制程序或体系要素；质量评审、修改和控制管理办法。

（2）程序文件。各种生产、工作和管理的程序文件是质量手册的支持性文件，是企业各职能部门为落实质量手册要求而规定的细则，企业为落实质量管理工作而建立的各项管理标准、规章制度都属于程序文件范畴。各企业程序文件的内容及详略可视企业情况而定。一般有以下六个方面的程序为通用性管理程序，各类企业都应在程序文件中制订。

① 文件控制程序。

② 质量记录管理程序。

③ 内部审核程序。

④ 不合格品控制程序。

⑤ 纠正措施控制程序。
⑥ 预防措施控制程序。

除以上六个程序以外，涉及产品质量形成过程各环节控制的程序文件，如生产过程、服务过程、管理过程、监督过程等的控制程序文件，可视企业质量控制的需要而制订，不作统一规定。

（3）质量计划。质量计划是为了确保过程的有效运行和控制，在程序文件的指导下，针对特定的项目、产品、过程或合同，而专门制订的质量措施和活动程序的文件。质量计划的内容包括：应达到的质量目标；该项目各阶段的责任和权限；应采用的特定程序、方法和作业指导书；有关阶段的实验、检验和审核大纲；随项目的进展而修改和完善质量计划的方法；为达到质量目标必须采取的其他措施等。也可以以质量手册的部分内容和程序文件中适用于特定情况的部分代替。

（4）质量记录。质量记录是产品质量水平和质量管理体系中各项质量活动进行及结果的客观反映，对质量管理体系程序文件所规定的运行过程及控制测量检查的内容应如实加以记录，以证明产品质量达到合同要求及质量保证的满足程度。如在管理体系中出现偏差，则质量记录不仅需反映偏差情况，而且应反映出针对不足之处所采取的纠正措施及纠正效果。

质量记录应完整地反映质量活动实施、验证和评审的情况，并记载关键活动的过程参数，具有可追溯性的特点。质量记录以规定的形式和程序进行，并有实施、验证、审核等签署意见。

3）企业质量管理体系的建立与运行

（1）企业质量管理体系的建立。体系建立的关键如下。

① 企业质量管理体系的建立，是在确定市场及顾客需求的前提下，按照质量管理七项原则制订企业的质量手册、程序文件、质量计划及质量记录等体系文件，并将质量目标分解落实到相关层次、相关岗位的职能和职责中，形成企业质量管理体系的执行系统。

② 企业质量管理体系的建立还包含组织企业不同层次的员工进行培训，使体系的工作内容和执行要求为员工所了解，为形成全员参与的企业质量管理体系的运行创造条件。

③ 企业质量管理体系的建立需识别并提供实现质量目标和持续改进所需的资源，包括人员、基础设施、环境、信息等。

（2）企业质量管理体系的运行。体系运行的关键如下。

① 企业质量管理体系的运行是在生产及服务的全过程，按质量管理体系文件所规定的程序、标准、工作要求及目标分解的岗位职责进行运作。

② 在企业质量管理体系运行的过程中，按各类体系文件的要求，监视、测量和分析过程的有效性和效率，做好文件规定的质量记录，持续收集、记录并分析过程的数据和信息，全面反映产品质量和过程符合要求，并具有可追溯的效能。

③ 按文件规定的办法进行质量管理评审和考核。对过程运行的评审考核工作，应针对发现的主要问题采取必要的改进措施，使这些过程达到所策划的结果并实现对过程的持续改进。

④ 落实企业质量管理体系的内部审核程序，有组织、有计划地开展内部质量审核活动，

其主要目的是：评价质量管理程序的执行情况及适用性；揭露过程中存在的问题，为质量改进提供依据；检查质量管理体系运行的信息；向外部审核单位提供体系有效的证据。

为确保体系内部审核的效果，企业领导应发挥决策领导作用，制定审核政策和计划，组织内审人员队伍，落实内审条件，并对审核发现的问题采取纠正措施和提供人、财、物等方面的支持。

4）企业质量管理体系的认证与监督

《建筑法》规定，国家对从事建筑活动的单位推行质量体系认证制度。

(1) 企业质量管理体系认证的意义。质量体系认证制度是由公正的第三方认证机构对企业的产品及质量管理体系做出正确、可靠的评价，从而使社会对企业的产品建立信心。这种第三方质量体系认证制度对供方、需方、社会和国家的利益都具有重要意义。

① 提高供方企业的质量信誉。
② 促进企业完善质量管理体系。
③ 增强国际市场竞争力。
④ 减少社会重复检验和检查费用。
⑤ 有利于保护消费者利益。
⑥ 有利于法规的实施。

(2) 企业质量管理体系认证的程序。基本认证程序如下。

① 申请和受理。具有法人资格，并已按 GB/T 19000 族标准或其他国际公认的质量体系规范建立了文件化的质量管理体系，并在生产经营全过程贯彻执行的企业可提出申请。申请企业须按要求填写申请书。认证机构经审查符合要求后接受申请，如不符合要求则不接受申请，接受或不接受均予发出书面通知书。

② 审核。认证机构派出审核组对申请方质量管理体系进行检查和评定，包括文件审查、现场审核，并提出审核报告。

③ 审批与注册发证。认证机构对审核组提出的审核报告进行全面审查，对符合标准者予以批准并注册，发出认证证书（内容包括证书号、注册企业名称地址、认证和质量管理体系覆盖产品的范围、评价依据和质量保证模式标准及说明、发证机构、签发人和签发日期）。

(3) 获准认证后的维持与监督管理。企业质量管理体系获准认证的有效期为三年。获准认证后，企业应通过经常性的内部审核，维持质量管理体系的有效性，并接受认证机构对企业质量管理体系实施监督管理。获准认证后的企业质量管理体系，维持与监督管理内容如下。

① 企业通报。认证合格的企业质量管理体系在运行中出现较大变化时，需向认证机构通报。认证机构接到通报后，视情况采取必要的监督检查措施。

② 监督检查。认证机构对认证合格企业质量管理体系维持情况进行监督性现场检查，包括定期和不定期的现场检查。定期检查通常是每年一次，不定期检查视需要临时安排。

③ 认证注销。注销是企业的自愿行为。在企业质量管理体系发生变化或证书有效期届满未提出重新申请等情况下，认证持证者提出注销的，认证机构予以注销，收回该企业质量管理体系认证证书。

④ 认证暂停。认证暂停是认证机构对获证企业质量管理体系发生不符合认证要求情况时采取的警告措施。认证暂停期间，企业不得使用质量管理体系认证证书做宣传。企业在规定期间采取纠正措施满足规定条件后，认证机构撤销认证暂停；否则将撤销认证注册，收回认证证书。

⑤ 认证撤销。当获证企业发生质量管理体系存在严重不符合规定，或在认证暂停的规定期限未予整改，或发生其他构成撤销体系认证资格情况时，认证机构做出撤销认证的决定。企业不服可提出申诉。撤销认证的企业一年后可重新提出认证申请。

⑥ 复评。认证证书有效期满前，如企业愿继续延长，可向认证机构提出复评申请。

⑦ 重新换证。在认证证书有效期内，出现体系认证标准变更、体系认证范围变更、体系认证持证者变更时，可按规定重新换证。

6.4.3 建设工程项目施工质量控制

建设工程项目的施工质量控制，有两个方面的含义：一是指项目施工单位的施工质量控制，包括施工总承包、分包单位的综合施工质量控制和专业施工质量控制；二是指广义的施工阶段项目质量控制，即除了施工单位的施工质量控制，还包括建设单位、设计单位、监理单位及政府质量监督机构，在施工阶段对项目施工质量所实施的监督管理和控制职能。因此，项目管理者应全面理解施工质量控制的内涵，掌握项目施工阶段质量控制的要求、依据与基本环节，以及施工质量计划的编制和施工生产要素、施工准备工作与施工作业过程的质量控制方法。

1．施工质量控制的内涵

1）施工质量的基本要求

工程项目施工是实现项目设计意图，形成工程实体的阶段，是最终形成项目质量和实现项目使用价值的阶段。项目施工质量控制是整个工程项目质量控制的关键和重点。

施工质量的基本要求

施工质量要达到的最基本要求是：通过施工形成的工程实体质量经检查验收合格。

建筑工程施工质量验收合格应符合下列规定。

（1）符合工程勘察、设计文件的要求。即符合勘察、设计对施工提出的要求。工程勘察、设计单位针对本工程的水文地质条件，根据建设单位的要求，从技术和经济结合的角度，为满足工程的使用功能和安全性、经济性、与环境的协调性等，以图纸、文件的形式对施工提出要求，是针对每个工程项目的个性化要求。

（2）符合《建筑工程施工质量验收统一标准》（GB 50300—2013）和相关专业验收规范的规定。即符合国家法律法规的要求。国家建设行政主管部门为了加强建筑工程质量管理、规范建筑工程施工质量的验收、保证工程质量，制定了相应的标准和规范。这些标准、规范是主要从技术角度，为保证房屋建筑各专业工程的安全性、可靠性、耐久性而提出的一般性要求。

（3）施工质量在合格的前提下，还应符合施工承包合同约定的要求。施工承包合同的约定具体体现了建设单位的要求和施工单位的承诺，全面体现了对施工形成的工程实体的适用性、安全性、耐久性、可靠性、经济性和与环境的协调性六个方面质量特性的要求。

为了达到上述要求，项目的建设单位、勘察单位、设计单位、施工单位、监理单位应切实履行法定的质量责任和义务，在整个施工阶段对影响项目质量的各项因素实行有效的控制，以保证项目实施过程的工作质量，进而保证工程实体的质量。

"合格"是对项目质量的最基本要求，国家鼓励采用先进的科学技术和管理方法，提高工程项目质量。全国和地方（部门）的建设主管部门或行业协会设立了"中国建设工程鲁班奖（国家优质工程）"以及"金钢奖""白玉兰奖"和以"某某杯"命名的各种优质工程奖等，都是为了鼓励项目参建单位创造更好的项目质量。

2) 施工质量控制的依据

(1) 共同性依据：指施工质量管理有关的、通用的、具有普遍指导意义和必须遵守的基本法规，主要包括国家和政府有关部门颁布的与工程质量管理有关的法律法规性文件，如《建筑法》《招标投标法》和《建设工程质量管理条例》等。

(2) 专业技术性依据：指针对不同的行业、不同质量控制对象制定的专业技术规范文件，包括规范、规程、标准、规定等，如建设工程项目质量检验评定标准，有关建筑材料、半成品和构（配）件质量方面的专门技术法规性文件，有关材料验收、包装和标志等方面的技术标准和规定，施工工艺质量等方面的技术法规性文件，有关新工艺、新技术、新材料、新设备的质量规定和鉴定意见等。

(3) 项目专用性依据：指本项目的工程建设合同、勘察设计文件、设计交底及图纸会审记录、设计修改和技术变更通知，以及相关会议记录和工程联系单等。

3) 施工质量控制的基本环节

施工质量控制应贯彻全面、全员、全过程质量管理的思想，运用动态控制原理，进行事前、事中和事后质量控制。

(1) 事前质量控制：即在正式施工前进行的主动质量控制，又称事前质量预控。通过编制施工质量计划明确质量目标，制订施工方案，设置质量管理点，落实质量责任，分析可能导致质量目标偏离的各种影响因素，针对这些影响因素制订有效的预防措施，防患于未然。

事前质量预控必须充分发挥组织的技术和管理方面的整体优势，把长期形成的先进技术、管理方法和经验智慧，创造性地应用于工程项目。

事前质量预控要求针对质量控制对象的控制目标、活动条件、影响因素进行周密分析，找出薄弱环节，制订有效的控制措施和对策。

(2) 事中质量控制：指在施工质量形成过程中，对影响施工质量的各种因素进行全面的动态控制。事中质量控制也称作业活动过程质量控制，包括质量活动主体的自我控制和他人监控的控制方式。自我控制是第一位的，即作业者在作业过程中对自己质量活动行为的约束和技术能力的发挥，以完成符合预定质量目标的作业任务；他人监控是对作业者的质量活动过程和结果，由来自企业内部管理者和企业外部有关方面进行监督检查，如项目监理机构、政府质量监督部门等进行的监控。

施工质量的自控和监控是相辅相成的系统过程。自控主体的质量意识和能力是关键，是施工质量的决定因素；各监控主体所进行的施工质量监控是对自控行为的推动和约束。因此，自控主体必须正确处理自控和监控的关系，在致力于施工质量自控的同时，还必须接受来自业主、监理等方面对其质量行为和结果所进行的监督管理，包括质量检查、评价和验收。自控主体不能因为监控主体的存在和监控职能的实施而减轻或免除其质量责任。

事中质量控制的目标是确保工序质量合格，杜绝质量事故发生；控制的关键是坚持质量标准；控制的重点是对工序质量、工作质量和质量控制点的控制。

（3）事后质量控制：也称事后质量把关，以使不合格的工序或最终产品（包括单位工程或整个工程项目）不流入下道工序，不进入市场。事后质量控制包括对质量活动结果的评价、认定，对工序质量偏差的纠正，对不合格产品进行整改和处理。控制的重点是发现施工质量方面的缺陷，并通过分析提出施工质量改进的措施，保持质量处于受控状态。

以上三大环节不是互相孤立和截然分开的，它们共同构成有机的系统过程，实质上也就是质量管理 PDCA 循环的具体化，在每一次滚动循环中不断提高管理水平，以达到质量管理和质量控制的持续改进。

2. 施工质量计划的编制

按照《质量管理体系 基础和术语》，质量计划是质量管理体系文件的组成内容。在合同环境下，质量计划是企业向顾客表明质量管理方针、目标及其具体实现的方法、手段和措施的文件，体现企业对质量责任的承诺和实施的具体步骤。

1）施工质量计划的形式和内容

在建筑施工企业的质量管理体系中，以施工项目为对象的质量计划称为施工质量计划。

（1）施工质量计划的形式。目前在我国，除已经建立质量管理体系的施工企业直接采用施工质量计划的形式外，通常还有在工程项目施工组织设计或施工项目管理实施规划中包含质量计划内容的形式，因此，现行的施工质量计划有以下三种形式。

① 工程项目施工质量计划。
② 工程项目施工组织设计（含施工质量计划）。
③ 施工项目管理实施规划（含施工质量计划）。

工程项目施工组织设计或施工项目管理实施规划之所以能发挥施工质量计划的作用，是因为根据建筑生产的技术经济特点，每个工程项目都需要进行施工生产过程的组织与计划，包括施工质量、进度、成本、安全等目标的设定，实现目标的计划和控制措施的安排等。因此，施工质量计划所要求的内容，理所当然地被包含于施工组织设计或项目管理实施规划中，而且能够充分体现施工项目管理目标（质量、进度、成本、安全）的关联性、制约性和整体性，这也和全面质量管理的思想方法相一致。

（2）施工质量计划的基本内容。在已经建立企业质量管理体系的情况下，施工质量计划的内容必须全面体现和落实企业质量管理体系文件的要求（也可引用质量管理体系文件中的相关条文），编制程序、内容和依据应符合有关规定，同时结合本工程的特点，在施工质量计划中编写专项管理要求。施工质量计划的基本内容一般应包括以下方面。

① 工程特点及施工条件（合同条件、法规条件和现场条件等）分析。
② 质量总目标及其分解目标。

③ 质量管理组织机构和职责，人员及资源配置计划。
④ 确定施工工艺与操作方法的技术方案和施工组织方案。
⑤ 施工材料、设备等物资的质量管理及控制措施。
⑥ 施工质量检验、检测、试验工作的计划安排、实施方法与检测标准。
⑦ 施工质量控制点及其跟踪控制的方式与要求。
⑧ 质量记录的要求等。

2) 施工质量计划的编制与审批

建设工程项目施工任务，无论业主方采用平行发包还是总分包方式，都将涉及多方参与主体的质量责任。也就是说建筑产品的直接生产过程是在协同方式下进行的，因此，在工程项目质量控制体系中，要按照"谁实施谁负责"的原则，明确施工质量控制的主体构成及其各自的控制范围，编制相应的施工质量计划。

（1）施工质量计划的编制主体。施工质量计划应由自控主体即承包单位进行编制。在平行发包方式下，各承包单位应分别编制施工质量计划；在总分包模式下，施工总承包单位应编制总承包工程范围的施工质量计划，各分包单位编制相应分包范围的施工质量计划，作为施工总承包单位质量计划的深化和组成部分。施工总承包单位有责任对各分包单位施工质量计划的编制进行指导和审核，并承担相应施工质量的连带责任。

（2）施工质量计划涵盖的范围。按整个工程项目质量控制的要求，施工质量计划涵盖的范围应与建筑安装工程施工任务的实施范围相一致，以此保证整个项目建筑安装工程的施工质量总体受控；对具体施工任务承包单位而言，该范围应能满足其履行工程承包合同质量责任的要求。项目的施工质量计划，应在施工程序、控制组织、控制措施、控制方式等方面形成一个有机的质量计划系统，确保实现对项目质量总目标和各分解目标的控制。

（3）施工质量计划的审批。施工单位的施工质量计划或施工组织设计文件编成后，应按照工程施工管理程序进行审批，包括施工单位内部的审批和项目监理机构的审查。

① 施工单位内部的审批。施工单位的施工质量计划或施工组织设计文件的编制与内部审批，应根据企业质量管理体系程序文件规定的权限和流程进行。通常是由项目经理部主持编制，报施工单位组织管理层批准。

施工质量计划或施工组织设计文件的内部审批过程，是施工单位自主进行技术决策和管理决策的过程，也是发挥施工单位职能部门与施工项目管理团队的智慧和经验的过程。

② 项目监理机构的审查。实施工程监理的施工项目，按照我国《建设工程监理规范》（GB/T 50319—2013）的规定，施工承包单位必须在工程开工前填写《施工组织设计/（专项）施工方案报审表》并附施工组织设计（含施工质量计划），报送项目监理机构审查。项目监理机构需审查施工单位报审的施工组织设计，符合要求时，应由总监理工程师签认后报建设单位。施工组织设计需要调整时，应按程序重新审查。

③ 审批关系的处理原则。正确执行施工质量计划的审批程序，是正确理解工程质量目标和要求，保证施工部署、技术工艺方案和组织管理措施的合理性、先进性和经济性的重要环节，也是进行施工事前质量预控的重要方法。因此，在执行审批程序时，必须正确处理施工单位内部审批和项目监理机构审查的关系，其基本原则如下。

a. 充分发挥质量自控主体和监控主体的共同作用，在坚持项目质量标准和保证质量控制能力的前提下，正确处理承包人利益和项目利益的关系；施工单位内部的审批首先应从履行工程承包合同的角度，审查实现合同质量目标的合理性和可行性，以项目质量计划向发包方提供可信任的依据。

b. 施工质量计划在审批过程中，对项目监理机构审查所提出的建议、希望、要求等意见是否采纳及采纳的程度，应由负责施工质量计划编制的施工单位自主决策。在满足合同和相关法规要求的情况下，确定施工质量计划的调整、修改和优化，并对相应执行结果承担责任。

c. 经过按规定程序审查批准的施工质量计划，在实施过程中如因条件变化需要对某些重要决定进行修改时，其修改内容仍应按照相应程序经过审批后执行。

3）质量控制点的设置与管理

质量控制点的设置是施工质量计划的重要组成内容。质量控制点是施工质量控制的重点对象。

（1）质量控制点的设置。质量控制点应选择那些技术要求高、施工难度大、对工程质量影响大或是发生质量问题时危害大的对象进行设置。一般选择下列部位或环节作为质量控制点。

① 对工程质量形成过程产生直接影响的关键部位、工序、环节及隐蔽工程。
② 施工过程中的薄弱环节，或者质量不稳定的工序、部位或对象。
③ 对下道工序有较大影响的上道工序。
④ 采用新技术、新工艺、新材料的部位或环节。
⑤ 施工质量无把握的、施工条件困难的或技术难度大的工序或环节。
⑥ 用户反馈指出的和过去有过返工的不良工序。

一般建筑工程质量控制点的设置可参考表6-15。

表6-15 质量控制点的设置

分项工程	质量控制点
工程测量定位	标准轴线桩、水平桩、龙门桩、定位轴线、标高
地基、基础（含设备基础）	基坑（槽）尺寸、标高，土质、地基承载力，基层垫层标高，基础位置、尺寸、标高，预埋件及预留洞口的位置、标高、规格、数量，基础杯口弹线
砌体	砌体轴线，皮数杆，砂浆配合比，预留洞口及预埋件位置、数量，砌块排列
模板	模板位置、标高、尺寸，预留洞口位置、尺寸，预埋件位置，模板的承载力、刚度和稳定性，模板内部清理及润湿情况
钢筋混凝土	水泥品种、强度等级，砂石质量，混凝土配合比，外加剂比例，混凝土振捣，钢筋品种、规格、尺寸、搭接长度，钢筋焊接、机械连接，预留洞口及预埋件规格、位置、尺寸、数量，预制构件吊装或出厂（脱模）强度，吊装位置、标高、支承长度、焊缝长度
吊装	吊装设备的起重能力、吊具、索具、地锚
钢结构	翻样图、放大样
焊接	焊接条件、焊接工艺
装修	视具体情况而定

质量控制点的重点控制对象

（2）质量控制点的重点控制对象。除了质量控制点的选择要准确，还要选择质量控制点的重点部位、重点工序和重点的质量因素作为重点控制对象，进行重点预防和监控，从而有效地控制和保证施工质量。质量控制点的重点控制对象主要包括以下方面。

① 人的行为。某些操作或工序，应以人为重点控制对象，如高空、高温、水下、易燃易爆、重型构件吊装作业，以及操作要求高的工序和技术难度大的工序等，都应从人的生理、心理、技术能力等方面进行控制。

② 材料的质量与性能。这是直接影响工程质量的重要因素，在某些工程中应作为控制的重点。如钢结构工程中使用的高强度螺栓、某些特殊焊接使用的焊条，都应重点控制其材质与性能；又如水泥的质量是直接影响混凝土工程质量的关键因素，施工中就应对进场的水泥质量进行重点控制，必须检查核对其出厂合格证，并按要求进行强度和安定性的复验等。

③ 关键操作与施工方法。某些直接影响工程质量的关键操作应作为控制的重点，如预应力钢筋的张拉工艺操作过程及张拉力的控制，是可靠地建立预应力值和保证预应力构件质量的关键过程。同时，那些易对工程质量产生重大影响的施工方法也应列为控制的重点，如大模板施工中模板的稳定和组装问题、液压滑模施工时支撑杆稳定问题、升板法施工中提升量的控制问题等。

④ 施工技术参数。如混凝土的外加剂掺量、水灰比，回填土的含水量，砌体的砂浆饱满度，防水混凝土的抗渗等级，建筑物沉降与基坑边坡稳定监测数据，大体积混凝土内外温差及混凝土冬期施工受冻临界强度等技术参数，都是应重点控制的质量参数与指标。

⑤ 技术间歇。有些工序之间必须留有必要的技术间歇时间，如砌筑与抹灰之间，应在墙体砌筑后留6~10天时间，让墙体充分沉陷、稳定、干燥，然后再抹灰，抹灰层干燥后，才能喷白、刷浆；混凝土浇筑与模板拆除之间，应保证混凝土有一定的硬化时间，达到规定拆模强度后方可拆除等。

⑥ 施工顺序。某些工序之间必须严格控制先后的施工顺序，如对冷拉的钢筋应当先焊接后冷拉，否则会失去冷强；屋架的安装固定，应采取对角同时施焊方法，否则会由于焊接应力导致校正好的屋架发生倾斜。

⑦ 易发生或常见的质量通病。如混凝土工程的蜂窝、麻面、空洞，墙、地面、屋面工程渗水、漏水、空鼓、起砂、裂缝等，都是常见的质量问题，均应事先研究对策，提出预防措施。

⑧ 新技术、新材料及新工艺的应用。由于缺乏经验，施工时应将其作为重点进行控制。

⑨ 产品质量不稳定和不合格率较高的工序。应列为重点，认真分析，严格控制。

⑩ 特殊地基或特种结构。对于湿陷性黄土、膨胀土、红黏土等特殊土地基的处理，以及大跨度结构、高耸结构等技术难度较大的施工环节和重要部位，均应予以特别的重视。

（3）质量控制点的管理。设定了质量控制点，质量控制的目标及工作重点就更加明晰。首先，要做好质量控制点的事前质量预控工作，包括：明确质量控制的目标与控制参数；编制作业指导书和质量控制措施；确定质量检查、检验方式及抽样的数量与方法；明确检查结果的判断标准及质量记录与信息反馈要求；等等。

其次，要向施工作业班组进行认真交底，使每一个控制点上的作业人员明白施工作业规程及质量检验评定标准，掌握施工操作要领；在施工过程中，相关技术管理和质量控制人员要在现场进行重点指导和检查验收。

同时，还要做好质量控制点的动态设置和动态跟踪管理。所谓动态设置，是指在工程开工前、设计交底和图纸会审时，可确定项目的一批质量控制点，随着工程的展开、施工条件的变化，随时或定期进行控制点的调整和更新。动态跟踪管理则是应用动态控制原理，落实专人负责跟踪和记录控制点质量控制的状态和效果，并及时向项目管理组织的高层管理者反馈质量控制信息，保持质量控制点的受控状态。

对于危险性较大的分部分项工程或特殊施工过程，除按一般过程质量控制的规定执行外，还应由专业技术人员编制专项施工方案或作业指导书，经施工单位技术负责人、项目总监理工程师、建设单位项目负责人签字后执行；超过一定规模的危险性较大的分部分项工程，还要组织专家对专项方案进行论证；作业前，施工人员、技术人员做好交底和记录，使作业人员在明确工艺标准、质量要求的基础上进行作业。

为保证质量控制点目标的实现，应严格按照三级检查制度进行检查控制。在施工中发现质量控制点有异常时，应立即停止施工，召开分析会，查找原因采取对策予以解决。

施工单位应积极主动地支持、配合监理工程师的工作，应根据现场监理机构的要求，将施工作业质量控制点按照不同的性质和管理要求细分为"见证点"和"待检点"，分别进行施工质量的监督和检查。凡属"见证点"的施工作业，如重要部位、特种作业、专门工艺等，施工单位必须在该项作业开始前，书面通知现场监理机构到位旁站，见证施工作业过程；凡属"待检点"的施工作业，如隐蔽工程等，施工单位必须在完成施工质量自检的基础上，提前通知项目监理机构进行检查验收，合格后才能允许进行工程隐蔽或下道工序的施工。

3. 施工生产要素的质量控制

施工生产要素是施工质量形成的物质基础，其包括：作为劳动主体的施工人员，即直接参与施工的管理人员、作业人员的素质及其组织效果；作为劳动对象的原材料、半成品、工程用品、设备等的质量；作为劳动方法的施工工艺及技术措施的水平；作为劳动手段的施工机械、设备、工具、模具等的技术性能；施工环境，包括现场水文、地质、气象等自然环境，通风、照明、安全等作业环境，以及协调配合的管理环境。

1）施工人员的质量控制

施工人员的质量包括参与工程施工各类人员的施工技能、文化素养、生理体能、心理行为等方面的个体素质，以及经过合理组织和激励发挥个体潜能综合形成的群体素质。因此，企业应通过择优录用、加强思想教育及技能方面的教育培训，合理组织、严格考核，并辅以必要的激励机制，使企业员工的潜在能力得到充分的发挥和最好的组合，使施工人员在质量控制系统中发挥自控主体作用。

施工单位必须坚持执业资格注册制度和施工人员持证上岗制度；对所选派的施工项目领导者、组织者进行教育和培训，使其质量意识和组织管理能力能满足施工质量控制的要求；对所属施工队伍进行全员培训，加强质量意识的教育和技术训练，提高每位施工人员的质量活动能力和自控能力；对分包单位进行严格的资质考核和施工人员的资格考核，其资质、资格必须符合相关法规的规定，与其分包的工程相适应。

2）材料设备的质量控制

原材料、半成品及工程用品、设备是工程实体的构成部分，其质量是项目工程实体质量的基础。加强材料设备的质量控制，不仅是提高工程质量的必要条件，也是实现工程项目投资目标和进度目标的前提。

对材料设备进行质量控制的主要内容为：控制材料设备的性能、标准、技术参数与设计文件的相符性；控制材料设备各项技术性能指标、检验测试指标与标准规范要求的相符性；控制材料设备进场验收程序的正确性及质量文件资料的完备性；优先采用节能低碳的新型建筑材料和设备，禁止使用国家明令禁用或淘汰的建筑材料和设备等。

施工单位应在施工过程中贯彻执行企业质量管理体系程序文件中关于材料设备封样、采购、进场检验、抽样检测及质保资料提交等方面明确规定的一系列控制标准。

3）施工工艺方案的质量控制

施工工艺的先进合理是直接影响工程质量、工程进度及工程造价的关键因素，施工工艺的合理可靠也直接影响到工程施工安全。因此在工程项目质量控制体系中，制订和采用技术先进、经济合理、安全可靠的施工工艺方案，是工程质量控制的重要环节。对施工工艺方案的质量控制主要包括以下内容。

（1）深入、正确地分析工程特征、技术关键及环境条件等资料，明确质量目标、验收标准、控制的重点和难点。

（2）制订合理有效的、有针对性的施工技术方案和组织方案，前者包括施工工艺、施工方法，后者包括施工区段划分、施工流向及劳动组织等。

（3）合理选用施工机具和设置施工临时设施，合理布置施工总平面图和各阶段施工平面图。

（4）选用和设计保证质量和安全的模具、脚手架等施工设备。

（5）编制工程所采用的新材料、新技术、新工艺的专项技术方案和质量管理方案。

（6）针对工程具体情况，分析气象、地质等环境因素对施工的影响，制订应对措施。

4）施工机具的质量控制

施工机具是指施工过程中使用的各类机械、设备、仪器、仪表等，包括起重运输设备、人货两用电梯、加工机械、操作工具、测量仪器、计量器具、专用工具和施工安全设施等。施工机具是所有施工方案和工法得以实施的重要物质基础，合理选择和正确使用施工机具是保证施工质量的重要措施。

（1）对施工所用的机械、设备，应根据工程需要从设备选型、主要性能参数及使用操作要求等方面加以控制，符合安全、适用、经济、可靠和节能环保等方面的要求。

（2）对施工中使用的模具、脚手架等施工设备，除可按适用的标准定型选用之外，一般需按设计及施工要求进行专项设计，对其设计方案及制作质量的控制及验收，应作为重点进行控制。

（3）按现行施工管理制度要求，工程所用的施工机械、模板、脚手架，特别是危险性较大的现场安装的起重运输设备，不仅要对其设计安装方案进行审批，而且安装完毕交付使用前必须经专业管理部门验收，验收合格后方可使用。同时，在使用过程中尚需落实相应的管理制度，以确保其能够安全、正常地使用。

5) 施工环境因素的控制

施工环境的因素，主要包括施工现场自然环境因素、施工质量管理环境因素和施工作业环境因素。环境因素对工程质量的影响，具有复杂多变和不确定性的特点，具有明显的风险特性。要减少其对施工质量的不利影响，主要是采取预测预防的风险控制方法。

（1）对施工现场自然环境因素的控制。对地质、水文等方面影响因素，应根据设计要求，分析工程岩土地质资料，预测不利因素，并会同设计等方面制订相应的措施，采取如基坑降水、排水、加固围护等技术控制方案；对天气气象方面的影响因素，应在施工方案中制订专项紧急预案，明确在不利条件下的施工措施，落实人员、器材等方面的准备，加强施工过程中的监控与预警。

（2）对施工质量管理环境因素的控制。施工质量管理环境因素，主要指施工单位质量管理体系、质量管理制度和各参建施工单位之间的协调等因素。要根据工程承发包的合同结构，理顺管理关系，建立统一的现场施工组织系统和质量管理的综合运行机制，确保质量管理体系处于良好的状态，创造良好的质量管理环境和氛围，使施工顺利进行，保证施工质量。

（3）对施工作业环境因素的控制。施工作业环境因素，主要是指施工现场的给水、排水条件，各种能源介质供应，施工照明、通风、安全防护设施，施工场地空间条件和通道，以及交通运输和道路条件等因素。要认真实施经过审批的施工组织设计和施工方案，落实保证措施，严格执行相关管理制度和施工纪律，保证上述环境条件良好，使施工顺利进行，施工质量得到保证。

4．施工准备工作的质量控制

1) 施工技术准备工作的质量控制

施工技术准备工作，是指在正式开展施工作业活动前进行的技术准备工作，这类工作内容繁多，主要在室内进行。例如：熟悉施工图纸，组织设计交底和图纸会审；进行施工质量检查验收的项目划分和编号；审核相关质量文件；细化施工技术方案和施工人员、施工机具的配置方案，编制施工作业技术指导书；绘制各种施工详图（如测量放线图、大样图及配筋、配板、配线图表等），进行必要的技术交底和技术培训；等等。如果施工技术准备工作出错，必然影响施工进度和作业质量，甚至直接导致质量事故的发生。

施工技术准备工作的质量控制，包括对上述技术准备工作成果的复核审查，检查这些成果是否符合设计图纸和施工技术标准的要求；依据经过审批的质量计划，审查、完善施工质量控制措施；针对质量控制点，明确质量控制的重点对象和控制方法；尽可能地提高上述工作成果对施工质量的控制程度等。

2) 现场施工准备工作的质量控制

（1）计量控制。这是施工质量控制的一项重要基础工作。施工过程中的计量，包括施工生产时的投料计量、施工测量、监测计量，以及对项目、产品或过程的测试、检验、分析计量等。开工前要建立和完善施工现场计量管理的规章制度，明确计量控制责任者和配置必要的计量人员，严格按规定对计量器具进行维修和校验，统一计量单位、组织量值传递、保证量值统一，从而保证施工过程中计量的准确。

（2）测量控制。工程测量放线是建筑产品由设计转化为实物的第一步。施工测量质量的好坏，直接决定工程的定位和标高是否正确，并且制约施工过程有关工序的质量。因此，施工单位在开工前应编制测量控制方案，经项目技术负责人批准后实施，并对建设单位提供的原始坐标点、基准线和水准点等测量控制点、线进行复核，并将复核结果上报监理工程师审核，审核通过后施工单位才能建立施工测量控制网，进行工程定位和标高基准的控制。

（3）施工平面图设计。建设单位应按照合同约定并充分考虑施工的实际需要，事先划定并提供施工用地和现场临时设施用地的范围，协调平衡和审查批准各施工单位的施工平面设计。施工单位要严格按照批准的施工平面图，科学合理地使用施工场地，正确安装、设置施工机具和其他临时设施，维护现场施工道路畅通无阻和通信设施完好，合理控制材料的进场与堆放，保持良好的防洪排水能力，保证充分的给水和供电。建设（监理）单位应会同施工单位制定严格的施工场地管理制度、施工纪律和相应的奖惩措施，严禁乱占场地和擅自断水、断电、断路，及时制止和处理各种违纪行为，并做好施工现场的质量检查记录。

3）施工质量检查验收的项目划分

一个建设工程项目从施工准备开始到竣工交付使用结束，要经过若干工序、工种的配合施工。施工质量的优劣，取决于各个施工工序、工种的管理水平和操作质量。因此，为了便于控制、检查、评定和监督每个工序和工种的工作质量，就要把整个项目逐级划分为若干个子项目，并分级进行编号，在施工过程中据此来进行质量控制和检查验收。这是进行施工质量控制的一项重要准备工作，应在项目施工开始之前进行。项目划分越合理、明晰，越有利于分清质量责任，便于施工人员进行质量自控和检查监督人员检查验收，也有利于质量记录等资料的填写、整理和归档。

根据《建筑工程施工质量验收统一标准》的规定，建筑工程施工质量验收应划分为单位工程、分部工程、分项工程和检验批。

（1）单位工程的划分。应按下列原则确定。

① 具备独立施工条件并能形成独立使用功能的建筑物及构筑物为一个单位工程。

② 对于规模较大的单位工程，可将其能形成独立使用功能的部分划分为一个子单位工程。

（2）分部、分项工程的划分。应按下列原则确定。

① 可按专业性质、工程部位划分分部工程。例如，一般的建筑工程可划分为地基基础、主体结构、建筑装饰装修、建筑屋面、建筑给水排水及采暖、建筑电气、智能建筑、通风与空调、电梯等分部工程。

② 当分部工程较大或较复杂时，可按材料种类、施工特点、施工程序、专业系统及类别将分部工程划分为若干子分部工程。

③ 分项工程可按主要工种、材料、施工工艺、设备类别等进行划分。

（3）检验批的划分。检验批可根据施工作业、质量控制和专业验收需要，按工程量、楼层、施工段、变形缝等进行划分。

建筑工程的分部、分项工程划分，宜按《建筑工程施工质量验收统一标准》附录B采用；室外工程可根据专业类别和工程规模，按该标准附录C的规定划分单位工程、分部工程和分项工程。

5. 施工作业过程的质量控制

施工作业过程的质量控制，是在工程项目质量实际形成过程中的事中质量控制。

建设工程项目施工是由一系列相互关联、相互制约的作业过程（工序）构成的，因此施工质量控制，必须对全部作业过程即各道工序的作业质量持续进行控制。从项目管理的立场看，工序作业质量的控制首先是质量生产者即作业人员的自控，在施工生产要素合格的条件下，作业人员能力及其发挥的状况是决定作业质量的关键；其次是来自作业人员外部的各种作业质量检查、验收和对质量行为的监督，这也是不可缺少的设防和把关的管理措施。

1）施工工序质量控制

施工工序是人工、材料、施工机具、施工方法和环境因素对工程质量综合起作用的过程，所以对施工作业过程的质量控制，必须以施工工序质量控制为基础和核心。施工工序质量控制是施工阶段质量控制的重点，只有严格控制施工工序质量，才能确保施工项目的实体质量。施工工序质量控制，主要包括施工工序条件控制和施工工序效果控制。

（1）施工工序条件控制。施工工序条件，是指从事工序活动的各生产要素质量及生产环境条件。施工工序条件控制就是控制工序活动的各种投入要素质量和环境条件质量。控制的手段主要有检查、测试、试验、跟踪监督等。控制的依据主要是设计质量标准、材料质量标准、机械设备技术性能标准、施工工艺标准及操作规程等。

（2）施工工序效果控制。施工工序效果，主要反映工序产品的质量特征和特性指标。对施工工序效果的控制，就是控制工序产品的质量特征和特性指标，以达到设计质量标准及施工质量验收标准的要求。施工工序效果控制属于事后质量控制，其控制的主要途径是实测获取数据、统计分析所获取的数据、判断认定质量等级和纠正质量偏差等。

按各分部工程施工验收标准规定，下列工序质量必须进行现场质量检验，合格后才能进行下道工序。

① 地基基础工程。

a. 地基及复合地基承载力检验：对素土和灰土地基、砂和砂石地基、土工合成材料地基、粉煤灰地基、强夯地基、注浆地基、预压地基，其竣工后的结果（地基强度或承载力）必须达到设计要求的标准。检验数量，每单位工程不应少于 3 点；每 $300m^2$ 至少应有 1 点；$3000m^2$ 以上工程，每 $500m^2$ 至少应有 1 点；每一独立基础下至少应有 1 点，基槽每 20 延米应有 1 点。

对水泥土搅拌桩、高压喷射注浆桩、砂石桩、振冲桩复合地基、土和灰土挤密桩、水泥粉煤灰碎石桩及夯实水泥土桩等复合地基，其承载力检验，数量不应少于总桩数的 0.5%，且不应少于 3 点；有单桩强度检验要求时，数量不应少于总桩数的 0.5%，且不应少于 3 点。

b. 工程桩的承载力检验：对于地基基础设计等级为甲级或地质条件复杂、成桩质量可靠性低的灌注桩，应采用静载荷试验的方法进行检验，检验桩数不应少于总桩数的 1%，且不应少于 3 根；当总桩数少于 50 根时，不应少于 2 根。

设计等级为甲级、乙级的桩基或地质条件复杂、成桩质量可靠性低、本地区采用的新桩型或新工艺的桩基，应进行桩的承载力检验，检验桩数在同一条件下不应少于 3 根，且不宜少于总桩数的 1%。

c. 桩身质量检验:对设计等级为甲级或地质条件复杂、成桩质量可靠性低的灌注桩,抽检数量不应少于总桩数的 30%,且不应少于 20 根;其他桩基工程的抽检数量不应少于总桩数的 20%,且不应少于 10 根;对混凝土预制桩及地下水位以上且终孔后经过核验的灌注桩,检验数量不应少于总桩数的 10%,且不得少于 10 根;每根柱子承台下不得少于 1 根。

② 主体结构工程。

a. 混凝土、砂浆、砌体强度现场检验:检验同一强度等级同条件养护的试块强度,以此检验结果代表工程实体的结构强度。

混凝土留置数量:按统计方法评定混凝土强度的基本条件是,同一强度等级同条件养护试块的留置数量不宜少于 10 组;按非统计方法评定混凝土强度时,留置数量不应少于 3 组。

砂浆抽检数量:每一检验批且不超过 250m^3 砌体的各种类型及强度等级的砌筑砂浆,每台搅拌机应至少抽检一次。

砌体抽检数量:普通砖 15 万块、多孔砖 5 万块、灰砂砖及粉灰砖 10 万块各为一检验批,抽检数量为一组。

b. 钢筋保护层厚度检验:钢筋保护层厚度检验的结构部位,应由建设(监理)、施工等各方根据结构构件的重要性共同选定;对梁类、板类构件,应各抽取构件数量的 2%且不少于 5 个构件进行检验。

c. 混凝土预制构件结构性能检验:对成批生产的构件,应以同一工艺正常生产的不超过 1000 件且不超过 3 个月的同类型产品为一检验批,在每批中应随机抽取一个构件作为试件进行检验。

③ 建筑幕墙工程。

a. 铝塑复合板的剥离强度检验。

b. 石材的弯曲强度检验,室内用花岗石的放射性检验。

c. 玻璃幕墙用结构胶的邵氏硬度、标准条件拉伸黏结强度、相容性试验;石材用结构胶结强度及石材用密封胶的污染性检验。

d. 建筑幕墙的气密性、水密性、风压变形性能、层间变位性能检验。

e. 硅酮结构胶相容性检验。

④ 钢结构及管道工程。

a. 钢结构及钢管焊接质量无损检验:对有无损检验要求的焊缝,竣工图上应标明焊缝编号、无损检验方法、局部无损检验焊缝的位置、底片编号、热处理焊缝位置及编号、焊缝补焊位置及施焊焊工代号;焊缝施焊记录及检查、检验记录应符合相关标准的规定。

b. 钢结构、钢管防腐及防火涂装检验。

c. 钢结构节点、机械连接用紧固标准件及高强度螺栓力学性能检验。

2)施工作业质量的自控

(1)施工作业质量自控的意义。施工作业质量的自控,从经营的层面上说,强调的是作为建筑产品生产者和经营者的施工单位,应全面履行企业的质量责任,向顾客提供质量合格的工程产品;从生产的过程来说,强调的是施工作业人员的岗位质量责任,向后道工序提供合格的作业成果(中间产品)。因此,施工方是施工阶段质量自控主体,施工方不能因为监控主体的存在和监控责任的实施而减轻或免除其质量责任。我国《建筑法》和《建设工程质量管理条例》规定，建筑施工企业对工程的施工质量负责；建筑施工企业必须按照工程设计要求、施工技术标准和合同的约定，对建筑材料、建筑构（配）件和设备进行检验，不合格的不得使用。

> **特别提示**
>
> 施工方作为施工作业质量的自控主体，既要遵循本企业质量管理体系的要求，也要根据其在所承建的工程项目质量控制体系中的地位和责任，通过具体项目质量计划的编制与实施，有效地实现施工质量的自控目标。

（2）施工作业质量自控的程序。施工作业质量的自控过程是由施工作业组织的成员进行的，其基本的控制程序，包括施工作业技术的交底、施工作业活动的实施、施工作业质量的检查。

① 施工作业技术的交底。施工作业技术交底是施工组织设计和施工方案的具体化，其内容必须具有可行性和可操作性。从项目的施工组织设计到分部分项工程的作业计划，在实施之前都必须逐级进行交底，其目的是使管理者的计划和决策意图为实施人员所理解。施工作业技术交底是最基层的技术和管理交底活动，施工总承包单位和项目监理机构都要对施工作业技术交底进行监督。施工作业技术交底的内容，包括作业范围、施工依据、作业程序、技术标准和要领、质量目标，以及其他与安全、进度、成本、环境等目标管理有关的要求和注意事项。

② 施工作业活动的实施。施工作业活动是由一系列工序所组成的，为了保证工序质量受控，首先要对作业条件进行再确认，即按照作业计划检查作业准备状态是否落实到位，其中包括对施工程序和作业工艺顺序的检查确认，其次，在此基础上，严格按作业计划的程序、步骤和质量要求展开施工作业活动。

③ 施工作业质量的检查。施工作业的质量检查是贯穿整个施工过程的最基本的质量控制活动，在质量自控中，包括施工单位内部的施工作业质量自检、互检、专检和交接检查等。施工作业质量检查是施工质量验收的基础，已完检验批及分部分项工程的施工质量，必须在施工单位完成质量自检并确认合格之后，才能报请现场监理机构进行检查验收。前道工序作业质量经验收合格后，才允许进入下道工序施工。

（3）施工作业质量自控的要求。施工作业质量是直接形成工程质量的基础，为达到施工作业质量自控的效果，施工单位在加强工序管理和质量目标控制方面应坚持以下要求。

① 预防为主。严格按照施工质量计划的要求，进行各分部分项施工作业的部署。同时，根据施工作业的内容、范围和特点，制订施工作业计划，明确作业质量目标和作业技术要领，认真进行作业技术交底，落实各项作业技术组织措施。

② 重点控制。在施工作业计划中，一方面要认真贯彻实施施工质量计划中的质量控制点的控制措施，另一方面要根据作业活动的实际需要，进一步建立工序作业控制点，深化工序作业的重点控制。

③ 坚持标准。工序作业人员在工序作业过程中应严格进行质量自检，通过自检不断改善作业，并创造条件开展作业质量互检，通过互检加强技术与经验的交流。对已完工序作业产品，即检验批或分部分项工程，应严格坚持质量标准。对质量不合格的施工作业，不得进行验收签证，必须按照规定的程序进行处理。

《建筑工程施工质量验收统一标准》及配套使用的专业工程施工质量验收标准，是施工作业质量自控的合格标准。有条件的施工单位或项目经理部应结合自己的条件编制高于国家标准的企业内控标准或工程项目内控标准，或采用施工承包合同明确规定的更高标准，列入质量计划中，努力提升工程质量水平。

④ 记录完整。施工图纸、质量计划、作业指导书、材料质保书、检验试验及检测报告、质量验收记录等，是形成可追溯性质量保证的依据，也是工程竣工验收所不可缺少的质量控制资料。因此，对施工作业质量，应有计划、有步骤地按照施工管理规范的要求进行填写记载，做到及时、准确、完整、有效，并具有可追溯性。

（4）施工作业质量自控的制度。根据实践经验的总结，施工作业质量自控的有效制度有如下。

① 质量自检制度。
② 质量例会制度。
③ 质量会诊制度。
④ 质量样板制度。
⑤ 质量挂牌制度。
⑥ 每月质量讲评制度等。

3）施工作业质量的监控

（1）施工作业质量的监控主体。为了保证项目质量，设计单位、建设单位、项目监理机构作为施工作业质量的监控主体，在施工阶段依据法律法规和工程施工承包合同，对施工单位的质量行为和项目实体质量实施监督控制。

① 设计单位应当就审查合格的施工图纸设计文件向施工单位做出详细说明；应当参与建设工程质量事故分析，并对因设计造成的质量事故，提出相应的技术处理方案。

② 建设单位在领取施工许可证或者开工报告前，应当按照国家有关规定办理工程质量监督手续。

③ 作为监控主体之一的项目监理机构，在施工作业实施过程中，根据其监理规划与实施细则，采取现场旁站、巡视、平行检验等形式，对施工作业质量进行监督检查，如发现工程施工不符合工程设计要求、施工技术标准和合同约定的，有权要求施工单位改正。项目监理机构应进行检查而没有检查或没有按规定进行检查的，给建设单位造成损失时，应承担赔偿责任。

📝 特别提示

施工作业质量的自控主体和监控主体，在施工全过程相互依存、各尽其责，共同推动着施工质量控制过程的展开和工程项目质量总目标的最终实现。

(2) 现场质量检查。现场质量检查是施工作业质量监控的主要手段。

① 现场质量检查的内容。

a. 开工前的检查：主要检查是否具备开工条件，开工后是否能够保持连续正常施工，能否保证工程质量。

b. 工序交接检查：对于重要的工序或对工程质量有重大影响的工序，应严格执行"三检"（即自检、互检、专检）制度，未经监理工程师（或建设单位本项目技术负责人）检查认可，不得进行下道工序施工。

c. 隐蔽工程的检查：施工中凡是隐蔽工程必须检查认证后方可进行隐蔽掩盖。

d. 停工后复工的检查：因客观因素停工或处理质量事故等停工复工时，经检查认可后方能复工。

e. 分部、分项工程完工后的检查：应经检查认可并签署验收记录后，才能进行下一工程项目的施工。

f. 成品保护的检查：检查成品有无保护措施及保护措施是否有效可靠。

② 现场质量检查的方法。

a. 目测法：凭借感官进行检查，也称观感质量检验，其手段可概括为"看、摸、敲、照"四个字。

看——就是根据质量标准要求进行外观检查，如清水墙面是否洁净，喷涂的密实度和颜色是否良好、均匀，工人的操作是否正常，内墙抹灰的大面及口角是否平直，混凝土外观是否符合要求等。

摸——就是通过触摸手感进行检查、鉴别，如油漆的光滑度，浆活是否牢固、不掉粉等。

敲——就是运用敲击工具进行音感检查，如对地面工程、装饰工程中的水磨石、面砖、石材饰面等，均应进行敲击检查。

照——就是通过人工光源或反射光照射，检查难以看到或光线较暗的部位，如检查管道井、电梯井等内部管线、设备安装质量，装饰吊顶内连接及设备安装质量等。

b. 实测法：通过实测数据与施工规范、质量标准的要求及允许偏差值进行对照，以此判断质量是否符合要求，其手段可概括为"靠、量、吊、套"四个字。

靠——就是用直尺、塞尺检查诸如墙面、地面、路面等的平整度。

量——就是用测量工具和计量仪表等检查断面尺寸、轴线、标高、湿度、温度等的偏差，如大理石板拼缝尺寸、摊铺沥青拌和料的温度、混凝土坍落度的检测等。

吊——就是利用托线板及线坠吊线检查垂直度，如砌体垂直度、门窗的安装检查等。

套——就是以方尺套方，辅以塞尺检查，如对阴阳角的方正、踢脚线的垂直度、预制构件的方正、门窗口及构件的对角线的检查等。

c. 试验法：通过必要的试验手段对质量进行判断的检查方法，试验手段可分为理化试验和无损检验。

工程中常用的理化试验，包括物理力学性能方面的检验和化学成分及化学性质的测定两个方面。物理力学性能的检验，包括各种力学指标的测定，如抗拉强度、抗压强度、抗弯强度、抗折强度、冲击韧性、硬度、承载力等，以及各种物理性能方面的测定，如密度、含水量、凝结时间、安定性及抗渗、耐磨、耐热性能等。化学成分及化学性质的测定，如钢筋中的磷、硫含量的测定，混凝土中粗骨料中的活性氧化硅成分的测定，以及耐酸、耐碱、抗腐蚀性的测定等。此外，根据规定有时还需进行现场试验，如对桩或地基的静载试验、下水管道的通水试验、压力管道的耐压试验、防水层的蓄水或淋水试验等。

无损检验是利用专门的仪器仪表从表面探测结构物、材料、设备的内部组织结构或损伤情况。常用的无损检验方法，有超声波探伤、X 射线探伤、γ 射线探伤等。

(3) 技术核定与见证取样送检。

① 技术核定。在建设工程项目施工过程中，因施工单位对施工图纸的某些要求不甚明白，或图纸内部存在某些矛盾，或工程材料调整与代用，改变建筑节点构造、管线位置或走向等，需要通过设计单位明确或确认的，施工单位必须以技术核定单的方式向监理工程师提出，报送设计单位核准确认。

② 见证取样送检。为了保证建设工程质量，我国规定对工程所使用的主要材料、半成品、构（配）件及施工过程留置的试块、试件等应实行现场见证取样送检。见证人员由建设单位及项目监理机构中有相关专业知识的人员担任；送检的试验室应具备经国家或地方市场监督管理局核准的相关资质。见证取样送检必须严格按规定的程序进行，包括取样见证并记录、样本编号、填单、封箱、送试验室、核对、交接、试验检测、报告等。

检测单位应当建立档案管理制度。检测合同、委托单、原始记录、检测报告应当按年度统一编号，编号应当连续，不得随意抽撤、涂改。

(4) 隐蔽工程验收与施工成品质量保护。

① 隐蔽工程验收。凡被后续施工所覆盖的施工内容，如地基基础工程、钢筋工程、预埋管线等均属隐蔽工程。加强隐蔽工程质量验收，是施工质量控制的重要环节。其程序要求施工单位应先完成自检并合格，然后填写专用的隐蔽工程验收单，验收单所列的验收内容应与已完隐蔽工程实物相一致，并事先通知项目监理机构及有关方面，按约定时间进行验收。验收合格的隐蔽工程由各方共同签署验收记录；验收不合格的隐蔽工程，应按验收整改意见进行整改后重新验收。严格隐蔽工程验收的程序和记录，对于预防工程质量隐患、提供可追溯质量记录具有重要作用。

② 施工成品质量保护。建设工程项目已完施工成品质量保护，目的是避免已完施工成品受到来自后续施工及其他方面的污染或损坏。已完施工的成品保护问题和相应措施，在工程施工组织设计与计划阶段就应该从施工顺序上进行考虑，防止施工顺序不当或交叉作业造成相互干扰、污染和损坏；成品形成后可采取防护、覆盖、封闭、包裹等相应措施进行保护。

6. 施工质量与设计质量的协调

建设工程项目施工是按照设计文件进行的，施工质量离不开设计质量，优良的施工质量要靠优良的设计质量和周到的设计现场服务来保证。

1) 项目设计质量的控制

要保证施工质量，首先要控制设计质量。项目设计质量的控制，主要是从满足项目建设需求入手，包括国家相关法律法规、强制性标准和合同规定的明确需求及潜在需求，以使用功能和安全可靠性为核心，进行下列设计质量的综合控制。

（1）项目功能性质量控制。项目功能性质量控制的目的，是保证建设工程项目使用功能的符合性，其内容包括项目内部的平面空间组织、生产工艺流程组织，如满足使用功能的建筑面积分配及宽度、高度、净空、通风、保暖、日照等物理指标和节能、环保、低碳等方面的符合性要求。

（2）项目可靠性质量控制。项目可靠性质量控制主要是指建设工程项目建成后，在规定的使用年限和正常的使用条件下，保证使用安全和建筑物、构筑物及其设备系统性能稳定、可靠。

（3）项目观感性质量控制。对于建设工程项目，主要是指满足建筑物的总体格调、外部形体及内部空间观感效果，整体环境的适宜性、协调性，文化内涵的韵味及其魅力等的体现；对于道路、桥梁等基础设施工程，同样也有其独特的构型格调、观感效果及环境适宜的要求。

（4）设计经济性质量控制。建设工程项目设计经济性质量，是指不同设计方案的选择对建设投资的影响。设计经济性质量控制的目的在于强调设计过程的多方案比较，通过价值工程优化设计，不断提高建设工程项目的性价比，在满足项目投资目标要求的条件下，做到经济高效，防止浪费。

（5）项目施工可行性质量控制。任何设计意图都要通过施工来实现，设计意图不能脱离现实的施工技术和装备水平，否则再好的设计意图也无法实现。设计一定要充分考虑施工的可行性，并尽量做到方便施工，施工才能顺利进行，从而保证项目施工质量。

2）施工与设计的协调工作

从项目施工质量控制的角度来说，项目建设单位、施工单位和监理单位都要注重施工与设计的相互协调。这个协调工作主要包括以下方面。

（1）设计联络。项目建设单位、施工单位和监理单位应组织施工单位与设计单位进行设计联络，其主要任务如下。

① 了解设计意图、设计内容和特殊技术要求，分析其中的施工重点和难点，以便有针对性地编制施工组织设计，及早做好施工准备；对于以现有的施工技术和装备水平实施有困难的设计，要及时提出意见，协商修改设计，或者探讨通过技术攻关提高技术装备水平来实施的可能性，同时向设计单位介绍和推荐先进的施工新技术、新工艺和工法，争取通过适当的设计，使这些新技术、新工艺和工法在施工中得到应用。

② 了解设计进度，根据项目进度控制总目标、施工工艺顺序和施工进度安排，提出设计图的时间和顺序要求，对设计和施工进度进行协调，使施工得以连续顺利进行。

③ 从施工质量控制的角度，提出合理化建议，优化设计，为保证和提高施工质量创造更好的条件。

（2）设计交底和图纸会审。建设单位和监理单位应组织设计单位向所有的施工单位进行详细的设计交底，使施工单位充分理解设计意图、设计内容和技术要求，明确质量控制的重点和难点；同时认真地进行图纸会审，深入发现和解决各专业设计之间可能存在的矛盾，消除施工图的差错。

（3）设计现场服务和技术核定。建设单位和监理单位应要求设计单位派出设计人员到施工现场进行设计服务，解决施工中发现和提出的与设计有关的问题，及时做好相关技术核定工作。

（4）设计变更。在施工期间，无论是建设单位、设计单位还是施工单位提出需要进行局部设计变更的内容，都必须按照规定的程序，先将变更意图或请求报送监理工程师审查，经设计单位审核认可并签发设计变更通知书后，再由监理工程师下达变更指令。

6.4.4 建设工程项目施工质量验收

建设工程项目施工质量验收应按照《建筑工程施工质量验收统一标准》进行。该标准是建筑工程各专业工程施工质量验收的统一准则，各专业工程施工质量验收标准应与该标准配合使用。

根据《建筑工程施工质量验收统一标准》，所谓"验收"，是指建筑工程质量在施工单位自行检查合格的基础上，由工程质量验收责任方组织，工程建设相关单位参加，对检验批、分项、分部和单位工程及其隐蔽工程的质量进行抽样检验，对技术文件进行审核，并根据设计文件和相关标准以书面形式对工程质量达到合格与否做出确认。

正确地进行施工质量的检查、评定和验收，是施工质量控制的重要环节。施工质量验收包括施工过程的质量验收和工程项目竣工质量验收两个部分。

1. 施工过程的质量验收

施工质量验收，应将项目划分为单位工程、分部工程、分项工程和检验批进行验收。施工过程的质量验收主要是指检验批、分项工程和分部工程的质量验收。

检验批和分项工程是质量验收的基本单元；分部工程是在所含全部分项工程验收的基础上进行验收的，在施工过程中随完工随验收，并留下完整的质量验收记录和资料，为工程项目竣工质量验收提供依据；单位工程作为具有独立使用功能的完整的建筑产品，进行竣工质量验收。

1）施工过程质量验收的内容

《建筑工程施工质量验收统一标准》与各个专业工程施工质量验收标准，明确规定了各分项工程施工质量的基本要求，规定了分项工程检验批的抽样办法和抽样数量，规定了检验批主控项目、一般项目的检查内容和允许偏差，规定了对主控项目、一般项目的检验方法，规定了各分部工程验收的方法和需要的技术资料等，同时对涉及人民生命财产安全、人身健康、环境保护和公共利益的内容以强制性条文做出规定，要求必须坚决、严格遵照执行。

施工过程的质量验收包括以下验收环节。

（1）检验批质量验收。检验批是指按相同的生产条件或按规定的方式汇总起来供抽样检验用的，由一定数量样本组成的检验体。检验批是施工质量验收的最小单位，是分项工程乃至整个建筑工程施工质量验收的基础。

检验批应由专业监理工程师组织施工单位项目专业质量检查员、专业工长等进行验收。检验批质量验收合格应符合下列规定。

① 主控项目的质量经抽样检验均应合格。
② 一般项目的质量经抽样检验合格。
③ 具有完整的施工操作依据、质量检查记录。

主控项目是指建筑工程中对安全、节能、环境保护和主要使用功能起决定性作用的检验项目。主控项目的验收必须从严要求，不允许有不符合要求的检验结果，主控项目的检查具有否决权。除主控项目以外的检验项目称为一般项目。

（2）分项工程质量验收。分项工程质量验收在检验批质量验收的基础上进行。一般情况下，两者具有相同或相近的性质，只是批量的大小不同而已。分项工程可由一个或若干检验批组成。分项工程应由专业监理工程师组织施工单位项目专业技术负责人等进行验收。

分项工程质量验收合格应符合下列规定。

① 所含检验批的质量均应验收合格。

② 所含检验批的质量验收记录应完整。

（3）分部工程质量验收。分部工程质量验收在其所含各分项工程质量验收的基础上进行。分部工程应由总监理工程师组织施工单位项目负责人和项目技术负责人等进行验收；勘察、设计单位项目负责人和施工单位技术、质量部门负责人应参加地基基础分部工程验收；设计单位项目负责人和施工单位技术、质量部门负责人应参加主体结构、节能分部工程验收。

分部工程质量验收合格应符合下列规定。

① 所含分项工程的质量均应验收合格。

② 质量控制资料应完整。

③ 有关安全、节能、环境保护和主要使用功能的抽样检验结果应符合相应规定。

④ 观感质量应符合要求。

必须注意的是，由于分部工程所含的各分项工程性质不同，因此它并不是在所含分项工程质量验收基础上的简单相加，即所含分项工程质量验收合格且质量控制资料完整，只是分部工程质量验收的基本条件。分部工程质量验收还必须在此基础上对涉及安全、节能、环境保护和主要使用功能的地基基础、主体结构和设备安装分部工程进行见证取样试验或抽样检测；而且还需要对其观感质量进行验收，并综合给出质量评价，对于评价为"不合格"的检查点，应通过返修处理等进行补救。

2）施工过程质量验收不合格的处理

施工过程的质量验收以检验批的施工质量为基本验收单元。检验批质量不合格可能是由于使用的材料不合格、施工作业质量不合格或质量控制资料不完整等原因所致，其处理方法如下。

施工过程质量验收不合格的处理

① 在检验批验收时，发现存在严重缺陷的应推倒重做，一般的缺陷可通过返修或更换器具、设备消除缺陷后重新进行验收。

② 个别检验批发现某些项目或指标（如试块强度等）不满足要求难以确定是否验收时，应请有资质的检测单位检测鉴定，当鉴定结果能够达到设计要求时，应予以验收。

③ 当检测鉴定达不到设计要求，但经原设计单位核算仍能满足结构安全和使用功能的检验批，可予以验收。

④ 严重质量缺陷或超过检验批范围内的缺陷，经法定检测单位检测鉴定以后，认为不能满足最低限度的安全储备和使用功能，则必须进行加固处理；虽然改变外形尺寸但能满

足安全和使用功能要求，可按技术处理方案和协商文件进行验收，责任方应承担经济责任。

⑤ 通过返修或加固处理后仍不能满足安全或重要使用要求的分部工程，严禁验收。

2. 工程项目竣工质量验收

工程项目竣工质量验收是施工质量控制的最后一个环节，是对施工过程质量控制成果的全面检验，是从终端把关方面进行质量控制。未经验收或验收不合格的工程，不得交付使用。

1）竣工质量验收的依据

工程项目竣工质量验收的依据如下。

（1）国家相关法律法规和建设主管部门颁布的管理条例与办法。

（2）工程施工质量验收统一标准。

（3）专业工程施工质量验收标准。

（4）批准的设计文件、施工图纸及说明书。

（5）工程施工承包合同。

（6）其他相关文件。

2）竣工质量验收的要求

建筑工程施工质量应按下列要求进行验收。

（1）工程质量的验收均应在施工单位自检合格的基础上进行。

（2）参加工程施工质量验收的各方人员应具备相应的资格。

（3）检验批的质量应按主控项目和一般项目验收。

（4）对涉及结构安全、节能、环境保护和主要使用功能的试块、试件及材料，应在进场时或施工中按规定进行见证检验。

（5）隐蔽工程在隐蔽前应由施工单位通知监理单位进行验收，并应形成验收文件，验收合格后方可继续施工。

（6）对涉及结构安全、节能、环境保护和使用功能的重要分部工程，应在验收前进行抽样检验。

（7）工程的观感质量应由验收人员现场检查，并应共同确认。

3）竣工质量验收的标准

单位工程是工程项目竣工质量验收的基本对象。单位工程质量验收合格应符合下列规定。

（1）所含分部工程的质量均应验收合格。

（2）质量控制资料应完整。

（3）所含分部工程中有关安全、节能、环境保护和主要使用功能的检验资料应完整。

（4）主要使用功能的抽查结果应符合相关专业工程质量验收标准的规定。

（5）观感质量应符合要求。

4）竣工质量验收的程序

竣工质量验收的程序

工程项目竣工质量验收，可分为竣工验收准备、竣工预验收和正式竣工验收三个环节进行。整个验收过程涉及建设单位、设计单位、监理单位及施工单位各方的工作，必须按照工程项目质量控制体系的职能分工，以监理工程师为核心进行竣工质量验收的组织协调。

（1）竣工验收准备。施工单位按照合同规定的施工范围和质量标准完成施工任务后，应自行组织有关人员进行质量检查评定。自检合格后，由施工单位向现场监理机构提交工程竣工预验收申请报告，要求监理单位组织工程竣工预验收。施工单位的竣工验收准备，包括工程实体的验收准备和相关工程档案资料的验收准备，使之达到竣工验收的要求，其中设备及管道安装工程等应经过试车、试压和系统联动试运行，并有检查记录。

（2）竣工预验收。现场监理机构收到施工单位的工程竣工预验收申请报告后，应就验收的准备情况和验收条件进行检查，对工程质量进行竣工预验收。对工程实体质量及档案资料存在缺陷的情况应及时提出整改意见，并与施工单位协商整改方案，确定整改要求和完成时间。具备下列条件时，由施工单位向建设单位提交工程竣工验收报告，申请正式竣工验收。

① 完成建设工程设计和合同约定的各项内容。
② 有完整的技术档案和施工管理资料。
③ 有工程使用的主要建筑材料、构（配）件和设备的进场试验报告。
④ 有工程勘察、设计、施工、监理等单位分别签署的质量合格文件。
⑤ 有施工单位签署的工程保修书。

（3）正式竣工验收。建设单位收到工程竣工验收报告后，应由建设单位项目负责人组织施工（含分包单位）、设计、勘察、监理等单位项目负责人进行单位工程验收。建设单位应组织上述单位和其他方面的专家组成竣工验收小组，负责检查验收的具体工作，并制订验收方案。

建设单位应在正式竣工验收前 7 个工作日，将验收时间、地点、验收小组名单书面通知该工程的工程质量监督机构。由建设单位在规定时间组织竣工验收会议，主要工作如下。

① 建设、勘察、设计、施工、监理单位分别汇报工程合同履约情况及工程施工各环节满足设计要求，质量符合法律法规和强制性标准的情况。
② 检查审核勘察、设计、施工、监理单位的工程档案资料及质量验收资料。
③ 实地检查工程外观质量，对工程的使用功能进行抽查。
④ 对工程施工质量管理各环节工作、工程实体质量及质保资料情况进行全面评价，形成经验收小组人员共同确认签署的工程竣工验收意见。
⑤ 竣工验收合格，建设单位应及时提出工程竣工验收报告，验收报告应附有工程施工许可证、设计文件审查意见、质量检测功能性试验资料、工程质量保修书等法规所规定的其他文件。
⑥ 工程质量监督机构应对工程竣工验收工作进行监督。

5）竣工验收备案

我国实行建设工程竣工验收备案制度。新建、扩建和改建的各类房屋建筑工程和市政基础设施工程的竣工验收，均应按《建设工程质量管理条例》规定进行备案。

（1）建设单位应当自建设工程竣工验收合格之日起 15 天内，将建设工程竣工验收报告和规划、消防、环保等部门出具的认可文件或准许使用文件，报建设行政主管部门或其他相关部门备案。

（2）建设行政主管部门或其他相关部门发现建设单位在竣工验收过程中有违反国家有

关建设工程质量管理规定行为的，责令停止使用，重新组织竣工验收。

（3）违反本条例规定，建设单位有下列行为之一的，责令改正，处工程合同价款 2%以上 4%以下的罚款，造成损失的，依法承担赔偿责任。

① 未组织竣工验收，擅自交付使用的。

② 验收不合格，擅自交付使用的。

③ 对不合格的建设工程按照合格工程验收的。

6.4.5 施工质量不合格的处理

1. 工程质量问题和质量事故的分类

1）工程质量问题的分类

（1）质量不合格和质量缺陷。根据《质量管理体系 基础和术语》的规定，凡工程产品未满足某个规定的要求，就称为质量不合格；而未满足某个与预期或规定用途有关的要求，称为质量缺陷。

（2）质量问题和质量事故。凡是工程质量不合格，影响使用功能或工程结构安全，造成永久质量缺陷或存在重大质量隐患，甚至直接导致工程倒塌或人身伤亡的，必须进行返修、加固或报废处理，按照由此造成人员伤亡和直接经济损失的大小区分，小于规定限额的为质量问题，在限额以上的为质量事故。

2）工程质量事故的分类

根据住房城乡建设部《关于做好房屋建筑和市政基础设施工程质量事故报告和调查处理工作的通知》（建质〔2010〕111号），工程质量事故是指由于建设、勘察、设计、施工、监理等单位违反工程质量有关法律法规和工程建设标准，使工程产生结构安全、重要使用功能等方面的质量缺陷，造成人身伤亡或者重大经济损失的事故。

工程质量事故具有成因复杂、后果严重、种类繁多、往往与安全事故共生的特点。工程质量事故的分类有多种方法，不同专业工程类别对工程质量事故的等级划分也不尽相同。

（1）按事故造成损失的程度分级。上述建质〔2010〕111号文件根据工程质量事故造成的人员伤亡或直接经济损失程度，将工程质量事故分为以下四个等级。

① 特别重大事故：指造成 30 人以上死亡，或 100 人以上重伤，或 1 亿元以上直接经济损失的事故。

② 重大事故：指造成 10 人以上 30 人以下死亡，或 50 人以上 100 人以下重伤，或 5000 万元以上 1 亿元以下直接经济损失的事故。

③ 较大事故：指造成 3 人以上 10 人以下死亡，或 10 人以上 50 人以下重伤，或 1000 万元以上 5000 万元以下直接经济损失的事故。

④ 一般事故：指造成 3 人以下死亡，或 10 人以下重伤，或 100 万元以上 1000 万元以下直接经济损失的事故。

该等级划分所称的"以上"包括本数，所称的"以下"不包括本数。

(2) 按事故责任分类。工程质量事故包括以下三类。

① 指导责任事故：指由于工程实施指导或领导失误而造成的质量事故，如由于工程负责人片面追求施工进度，放松或不按质量标准进行控制和检验、降低施工质量标准等。

② 操作责任事故：指在施工过程中，由于实施操作者不按规程和标准实施操作而造成的质量事故，如浇筑混凝土时随意加水，或振捣疏漏造成混凝土质量事故等。

③ 自然灾害事故：指由于突发的严重自然灾害等不可抗力造成的质量事故，如地震、台风、暴雨、雷电、洪水等对工程造成破坏甚至倒塌。这类事故虽然不是人为责任直接造成的，但灾害事故造成的损失程度也往往与人们是否在事前采取了有效的预防措施有关，相关责任人员也可能负有一定责任。

2. 施工质量事故的预防

建立健全施工质量管理体系，加强施工质量控制，就是为了预防施工质量问题和质量事故，在保证工程质量合格的基础上，不断提高工程质量。所以，施工质量控制的所有措施和方法都可以预防施工质量事故。具体来说，施工质量事故的预防，应运用风险管理的理论和方法，从寻找和分析可能导致施工质量事故发生的原因入手，抓住影响施工质量的各种因素和施工质量形成过程的各个环节，采取针对性的预防控制措施。

1）施工质量事故发生的原因

施工质量事故发生的原因大致有如下四类。

(1) 技术原因：指引发的质量事故是由于在项目勘察、设计、施工中技术上的失误。例如，地质勘察过于疏略，对水文地质情况判断错误，致使地基基础设计采用不正确的方案；结构设计方案不正确，计算失误，构造设计不符合规范要求；施工管理及实际操作人员的技术素质差，采用了不合适的施工方法或施工工艺等。这些技术上的失误是造成质量事故的常见原因。

(2) 管理原因：指引发的质量事故是由于管理上的不完善或失误。例如，施工单位或监理单位的质量管理体系不完善，质量管理措施落实不力，施工管理混乱，不遵守相关规范，违章作业，检验制度不严密，质量控制不严格，检测仪器设备管理不善而失准，以及材料质量检验不严等原因，引起质量事故。

(3) 社会、经济原因：指引发的质量事故是由于社会上存在的不正之风及经济上的原因，滋长了建设中的违法违规行为，而导致出现质量事故。例如，违反基本建设程序，无立项、无报建、无开工许可、无招投标、无资质、无监理、无验收的"七无"工程，边勘察、边设计、边施工的"三边"工程，屡见不鲜，几乎所有的重大施工质量事故都能从这个方面找到原因；某些施工企业盲目追求利润而不顾工程质量，在投标报价中随意压低标价，中标后则依靠违法的手段或修改方案追加工程款，甚至偷工减料等，这些因素也会导致发生重大施工质量事故。

(4) 人为事故和自然灾害原因：指造成质量事故是由于人为的设备事故、安全事故，导致连带发生质量事放，以及严重的自然灾害等不可抗力造成质量事故。

2）施工质量事故预防的具体措施

(1) 严格按照基本建设程序办事。要做好项目可行性论证，不可未经深入的调查分析和严格论证就盲目拍板定案；要彻底搞清工程地质水文条件方可开工；杜绝无证设计、无图施工；禁止任意修改设计和不按图纸施工；工程竣工不进行试车运转、不经验收时，不得交付使用。

（2）认真做好工程地质勘察。地质勘察时要适当布置钻孔位置和设定钻孔深度，钻孔间距过大，不能全面反映地基实际情况；钻孔深度不够，难以查清地下软土层、滑坡、墓穴、孔洞等有害地质构造；地质勘察报告必须详细、准确，防止因根据不符合实际情况的地质资料而采用错误的基础方案，导致地基不均匀沉降、失稳，使上部结构及墙体开裂、破坏、倒塌。

（3）科学地加固处理好地基。对软弱土、冲填土、杂填土、湿陷性黄土、膨胀土、岩层出露、岩溶、土洞等不均匀地基，要进行科学的加固处理；要根据不同地基的工程特性，按照地基处理与上部结构相结合使其共同工作的原则，从地基处理与设计措施、结构措施、防水措施、施工措施等方面综合考虑治理。

（4）进行必要的设计审查复核。要请具有合格专业资质的审图机构对施工图进行审查复核，防止因设计考虑不周、结构构造不合理、设计计算错误、沉降缝及伸缩缝设置不当、悬挑结构未通过抗倾覆验算等原因，导致质量事故的发生。

（5）严格把好建筑材料及制品的质量关。要从采购订货、进场验收、质量复验、存储和使用等环节，严格控制建筑材料及制品的质量，防止不合格或变质、损坏的材料和制品用到工程上。

（6）对施工人员进行必要的技术培训。要通过技术培训使施工人员掌握基本的建筑结构和建筑材料知识，懂得遵守施工质量验收标准对保证工程质量的重要性，从而在施工中自觉遵守操作规程，不蛮干、不违章操作、不偷工减料。

（7）依法进行施工组织管理。施工管理人员要认真学习、严格遵守国家相关政策法规和施工技术标准，依法进行施工组织管理；施工人员要熟悉图纸，对工程的难点和关键工序、关键部位应编制专项施工方案并严格执行；施工作业必须按照图纸和施工质量验收标准、操作规程进行；施工技术措施要正确，施工顺序不可搞错，脚手架和楼面不可超载堆放构件和材料；要严格按照制度进行质量检查和验收。

（8）做好应对不利施工条件和各种灾害的预案。要根据当地气象资料的分析和预测，事先针对可能出现的风、雨、高温、严寒、雷电等不利施工条件，制订相应的施工技术措施；还要对不可预见的人为事故和严重自然灾害做好应急预案，并有相应的人力、物力储备。

（9）加强施工安全与环境管理。许多施工安全和环境事故都会连带发生质量事故，加强施工安全与环境管理，也是预防施工质量事故的重要措施。

3. 施工质量事故和质量缺陷的处理

1）施工质量事故处理的依据

（1）质量事故的实况资料：包括质量事故发生的时间、地点，质量事故状况的描述，质量事故发展变化的情况，有关质量事故的观测记录、事故现场状态的照片或录像，事故调查组调查研究所获得的一手资料。

（2）有关合同及合同文件：包括工程承包合同、设计委托合同、设备与器材购销合同、监理合同及分包合同等。

(3) 有关的技术文件和档案：主要是有关的设计文件（如施工图纸和技术说明）、技术文件、档案和资料，如施工方案、施工计划、施工记录、施工日志、有关建筑材料的质量证明资料、现场制备材料的质量证明资料、试验记录或试验报告等。

(4) 相关的建设法规：主要有《建筑法》《建设工程质量管理条例》和《关于做好房屋建筑和市政基础设施工程质量事故报告和调查处理工作的通知》（建质〔2010〕111号）等与工程质量及质量事故处理有关的法规，勘察、设计、施工、监理等单位资质管理和从业者资格管理方面的法规，建筑市场管理方面的法规，以及相关技术标准、规范、规程和管理办法等。

2）施工质量事故报告和调查处理程序

(1) 事故报告。施工质量事故发生后，事故现场有关人员应当立即向工程建设单位负责人报告；工程建设单位负责人接到报告后，应于一小时内向事故发生地县级以上人民政府住房和城乡建设主管部门及有关部门报告，同时应按照应急预案采取相应措施。情况紧急时，事故现场有关人员可直接向事故发生地县级以上人民政府住房和城乡建设主管部门报告。事故报告应包括下列内容。

① 事故发生的时间、地点、工程项目名称、工程各参建单位名称。
② 事故发生的简要经过、伤亡人数（包括下落不明人数）和初步估计的直接经济损失。
③ 事故原因的初步判断。
④ 事故发生后采取的措施及事故控制情况。
⑤ 事故报告单位、联系人及联系方式。
⑥ 其他应当报告的情况。

(2) 事故调查。事故调查要按规定区分事故的等级，分别由相应级别的人民政府直接或授权委托有关部门组织事故调查组进行调查。未造成人员伤亡的一般事故，县级人民政府也可以委托事故发生单位组织事故调查组进行调查。事故调查应力求及时、客观、全面，以便为事故的分析与处理提供正确的依据。调查结果要整理撰写成事故调查报告，事故调查报告应包括下列内容。

① 事故项目及各参建单位概况。
② 事故发生经过和事故救援情况。
③ 事故造成的人员伤亡和直接经济损失。
④ 事故项目有关质量检测报告和技术分析报告。
⑤ 事故发生的原因和事故性质。
⑥ 事故责任的认定和事故责任者的处理建议。
⑦ 事故防范和整改措施。

(3) 事故的原因分析。事故的原因分析要建立在事故调查的基础上，避免情况不明就主观推断事故的原因。特别是对涉及勘察、设计、施工、材料和管理等方面的质量事故，事故的原因往往错综复杂，因此必须对调查得到的数据、资料进行仔细的分析，依据国家有关法律法规和工程建设标准分析事故的直接原因和间接原因，必要时组织对事故项目进行检测鉴定和专家技术论证，去伪存真，找出造成事故的主要原因。

(4) 制订事故处理的技术方案。事故的处理要建立在原因分析的基础上，要广泛地听取专家及有关方面的意见，经科学论证，决定事故是否要进行技术处理和怎样处理。在制订事故处理的技术方案时，应做到安全可靠、技术可行、不留隐患、经济合理、具有可操作性、满足项目的安全和使用功能要求。

（5）事故处理。事故处理包括如下内容。

① 事故的技术处理。按经过论证的技术方案进行处理，解决事故造成的质量缺陷问题。

② 事故的责任处罚。依据有关人民政府对事故调查报告的批复和有关法律法规的规定，对事故相关责任者实施行政处罚，负有事故责任的人员涉嫌犯罪的，依法追究刑事责任。

（6）事故处理的鉴定验收。质量事故的技术处理是否达到预期的目的，是否依然存在隐患，应当通过检查鉴定和验收做出确认。事故处理的鉴定验收，应严格按施工质量验收标准和相关质量标准的规定进行，必要时还应通过实际量测、试验和仪器检测等方法获取必要的数据，以便准确地对事故处理的结果做出鉴定，形成鉴定结论。

（7）提交事故处理报告。事故处理后，必须尽快提交完整的事故处理报告，事故处理报告应包括下列内容。

① 事故调查的原始资料、测试的数据。

② 事故原因分析和论证结果。

③ 事故处理的依据。

④ 事故处理的技术方案及措施。

⑤ 实施技术处理过程中有关的数据、记录、资料。

⑥ 检查验收记录。

⑦ 对事故相关责任者的处罚情况和事故处理的结论等。

3）施工质量事故处理的基本要求

（1）质量事故的处理应达到安全可靠、不留隐患、满足生产和使用要求、施工方便、经济合理的目的。

（2）消除造成事故的原因，注意综合治理，防止事故再次发生。

（3）正确确定技术处理的范围和正确选择处理的时间与方法。

（4）切实做好事故处理的鉴定验收工作，认真落实防范措施。

（5）确保事故处理期间的安全。

施工质量缺陷处理的基本方法

4）施工质量缺陷处理的基本方法

（1）返修处理。当项目的某些部分的质量虽未达到规范、标准或设计规定的要求，存在一定的缺陷，但经过采取整修等措施后可以达到要求的质量标准，又不影响使用功能或外观的要求时，可采取返修处理的方法。例如，某些混凝土结构表面出现蜂窝、麻面，或者混凝土结构局部出现损伤，如结构受撞击、局部未振实、冻害、火灾、酸类腐蚀、碱骨料反应等，当这些缺陷或损伤仅仅在结构的表面或局部，不影响其使用和外观时，可进行返修处理。再如，对混凝土结构出现的裂缝，经分析研究后如果不影响结构的安全和使用功能，也可采取返修处理的方法。当裂缝宽度不大于 0.2mm 时，可采用表面密封法；当裂缝宽度大于 0.3mm 时，采用嵌缝密闭法；当裂缝较深时，则应采取灌浆修补的方法。

（2）加固处理。加固处理主要是针对危及结构承载力的质量缺陷的处理。通过加固处理，建筑结构可恢复或提高承载力，重新满足结构安全性与可靠性的要求，使结构能继续使用或改作其他用途。对混凝土结构常用的加固处理方法，主要有增大截面加固法、外包角钢加固法、粘钢加固法、增设支点加固法、增设剪力墙加固法、预应力加固法等。

（3）返工处理。当工程质量缺陷经过返修、加固处理后仍不能满足规定的质量标准要求，或不具备补救可能性时，必须采取重新制作、重新施工的返工处理措施。例如，某防洪堤坝填筑压实后，其压实土的干密度未达到规定值，经核算将影响土体的稳定且不满足抗渗能力的要求，则须挖除不合格土，重新填筑，重新施工；某公路桥梁工程预应力按规定张拉系数为 1.3，而实际仅为 0.8，属严重的质量缺陷，也无法修补，只能重新制作；某高层住宅施工中，有几层的混凝土结构误用了安定性不合格的水泥，无法采用其他补救办法，则不得不爆破拆除，重新浇筑。

（4）限制使用。在工程质量缺陷按返修、加固方法处理后无法保证达到规定的使用要求和安全要求，而又无法返工处理的情况下，不得已时可做出诸如结构卸荷或减荷及限制使用的决定。

（5）不作处理。某些工程质量虽然达不到规定的要求或标准，但其情况不严重，对结构安全或使用功能影响很小，经过分析、论证、法定检测单位鉴定和设计单位等认可后，可不作专门处理。不作处理一般涉及以下几种情况。

① 不影响结构安全和使用功能的。例如，有的工业建筑物出现放线定位的偏差，且严重超过规范标准规定，若要纠正会造成重大经济损失，但经过分析、论证，其偏差不影响生产工艺和正常使用，在外观上也无明显影响，可不作处理；某些部位的混凝土表面的裂缝，经检查分析，属于表面养护不够的干缩微裂，不影响安全和外观，也可不作处理。

② 后道工序可以弥补质量缺陷的。例如，混凝土结构表面的轻微麻面，可通过后续的抹灰、刮涂、喷涂等步骤整平弥补，可不作处理；混凝土现浇楼面的平整度偏差达到 10mm，但由于后续垫层和面层的施工可以找平弥补，也可不作处理。

③ 法定检测单位鉴定合格的。例如，某检验批混凝土试块强度值不满足规范要求，虽强度不足，但经法定检测单位对混凝土进行实际检测后，其实际强度达到规范允许和设计要求值的，可不作处理。对经检测未达到要求值，但相差不多，经分析论证，只要使用前经再次检测达到设计强度，也可不作处理，但应严格控制施工荷载。

④ 出现某些设计质量缺陷的。经检测鉴定达不到设计要求，但经原设计单位核算，仍能满足结构安全和使用功能的。例如，某一结构构件截面尺寸不足或材料强度不足，影响结构承载力，但按实际情况进行复核验算后仍能满足设计要求的承载力时，可不进行专门处理。这种做法实际上是挖掘设计潜力或降低设计的安全系数，应谨慎对待。

（6）报废处理。出现质量事故的项目，通过分析或实践，采取上述处理方法后仍不能满足规定的质量要求或标准，则必须予以报废处理。

6.4.6 建设工程项目质量的政府监督

我国《建设工程质量管理条例》明确规定，国家实行建设工程质量监督管理制度，由政府建设行政主管部门对建设工程质量行使监督职能。

1. 政府对工程质量的监督职能

党中央、国务院历来高度重视质量强国建设，党的二十大报告中更明确提出加快建设质量强国，推动了"中国速度"向"中国质量"的转变，我国一批重大工程质量已达到国际先进水平。房屋建筑和市政基础设施工程投入高、规模大，其质量直接影响到公众利益和公共安全，影响社会和谐稳定。为保护人民生命和财产安全，规范住房和城乡建设主管部门及工程质量监督机构（以下简称主管部门）的质量监督行为，根据《建筑法》《建设工程质量管理条例》等有关法律、行政法规，住房城乡建设部制定了《房屋建筑和市政基础设施工程质量监督管理规定》（住建部令第5号）。在中华人民共和国境内主管部门实施对新建、扩建、改建房屋建筑和市政基础设施工程质量监督管理的，适用该规定；而抢险救灾工程、临时性房屋建筑工程和农民自建低层住宅工程，不适用该规定。

1）监督管理部门职责的划分

国务院建设行政主管部门对全国的建设工程质量实施统一监督管理。国务院铁路、交通、水利等有关部门按照国务院规定的职责分工，负责全国有关专业建设工程质量的监督管理。

县级以上地方人民政府建设行政主管部门对本行政区域内的建设工程质量实施监督管理工作。县级以上地方人民政府交通、水利等有关部门在各自的职责范围内，负责对本行政区域内的专业建设工程质量进行监督管理。

国务院发展计划部门按照国务院规定的职责，组织稽查特派员，对国家出资的重大建设项目实施监督检查。

国务院经济贸易主管部门按照国务院规定的职责，对国家重大技术改造项目实施监督检查。

2）政府质量监督的性质与职权

（1）政府质量监督的性质。政府质量监督属于行政执法行为，是主管部门依据有关法律法规和工程建设强制性标准，对工程实体质量和工程建设、勘察、设计、施工、监理单位（以下简称工程质量责任主体）和质量检测等单位的工程质量行为实施监督。

工程实体质量监督，是指主管部门对涉及工程主体结构安全、主要使用功能的工程实体质量情况实施监督。

工程质量行为监督，是指主管部门对工程质量责任主体和质量检测等单位履行法定质量责任和义务的情况实施监督。

（2）政府质量监督的职权。政府建设行政主管部门和其他有关部门履行工程质量监督检查职责时，有权采取下列措施。

① 要求被检查单位提供有关工程质量的文件和资料。

② 进入被检查单位的施工现场进行检查。

③ 发现有影响工程质量的问题时，责令改正。

有关单位和个人对政府建设行政主管部门和其他有关部门进行的监督检查应当支持与配合，不得拒绝或者阻碍建设工程质量监督检查人员依法执行职务。

3）政府质量监督的机构

根据《建设工程质量管理条例》，建设工程质量监督管理，可以由建设行政主管部门或者其他有关部门委托的建设工程质量监督机构具体实施。

（1）监督机构。从事房屋建筑工程和市政基础设施工程质量监督的机构，必须按照国家有关规定经国务院建设行政主管部门或省、自治区、直辖市人民政府建设行政主管部门考核；从事专业建设工程质量监督的机构，必须按照国家有关规定经国务院有关部门或省、自治区、直辖市人民政府有关部门考核。监督机构经考核合格后，方可实施质量监督，并对工程质量监督承担监督责任。监督机构应当具备下列条件。

① 具有符合规定条件的监督人员。人员数量由县级以上地方人民政府建设行政主管部门根据实际需要确定。监督人员应当占监督机构总人数的75%以上。

② 有固定的工作场所和满足工程质量监督检查工作所需要的仪器、设备和工具等。

③ 有健全的质量监督工作制度，具备与质量监督工作相适应的信息化管理条件。

（2）监督人员。监督人员应当具备下列条件。监督人员符合条件经考核合格后，方可从事工程质量监督工作。

① 具有工程类专业大学专科以上学历或者工程类执业注册资格。

② 具有三年以上工程质量管理或设计、施工、监理等工作经历。

③ 熟悉掌握相关法律法规和工程建设强制性标准。

④ 具有一定的组织协调能力和良好职业道德。

监督机构可以聘请中级职称以上的工程类专业技术人员协助实施工程质量监督。

省、自治区、直辖市人民政府建设行政主管部门应当每两年对监督人员进行一次岗位考核，每年进行一次法律法规、业务知识培训，并适时组织开展继续教育培训。

国务院建设行政主管部门对监督机构和监督人员的考核情况进行监督抽查。主管部门工作人员玩忽职守、滥用职权、徇私舞弊，构成犯罪的，依法追究刑事责任；尚不构成犯罪的，依法给予行政处分。

2. 政府对工程质量监督的内容和程序

1）质量监督的内容

政府建设行政主管部门和其他有关部门的工程质量监督检查应当包括下列内容。

（1）执行法律法规和工程建设强制性标准的情况。

（2）抽查涉及工程主体结构安全和主要使用功能的工程实体质量。

（3）抽查工程质量责任主体和质量检测等单位的工程质量行为。

（4）抽查主要建筑材料、建筑构（配）件的质量。

（5）对工程竣工验收进行监督。

（6）组织或者参与工程质量事故的调查处理。

（7）定期对本地区工程质量状况进行统计分析。

（8）依法对违法违规行为实施处罚。

2）质量监督的程序

对工程项目实施质量监督，应当依照下列程序进行。

（1）受理建设单位办理质量监督手续。在工程项目开工前，监督机构接受建设单位有关工程质量监督的申报手续，并对建设单位提供的有关文件进行审查，审查合格签发有关质量监督文件。建设单位凭质量监督文件，向建设行政主管部门申领施工许可证。

（2）制订工作计划并组织实施。监督机构根据项目具体情况，制订质量监督工作计划并组织实施。工作计划应包括下列内容。

① 质量监督依据的法律、法规、规范、标准。
② 在项目施工的各个阶段，质量监督的内容、范围和重点。
③ 实施质量监督的具体方法和步骤。
④ 定期或不定期进入施工现场进行监督检查的时间计划安排。
⑤ 质量监督记录用表式。
⑥ 监督人员及需用资源安排。

（3）对工程实体质量和工程质量行为进行抽查、抽测。

① 监督机构按计划在施工现场对建筑材料、设备和工程实体进行监督抽样，委托符合法定资质的检测单位进行检测。监督抽样检测的重点是涉及结构安全和重要使用功能的项目，例如，在工程基础和主体结构分部工程质量验收前，要对地基基础和主体结构混凝土强度分别进行抽样检测。对在施工过程中发生的质量问题、质量事故，监督机构应进行查处。

② 对工程质量责任主体和质量检测等单位的质量行为进行检查。检查内容包括：参与工程项目建设各方的质量管理体系建立和运行情况；企业的工程经营资质证书和相关人员的资格证书；按建设程序规定的开工前必须办理的各项建设行政手续是否齐全完备；施工组织设计、监理规划等文件及其审批手续和实际执行情况；执行相关法律法规和工程建设强制性标准的情况；工程质量检查记录；等等。

（4）监督工程竣工验收。重点对竣工验收的组织形式、程序等是否符合有关规定进行监督，同时对质量监督检查中提出的质量问题的整改情况进行复查。

（5）形成工程质量监督报告。工程质量监督报告的基本内容包括：工程项目概况；工程质量责任主体和质量检测等单位的质量行为检查情况；工程实体质量抽查情况；历次质量监督检查中提出质量问题的整改情况；工程竣工质量验收情况；项目质量评价（包括建筑节能和环保评价）；对存在的质量缺陷的处理意见；等等。

（6）建立工程质量监督档案。项目工程质量监督档案按单位工程建立。要求归档及时，资料记录等各类文件齐全，经监督机构负责人签字后归档，按规定年限保存。

任务 6.5　建设工程职业健康安全与环境管理

随着人类社会进步和科技发展，职业健康安全与环境的问题越来越受到关注。为了保证劳动者在劳动生产过程中的安全和保护人类的生存环境，必须加强职业健康安全与环境管理。

6.5.1　建设工程职业健康安全与环境管理概述

1. HSE 管理体系

健康（health）、安全（safety）与环境（environment）管理体系简称 HSE 管理体系，

是实施健康、安全与环境管理的组织机构、职责、做法、程序、过程和资源等要素构成的有机整体，这些要素通过先进、科学、系统的运行模式有机地融合在一起，相互关联、相互作用，形成动态管理体系。H 是指人身体上没有疾病，心理上保持完好的一种状态；S 是指在劳动生产过程中，努力改善劳动条件，克服不安全因素，使劳动生产在保证劳动者健康、企业财产不受损失、人民生命安全的前提下顺利进行；E 是指与人类密切相关的、影响人类生活和生产活动的各种自然力量或作用的总和，它不仅包括各种自然因素组合，还包括人类与自然因素间相互形成的生态关系的组合。

从功能上讲，HSE 管理体系是一种事前风险分析，确定自身活动可能发生的危害和后果，而采取有效的防范手段和控制措施防止其发生，以便减少可能引起的人员伤害、财产损失和环境污染的有效管理模式。它强调事前预防和持续改进，具有高度的自我约束、自我完善、自我激励机制，因而是一种现代化的管理模式，是现代企业制度之一。

2. HSE 与传统的三大目标（质量、进度、成本）的关系

推进 HSE 管理会带来工程费用的增加，可能会对工期产生一定的影响。一般来说，要提高 HSE 管理水平，必须以比较成熟的质量管理、进度管理和成本管理为基础。推行 HSE 管理可以大大提高整个项目的管理水平，有力推动项目总目标的实现。

（1）HSE 管理比传统的目标管理具有更大的强制性。传统的三大目标（质量、进度、成本）是要求在工程项目中尽可能争取实现，而在工程中 HSE 一旦出现问题，就会对项目、企业有更大的社会影响和历史影响，甚至会涉及重大的社会和法律问题。因此，与工程的质量、进度和成本三大目标相比，HSE 目标具有更高的优先级，HSE 管理应有更大的强制性。

（2）HSE 管理有利于降低工程的社会成本与环境成本。通过实施 HSE 管理体系，可以控制作业现场的各种粉尘、废水、废气、固体废弃物及噪声、振动对环境的污染和危害，可以消除对外部的干扰，可以在工程的全寿命期中降低社会成本和环境成本，获得更大的经济效益、社会效益和环境效益。

（3）HSE 管理能够实现以人为本的工程项目管理。加强 HSE 管理体现了以人为本的管理理念，要求工程实现人性化设计和管理，建设人性化的工程，这是工程本原的回归。通过 HSE 管理能够改善劳动者的作业条件，可以有效预防和减少伤害事故、职业病和安全事故的发生，保障劳动者身心健康，提高劳动效率，调动员工工作的积极性，改善工程实施和管理队伍的整体素质，对社会的健康发展和文明进步能产生长期的促进作用。

（4）HSE 管理提升企业的品牌和形象，增强企业的竞争力。HSE 管理体现了建筑业的可持续发展的观念和人性化管理的特征。全球经济一体化对现代工程承包企业提出了更高的要求，工程承包市场中的竞争已不再仅仅是资本和技术的竞争，更是企业综合素质的竞争。国外的工程承包企业将 HSE 作为第一目标、第一要务，以 HSE 的管理水平和绩效作为反映企业品牌、形象和综合素质的标志，可以为企业带来直接和间接的经济效益。

（5）HSE 管理促进工程项目管理现代化。HSE 管理极大地推动了工程项目管理理念和价值体系的提升，促进了工程项目管理理论和方法体系的完善，使其更适应现代社会的客观要求。

3. 职业健康安全管理体系与环境管理体系

1）职业健康安全管理体系

职业健康安全管理体系是企业总体管理体系的一部分。我国推荐性标准《职业健康安全管理体系 要求及使用指南》（GB/T 45001—2020），覆盖了国际上的 ISO 45001 体系标准，目前被企业普遍采用，用以建立职业健康安全管理体系。

项目职业健康安全，是指影响或可能影响工作场所内的员工或其他工作人员（包括临时工和承包方员工）、访问者或任何其他人员的健康安全的条件和因素。

2）环境管理体系

随着全球经济的发展，人类赖以生存的环境不断恶化。20 世纪 80 年代，联合国组建了世界环境与发展委员会，提出了"可持续发展"的观点。国际标准化组织制定的 ISO14000 体系标准，被我国等同采用，体现为《环境管理体系 要求及使用指南》（GB/T 24001—2016）和《环境管理体系 通用实施指南》（GB/T 24004—2017）。

环境，是指组织运行活动的外部存在，包括空气、水、土地、自然资源、植物、动物、人，以及它（他）们之间的相互关系。这个定义是以组织运行活动为主体，其外部存在主要是指人类认识到的、直接或间接影响人类生存的各种自然因素及其相互关系。

3）职业健康安全管理体系与环境管理体系的比较

根据《职业健康安全管理体系 要求及使用指南》和《环境管理体系 要求及使用指南》，职业健康安全管理和环境管理都是组织管理体系的一部分，其管理的主体是组织，管理的对象是一个组织的活动、产品或服务中能与职业健康安全发生相互作用的不健康、不安全的条件和因素，以及能与环境发生相互作用的要素。两个管理体系所需要满足的对象和管理侧重点有所不同，但管理原理基本相同。

（1）职业健康安全管理体系和环境管理体系的相同点。

① 管理目标基本一致。上述两个管理体系均为组织管理体系的组成部分，管理目标一致：一是分别从职业健康安全和环境方面，改进管理绩效；二是增强顾客和相关方的满意程度；三是减小风险，降低成本；四是提高组织的信誉和形象。

② 管理原则基本相同。这两个管理体系均强调了预防为主、系统管理、持续改进和 PDCA 循环原理；均强调了为制订、实施、实现、评审和保持响应的方针所需要的组织活动、策划活动、职责、程序、过程和资源。

③ 不规定具体绩效标准。这两个管理体系都不规定具体的绩效标准，它们只是组织实现目标的基础、条件和组织保证。

（2）职业健康安全管理体系和环境管理体系的不同点。

① 需要满足的对象不同。建立职业健康安全管理体系的目的是"消除或尽可能降低可能暴露于与组织活动相关的职业健康安全危险源中的员工和其他相关方所面临的风险"，即主要目标是使员工和相关方对职业健康安全条件满意；建立环境管理体系的目的是"针对众多相关方和社会对环境保护的不断的需要"，即主要目标是使公众和社会对环境保护满意。

② 管理的侧重点有所不同。职业健康安全管理体系通过对危险源的辨识，评价风险、控制风险、改进职业健康安全绩效，满足员工和相关方的要求；环境管理体系通过对环境产生不利影响的因素的分析，进行环境管理，满足相关法律法规的要求。

6.5.2 建设工程安全生产管理

1. 安全生产管理原则

（1）安全第一原则。安全高于一切，建设工程项目管理单位的管理人员每时每刻都要将安全生产放在第一位，将安全生产管理工作贯穿建设工程项目管理的始终，正确处理安全与危害并存、安全与生产统一、安全与质量包含、安全与速度互保、安全与效益兼顾的辩证关系，真正做到安全压倒一切，视人的生命高于一切。

安全生产管理原则

（2）以人为本原则。以人为本，即把人作为控制的动力，把人作为安全保护对象，调动人的积极性、创造性，增强人的责任感，强化"安全第一"的观念，提高人的素质，避免人为失误，以人的工作安全保证施工过程安全和整个工程生产安全；在制订建设实施方案、计划时，要充分尊重人的存在，处处考虑人的安全，确保事前、事中、事后全过程人的安全。

（3）组织化、制度化、规范化、标准化原则。为确保所管理的建设工程项目安全目标的实现，应将安全管理工作组织化、制度化、规范化和标准化，提高安全管理的可操作性，在建设工程项目各个层面全面落实安全生产保证体系。

（4）安全预控原则。事先采取各种预防措施，避免"人、机、料、法、环"各方面不符合安全要求的因素出现，以保证人员、过程、产品安全。

（5）全过程安全管理原则。按照建设工程项目不同阶段、不同专业的不同特点，对安全目标进行分解，制订相对应的保证措施，实现无处不在的安全管理。

（6）全员安全管理原则。安全生产，人人有责，通过教育培训培养全体参建人员具有"我要安全""我会安全"的意识和能力，积极、主动地进行安全防范，确保所管理的建设工程项目安全顺利完成。

2. 安全生产管理目标

安全生产管理的目的即实现安全生产。《中华人民共和国安全生产法》（以下简称《安全生产法》）明确规定，安全生产管理坚持"安全第一、预防为主、综合治理"的方针。

安全生产管理的目标，是建设工程项目实施过程中通过加强事前控制、事中管理，减少和消除生产过程中的事故，保证人员健康安全和财产免受损失。安全生产管理目标有两个方面的含义：一是安全生产所要达到的量化目标；二是安全生产管理水平目标。安全生产所要达到的量化目标包括事故指标、安全教育指标、安全检查整改指标、工业卫生及环境保护指标等；安全生产管理水平目标是指为完成安全生产量化目标所进行的安全管理活动，包括安全教育的手段、方法，安全检查的次数，安全生产技术措施计划的实施，现代安全生产管理手段的实施等。业主要求项目管理单位要达到的安全生产量化目标一般包括以下方面。

（1）杜绝死亡事故的发生。

（2）重伤事故不超过多少人次。

（3）工伤事故平均月频率低于多少。

在建设工程项目管理合同中，业主一般都会对项目管理单位明确提出其所拟建项目的安全生产管理总目标，如无重大安全生产事故发生或"零"死亡事故等，以此要求项目管理单位在项目建设过程中加强安全生产管理。

项目管理单位应根据项目安全生产管理总目标，将安全生产管理目标进行细化并逐级分解，具体落实到项目各参建单位，做到安全生产管理责任明确，并通过安全计划、安全措施、安全考核、安全监管，充分发挥群策群防的作用，以保证安全生产管理目标的实现。

3. 安全生产管理内容

项目管理单位进行安全生产管理的内容如下。

（1）按照有关安全法规和规范，检查与监督施工的安全防护设施和安全生产管理措施。

（2）协调承包商从组织管理和制度建立上加强安全生产和科学管理工作。

（3）审核施工组织设计或承包方案中的安全技术方案，使之符合安全施工的要求，并督促其实施。

（4）做好安全生产的监督检查工作，对不安全因素，及时督促承包商整改。

（5）督促承包商完善技术和操作管理规程，确保防汛设施和地下管线通畅、安全，确保现场交通运输的畅通及道路的整洁。

（6）督促承包商采取各种措施降低施工过程中产生的噪声。

（7）控制夜间施工作业，确需夜间作业的，督促承包商事先向环保部门办理夜间作业许可手续。

（8）督促检查承包商设置各种防护设施，防止施工中产生的尘土飞扬及废弃物、杂物飘散。

（9）督促承包商采取有效方式，减少施工对市容、绿化和环境的不良影响，特别是防止对城市道路的污染。

（10）督促承包商严格按批准的平面图堆放机具、材料，搭建临时设施。

4. 安全生产管理措施

在项目管理过程中，项目管理单位需要采取的安全生产管理措施如下。

（1）项目管理单位要针对工程项目特点召开安全文明施工专题讨论会，加强安全文明知识的深化学习，进一步强化工程人员的安全意识。

（2）制订安全管理职责，落实安全责任制，项目经理和监理单位的总监负全责，各专业管理工程师各负其责。

（3）审核施工组织设计中安全文明管理的条款及在开工条件中落实安全文明施工的准备工作，否则不予开工。

（4）对在施工过程中安全隐患的存在，责令停工整改；安全文明施工不到位的情况，责令限时整改；情节严重的，停工整改。

（5）监理工程师对现场采取定期或不定期巡查，对施工现场及办公生活区的安全文明措施进行检查，对发现的问题及时发整改通知，同时及时收集现场安全文明方面的信息，及时对信息进行处理。

（6）通过例会、专题会议解决安全文明施工中出现的问题。

（7）及时、多渠道地向业主汇报工程安全文明方面的信息。

（8）建立安全文明施工状况登记制度，准确及时记录安全文明状况。

（9）制订安全文明施工管理中的奖罚机制。

（10）检查承包商安全生产管理职责。检查承包商工程项目部安全管理组织结构图、安全生产保证体系要素、职能分配表，项目人员的安全生产岗位责任制。

（11）检查承包商安全生产保证体系文件。

知识链接

安全生产保证体系包括安全生产保证体系、施工现场安全文明施工管理制度和经济承包责任制。体系文件要有明确的安全指标和包括奖惩在内的保证措施、安全生产保证体系的程序文件和支持性文件、内部安全生产保证体系审核记录。

（12）检查承包商安全设施。保证安全所需的材料、设备及安全防护用品到位。

（13）强化安全分包管理，检查施工总承包单位对分包单位的安全施工管理是否到位。

（14）检查承包商安全技术交底及动火审批。检查交底及动火审批目录、目录说明，检查总承包单位对分包单位的进场安全总交底，对作业人员按工种进行的安全操作规程交底，施工作业过程中分部、分项安全技术交底，以及安全防护设施交接验收记录等。

（15）督促和检查承包商对安全文明施工的检查。

知识链接

检查承包商安全检查记录表、脚手架搭设验收表、特殊类脚手架搭设验收单、模板支撑系统验收单、井架与龙门架搭设验收单、施工升降机安装验收单、落地操作平台搭设验收单、悬挂式钢平台验收单、施工现场临时用电验收单、接地电阻测验记录、移动手持电动工具定期绝缘电阻测验记录、电工巡视维修工作记录卡、施工机具验收单等。

（16）检查承包商事故隐患控制。建立并检查事故隐患控制目录、事故隐患处理表、违章处理登记表及事故月报表制度。

（17）检查承包商安全教育和培训。

知识链接

检查安全教育和培训目录及记录说明，新进施工现场的各类人员必须进行安全教育并记录入卡；检查承包商职工劳动保护教育卡汇总表，提醒承包商加强对全体施工人员放假前后的安全教育并做好记录；抽查承包商班前安全事项讲评记录；检查承包商安全员及特种作业人员名册、持证人员的证件。

5. 安全生产管理制度

由于建设工程规模大、周期长、参与人数多、环境复杂多变、安全生产的难度很大，因此，通过建立各项制度规范建设工程的生产行为，对于提高建设工程安全生产水平是非常重要的。

《建筑法》《安全生产法》《安全生产许可证条例》《建设工程安全生产管理条例》《建筑施工企业安全生产许可证管理规定》等建设工程相关法律法规和部门规章，对政府部门、有关企业及相关人员的建设工程安全生产和管理行为进行了全面的规范，确立了一系列建设工程安全生产管理制度。现阶段主要执行的安全生产管理制度如下。

（1）安全生产责任制度。
（2）安全生产许可制度。
（3）政府安全生产监督检查制度。
（4）安全生产教育培训制度。
（5）安全措施计划制度。
（6）特种作业人员持证上岗制度。
（7）专项施工方案专家论证制度。
（8）危及施工安全工艺、设备、材料淘汰制度。
（9）施工起重机械使用登记制度。
（10）安全检查制度。
（11）生产安全事故报告和调查处理制度。
（12）"三同时"制度。
（13）安全预评价制度。
（14）意外伤害保险制度。

6.5.3 建设工程施工现场文明施工管理

1. 文明施工的要求

文明施工是指保持施工现场良好的作业环境、卫生环境和工作秩序。因此，文明施工也是保护环境的一项重要措施。文明施工主要包括：规范施工现场的场容，保持作业环境的整洁卫生；科学组织施工，使生产有序进行；减少施工对周围居民和环境的影响；遵守施工现场文明施工的规定和要求，保证职工的安全和身体健康。

文明施工可以适应现代化施工的客观要求，有利于员工的身心健康，有利于培养和提高施工队伍的整体素质，促进企业综合管理水平的提高，提高企业的知名度和市场竞争力。

依据我国相关标准，文明施工的管理措施主要包括施工平面布置、现场围挡、现场标牌、封闭管理、施工场地、材料堆放、现场住宿、现场消防、现场防火、治安综合治理、现场生活设施、保健急救、社区服务等内容。即实施文明施工，不仅要抓好现场的场容管理，而且要做好现场材料、机具设备、安全、技术、保卫、消防和生活卫生等方面的工作，总体上应符合以下要求。

（1）有整套的施工组织设计或施工方案，施工总平面布置紧凑，施工场地规划合理，符合环保、市容、卫生的要求。

（2）有健全的施工组织管理机构和指挥系统，岗位分工明确，工序交叉合理，交接责任明确。

（3）有严格的成品保护措施和制度，大小临时设施和各种材料构件、半成品按平面布置堆放整齐。

（4）施工场地平整，道路畅通，排水设施得当，水电线路整齐，机具设备状况良好、使用合理，施工作业符合消防和安全要求。

（5）搞好环境卫生管理，包括施工区、生活区环境卫生和食堂卫生管理。
（6）文明施工应贯穿施工结束后的清场。

2．文明施工的措施

1）加强现场文明施工的管理

（1）建立文明施工的管理组织。应确立项目经理为现场文明施工的第一责任人，以各专业工程师及施工质量、安全、材料、保卫等现场项目经理部人员为成员的施工现场文明管理组织，共同负责本工程现场文明施工工作。

（2）健全文明施工的管理制度。包括建立各级文明施工岗位责任制，将文明施工工作考核列入经济责任制，建立定期的检查制度，实行自检、互检、专检的"三检"制度，建立奖惩制度，开展文明施工立功竞赛，加强文明施工教育培训等。

2）落实现场文明施工的各项管理措施

针对现场文明施工的各项要求，落实相应的各项管理措施。

（1）施工平面布置。

施工总平面图是现场管理、实现文明施工的依据。施工总平面图应对施工机具设备、材料和构（配）件的堆场、现场加工场地及现场临时运输道路、临时供水供电线路和其他临时设施进行合理布置，并随工程实施的不同阶段进行场地布置和调整。

（2）现场围挡、标牌。

① 施工现场必须实行封闭管理，设置进出口大门，制定门卫制度，严格执行外来人员进场登记制度。沿工地四周连续设置围挡，市区主要路段和其他涉及市容景观路段的工地设置围挡的高度不低于2.5m，其他工地的围挡高度不低于1.8m，围挡材料要求坚固、稳定、统一、整洁、美观。

② 施工现场必须设有"五牌一图"，即工程概况牌、管理人员名单及监督电话牌、消防保卫（防火责任）牌、安全生产牌、文明施工牌和施工总平面图。

③ 施工现场应合理悬挂安全生产宣传和警示牌，标牌悬挂牢固可靠，特别是主要施工部位、作业点和危险区域及主要通道口都必须有针对性地悬挂醒目的安全警示牌。

（3）施工场地。

① 施工现场应积极推行硬地坪施工，作业区、生活区主干道地面必须用一定厚度的混凝土硬化，场内其他道路地面也应硬化处理。

② 施工现场道路畅通、平坦、整洁，无散落物。

③ 施工现场设置排水系统，排水畅通，不积水。

④ 严禁泥浆、污水、废水外流或未经允许排入河道，严禁堵塞下水道和排水河道。

⑤ 施工现场适当地方设置吸烟处，作业区内禁止随意吸烟。

⑥ 积极美化施工现场环境，根据季节变化，适当进行绿化布置。

（4）材料堆放、周转设备管理。

① 建筑材料、构（配）件及其他料具必须按施工总平面图堆放，布置合理。

② 建筑材料、构（配）件及其他料具等必须做到安全、整齐堆放（存放），不得超高。堆料分门别类，悬挂标牌，标牌应统一制作，标明名称、品种、规格、数量等。

③ 建立材料收发管理制度，仓库、工具间材料堆放整齐，易燃易爆物品分类堆放，专人负责，确保安全。

④ 施工现场建立清扫制度，落实到人，做到"工完料尽场地清"，车辆进出场应有防泥带出措施。建筑垃圾及时清运，临时存放现场的也应集中堆放整齐、悬挂标牌。不用的施工机具设备应及时出场。

⑤ 施工设施、大模板、砖夹等集中堆放整齐，大模板成对放稳、角度正确。钢模及零配件、脚手扣件分类分规格集中存放，竹木杂料分类堆放、规则成方、不散不乱、不作他用。

（5）现场生活设施。

① 施工现场作业区与办公、生活区必须明显划分，确因场地狭窄不能划分的，要有可靠的隔离栏防护措施。

② 宿舍内应确保主体结构安全，设施完好。宿舍周围环境应保持整洁、安全。

③ 宿舍内应有保暖、消暑、防煤气中毒、防蚊虫叮咬等措施。严禁使用煤气灶、煤油炉、电饭煲、热得快、电炒锅、电炉等器具。

④ 食堂应有良好的通风和洁卫措施，保持卫生整洁，炊事员持健康证上岗。

⑤ 建立现场卫生责任制，设卫生保洁员。

⑥ 施工现场应设固定的男、女简易淋浴室和厕所，并要保证结构稳定、牢固和防风雨，实行专人管理，及时清扫，保持整洁，要有灭蚊蝇和防止蚊蝇滋生措施。

（6）现场消防、防火。

① 现场建立消防管理制度，建立消防领导小组，落实消防责任制和责任人员，做到思想重视、措施跟上、管理到位。

② 定期对有关人员进行消防教育，落实消防措施。

③ 现场必须有消防平面布置图，临时设施按消防条例有关规定搭设，做到标准规范。

④ 易燃易爆物品堆放间、油漆间、木工间、总配电室等消防防火重点部位要按规定设置灭火器和消防沙箱，并有专人负责，对违反消防条例的有关人员进行严肃处理。

⑤ 施工现场用明火做到严格按动用明火规定执行，审批手续齐全。

（7）保健急救。

展开卫生防病教育，准备必要的医疗设施，配备经过培训的急救人员，有急救措施、急救器材和保健医药箱。在现场办公室的显著位置张贴急救车和有关医院的电话号码等。

（8）社区服务。

建立施工不扰民的措施。现场不得焚烧有毒、有害物质等。

（9）治安综合治理。

① 建立现场治安保卫领导小组，有专人管理。

② 新入场的人员做到及时登记，做到合法用工。

③ 按照治安管理条例和施工现场的治安管理规定搞好各项管理工作。

④ 建立门卫值班管理制度，严禁无证人员和其他闲杂人员进入施工现场，避免安全事故和失盗事件的发生。

3）建立检查考核制度

对于建设工程文明施工，国家和各地大多制定了标准或规定，也有比较成熟的经验。在实际项目中，应结合相关标准和规定建立文明施工考核制度，推进各项文明施工措施的落实。

4）抓好文明施工建设工作

（1）建立宣传教育制度，现场宣传安全生产、文明施工、国家大事、社会形势、企业精神、优秀事迹等。

（2）坚持以人为本，加强管理人员和班组文明建设，教育职工遵纪守法，提高企业整体管理水平和文明素质。

（3）主动与有关单位配合，积极开展共建文明活动，树立企业良好的社会形象。

6.5.4 建设工程施工现场环境保护管理

在施工过程中注意环境保护，对企业发展、员工健康和社会文明有重要意义。

环境保护是按照法律法规、各级主管部门和企业的要求，保护和改善作业现场的环境，控制现场的各种粉尘、废水、废气、固体废弃物、噪声、振动等对环境的污染和危害。环境保护也是文明施工的重要内容之一。

1. 建设工程施工现场环境保护的要求

（1）根据《中华人民共和国环境保护法》和《中华人民共和国环境影响评价法》的有关规定，建设工程项目对环境保护的基本要求如下。

① 涉及依法划定的自然保护区、风景名胜区、生活饮用水水源保护区及其他需要特别保护的区域的项目，应当符合国家有关法律法规及该区域内建设工程项目环境管理的规定，不得建设污染环境的工业生产设施；建设的工程项目设施的污染物排放不得超过规定的排放标准。已经建成的设施，其污染物排放超过标准的，限期整改。

② 开发利用自然资源的项目，必须采取措施保护生态环境。

③ 建设工程项目选址、选线、布局应当符合区域、流域规划和城市总体规划。

④ 应满足项目所在区域环境质量、相应环境功能区划和生态功能区划标准或要求。

⑤ 拟采取的污染防治措施应确保污染物排放达到国家和地方规定的排放标准，满足污染物总量控制要求；涉及可能产生放射性污染的，应采取有效预防和控制放射性污染措施。

⑥ 建设工程项目应当采用节能、节水等有利于环境与资源保护的建筑设计方案、建筑材料、装修材料、建筑构（配）件及设备。建筑材料和装修材料必须符合国家标准。禁止生产、销售和使用有毒、有害物质超过国家标准的建筑材料和装修材料。

⑦ 尽量减少建设工程施工中所产生的干扰周围生活环境的噪声。

⑧ 应采取生态保护措施，有效预防和控制生态破坏。

⑨ 对环境可能造成重大影响、应当编制环境影响报告书的建设工程项目，可能严重影响项目所在地居民生活环境质量的建设工程项目，以及存在重大意见分歧的建设工程项目，环保部门可以举行听证会，听取有关单位、专家和公众的意见，并公开听证结果，说明对有关意见采纳或不采纳的理由。

⑩ 建设工程项目中防治污染的设施，应当与主体工程同时设计、同时施工、同时投产使用。防治污染的设施必须经原审批环境影响报告书的环境保护行政主管部门验收合格后，该建设工程项目方可投入生产或者使用。防治污染的设施不得擅自拆除或者闲置，确有必要拆除或闲置的，必须征得所在地的环境保护行政主管部门同意。

⑪ 新建工业企业和现有工业企业的技术改造，应当采取资源利用率高、污染物排放量少的设备和工艺，采用经济合理的废弃物综合利用技术和污染物处理技术。

⑫ 排放污染物的单位，必须依照国务院环境保护行政主管部门的规定申报登记。

⑬ 禁止引进不符合我国环境保护规定要求的技术和设备。

⑭ 任何单位不得将产生严重污染的生产设备转移给没有污染防治能力的单位使用。

（2）《中华人民共和国海洋环境保护法》规定，在进行海岸工程建设和海洋工程建设时，必须依照法律的规定，防止对海洋环境的污染损害。

2. 建设工程施工现场环境保护的措施

工程建设过程中的污染，主要包括对施工场界内的污染和对周围环境的污染。对施工场界内的污染防治属于职业健康安全问题，而对周围环境的污染防治是环境保护的问题。

建设工程施工现场环境保护措施主要包括空气污染的防治、水污染的防治、噪声污染的防治、固体废弃物的处理和处置等。

1）空气污染的防治

（1）空气污染物的分类。

空气污染物的种类有数千种，已发现有危害作用的有100多种，其中大部分是有机物。空气污染物通常以气体状态和粒子状态存在于空气中。

（2）施工现场空气污染的防治措施。

① 施工现场垃圾渣土要及时清理出现场。

② 高大建筑物清理施工垃圾时，要使用封闭式的容器或者采取其他措施处理高空废弃物，严禁凌空随意抛撒。

③ 施工现场道路应指定专人定期洒水清扫，形成制度，防止道路扬尘。

④ 对于细颗粒散体材料（如水泥、粉煤灰、白灰等）的运输、储存要注意遮盖、密封，防止和减少扬尘。

⑤ 车辆开出工地要做到不带泥沙，基本做到不撒土、不扬尘，减少对周围环境的污染。

⑥ 除设有符合规定的装置外，禁止在施工现场焚烧油毡、橡胶、塑料、皮革、树叶、枯草、各种包装物等废弃物品，以及其他会产生有毒、有害烟尘和恶臭气体的物质。

⑦ 机动车都要安装减少尾气排放的装置，确保符合国家标准。

⑧ 工地茶炉和锅炉应尽量采用电热水器。若只能使用烧煤茶炉和锅炉时，应选用消烟除尘型茶炉和锅炉，炉灶应选用消烟节能回风炉灶，使烟尘降至允许排放范围为止。

⑨ 我国多数城市市区的建设工程已不容许搅拌混凝土。在容许设置搅拌站的工地，应将搅拌站封闭严密，并在进料仓上方安装除尘装置，采用可靠措施控制工地粉尘污染。

⑩ 拆除旧建筑物时，应适当洒水，防止扬尘。

2）水污染的防治

（1）水污染物的主要来源。

① 工业污染源：指各种工业废水向自然水体的排放。

② 生活污染源：主要有食物废渣、食油、粪便、合成洗涤剂、杀虫剂、病原微生物等。

③ 农业污染源：主要有化肥、农药等。

④ 施工污染源：施工现场废水和固体废弃物随水流入水体部分，包括泥浆、水泥、油漆、各种油类、混凝土添加剂、重金属、酸碱盐、非金属无机毒物等。

（2）施工现场水污染的防治措施。

① 禁止将有毒、有害固体废弃物作土方回填。

② 施工现场搅拌站废水、现制水磨石的污水、电石（碳化钙）的污水必须经沉淀池沉淀合格后再排放，最好将沉淀水用于工地洒水降尘或采取措施回收利用。

③ 现场存放油料，必须对库房地面进行防渗处理，如采用防渗混凝土地面、铺油毡等措施。使用时，要采取防止油料跑、冒、滴、漏的措施，以免污染水体。

④ 施工现场100人以上的临时食堂，污水排放时可设置简易有效的隔油池，定期清理，防止污染。

⑤ 工地临时厕所、化粪池应采取防渗漏措施。中心城市施工现场的临时厕所可采用水冲式厕所，并有防蝇灭蛆措施，防止污染水体和环境。

⑥ 化学用品、外加剂等要妥善保管，库内存放，防止污染环境。

3）噪声污染的防治

（1）噪声的分类。

按噪声来源，可分为交通噪声（如汽车、火车、飞机等）、工业噪声（如鼓风机、汽轮机、冲压设备等）、建筑施工噪声（如打桩机、推土机、混凝土搅拌机等）、社会生活噪声（如高音喇叭、收音机等）。噪声妨碍人们正常休息、学习和工作，为防止噪声扰民，应控制人为强噪声。

知识链接

根据《建筑施工场界环境噪声排放标准》（GB 12523—2011）的要求，对建筑施工过程中场界环境噪声排放限值，昼间为70dB，夜间为55dB。

（2）施工现场噪声的控制措施。

噪声控制技术可从声源、传播途径、接收者防护等方面来考虑。其中，从声源上降低噪声，这是防止噪声污染的最根本的措施。

① 声源控制。

a. 严格控制人为噪声，进入施工现场不得高声喊叫、无故甩打模板、乱吹哨，限制高音喇叭的使用，最大限度地减少噪声扰民。

b. 凡在人口稠密区进行强噪声作业时，须严格控制作业时间，一般晚10点到次日早6点之间停止强噪声作业。确系特殊情况必须昼夜施工时，尽量采取降低噪声措施，并会同建设单位找当地居委会、村委会或当地居民协调，出安民告示，取得群众谅解。

c. 尽量采用低噪声设备与加工工艺代替高噪声设备与加工工艺，如低噪声振捣器、风机、电动空压机、电锯等。

d. 在声源处安装消声器消声，即在通风机、鼓风机、压缩机、燃气机、内燃机及各类排气放空装置等进出风管的适当位置设置消声器。

② 传播途径控制。

a. 吸声：利用吸声材料（大多由多孔材料制成）或由吸声结构形成的共振结构（金属

或木质薄板钻孔制成的空腔体）吸收声能，降低噪声。

b. 隔声：应用隔声结构，阻碍噪声向空间传播，将接收者与噪声声源分隔。隔声结构包括隔声室、隔声罩、隔声屏障、隔声墙等。

c. 消声：利用消声器阻止传播。允许气流通过的消声降噪是防治空气动力性噪声的主要装置，如针对空气压缩机、内燃机产生的噪声等。

d. 减振降噪：对来自振动引起的噪声，通过降低机械振动减小噪声，如将阻尼材料涂在振动源上，或改变振动源与其他刚性结构的连接方式等。

③ 接收者防护。

让处于噪声环境下的人员使用耳塞、耳罩等防护用品，减少相关人员在噪声环境中的暴露时间，以减轻噪声对人体的危害。

4）固体废弃物的处理和处置

（1）施工现场常见的固体废弃物。

① 建筑渣土：包括砖瓦、碎石、渣土、混凝土碎块、废钢铁、碎玻璃、废屑、废弃装饰材料等。

② 废弃的散装大宗建筑材料：包括水泥、石灰等。

③ 生活垃圾：包括炊厨废物、丢弃食品、废纸、废电池、废日用品、玻璃、陶瓷碎片、废塑料制品、煤灰渣、废交通工具等。

④ 设备、材料等的包装材料。

⑤ 粪便。

（2）施工现场固体废弃物的处理和处置。

固体废弃物处理的基本思想，是采取资源化、减量化和无害化的处理，对固体废弃物产生的全过程进行控制。主要处理和处置方法如下。

① 回收利用。回收利用是对固体废弃物进行资源化的重要手段之一。粉煤灰在建设工程领域的广泛应用就是对固体废弃物进行资源化利用的典型范例。又如发达国家炼钢原料中有70%是利用回收的废钢铁，所以，钢材可以看成可再生利用的建筑材料。

② 减量化。减量化是对已经产生的固体废弃物进行分选、破碎、压实浓缩、脱水等，以减少其最终处置量，减低处置成本，减少对环境的污染。在减量化处理的过程中，也包括和其他处理技术相关的工艺方法，如焚烧、热解、堆肥等。

③ 焚烧。焚烧用于不适合再利用且不宜直接予以填埋处置的固体废弃物，除有符合规定的装置外，不得在施工现场熔化沥青和焚烧油毡、油漆，亦不得焚烧其他可产生有毒、有害和恶臭气体的废弃物。焚烧处理应使用符合环保要求的处理装置，避免对大气的二次污染。

④ 稳定和固化。稳定和固化是利用水泥、沥青等胶结材料，将松散的固体废弃物胶结包裹起来，减少有害物质从废弃物中向外迁移、扩散，使得废弃物对环境的污染减少。

⑤ 填埋。填埋是将固体废弃物经过无害化、减量化处理的废弃物残渣集中到填埋场进行处置。禁止将有毒、有害废弃物现场填埋。填埋场应利用天然或人工屏障，尽量使需处置的废弃物与环境隔离，并注意废弃物的稳定性和长期安全性。

> 知识链接

建设工程施工现场职业健康安全卫生管理

党的二十大报告提出要"提高公共安全治理水平"。建筑业是传统的劳动密集型行业，建设工程施工又是露天作业，施工现场必须坚持安全第一、预防为主的原则，加强安全监管，提高卫生与防疫水平，保障作业人员的身体健康和生命安全，改善作业人员的工作环境与生活环境，防止施工过程中各类重大疾病的发生。

1. 建设工程施工现场职业健康安全卫生的要求

根据我国相关标准，施工现场职业健康安全卫生管理，主要包括现场宿舍、食堂、厕所的管理及其他卫生管理等内容，要符合以下基本要求。

（1）施工现场应设置办公室、宿舍、食堂、厕所、淋浴间、开水房、文体活动室、密闭式垃圾站（或容器）及盥洗设施等临时设施。临时设施所用建筑材料应符合环保、消防要求。

（2）办公区和生活区应设密闭式垃圾容器。

（3）办公室内布局合理，文件资料宜归类存放，并应保持室内清洁卫生。

（4）施工企业应根据法律、法规的规定，制订施工现场的公共卫生突发事件应急预案。

（5）施工现场应配备常用药品及绷带、止血带、颈托、担架等急救器材。

（6）施工现场应设专职或兼职保洁员，负责卫生清扫和保洁。

（7）办公区和生活区应采取灭鼠、蚊、蝇、蟑螂等措施，并应定期投放和喷洒药物。

（8）施工企业应结合季节特点，做好作业人员的饮食卫生和防暑降温、防寒保暖、防煤气中毒、防疫等工作。

（9）施工现场必须建立环境卫生管理和检查制度，并应做好检查记录。

2. 建设工程施工现场职业健康安全卫生的措施

施工现场的卫生与防疫应由专人负责，全面管理施工现场的卫生工作，监督和执行卫生法规规章、管理办法，落实各项卫生措施。

（1）现场宿舍的管理。

① 宿舍内应保证有必要的生活空间，室内净高不得小于2.4m，通道宽度不得小于0.9m，每间宿舍居住人员不得超过16人。

② 施工现场宿舍必须设置可开启式窗户，宿舍内的床铺不得超过2层，严禁使用通铺。

③ 宿舍内应设置生活用品专柜，有条件的宿舍宜设置生活用品储藏室。

④ 宿舍内应设置垃圾桶，宿舍外宜设置鞋柜或鞋架。生活区内应提供为作业人员晾晒衣服的场地。

（2）现场食堂的管理。

① 食堂必须有卫生许可证，炊事人员必须持健康证上岗。

② 炊事人员上岗应穿戴洁净的工作服、工作帽和口罩，并应保持个人卫生。不得穿工作服出食堂，非炊事人员不得随意进入制作间。

③ 食堂炊具、餐具和公用饮水器具必须清洗消毒。

④ 施工现场应加强食品、原料的进货管理,食堂严禁出售变质食品。

⑤ 食堂应设置在远离厕所、垃圾站、有毒有害场所等污染源的地方。

⑥ 食堂应设置独立的制作间、储藏间,门扇下方应设不低于0.2m的防鼠挡板。制作间灶台及其周边应贴瓷砖,所贴瓷砖高度不宜小于1.5m,地面应做硬化和防滑处理。粮食存放台距墙和地面应大于0.2m。

⑦ 食堂应配备必要的排风设施和冷藏设施。

⑧ 食堂的燃气罐应单独设置存放间,存放间应通风良好并严禁存放其他物品。

⑨ 食堂制作间的炊具宜存放在封闭的橱柜内,刀、盆、案板等炊具应生熟分开。食品应有遮盖,遮盖物品应用正反面标识。各种作料和副食应存放在密闭器皿内,并应有标识。

⑩ 食堂外应设置密闭式泔水桶,并应及时清运。

(3) 现场厕所的管理。

① 施工现场应设置水冲式或移动式厕所,厕所地面应做硬化处理,门窗应齐全。蹲位之间宜设置隔板,隔板高度不宜低于0.9m。

② 厕所大小应根据作业人员的数量设置。高层建筑施工超过8层以后,每隔4层宜设置临时厕所。厕所应设专人负责清扫、消毒,化粪池应及时清掏。

(4) 其他临时设施的管理。

① 淋浴间应设置满足需要的淋浴喷头,可设置储衣柜或挂衣架。

② 盥洗设施应设置满足作业人员使用的盥洗池,并应使用节水龙头。

③ 生活区应设置开水炉、电热水器或饮用水保温桶,施工区应配备流动保温水桶。

④ 文体活动室应配备电视机、书报、杂志等文体活动设施、用品。

⑤ 施工现场作业人员发生法定传染病、食物中毒或急性职业中毒时,必须在2小时内向施工现场所在地建设行政主管部门和有关部门报告,并应积极配合调查处理。

⑥ 现场施工人员患有法定传染病时,应及时进行隔离,并由卫生防疫部门进行处置。

项目小结

建设工程项目施工阶段是将工程设计蓝图转化为工程实体的关键阶段,该阶段投入资源量大、花费高、工期长、质量和安全事故多,其管理面临的任务最复杂、最繁重。

本项目介绍了建设工程项目施工管理的概念及特点,重点从建设工程项目施工准备阶段的管理、现场管理、分包管理、进度管理、质量管理、索赔管理、材料管理、技术管理、安全与文明施工管理等方面进行阐述。只有不断改进、科学管理、大胆创新,才能提高项目管理水平,取得良好的经济和社会效益。

思 考 题

1. 试述施工单位施工准备工作的内容。
2. 试述施工组织设计的主要内容。
3. 试述施工现场文明施工管理的内容。
4. 试述施工现场环境保护的措施。
5. 常见的施工索赔的内容有哪些?
6. 试述施工索赔的处理程序。

项目 7　建设工程项目后期管理

思维导图

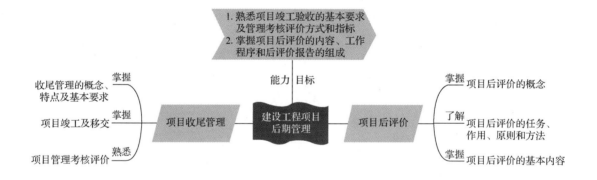

项目 7 建设工程项目后期管理

引例

2005年12月,济南富仕达有限责任公司(以下简称富仕达公司)与甲建筑公司签订《济南富仕达商业中心工程施工合同》约定,以2004年3月18日甲建筑公司与济南新世纪文体用品有限公司达成的《济南富仕达商业中心工程施工合同协议条款》为基础,经协商,由甲建筑公司对富仕达商业中心大楼进行施工总承包,地下基础和一层地库工程(即正负零以下部分)建筑工程总价为人民币114028758元(税后价);甲建筑公司必须在每月28日向富仕达公司申报当月完成的工程量,富仕达公司核实工程量后,在隔月10日付给甲建筑公司的工程费达到总工程费用的90%,竣工后富仕达公司付给甲建筑公司的工程费达到总工程费用的90%,通过验收后再付给5%,富仕达公司将总工程费用的5%作为保修抵押,在保修期(保修期为一年)结束后付给甲建筑公司。工程工期自2004年4月6日至2006年12月12日,总计付给甲建筑公司工期奖220万元,如提前在2006年12月12日竣工则再奖给80万元;如甲建筑公司未能在工期内完工,每拖延一天罚款2万元。同月,双方签订《济南富仕达商业中心大楼电气工程闭口价协议》约定,电气工程闭口价为人民币8993016元;签订《济南富仕达商业中心大楼给排水工程闭口价协议》约定,给排水工程闭口价为人民币3099865元。两份协议均作为对《济南富仕达商业中心工程施工合同》的补充。

2004年4月6日,工程正式开工。2005年7月28日,济南市建筑工程质量监督站出具《济南市建设工程单位工程分部工程检验单》,对富仕达商业中心大楼主体分部核验为优良。2006年2月12日和同年8月22日,甲建筑公司分两次收到富仕达公司支付的工程款共计200万元。富仕达公司在付款凭证上注明为工程款,甲建筑公司在收据上注明为结构封顶奖款。富仕达公司共支付工程款102390425元。在甲建筑公司对富仕达商业中心大楼1~16层装修过程中,富仕达公司多次出具工程变更单,对装修项目进行调整,且各阶段的装修工程费用表都经富仕达公司工程部负责人核对后签字认可。2006年12月5日,富仕达公司致函甲建筑公司称,富仕达商业中心大楼土建工程已于2006年11月基本完工,楼层装修为配合销售形势暂缓施工,待条件成熟后再商施工进度,装修工程因此一度停工。2008年1月25日,甲建筑公司以要求富仕达公司支付工程余款、利息等4718万元为由,诉至济南市中级人民法院。

【分析】

(1)通常情况下,合同双方当事人都会约定在建筑工程竣工验收后支付工程款。而在本案中,富仕达商业中心大楼并未经过竣工验收,作为承包人的甲建筑公司是否有权主张要求工程余款呢?答案是肯定的。在建筑工程未经竣工验收的情况下,由承包人对工程承担责任,而发包人擅自或强行使用的,工程责任的风险就发生了转移,这个时候就视为发包人认可了该工程,那么工程款也就应当予以支付了。

(2)双方约定的工期奖条件没有实现,审价报告中对封顶奖的认可没有依据,还有不少项目只是按甲建筑公司的报价予以认可,价格反常,不应采信。

(3)双方对装修工程,没有合同、没有图纸、没有登记、没有质检、没有竣工验收,甚至没有委托的情况下,甲建筑公司自行施工,一审判决认定为"已交付使用",并判令支付全部工程款,损害了富仕达公司的合法权益。

（4）对于发包人而言，如果工程尚未经过竣工验收，切莫擅自使用。因为如果擅自使用，就视为对工程质量的认可。将来即使发生质量问题，也会处理无门，不利后果也只有自行承担。

建设工程项目的后期管理，主要包括建设工程项目收尾管理和建设工程项目后评价的内容。

任务 7.1 建设工程项目收尾管理

7.1.1 建设工程项目收尾管理概述

1. 建设工程项目收尾管理的概念

建设工程项目收尾管理，是指对建设工程项目的阶段验收、试运行、竣工验收、竣工结算、竣工决算、回访保修和考核评价等收尾工作进行的计划、组织、领导和控制等活动。

项目收尾管理是项目管理过程的终结阶段，当项目的阶段目标或最终目标已经实现，或项目的目标不可能实现时，项目就进入了收尾工作。项目收尾阶段是项目产品投入使用，或者项目交付结果进入运营期的开始。项目的成功收尾标志着项目计划任务的完成和预期成果的实现。缺失这个阶段的工作，项目成果就不能正式投入使用，不能生产出预期的产品或服务；项目的利益相关者也不能终止他们为项目所承担的责任和义务，也无法从中获益。因此，做好项目收尾阶段的工作对项目的各参与方都非常重要。同时，项目各参与方的利益在这一阶段也会存在较大的冲突，该阶段的工作又尤其烦琐费时，所以更需要引起足够的重视。

2. 建设工程项目收尾阶段的特点

（1）在工作任务方面，工程实体施工任务基本完成，零星修补任务较多，普遍具有工程量不大，但费时费力且修补难度相对较高的特点。

（2）在人员投入方面，项目进入收尾阶段后，施工单位主要的人力、物力已经转移至新的项目，零星的收尾工作容易被轻视或忽略。

（3）在技术方面，大量的工程资料需要整理、归档和移交。

（4）在资金方面，进度款一般已按合同约定支付至上限，工程结算尚未完成，但各分包方、供货方的催款力度加大，收尾阶段各参建方矛盾凸显。

（5）在组织协调方面，业主方需要组织竣工验收，但有些项目的专业分包多、甲供材料多、设计变更多，来自单位内部的营销、财务、成本、工程等部门的工作量加大，业主方的协调任务工作量较大。

3. 建设工程项目收尾管理的基本要求

根据 PMI 的概念，项目收尾包括合同收尾和管理收尾两部分。合同收尾是逐项核对是否完成了合同所有的要求，是否可以进行竣工验收。管理收尾是对项目进行成果验证和归档，具体包括竣工验收，确保产品满足使用需求，以及收集项目记录并进行项目信息归档及项目审计。竣工验收要核查项目计划规定范围内的各项工作或活动是否已经全部完成，可交付成果是否令人满意，并将核查结果记录在验收文件中。如果项目没有全部完成而提前结束，则应查明有哪些工作已经完成，哪些工作没有完成，并将核查结果记录在案，形成文件。项目审计是为了明确完成的项目实现了哪些收益，实际成果与计划中的预计成果比有哪些差异。

建设工程项目收尾管理的主要内容包括竣工收尾、竣工验收、竣工结算、竣工决算、回访保修和管理考核评价等工作。项目收尾阶段的工作内容多，应制订涵盖各项工作的计划，并将其纳入项目管理体系进行运行和控制。

1）项目竣工收尾

在项目竣工验收前，项目经理部应检查合同约定工作完成情况，并将检查结果记录形成文件，如总分包之间还有哪些连带工作需要收尾，项目还有哪些事项需要沟通协调等，以保证竣工收尾顺利完成。

2）项目竣工验收

项目收尾工作内容按计划完成后，施工单位除自检评定外，还应及时向建设单位递交竣工验收申请报告，监理单位签署工程竣工审查意见。建设单位应按竣工验收法规向项目相关方发出竣工验收通知单，组织项目竣工验收。

竣工验收包括工程资料验收和实体验收。

（1）工程资料验收。建设单位须严格按照《建筑工程资料管理规程》（JGJ/T 185—2009）及行政主管部门的要求，对施工单位、监理单位的资料进行检查，确保归档材料齐全、真实有效；同时，收集整理本单位的项目管理资料，分类立卷，集中归档。

（2）实体验收。建设单位应按照合同约定及现行工程质量验收标准，检查施工单位是否完成了全部施工内容，对涉及工程质量安全和使用功能的分部分项工程逐项检查，确保各工程符合质量验收标准；做好专项验收，包括规划、消防、人防、环保、建筑节能、室内环境、电梯、档案预验收等；各专项验收完成后，组织各方验收，并邀请当地质量监督部门进行监督，完成验收备案工作。

3）项目竣工结算

项目竣工验收条件具备后，施工单位应按合同约定和工程价款结算的规定，及时编制并向建设单位递交项目竣工结算报告及完整的结算资料，经双方确认后，按有关规定办理项目竣工结算。竣工结算办理完毕，施工单位应履约按时移交工程成品，并建立交接记录，完善交工手续。

竣工结算往往是建设单位和施工单位后期矛盾的聚焦点和关键点。竣工结算工作的顺利与否，取决于建设工程合同签订内容的严密性与完整性，以及工程实施过程中的合同管理工作的严谨性。结算工作关系到各方的切身利益，必须按照合同约定的结算原则，本着实事求是、公平合理的原则进行。

各方为了维护自身利益，在一些争议问题协商无果时，往往诉诸法律。这就要求在签订合同时要约定详细、表述准确、无歧义；在合同实施过程中，对关键问题保留相关证据材料、会议纪要或影像资料，一旦提交仲裁或诉讼，要能提供有力证据，维护自身合法权益。

4）项目竣工决算

项目竣工决算是由建设单位编制的从项目筹建到竣工投产或使用全过程的全部实际支出费用的经济文件。竣工决算综合反映竣工项目建设成果和财务情况，是竣工验收报告的重要组成部分，按国家有关规定，所有新建、扩建、改建的项目竣工后都要编制竣工决算。

5）项目回访保修

项目竣工验收后，施工单位应按工程建设法律法规的规定，履行工程质量保修义务，并采取适宜的回访方式为用户提供售后服务。工程回访与质量保修制度应纳入施工单位的质量管理体系，明确组织和人员的职责，提出服务工作计划，按管理程序进行控制。

6）项目管理考核评价

项目结束后，应对项目管理运行情况进行全面评价。项目管理考核评价是项目干系人对项目实施效果从不同角度进行的评价和总结。通过对定量和定性指标的分析、比较，从不同的管理范围总结项目管理的经验和教训，找出差距，提出改进处理的意见和建议。

7.1.2 建设工程项目竣工及移交

项目竣工是指施工单位按照设计施工图纸和承包合同的规定，已经完成了工程项目建设的全部施工内容，达到建设单位的使用要求。

项目竣工验收是指施工单位将竣工的工程项目及该项目有关的资料移交给建设单位，并接受由建设单位组织的对工程建设质量和技术资料的一系列检验和接收工作的总称。

其中，项目竣工验收的交工主体是施工单位，验收主体是建设单位，竣工验收的客体应是设计文件规定、施工合同约定的特定工程对象。

建设工程项目竣工验收是国家全面考核建设成果，检验项目投资决策、设计、施工、设备制造、管理水平，总结项目建设经验的重要环节，也是投资者全面检验项目目标实现程度、投资效果，并对工程投资、工程进度和工程质量进行审查和认可的关键环节。工程项目通过竣工验收之后，就标志着承包人已全面履行了合同义务，因而竣工验收是保证合同任务完成，提高质量水平的最后环节。

1．项目竣工验收的范围

项目竣工验收的范围一般如下。

（1）凡列入固定资产投资计划的新建、扩建、改建和迁建的建筑工程项目或单项工程，按批准的设计文件规定的内容和施工图纸要求全部建成并符合验收标准的，必须及时组织验收，办理固定资产移交手续。

（2）使用更新改造资金进行的基本建设或者属于基本建设性质的技术改造工程项目，也应按国家关于建设工程项目竣工验收的规定，办理竣工验收手续。

（3）小型基本建设项目和技术改造项目竣工验收，可根据有关部门（地区）的规定适当简化手续，但必须按规定办理竣工验收和固定资产交付生产手续。

对于某些特殊情况，工程施工虽未全部按设计要求完成，也应进行验收，具体情况如下。

（1）因少数非主要设备或某些特殊材料短期内不能解决，虽然工程内容尚未全部完成，但已可以投产或使用的工程项目。

（2）按规定的内容已经完建，但因外部条件的制约，如流动资金不足，生产所需原材料不能满足等，致使已建成工程不能投入使用的项目。

（3）有些建设工程项目或单项工程，已形成部分生产能力或实际上生产单位已经使用，但近期内不能按原设计规模续建，应从实际情况出发，经主管部门批准后，可缩小规模对已完成的工程和设备组织竣工验收，移交固定资产。

2. 项目竣工验收的内容

（1）项目建设总体完成情况。
（2）项目资金到位及使用情况。
（3）项目变更情况。
（4）施工和设备到位情况。
（5）执行法律法规情况。
（6）投产或者投入使用准备情况。
（7）竣工决算情况。
（8）档案资料情况。
（9）项目管理情况及其他需要验收的内容。

3. 项目竣工验收的主要依据

（1）上级主管部门对该项目批准的各种文件，包括设计任务书或可行性研究报告，用地、征地、拆迁文件，初步设计文件等。

（2）工程设计文件，包括施工图纸及有关说明。

（3）合同文件。

（4）设备技术说明书。它是进行设备安装、调试、检验、试车、验收和处理设备质量、技术等问题的重要依据。

（5）设计变更通知书。它是对施工图纸的修改和补充。

（6）国家和相关部门颁布的工程质量检验评定标准、施工（包括设备安装）验收规范。

（7）外资工程依据我国有关规定提交的竣工验收文件。

4. 竣工验收中遗留问题的处理

建设工程项目在竣工验收时，很难不存在任何问题。因此，即使达到竣工验收标准，办理了验收和固定资产移交手续的投资项目，也可能存在某些影响生产和使用的遗留问题。对这些遗留问题应提出具体的解决意见，并限期落实完成。

1）遗留的尾巴工程

项目尾巴工程是指主要建筑物、构筑物等已施工完毕，人员、设备已经撤离施工现场，建设工程项目已处于试运行期（工作质量保修阶段），因规划、设计等各种原因而遗留的部分不能完全满足运营要求或与标准化运营管理不匹配的尚未完工而需继续完成的工程。对遗留的尾巴工程的处理如下。

（1）属于承包合同范围内遗留的尾巴工程，要求承包人在限定时间内扫尾完成。

（2）属于承包合同之外的少量尾巴工程，发包人可以一次或分期划给生产单位包干实施。基本建设的投资仍由银行监理结转使用，但从包干投资划归生产单位起，大中型项目即从计划中销号，不再列为大中型工程收尾项目。

（3）分期建设、分期投产的工程项目，前一期工程验收时遗留的少量尾巴工程，可以在建设后一期工程时一并组织实施。

2）协作配套问题

（1）投产后原材料、协作配套供应物资等外部条件得不到落实或发生变化，验收交付使用后，由建设单位和有关主管部门抓紧解决。

（2）由于产品成本高、价格低或产品销路不畅，验收投产后发生亏损的工业项目，仍应按时组织验收。交付生产后，建设单位应采取措施抓好经营管理、提高生产技术水平、增收节支以解决亏损。

3）"三废"治理

"三废"治理工程必须严格按照规定与主体工程同时建成，同时交付使用。对于不符合要求的情况，验收委员会会同地方环保部门，根据"三废"危害程度予以区别对待。

（1）危害严重的项目，"三废"治理未解决前不允许投料试车，否则要追究责任。

（2）危害后果不很严重的项目，为了迅速发挥投资效益，可以同意办理固定资产移交手续，限期完成治理工程。

4）劳动保护措施

劳动保护措施必须严格按照规定与主体工程同时建成，同时交付使用。对竣工时遗留的或试车中发现必须新增的安全、卫生保护设施，要安排投资和材料限期完成。

5）工艺技术和设备缺陷

对于工艺技术有问题、设备有缺陷的项目，除应追究有关方的经济责任和索赔外，可根据不同情况区别对待。

（1）经过投料试车考核，证明设备性能确实达不到设计能力的项目，在索赔之后，征得原批准单位同意，可在验收中根据实际情况重新核定设计能力。

（2）经主管部门审查同意，继续作为投资项目调整、攻关，以期达到预期生产能力，或另行调整用途。

7.1.3 建设工程项目管理考核评价

建设工程项目管理的考核评价工作是项目管理活动中很重要的一个环节，它是对项目管理行为、项目管理效果及项目管理目标实现程度的检验和评定，可以客观反映项目管理目标实现情况。通过考核评价工作，项目管理人员也能够正确认识自己的工作水平和业绩，并且能够进一步总结经验、找出差距、制订措施，从而提高管理人员的管理能力和企业的项目管理水平。

1. 建设工程项目管理分析

1）建设工程项目管理分析的概念和作用

建设工程项目管理分析是在综合考虑项目管理的内、外部因素的基础上，按照实事求是的原则，对项目管理结果进行判别、验证，以便发现问题、肯定成绩，从而正确、客观地反映项目管理绩效的工作。根据建设工程项目管理分析范围的大小，建设工程项目管理分析可分为全面分析和单项分析。

建设工程项目管理分析的主要作用如下。

（1）确认建设工程项目管理目标实现的准确性、真实性，明确项目管理目标的实现水平，正确识别客观因素对项目管理目标实现的影响及程度。

（2）准确反映建设工程项目管理工作的客观实际，避免考核评价工作失真，为建设工程项目管理考核、审计及评价工作提供切实可靠的事实依据。

（3）找出项目管理工作的成绩、问题及差距，以便为今后的项目管理工作提供借鉴。

2）建设工程项目管理全面分析的内容

建设工程项目管理全面分析，是指以项目管理目标为依据，对建设工程项目实施效果的各个方面都做对比分析，从而综合评价项目的经济效益和管理效果。建设工程项目管理全面分析的评价指标见表 7-1。

表 7-1 建设工程项目管理全面分析的评价指标

指标	要求或计算公式
质量指标	分析单位工程质量等级
工期指标	分析实际工期与计划工期及合同工期的差异
利润指标	分析承包价格与实际成本的差异
利润率	分析利润与承包价格的比值
劳动生产率	劳动生产率=工程承包价格/工程实际消耗工日数
劳动消耗指标	包括单方用工、劳动效率及节约工日 单方用工=实际用工（工日）/建筑面积 劳动效率=预算用工（工日）/实际用工（工日）×100% 节约工日=预算用工（工日）-实际用工（工日）
材料消耗指标	包括主要材料节约量及材料成本降低率 主要材料节约量=预算用量-实际用量 材料成本降低率=（施工预算材料成本-实际材料成本）/施工预算材料成本×100%
机械消耗指标	包括主要机械利用率和机械成本降低率 某种机械利用率=实际台班数/预算台班数×100% 机械成本降低率=（施工预算机械成本-实际机械成本）/施工预算机械成本×100%
成本指标	包括降低成本额和降低成本率 降低成本额=承包价格-实际成本 降低成本率=（承包价格-实际成本）/承包价格×100%

3）建设工程项目管理单项分析的内容

建设工程项目管理单项分析，是对项目管理的某项或某几项指标进行解剖性具体分析，从而准确地确定项目在某一方面的绩效，找出项目管理得失的具体原因，提出应该如何加强和改善的具体内容。单项分析主要是对工程质量、工期、成本、安全四大基本目标进行分析。

（1）质量分析。质量分析是对照工程项目的设计文件和国家规定的工程质量检验评定标准，分析工程项目是否达到了合同约定的质量等级。质量分析应具体分析基础工程、主体结构工程、装饰装修工程、屋面工程及水、电、暖等各分部分项工程的质量情况，分析施工中出现的质量问题、发生的重大质量事故，分析施工质量计划的执行情况、各项保证工程质量措施的实施情况、质量管理责任制的落实情况等。

（2）工期分析。工期分析是将工程项目的实际工期与计划工期及合同工期进行对比分析，看实际工期是否符合计划工期的要求，如果实际工期超出计划工期的范围，则看是否在合同工期范围内，根据实际工期、计划工期、合同工期的对比情况，确定工期是提前还是拖后。同时，进一步分析影响工期的原因，施工方案与施工方法是否先进合理，工期计划是否最优，劳动力的安排是否均衡，各种材料、半成品的供应能否保证，各项技术组织措施是否落实到位，施工中各有关单位是否协作配合等。

（3）成本分析。成本分析应在成本核算的基础上进行，主要是结合工程成本的形成过程和影响成本的因素，检查项目成本目标的完成情况，并做出实事求是的评价。成本分析是对项目成本管理的一次总检验，也是对项目管理经济效益的提前考查。成本分析可按成本项目的构成进行，如人工费收支分析、材料费收支分析、施工机具使用费收支分析、其他各种费用收支情况分析、总收入与总支出对比分析、计划成本与实际成本对比分析等。

（4）安全分析。安全分析就是针对项目实施过程中所发生的机具设备及人员伤亡事故，检查项目安全生产责任制及安全教育、安全技术、安全检查等安全工作的执行情况，分析项目安全管理的效果。安全工作贯穿施工生产的全过程，生产必须保证安全，这是任何建筑企业必须遵守的原则。安全是项目管理各项目标实现的根本保证。

2. 建设工程项目管理考核评价方式

根据范围管理和组织实施方式的不同，应对建设工程项目管理采取不同的考核评价方式，一般有年度考核评价、阶段考核评价和终结性考核评价三种方式。

通常，项目管理考核评价可按年度进行，也可按工程进度计划分阶段进行，还可以综合以上两种方式，在按工程部位划分阶段进行考核中插入按时间划分阶段进行考核。工期超过两年的大型项目，可以实行年度考核评价。为了加强过程控制，避免考核评价期过长，应当在年度考核评价中加入阶段考核评价。阶段考核评价可以用网络计划表示的工程进度计划的关键节点进行，也可以同时按自然时间划分阶段进行季度、月度考核评价。工程竣工验收后，应预留一段时间完成整理资料、疏散人员、退还机械、清理场地、结清账目等工作，然后对项目管理进行全面的终结性考核评价。

项目管理终结性考核评价的内容应包括确认阶段考核评价的结果，确认项目管理的最终结果，确认该项目经理部是否具备解散的条件等工作。终结性考核评价不仅要注重项目后期工作的情况，而且应该全面考虑项目前期、中期的阶段考核评价工作，认真分析因果关系，使得考核评价工作形成一个完整的体系，从而对项目管理工作有一个整体性和全面性的结论。

3. 建设工程项目管理考核评价程序

建设工程项目的考核评价由考核评价委员会进行，程序如下。

（1）制订考核评价方案，并报送企业法定代表人审核批准，方可执行。具体内容包括考核评价工作时间、具体要求、工作方法及结果处理。

（2）听取项目经理汇报。主要汇报项目管理工作的情况和项目目标实现的结果，并介绍项目经理部所提供的资料。

（3）查看项目经理部的有关资料。对项目经理部提供的各种资料进行认真、细致的审阅，分析项目管理的经验及问题。

（4）对项目管理层和劳务作业层进行调查。可采用交谈、座谈、约谈等方式，以便全面了解情况。

（5）考察已完工程。主要是考察工程质量和现场管理，进度与计划工期是否吻合，阶段性目标是否完成。

（6）对项目管理的实际运作水平进行考核评价。根据既定的评分方法和标准，依据调查了解的情况，对各定量指标进行评分，对定性指标确定评价结果，得出综合评分和考核评价结论。

（7）提出考核评价报告。考核评价报告内容应全面、具体、实事求是，考核评价结论要明确、具有说服力，必要时对一些敏感性问题进行补充说明。

（8）向被考核评价的项目经理部公布考核评价意见。

4. 建设工程项目管理考核评价资料

资料是进行项目管理考核评价的直接材料，为了使考核评价工作能够客观公正、顺利高效地进行，参与项目管理考核评价的双方都要积极配合、互相支持，及时主动地向对方提供必要的工作资料。

1）项目经理部应向考核评价委员会提供的资料

（1）项目管理实施规划，以及各种计划、方案及其完成情况。

（2）项目实施过程中所发生的全部来往文件、函件、签证、记录、鉴定、证明。

（3）各项技术经济指标的完成情况及其分析资料。

（4）项目管理的总结报告，包括技术、质量、成本、安全、分配、物资、设备、合同、履约及思想政治工作等各项管理的总结。

（5）项目实施过程中使用的各种合同、管理制度及工资、奖金的发放标准。

2）项目考核评价委员会应向项目经理部提供的资料

（1）考核评价方案和程序，目的是让项目经理部对考核评价工作的总体安排做到心中有数。

（2）考核评价指标、评分办法及有关说明，目的是让项目经理部清楚考核评价采用的定性与定量指标及评价方法，使考核评价工作公开透明。

（3）考核评价依据，应说明考核评价工作所依据的规定、标准等。

（4）考核评价结果，应以结论报告的形式提供给项目经理部，为企业奖评或项目奖评提供依据，也为项目经理部今后的工作提供借鉴经验。

5. 建设工程项目管理考核评价指标

建设工程项目管理考核评价指标

项目管理的考核评价指标可分为定量指标和定性指标两类，是对项目管理的实施效果做出客观、正确、科学分析和论证的依据。选择一组适用的指标对某一项目的管理目标进行定量或定性分析，是考核评价项目成果的需要。

1）考核评价的定量指标

考核评价的定量指标，是指反映项目实施成果，可做量化比较分析的专业技术经济指标，主要包括质量、成本、工期、安全方面的指标。

（1）质量指标。根据《建筑工程施工质量验收统一标准》和各专业工程施工质量验收标准的具体要求和规定，进行项目的检查验收，根据验收情况评定分数。

（2）成本指标。成本指标通常包括成本降低额和成本降低率。成本降低额是指工程实际成本比工程预算成本降低的绝对数额，是一个绝对评价指标；成本降低率是指工程成本降低额与工程预算成本的相对比率，是一个相对评价指标。这里的预算成本是指项目经理部与承包人签订的责任成本。用成本降低率能够直观地反映成本降低的幅度，准确反映项目管理的实际效果。

（3）工期指标。工期指标通常包括实际工期、工期提前量与工期提前率。实际工期是指工程项目从开工至竣工验收交付使用所经历的日历天数；工期提前量是指实际工期比合同工期提前的绝对天数；工期提前率是工期提前量与合同工期的比率。

（4）安全指标。工程项目的安全是工程项目实施过程中的第一要务，在许多承包单位对工程项目效果的考核要求中，都有安全一票否决的内容。《建筑施工安全检查标准》（JGJ 59—2011）将工程安全标准分为优良、合格、不合格三个等级。具体等级是由评分计算的方式确定的，评分涉及安全管理、文明施工、脚手架、基坑工程、模板支架、高处作业、施工用电、物料提升机与施工升降机、塔式起重机与起重吊装、施工机具等项目，安全检查内容中包括保证项目和一般项目，具体方法可按《建筑施工安全检查标准》执行。《建筑施工安全检查标准》使建筑工程安全检查由传统的定性评价转变为定量评价，使安全检查进一步规范化、标准化。

2）考核评价的定性指标

考核评价的定性指标，是指综合评价或单项评价项目管理水平的非量化指标，且有可靠的依据和办法，从而对项目实施效果做出科学评价。定性指标通常包括以下内容。

（1）执行企业各项制度的情况。通过对项目经理部贯彻落实企业政策、制度、规定等方面的调查，评价项目经理部是否能够及时、准确、严格、持续地执行企业制度，执行是否有成效，能否做到令行禁止、积极配合。

（2）项目管理资料收集整理情况。项目管理资料是反映项目管理实施过程的基础性文件，通过考核项目管理资料的收集整理情况，可以直观地看出工程项目管理日常工作的规范程度和完善程度。

（3）业主方及用户的评价。项目管理实施效果的最终评定人是业主方和用户，业主方及用户的评价是最有说服力的，业主方及用户对产品满意是项目管理成功的表现。

(4)运用新技术、新材料、新设备、新工艺的情况。在项目管理活动中,积极主动地应用新技术、新材料、新设备、新工艺是推动建筑业发展的基础,是每一个项目管理人员的基本职责。

(5)是否采用现代化管理方法和手段。新的管理方法和手段的应用可以极大地提高管理的效率,是否采用现代化管理方法和手段是检验管理水平高低的尺度。

(6)环境保护。项目管理人员应提高环保意识,制订和落实有效的环保措施,减少甚至杜绝环境破坏和环境污染的发生,提高环境保护的效果。

6. 建设工程项目管理总结

建设工程项目管理总结是全面、系统反映项目管理实施情况的综合性文件。项目管理结束后,项目管理实施责任主体或项目经理部应进行项目管理总结。项目管理总结应该在项目考核评价工作完成后编制。

建设工程项目管理总结的主要内容包括项目概况、组织机构、管理体系、管理控制程序、各项经济技术指标完成情况、考核评价结果、主要经验及问题处理,以及其他需要提供的资料等。

7.1.4 建设工程项目文件归档

对一项建设工程项目而言,建设、勘察、设计、施工、监理等单位应将工程项目文件的形成和积累纳入工程建设管理的各个环节和有关人员的职责范围。

1. 建设工程项目文件归档的工作

(1)建设、勘察、设计、施工、监理等单位对本单位在工程建设过程中形成的文件进行管理,并向本单位档案管理机构移交。

(2)勘察、设计、施工、监理等单位将本单位在工程建设过程中形成的文件向建设单位、档案管理机构移交。

(3)建设单位向当地城建档案馆移交符合规定的工程档案。

2. 建设工程项目文件归档的作用

(1)作为建筑物使用过程中发生质量问题时分析和核查的依据。

(2)作为建筑物扩建、改建、翻修的依据。

(3)作为周边建筑整体规划建设或类似建筑物异地再建的参考。

(4)作为城市建设事业整体评价、研究、统计的主要依据。

(5)作为城市建设档案资料,是城市经济发展的重要文献。

3. 施工项目竣工资料的管理

1)施工项目竣工资料管理的基本要求

(1)施工项目竣工资料的管理要在企业总工程师的领导下,由归口管理部门负责日常业务工作,相关的职能部门、技术等部门要密切配合,督促、检查、指导各项目经理部施工项目竣工资料收集和整理的基础工作。

(2)项目经理部对施工项目竣工资料进行收集和整理,要在项目经理的领导下,由项目技术负责人牵头,安排内业技术员负责收集和整理工作。施工现场的其他管理人员要按时交接资料,统一归口整理,保证竣工资料组卷的有效性。

(3) 施工项目实行总承包的,由分包人项目经理部负责收集和整理分包范围内的工程竣工资料,交总承包人项目经理部汇总、整理。工程竣工验收时,由总承包人向发包人移交完整、准确的施工项目竣工资料。

(4) 施工项目实行平行发包的,由各承包人项目经理部负责收集和整理所承包工程范围的工程竣工资料。工程竣工验收时,交发包人汇总、整理,或由发包人委托一个承包人进行汇总、整理,竣工验收时进行移交。

(5) 施工项目竣工资料应随着施工进度及时进行整理,并按系统和专业分类组卷。实行建设监理的工程还应具备取得监理机构签署认可的报审资料。

(6) 项目经理部进行施工项目竣工资料的整理组卷排列时,应达到完整性、准确性、系统性的统一,做到字迹清晰、项目齐全、内容完整。各种资料表式一律按各行业、各部门、各地区规定的统一表格使用。

(7) 整理竣工资料应依据国家有关法律法规及规范对工程档案和竣工资料的规定,符合现行建设工程施工及验收规范和质量检验标准对资料内容的要求,同时要遵守国家和地方档案管理部门和工程竣工备案部门对竣工资料移交的规定。

2) 施工项目竣工资料的分类

(1) 工程施工技术资料。工程施工技术资料主要包括以下内容。

① 施工技术准备文件。

② 施工现场准备文件。

③ 地基处理记录。

④ 工程图纸变更记录。

⑤ 施工记录。

⑥ 设备、产品检查安装记录。

⑦ 预检记录。

⑧ 工程质量事故处理记录。

⑨ 室外工程施工技术资料。

⑩ 工程竣工文件。

(2) 工程质量保证资料。工程质量保证资料是施工过程中全面反映工程质量控制和保证的证明资料,如原材料、构(配)件、机具设备等的质量证明、出厂合格证明,进场材料复验报告,隐蔽工程检查记录,施工试验报告等。根据行业和专业特点的不同,依据的施工及验收规范和质量检验标准的不同,具体分为土建工程质量保证资料,建筑给水、排水及采暖工程质量保证资料,建筑电气安装工程质量保证资料,通风与空调工程质量保证资料,电梯安装工程质量保证资料,建筑智能化工程质量保证资料,以及其他专业质量保证资料。

(3) 工程检验评定资料。主要包括单位工程质量竣工验收记录、分部工程质量验收记录、分项工程质量验收记录、检验批质量验收记录等。

(4) 竣工图。竣工图是工程施工完毕的实际成果和反映,是建设工程竣工验收的重要备案资料。竣工图的编制整理、审核盖章、交接验收应按国家对竣工图的要求办理。承包人应根据施工合同的约定，提交合格的竣工图。

（5）其他资料。施工项目竣工资料还应包括以下资料。

① 建设工程施工合同。

② 施工图预算、竣工结算。

③ 工程施工项目经理部及负责人名单。

④ 引进技术和引进设备的图纸、文件。

⑤ 地方行政法规、技术标准已有规定和施工合同约定的其他应交资料。

⑥ 工程质量保修书。

⑦ 施工项目管理总结。

任务 7.2　建设工程项目后评价

7.2.1　建设工程项目后评价概述

国家标准《项目后评价实施指南》（GB/T 30339—2013）将项目后评价定义为："对已结束项目的目标、执行过程、结果、效益、作用和影响等进行分析、总结和评估的活动。"

项目后评价是建设工程项目竣工投产、生产运营一段时间后，再对项目的投资决策、设计施工、竣工投产、生产运营等全过程进行系统评价的一种技术活动，是固定资产管理的一项重要内容，也是固定资产投资管理的最后一个环节。项目完成并移交（转让）以后，应该及时进行项目后评价，通过项目后评价可以达到肯定成绩、总结经验、研究问题、吸取教训、提出建议、改进工作、不断提高项目决策水平和投资效果的目的。

项目主体（法人或项目公司）应根据项目范围管理和组织实施方式的不同，分别采取不同的项目后评价方法，特别应注意综合考虑项目的社会、经济及企业效益，客观、全面地进行项目后评价。

1. 项目后评价的任务

根据项目后评价所要回答的问题及项目自身特点，项目后评价的主要任务如下。

（1）评价项目目标的实现程度。

（2）评价项目的决策过程，主要评价决策所依据的资料和决策程序的规范性。

（3）评价项目具体实施过程。

（4）分析项目成功或失败的原因。

（5）评价项目运行效益。

（6）分析项目的影响和可持续发展。

（7）综合评价系统的成功度。

2. 项目后评价的作用

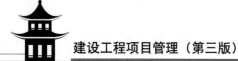

项目后评价在提高建设工程项目决策水平、改进项目管理和提高投资效益等方面发挥着极其重要的作用。具体来说，项目后评价的作用主要表现在以下几个方面。

（1）有利于提高建设工程项目管理水平。后评价的过程也是一个学习的过程，通过项目后评价，对已经建成项目的实际情况进行分析研究，总结正反两方面的经验教训，提供给项目投资决策者和项目管理者，这对于控制和调整同类建设工程项目具有重要的作用。一个建设工程项目的成功与否，主要取决于投资决策是否正确。通过建立完善的项目后评价制度和科学的方法体系，一方面可以增强项目投资决策者、管理者、建设者的责任心和工作水平，另一方面可以通过项目后评价的反馈信息，公正、客观地确定存在的问题并及时纠正，从而提高项目决策的水平。通过项目后评价，可以总结建设工程项目设计、施工及引进技术和装备过程中的经验教训，从而不断提高设计、施工水平，提高引进技术和装备的成功率，对控制造价也将会起到积极的作用。项目经验教训的不断积累，也有利于指导未来项目的管理活动，从而提高建设工程项目全过程管理的水平。

（2）有利于提高生产能力和经济效益。建设工程项目投产后，经济效益好坏、何时能达到生产能力（或产生效益）等问题，是项目后评价最关心的问题。进行项目实施效果评价和影响评价，可以分析和研究项目投产初期和达产时期的实际情况，比较与预测情况的偏离程度，分析产生偏差的原因，提出切实可行的措施，促使项目运营状态正常化，提高项目经济效益和社会效益，使建成后的项目充分发挥作用。

（3）为国家投资计划、政策的制定提供依据。项目后评价能够发现宏观投资管理中的不足和某些不适合经济发展的技术经济政策，以及某些已经过时的指标参数；同时，还可根据反馈的信息，合理确定投资规划规模和投资流向，协调各产业、各部门之间及其内部的各种比例关系。此外，国家还可以充分运用法律、经济、行政的手段，建立必要的法令、法规、各项制度和机构，完善和调整相关方针、政策和管理程序，促进投资管理的良性循环。

（4）为银行及金融部门及时调整信贷政策提供依据。通过开展项目后评价，能及时发现项目建设资金使用中存在的问题，检验项目是否达到商业完工标准，分析研究贷款项目成功或失败的原因，从而为调整信贷政策提供依据，并确保资金按期回收。

3. 项目后评价的原则

1）客观性原则

项目后评价是对项目投产后一段时间所发生的情况的一种总结。它分析研究的是项目的实际情况，所依据的数据资料是现实发生的真实数据或根据实际情况重新预测的数据，总结的是客观存在的经验教训，提出的是实际可行的对策措施。项目后评价的现实性决定了其评价结论的客观可靠性。

2）独立性原则

后评价必须保证公正性和独立性，这是一条重要的原则。公正性标志着后评价及评价者的信誉，避免在发生问题、分析原因和做结论时避重就轻，受项目利益的束缚和局限，做出不可观的评价。独立性标志着后评价的合法性，后评价应从项目投资者和受益者或项目建设者以外的第三者角度出发，独立地进行，特别是要避免项目决策者和管理者自己评价自己的情况发生。公正性和独立性应贯穿后评价的全过程，即从后评价项目的选定、计划的编制、任务的委托、评价者的组成到评价过程和报告的过程。

3）针对性原则

后评价应针对项目的实际情况和具体特征，综合考虑级别、类型、规模、复杂程度等要素，确定评价程序和选择评价方法。

4）透明性原则

透明性是后评价的另一项重要原则。从可行性来看，要求后评价的透明度越大越好，因为好评也往往需要引起公众的关注，对投资决策活动及其效益和效果实施更有效的社会监督。从后评价成果的扩散和反馈的效果来看，成果及其扩散的透明度也是越大越好，使更多的人能借鉴项目的经验和教训。

5）反馈性原则

项目后评价的目的在于为以后的宏观决策、微观决策和建设提供依据和借鉴。项目后评价的结果需要反馈到决策部门，作为新项目立项和评价的基础，以及调整工程规划和政策的依据，这是后评价的最终目的。因此，后评价结论的扩散及反馈机制、手段和方法，成为后评价成败的关键环节之一。

4. 项目后评价的方法

项目后评价的可信性取决于评价者的独立性和经验，取决于资料信息的可靠性和评价方法的实用性。主要的项目后评价方法如下。

1）对比分析法

对比分析法是项目后评价的基本方法和常用方法，它包括前后对比法与有无对比法。

前后对比法是指将项目实施之前与完成之后的情况加以对比，以确定项目作用与效益的一种对比方法。在项目后评价中，前后对比法是指将项目前期可行性研究和评估的预测结论与项目的实际运行结果相比较，以发现变化和分析原因的方法。这种对比可用于揭示计划、决策和实施的质量，是项目过程评价的方法。采用前后对比法要注意前后数据的可比性。

有无对比法是指将项目实际发生的情况与若无项目可能发生的情况进行对比，以度量项目的真实效益、影响和作用。对比的重点是要分清项目作用的影响与项目以外作用的影响。

2）逻辑框架法

逻辑框架法（logical framework approach，LFA）是美国国际开发署在1970年开发并使用的一种设计、计划和评价工具，以前已有2/3的国际组织把LFA作为援助项目的计划管理和后评价的主要方法。LFA 是一种概念化论述项目的方法，即用一张简单的框图来清晰地分析一个复杂项目的内涵和关系，将几个内容相关、必须同步考虑的动态活动或因素结合起来，通过分析其相互之间的关系，从设计策划到目标实现等来评价一项活动或工作。在项目后评价中，可通过 LFA 分析项目原定的预期目标、各种目标的层次、目标实现的程度和项目成败的原因，以评价项目的效果、作用和影响。

3）因素分析法

项目投资效果的各项指标，往往都是由多种因素决定的，只有把综合性指标分解成原始因素，才能确定指标完成情况的具体原因和症结所在。这种把综合性指标分解成各个因素的方法，称为因素分析法。

因素分析法的一般步骤：首先，确定某项指标是由哪些因素组成的；其次，确定各因素与指标的关系；最后，确定各因素所占份额。如建设成本超支，就要核算由于工程量突破预计工程量而造成的超支占比，价格上涨造成的超支占比等。项目后评价人员应将各影响因素加以分析，找出主要影响因素，并具体分析各影响因素对主要技术经济指标的影响程度。

4）统计调查和统计分析

统计调查是根据研究的目的和要求，采用科学的调查方法，有策划、有组织地搜集研究对象的原始资料的工作过程。统计调查是统计工作的基础，是统计整理和统计分析的前提。对统计调查的要求是，所搜集的资料必须准确、及时、全面。

统计分析是根据研究的目的和要求，采用各种分析方法，对研究的对象进行解剖、对比、分析和综合研究，以揭示事物的内在联系和发展变化的规律性。统计分析过程是揭示矛盾、找出原因、找出解决问题的方法的过程。

5）成功度评价法

成功度评价法是以 FLA 分析得到的项目目标的实现程度和经济效益的评价结论为基础，以项目的目标和效益为核心所进行的全面、系统的评价。它依靠评价专家或专家组的经验，综合后评价各项指标的评价结果，对项目的成功度做出定性的结论，也就是通常所称的打分的方法。

采用这种方法，评价专家或专家组首先要根据具体项目的类型和特点，确定综合评价指标及其与项目相关的程度，把它们分为"重要""次重要"和"不重要"三类，"不重要"的指标不用测定，只需测定"重要"和"次重要"的指标。一般的项目实际需测定的指标在 10 项左右。

5. 自我评价与独立后评价

1）项目的自我评价

项目的自我评价是从项目业主或项目主管部门的角度，对项目实施进行全面的总结，为开展项目独立后评价做准备的工作，是按项目后评价要求，收集资料、自我检查、对比分析、找出原因、提出建议，以总结项目经验教训为目的的一种技术经济活动。

项目的自我评价有别于竣工验收。一是评价的重点不同，竣工验收侧重于项目的工程质量、进度和造价方面；自我评价侧重于项目效益和影响方面，对工程方面的情况也需要了解，但重点是分析原因，解决项目效益和影响问题，为今后项目决策和管理提供借鉴。二是评价的目的不同，竣工验收的目的是把项目形成的固定资产或服务正式移交给业主和用户，使之进入运营阶段，同时总结出项目建议中的经验教训；而自我评价的目的是为项目后评价服务，需要全面总结项目执行情况、效益、作用和影响，为其他项目提供可以借鉴的经验教训。

2）项目的独立后评价

项目的独立后评价是指以独立或相对独立的机构去完成项目后评价，并及时报告评价的结果，以保证评价的客观公正性。

项目的独立后评价要在分析项目完工报告或项目自我评价报告或竣工验收报告的基础上，通过实地考察和调研，评价项目执行情况及其成果。项目独立后评价的报告内容应包括项目背景、实施评价、效果评价和结论建议等几部分。

7.2.2 建设工程项目后评价的基本内容

项目后评价的内容具有全面性，即不仅要分析项目的投资过程，而且要分析其生产经营过程；不仅要分析项目投资的经济效益，而且要分析其社会效益、环境效益等；另外，还要分析项目经营管理水平和项目发展的后劲和潜力。

项目目标评价

1. 项目目标评价

项目后评价是对原定目标完成的主要指标，检查项目实际实现的情况和变化，分析实际发生改变的原因，以判断目标的实现程度。判别项目目标的指标应在项目立项时就确定了，一般包括管理目标和宏观目标（即对地区、行业或国家经济、社会发展的总体影响和作用）。建设工程项目的直接目的一般是解决特定的供需平衡，向社会提供某种产品或服务指标，指标一般可以量化。根据指标分类，项目目标评价可包括项目管理目标评价和项目宏观目标评价两个层次。项目目标评价还要对项目原定决策目标的正确性、合理性和实践性进行分析与评价。

项目目标实现程度一般从以下四个方面进行判断。

（1）项目工程（实体）建成。项目的建筑工程完工、设备安装调试完成、装置和设施经过试运行，具备竣工验收条件。

（2）项目技术和能力。装置、设施和设备的运行达到设计能力和技术指标，产品质量达到国家或企业标准。

（3）项目经济效益产生。项目财务和经济的预期，包括运营（销售）收入、成本、利税、收益率、利息保障倍数、偿债备付率等基本实现。

（4）项目影响产生。项目的经济、环境、社会效益目标基本实现，项目对产业布局、技术进步、国民经济、环境生态、社会发展的影响已经产生。

2. 项目实施过程评价

项目实施过程评价是对建设工程项目的投资决策、设计、施工、竣工投产、生产运营等全过程进行系统分析，找出项目后评价结果与原预期效益之间的差异及其产生的原因，同时针对问题提出解决的办法。项目实施过程评价如图7-1所示。

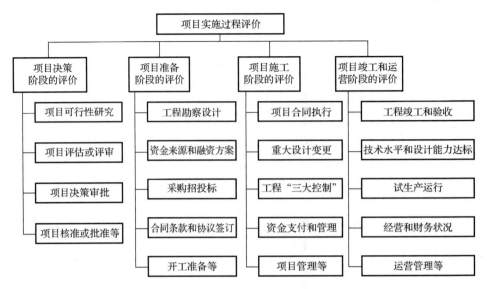

图 7-1 项目实施过程评价

项目实施过程评价应对照分析投资评估或可行性研究报告预计的情况和实际执行的过程，一般要分析以下内容。

（1）项目的立项、准备和评估。
（2）项目内部和建设规模。
（3）工程进度实施情况。
（4）配套设施和服务条件。
（5）受益者范围及反应。
（6）项目的管理和机制运行情况。
（7）财务执行情况。

3. 项目效益评价

项目效益评价包括项目的财务评价和社会经济评价，通过对项目竣工投产后所产生的实际效益与可行性研究阶段所预测的经济效益的比较，对项目进行评价。对生产性建设工程项目，要运用投产运营后的实际资料，计算财务内部收益率、财务净现值、财务净现值率、投资利润率、投资利税率、借款偿还期、国民经济内部收益率、经济净现值等一系列后评价指标，然后与可行性研究阶段所预测的相应指标进行对比，从经济上分析项目投产运营后是否达到了预期效果。当没有达到预期效果时，应分析原因，采取措施提高效益。

项目效益评价需注意以下几点。

（1）项目评估采用的是预测值，项目后评价则是按实际发生的财务现金流量和经济流量做出新的评价。

（2）当财务现金流量来自财务报表时，对应收而未实际收到的债权和非货币资金都不可计为现金流入，只有当实际收到时才能作为现金流入；同理，应付而实际未付的债务资金不能计为现金流出，只有当实际支付时才能作为现金流出。必要时，要对实际的财务数据做出调整。

(3) 实际发生的财务数据通常采用盈利能力指标，其优点是不含通货膨胀水分。因此，对项目后评价采用财务数据应剔除物价上涨的因素，以实现前后的一致性和可比性。

4. 项目影响评价

项目影响评价是通过项目竣工投产（运营、使用）后对社会的经济、政治、技术和环境等方面所产生的影响，来评价项目决策的正确性。如果项目建成后达到了原来的预期效果，对国民经济发展、产业结构调整、生产力布局、人民生活水平提高、环境保护等方面都带来有益的影响，说明项目决策是正确的；如果背离了既定的决策目标，就应具体分析，找出原因，引以为戒。

项目影响评价的内容包括经济影响评价、环境影响后评价和社会影响评价。

1）经济影响评价

经济影响评价主要分析评价项目对所在地区、所属行业和国家所产生的经济方面的影响。经济影响评价要注意与项目效益评价中的经济分析区别开来，避免重复计算。评价的内容包括分配、就业、国内资源成本（或换汇成本）、技术进步等。由于经济影响评价的部分因素难以量化，一般只能做定性分析，一些国家和组织把这部分内容并入社会影响评价的范畴。

2）环境影响后评价

环境影响后评价，是指编制环境影响报告书的建设工程项目在通过环境保护设施竣工验收且稳定运行一定时期后，对其实际产生的环境影响及污染防治、生态保护和风险防范措施的有效性进行跟踪检测和验证评价，并提出补救方案或改进措施，以提高环境影响评价有效性的方法与制度。

实施环境影响后评价的依据是国家有关环保法律的规定、国家和地方环境质量标准、污染物排放标准及相关产业部门的环保规定。在审核已实施的环境影响评价报告和评价环境影响现状的同时，要对未来进行预测。对有可能产生突发性事故的项目，要有环境影响的风险分析。项目的环境影响后评价一般包括项目的污染控制、地区环境质量、自然资源利用和保护、区域生态平衡和环境管理等方面。由于各国环保法的规定细则不尽相同，评价的内容也有所区别。

《建设项目环境影响后评价管理办法（试行）》经2015年4月2日环境保护部部务会审议通过，2015年12月10日中华人民共和国环境保护部令第37号公布。该办法共15条，办法中规定，下列建设项目运行过程中产生不符合经审批的环境影响报告书情形的，应当开展环境影响后评价。

（1）水利、水电、采掘、港口、铁路行业中实际环境影响程度和范围较大，且主要环境影响在项目建成运行一定时期后逐步显现的建设项目，以及其他行业中穿越重要生态环境敏感区的建设项目。

（2）冶金、石化和化工行业中有重大环境风险，建设地点敏感，且持续排放重金属或者持久性有机污染物的建设项目。

（3）审批环境影响报告书的环境保护主管部门认为应当开展环境影响后评价的其他建设项目。

环境影响后评价应当在建设项目正式投入生产或者运营后三至五年内开展。原审批环境影响报告书的环境保护主管部门也可以根据建设项目的环境影响和环境要素变化特征,确定开展环境影响后评价的时限。

建设单位或者生产经营单位可以对单个建设项目进行环境影响后评价,也可以对在同一行政区域、流域内存在叠加、累积环境影响的多个建设项目开展环境影响后评价。建设单位或者生产经营单位可以委托环境影响评价机构、工程设计单位等相关评估机构编制环境影响后评价文件。编制建设项目环境影响报告书的环境影响评价机构,原则上不得承担该项目环境影响后评价文件的编制工作。环境影响后评价文件应包括以下内容。

(1) 建设项目过程回顾。包括环境影响评价、环境保护措施落实、环境保护设施竣工验收、环境监测情况,以及公众意见收集调查情况等。

(2) 建设项目工程评价。包括项目地点、规模、生产工艺或者运行调度方式,环境污染或者生态影响的来源、影响方式、程度和范围等。

(3) 区域环境变化评价。包括建设项目周围区域环境敏感目标变化、污染源或者其他影响源变化、环境质量现状和变化趋势分析等。

(4) 环境保护措施有效性评估。包括环境影响报告书规定的污染防治、生态保护和风险防范措施是否适用、有效,能否达到国家或者地方相关法律、法规、标准的要求。

(5) 环境影响预测验证。包括主要环境要素的预测影响与实际影响差异,原环境影响报告书内容和结论有无重大漏项或者明显错误,持久性、累积性和不确定性环境影响的表现等。

(6) 环境保护补救方案和改进措施。

(7) 环境影响后评价结论。

3) 社会影响评价

项目的社会影响评价是对项目在社会经济、发展方面的有形或无形的效益和结果的一种分析。社会影响评价的主要内容是项目对当地经济和社会发展及技术进步的影响,一般包含六个方面,即项目对当地就业的影响、对同收入分配的影响、对居民生活条件和生活质量的影响、受益者范围及其反应、各方面的参与情况、地区的发展。社会影响评价的方法是定性和定量相结合,以定性为主,在对诸多要素评价分析的基础上进行综合评价。

5. 项目持续性评价

项目的持续性是指在项目的建设资金投入完成之后,项目的既定目标是否还能继续,项目是否可以持续发展下去,接受投资的项目业主是否愿意并可能依靠自己的力量继续去实现既定目标,项目是否具有可重复性,即是否可以在未来以同样的方式建设同类项目。项目持续性评价一般可作为项目影响评价的一部分,但世界银行和亚洲开发银行等组织把项目的可持续性视为其援助项目成败的关键之一,因此要求援助项目在评估和评价中进行单独的持续性分析和评价。

项目持续性的影响因素一般包括:本国政府的政策,管理、组织和地方参与,财务因素,社会文化因素,环境和生态因素,外部因素,等等。

7.2.3 项目后评价报告

项目后评价的主要内容及其评价结果均应在报告中反映，包括项目目标的实现程度、项目实施过程、项目效益、项目影响、项目持续性的后评价，以及项目经验教训，等等。

其中，项目目标的实现程度一般分成功、部分成功和不成功三个等级进行评价，评价内容涉及宏观产业政策目标、财务目标、机构发展目标、实物目标、扶贫和其他的社会目标、环境目标及公共行业管理和私营行业发展等目标。项目持续性评价可采用可持续、不可持续和尚不明确三个等级来评定。

项目后评价报告主要由四部分组成：概述、主报告、附件和附表。

为增强评价者的责任感和报告的可信性，后评价报告要注明评价者的名称或姓名，说明所用资料的来源或出处，评价所采用的方法，报告的分析和结论应有充分可靠的依据。

项目小结

建设工程项目收尾管理是指对项目的阶段验收、试运行、竣工验收、竣工结算、竣工决算、回访保修和考核评价等收尾工作进行的计划、组织、领导、控制等活动。

建设项目竣工收尾要加强安全管理，确保施工收尾阶段的安全生产；项目竣工验收条件具备后，应及时按有关规定办理项目竣工结算；竣工决算是由建设单位编制的项目从筹建到竣工投产或使用全过程的全部实际支出费用的经济文件，所有新建、扩建、改建项目竣工后都要编制竣工决算；项目竣工验收后，施工单位还应履行工程质量保修义务，并采取适宜的回访方式，为用户提供售后服务。

建设工程项目结束后，应对项目管理的情况进行全面评价。项目后评价是工程项目竣工投产、生产运营一段时间后，再对项目的投资决策、设计施工、竣工投产、生产运营等全过程进行系统评价的一种技术活动，是固定资产管理的一项重要内容，也是固定资产投资管理的最后一个环节。

思考题

1. 简述建设工程项目收尾管理的基本要求。
2. 建设工程项目竣工验收的范围和内容是什么？
3. 简述施工项目竣工资料管理的基本要求。
4. 建设工程项目管理考核评价的主要指标有哪些？
5. 建设工程项目后评价的原则和方法是什么？
6. 简述项目影响评价的内容。

参 考 文 献

陈俊，常保光，2009. 建筑工程项目管理[M]. 北京：北京理工大学出版社.
陈燕，2009. 建设工程合同管理[M]. 合肥：合肥工业大学出版社.
陈正，饶婕，2018. 建筑工程招投标与合同管理实务[M]. 2版. 北京：电子工业出版社.
成虎，陈群，2015. 工程项目管理[M]. 4版. 北京：中国建筑工业出版社.
冯松山，2017. 建设工程项目管理[M]. 2版. 北京：北京大学出版社.
宫立鸣，孙正茂，2005. 工程项目管理[M]. 北京：化学工业出版社.
赖一飞，2006. 工程建设监理[M]. 武汉：武汉大学出版社.
刘伊生，2014. 建设工程招投标与合同管理[M]. 2版. 北京：北京交通大学出版社.
齐宝库，2017. 工程项目管理[M]. 5版. 大连：大连理工大学出版社.
全国一级建造师执业资格考试用书编写委员会，2022. 建设工程项目管理[M]. 北京：中国建筑工业出版社.
宋春岩，2019. 建设工程招投标与合同管理[M]. 4版. 北京：北京大学出版社.
孙海玲，2008. 工程项目管理[M]. 北京：中国电力出版社.
王东升，毕可敏，2012. 建设工程法律法规及相关知识[M]. 徐州：中国矿业大学出版社.
王辉，2019. 建设工程项目管理[M]. 3版. 北京：北京大学出版社.
王学通，2021. 工程项目管理[M]. 北京：中国建筑工业出版社.
王卓甫，杨高升，2009. 工程项目管理：原理与案例[M]. 2版. 北京：中国水利水电出版社.
项建国，2015. 建筑工程项目管理[M]. 3版. 北京：中国建筑工业出版社.
杨庆丰，2010. 工程项目招投标与合同管理[M]. 北京：北京大学出版社.
杨志中，2013. 建设工程招投标与合同管理[M]. 2版. 北京：机械工业出版社.
张国珍，2008. 工程项目管理[M]. 北京：中国水利水电出版社.
赵福明，李霞，路斌，2008. 代建项目管理实务与操作[M]. 北京：中国计划出版社.